机械基础

第 3 版

主编　王英杰　彭　敏
参编　杨皓天　段瑾刚　张斌兴
主审　丁卫民

机 械 工 业 出 版 社

本书是“十四五”职业教育国家规划教材（修订版），是根据教育部现行《中等职业学校机械基础教学大纲》要求以及中等职业教育人才培养目标编写的。

本书共8个单元，主要包括杆件的静力分析、直杆的基本变形、工程材料、连接、常用机构、机械传动、支承零部件、机械的节能环保与安全防护等内容。

本书采用“导（导学）、教（讲解）、学（自学）、做（模拟）、练（实践）、思（总结）、评（评价）、拓（拓展）”八位一体的模式组织内容，注重在基础知识、职业素质、职业技能和非职业能力等方面对学生进行综合培养；突出职业教育的特点和职业学校学生的认知特点，体现教育教学艺术；教学内容由浅入深、循序渐进，图解直观形象，简化了理论知识，注重理论联系实际，学以致用，旨在加强学生实践技能和综合应用能力的培养；注重培养学生的学习兴趣、学习能力、学习方法，以及交流探讨能力、创新意识、工程意识、安全意识、经济意识、质量意识和环保意识等；在文字叙述方面注重语言精练、通俗易懂，并采用现行国家标准（或行业标准）；每个单元配备了练习题，供学生进行综合训练，巩固和深入理解所学知识。

本书数字化资源可通过扫描封底立体书城 APP 二维码下载并安装该 APP 后，进行扫码呈现。

为便于教学，本书配套有电子课件、电子教案、实训任务书、习题答案、若干套模拟试卷与标准答案以及视频等教学资源，选用本书作为授课教材的教师可登录 www.cmpedu.com 注册后免费下载。

本书可作为中等职业院校机械加工技术专业及其他机械类专业课程教材，还可作为职业培训教材。

图书在版编目（CIP）数据

机械基础/王英杰，彭敏主编. —3版. —北京：机械工业出版社，2024.6（2024.8重印）
“十四五”职业教育国家规划教材：修订版
ISBN 978-7-111-75664-4

Ⅰ.①机… Ⅱ.①王… ②彭… Ⅲ.①机械学-中等专业学校-教材 Ⅳ.①TH11

中国国家版本馆 CIP 数据核字（2024）第080870号

机械工业出版社（北京市百万庄大街22号 邮政编码100037）
策划编辑：黎 艳　　责任编辑：黎 艳
责任校对：杜丹丹 张 薇　　封面设计：鞠 杨
责任印制：刘 媛
北京中科印刷有限公司印刷
2024年8月第3版第3次印刷
184mm×260mm · 16.25印张 · 398千字
标准书号：ISBN 978-7-111-75664-4
定价：49.90元

电话服务
客服电话：010-88361066
010-88379833
010-68326294

网络服务
机 工 官 网：www.cmpbook.com
机 工 官 博：weibo.com/cmp1952
金 书 网：www.golden-book.com
机工教育服务网：www.cmpedu.com

关于“十四五”职业教育
国家规划教材的出版说明

为贯彻落实《中共中央关于认真学习宣传贯彻党的二十大精神的决定》《习近平新时代中国特色社会主义思想进课程教材指南》《职业院校教材管理办法》等文件精神，机械工业出版社与教材编写团队一道，认真执行思政内容进教材、进课堂、进头脑要求，尊重教育规律，遵循学科特点，对教材内容进行了更新，着力落实以下要求：

1. 提升教材铸魂育人功能，培育、践行社会主义核心价值观，教育引导学生树立共产主义远大理想和中国特色社会主义共同理想，坚定“四个自信”，厚植爱国主义情怀，把爱国情、强国志、报国行自觉融入建设社会主义现代化强国、实现中华民族伟大复兴的奋斗之中。同时，弘扬中华优秀传统文化，深入开展宪法法治教育。

2. 注重科学思维方法训练和科学伦理教育，培养学生探索未知、追求真理、勇攀科学高峰的责任感和使命感；强化学生工程伦理教育，培养学生精益求精的大国工匠精神，激发学生科技报国的家国情怀和使命担当。加快构建中国特色哲学社会科学学科体系、学术体系、话语体系。帮助学生了解相关专业和行业领域的国家战略、法律法规和相关政策，引导学生深入社会实践、关注现实问题，培育学生经世济民、诚信服务、德法兼修的职业素养。

3. 教育引导学生深刻理解并自觉实践各行业的职业精神、职业规范，增强职业责任感，培养遵纪守法、爱岗敬业、无私奉献、诚实守信、公道办事、开拓创新的职业品格和行为习惯。

在此基础上，及时更新教材知识内容，体现产业发展的新技术、新工艺、新规范、新标准。加强教材数字化建设，丰富配套资源，形成可听、可视、可练、可互动的融媒体教材。

教材建设需要各方的共同努力，也欢迎相关教材使用院校的师生及时反馈意见和建议，我们将认真组织力量进行研究，在后续重印及再版时吸纳改进，不断推动高质量教材出版。

机械工业出版社

前　言

好教材不仅体现知识性、实践性和思想性，还体现先进的教育教学理念、教学艺术和学习方法的指导。《机械基础》（第1版）自2017年出版以来，一直深受中等职业学校广大师生的好评。虽然在2021年进行了修订，但随着科学技术的不断发展、新的国家标准的陆续颁布和实施、职业教育教学改革的不断深化、社会对学生核心素养、职业能力和职业素养的新要求，以及考虑用书学校提出的修改意见与要求，非常有必要再次进行合理修订。本次修订主要体现了以下特色。

（1）保持第2版的适用范围和定位、框架结构、探究学习特色、科普特色和文化特色，使本书内容更具文化特色、知识性、实践性和可读性。

（2）对相关内容、标准、栏目和图表进行补充、优化、修改和完善，例如，补充“拓展知识——中国古代机械史”；采用现行国家标准，如“GB/T 228.1—2021《金属材料　拉伸试验　第1部分：室温试验方法》”和“GB/T 1171—2017《一般传动用普通V带》”等；修改部分名词术语，如碳化钨合金球、非合金工具钢、牙嵌离合器、单盘离合器、多片离合器等；补充“无缺口试样”。

（3）适应新时代职业教育推进“课堂革命”的新要求，倡导翻转课堂、开放式、探究式、合作式学习模式，鼓励任课教师构建师生互动、生生互动的教学氛围，积极引导教师贯彻落实学科核心素养培养，重点落实人文底蕴、科学精神、学会学习、实践创新等核心素养的培养。同时，积极引导学生开展课外活动（或课外调研），开展探究式教学活动，培养学生良好的数字素养、职业能力、职业素养和工匠精神，优秀的自学能力和思维方法，做到触类旁通、融会贯通、学以致用，提升可持续发展能力和终身学习能力。

（4）借助二维码技术，新配套导学资料和思政典型案例，合理融入专业精神、职业精神、工匠精神、劳模精神、创新精神等内容；树立“大思政”理念，通过挖掘课程中蕴含的思政元素（表0-1），增设拓展知识以及开发思政素材等，合理融入思想政治教育内涵，有效构建“思政课程+课程思政”大格局。

表0-1　课程思政元素

思政元素类型	具体名称
课程思政元素	专业精神、职业精神、工匠精神、劳模精神、创新精神、安全教育、绿色环保、爱国主义、民族自信、文化自信、中华优秀传统文化、中华五千年文明史、中国现代化建设成就、沟通表达、团结协作
学科核心素养	人文底蕴（人文积淀、人文情怀、审美情趣），科学精神（理性思维、批判质疑、勇于探究），学会学习（乐学善学、勤于反思、信息意识），实践创新（劳动意识、问题解决、技术运用）

(5) 展示编写团队的先进教育教学理念，引导任课教师更新教学理念，创新教学设计和教学模式，不断提升教学能力、教科研能力和教学艺术性；激发学生的学习自信心和学习兴趣，不断提高学生的自学能力。

(6) 采用“导（导学）、教（讲解）、学（自学）、做（模拟）、练（实践）、思（总结）、评（评价）、拓（拓展）”8个教学环节和学习环节设计教学内容、教学过程和学习过程，探索构建“纸质教材+数字化教学资源+共享平台+文化融入+思政教育+教学剧本”教材建设模式。

(7) 立足中等职业学校学生的认知特点、思维特点、学习特点，配套表格式小结，汇总主要知识点，帮助学生掌握学习重点，支撑学生可持续发展。

(8) 贯彻全面发展和全面培养的教育教学理念，针对目前中等职业教育过程中存在的淡化基础知识的培养问题，注重加强对学生进行“宽基础，复合职业能力和职业素养”的培养。

(9) 根据学生未来面向的职业岗位（群），按照“简洁、实用、够用、会用，兼顾可持续发展”的原则，注重在基本概念、分类、特点、原理、应用、分析、对比、归纳和总结等方面，对内容进行科学构建，使教学内容由浅入深、循序渐进，图解直观形象，简化和降低了相关理论知识阐述的难度，注重在基础知识、职业能力、职业素养和非职业能力等方面对学生进行综合培养；在文字叙述方面注重语言精练、通俗易懂，提纲挈领；突出实践性，注重理论与实际相结合、学以致用，注重将理论知识科普化、系统化和趣味化，将典型零件进行提炼和突出，紧密联系学生的生活与实践经验，让学生在学习过程中能够产生认识“共鸣”。

(10) 每个单元配备了学习目标和练习题，练习题供学生进行综合训练，以巩固和深入理解所学知识。同时，为了方便教学和学习，还配置了电子教案（或电子课件）、动画、温故知新练习题答案以及若干套模拟试卷与标准答案等资源，助力师生高效开展教学活动。

本书中带“*”的内容，各学校可根据专业实际情况进行合理选择。本书建议学时数为64学时，具体学时分配如下：

单元	建议学时	单元	建议学时	单元	建议学时
绪论	4	单元四	6	单元八	2
单元一	4	单元五	10	实训	1周
单元二	8	单元六	18		
单元三	6	单元七	6		
小计	22	小计	40	小计	2(不含实训周)
总计	64学时(不含实训周)				

本书由王英杰、彭敏任主编，参加编写的还有：杨皓天、段瑾刚、张斌兴。全书由丁卫民主审。具体编写分工：绪论、单元一、单元八由杨皓天编写；单元二由段瑾刚编写；单元三、单元五、单元六由王英杰编写；单元四由张斌兴编写；单元七由彭敏编写。

由于编者水平有限，书中难免有错误和不妥之处，恳请广大读者批评指正。同时，在本书编写过程中参考了大量的文献资料，在此向文献资料的作者致以诚挚的谢意。

编　者

二维码索引

【拓展知识——漫话高压锅】		【实训任务书】 实训活动 3:链传动结构认识实训	
【拓展知识——力学与生活】		【实训任务书】 实训活动 4:曲柄滑块机构认识实训	
【拓展知识——联轴器的应用】		【实训任务书】 实训活动 5:凸轮机构认识实训	
【实训任务书】 实训活动 1:带传动结构认识实训		【实训任务书】 实训活动 6:齿轮传动结构认识实训	
【实训任务书】 实训活动 2:螺旋传动结构认识实训		【实训任务书】 实训活动 7:定轴轮系、周转轮系结构认识实训	
导学资料		思政典型案例	

目录

绪　论

学习目标

1. 认知课程的内容、性质、任务、基本要求及学习方法。
2. 认知机械的组成及相关基本要求。
3. 认知机械的发展趋势。
4. 围绕知识点与技能点，树立职业素养，培养学生养成严谨规范的专业精神、职业精神、工匠精神、劳模精神、劳动精神和创新精神，养成良好的绿色环保意识、安全意识和学科核心素养。

模块一　课程的内容、性质、任务和学习要求

【教——认真听教师讲】

一、机械基础课程的内容

本课程的内容涉及杆件的静力分析、直杆的基本变形、工程材料、连接、常用机构、机械传动、支承零部件、机械的节能环保与安全防护、气压传动与液压传动等基础知识与相关技能。

二、机械基础课程的性质与任务

1. 机械基础课程的性质

本课程是中等职业学校装备制造大类及相关专业的一门专业基础课程，也是公共职业平台课程之一，在各专业学习中起到承上启下的作用。机械基础课程不仅学习专业知识所必备的基础知识，而且提供促进后续课程的学习和向更高层次发展所需的基础知识。

2. 机械基础课程的任务

本课程的主要任务是：使学生掌握必备的机械基础知识和基本技能，懂得机械工作原理，了解机械工程材料的性能，准确表达机械技术要求，正确操作和科学维护机械设备；培养学生分析问题和解决问题的能力，并使学生形成正确的学习方法，具备继续学习专业技术的能力；对学生进行专业精神、职业精神培养，引导学生形成良好的职业道德，使学生形成严谨、敬业的工匠精神，培养创新意识，为今后解决生产中的实际问题和职业生涯的发展奠定基础。

三、机械基础课程的学习要求

1. 专业能力目标

1）具备对构件进行受力分析的基本知识，会判断直杆的基本变形形式。

2）具备机械工程常用材料的种类、牌号、性能的基本知识，会正确选用材料。

3）熟知连接件和支承零部件的工作原理、结构和特点，初步掌握其选用的基本方法。

4）了解常用机构的工作原理、结构、分类和特点，初步具有选用机构的能力。

5）熟知机械传动的原理、分类、特点和应用，初步具有选用机械传动的能力。

6）能够分析和处理一般机械运行中发生的问题，具备维护一般机械的能力。

2. 方法能力目标

1）具备在机械基础范围内获取、处理和表达技术信息，执行国家标准，使用技术资料的能力。

2）参加机械小发明、小制作等实践活动，尝试运用本课程的知识和技能对简单机械进行维修和改进。

3）养成良好的自主学习习惯，掌握正确的学习方法。

3. 社会能力目标

1）具有团队合作意识和沟通协作意识，积极参与机械产品社会调查、技术交流、分析研讨，拓展解决实际问题的能力。

2）具有社会责任感，熟知机械的节能环保与安全防护知识，具备改善润滑、降低能耗、减小噪声等方面的基本能力。

3）具备良好的职业道德和职业情感，提高适应职业变化（或岗位变化）的能力。

模块二

机械的组成及基本要求

【教——概念是对事物的界定，是认识事物的基础】

一、机械概述

1. 机械的概念

机械是机器与机构的总称。机械始于工具，工具是最简单的机械。机械能够将能量（或力）从一个地方传递到另一个地方，它是帮助人们省力或降低工作难度的工具或装置，如人类早期使用的石刀、石斧、石锤，吃饭用的筷子、清扫卫生的扫帚，以及夹取物品的镊子等都可以被称为机械，它们也是最简单的机械。复杂机械通常是由两种或两种以上的简单机械构成的。现代各种复杂精密的机械，都是从古代简单的工具逐渐发展而来的。通常将比较复杂的机械称为机器。

“机械”一语由“机”与“械”两个汉字组成。“机”是指局部的关键机件；“械”在中国古代是指某一整体器械或器具。这两字连在一起，组成“机械”一词，便构成一般性的机械概念。

机械是现代社会进行生产和服务的五大要素（即人、资金、能量、材料和机械）之一。不仅日常生活中接触到的电灯、电话、电视机、冰箱、电梯中包含有机械的成分，企业生产中接触到的各种机床、自动化装备、飞机、轮船、飞船中更缺少不了机械。因此，机械是现代社会的一个基础，更是现代工业和工程领域的基础。

2. 机械的分类

机械的种类繁多，可以从不同的方面进行分类。按机械的功能进行分类，机械可分为动力机械、加工机械、运输机械、信息机械等；按机械的服务产业进行分类，机械可分为农业机械、矿山机械、纺织机械、包装机械等；按机械的工作原理进行分类，机械可分为热力机械、流体机械、仿生机械等。可以说，在我们的日常生活和生产中，有各种类型的机械在为我们工作。

（1）动力机械　它是用来实现机械能与其他形式能量之间转换的机械，如电动机、内燃机、发电机、液压泵、压缩机等都属于动力机械。

（2）加工机械　它是用来改变物体的状态、性质、结构和形状的机械，如金属切削机床、粉碎机、压力机、纺织机、轧钢机、包装机等都是加工机械。

（3）运输机械　它是用来改变人或物料的空间位置的机械，如汽车、火车、飞机、轮船、缆车、电梯、起重机、输送机等都是运输机械。

（4）信息机械　它是用来获取或处理各种信息的机械，如复印机、打印机、绘图机、传真机、数码相机、数码摄像机、智能手机等都是信息机械。

拓展知识

机械（machinery）是机器（machine）和机构（mechanism）的总称。各种机构都是用来传递与变换运动和力的可动装置。至于机器则都是根据某种使用要求而设计的执行机械运动的装置，可用来传递和变换能量、物料和信息，机械是人类生活和生产的基本要素之一，是人类物质文明最重要的组成部分。机械的发明是人类区别于其他动物的一项主要标志。人类自从用机械代替简单的工具，使手和足的“延长”在更大程度上得到发展。而经过三次工业革命的洗礼，机械的飞速发展，更是带给人类前所未有的变化，可以说，世界机械的发展史与人类文明的发展史紧密相连，是人类超越自我、探索未知领域的发展史。

根据人类文明的发展历程，世界机械的发展史可以分为四个阶段：第一个阶段发生在200万年前至50万年前，这一阶段称为原始阶段；第二个阶段发生在大约公元前7000年至18世纪初，这一阶段称为古代机械发展阶段；从18世纪中叶至20世纪初，这一阶段称为近代机械发展阶段；20世纪初到现代，这一阶段称为现代机械发展阶段。

中国机械行业将主要机械产品分为12大类，它包括农业机械、重型矿山机械、工程机械、石化通用机械、电工机械、机床、汽车、仪器仪表、基础机械、包装机械、环保机械、矿山机械。

农业机械包括拖拉机、播种机、收割机械等。

重型矿山机械包括冶金机械、矿山机械、起重机械、装卸机械、工矿车辆、水泥设备等。

工程机械包括叉车、铲土运输机械、压实机械、混凝土机械等。

石化通用机械包括石油钻采机械、炼油机械、化工机械、气体压缩机、制冷空调机械、造纸机械、印刷机械、塑料加工机械、制药机械等。

电工机械包括发电机械、变压器、高低压开关、电线电缆、蓄电池、电焊机、家用电器等。

机床包括金属切削机床、锻压机床、铸造设备、木工机床、机床配件等。

汽车包括商用车（如货车、城市客车、长途客车等）、乘用车（如轿车、救护车、旅行车等）、改装汽车、摩托车等。

仪器仪表包括自动化仪表、电工仪器仪表、光学仪器、成分分析仪、汽车仪器仪表、电料装备、电教设备、照相机等。

基础机械包括轴承、液压件、密封件、粉末冶金制品、标准紧固件、工业链条、齿轮、模具等。

包装机械包括包装机、装箱机、输送机等。

环保机械包括水污染防治设备、大气污染防治设备、固体废物处理设备等。

矿山机械包括岩石分裂机、顶石机等。

3. 人类对机械的基本要求

机械可以完成人用双手、双目，以及双足、双耳直接完成和不能直接完成的工作，而且完成得更快、更好。**人类对机械的基本要求是：使用功能要求、经济性要求、劳动保护要求、环境保护要求以及特殊要求**。例如，金属切削机床在使用过程中，应在较长时期内保持加工精度；食品和药品加工机械应不污染产品；运输机械应自重轻、安全高效；信息机械应快速、准确等。

二、机器概述

机器是由各种金属和非金属部件组装成的执行机械运动的装置，它消耗能源，可以运转和做功，用来代替人进行工作、进行能量变换、物料传递、信息传递（或处理），以及产生有用功。机器贯穿于人类发展历史的全过程中。但是近代真正意义上的“机器”是在西方工业革命后才逐步被发明出来的。

1. 机器的特征

机器是执行机械运动的装置，可用来变换或传递能量与信息，从而减轻甚至代替人类劳动。机器的种类很多，其结构、性能和用途等各不相同，但从机器的组成、运动的确定性以及机器的功能来分析，机器都具有三个共同特征。

1）任何机器都是由许多机构组合而成的。例如，汽车发动机（图 0-1）就是由曲柄连杆机构和配气机构等组合而成的。

2）组成机器的各部分实物之间具有确定的相对运动。例如，内燃机配气机构（图 0-2）中的凸轮连续转动而阀杆作间歇往复移动，从而实现气体的交换过程。

3）所有机器都能做有效的机械功，可以代替人或减轻人类的劳动，或进行能量转换。例如，发电机可以将机械能转换为电能；运动机器可以改变物体在空间的位置；金属切削机床可以改变工件的尺寸、形状；计算机可以存储、传输和处理信息等。

2. 机器的组成

机器的种类和品种很多，而且构造、功能和用途也各不相同，但它们都是由动力部分、执行（工作）部分、传动部分和控制部分四部分组成，如图 0-3 所示。表 0-1 是常用机器组成分析。

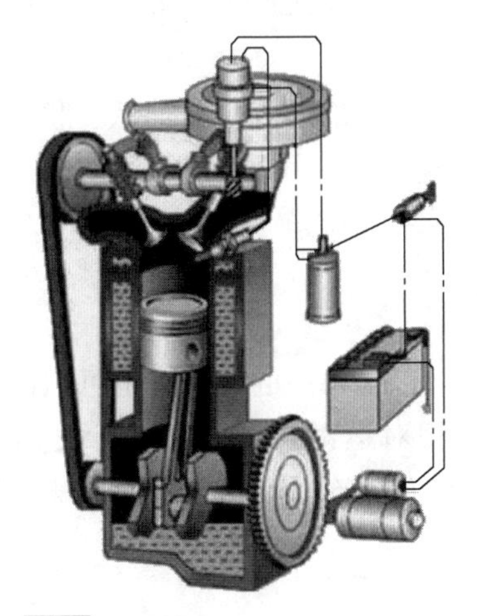

图 0-1　汽车发动机原理图

图 0-2　内燃机配气机构

表 0-1　常用机器组成分析

机器名称	动力部分	执行部分	传动部分	控制部分
波轮洗衣机	电动机	波轮	带	程序控制器
摩托车	内燃机	车轮	链、飞轮	电气系统
汽车	内燃机	车轮	变速器、差速器	电气系统、电子控制单元
数控车床	电动机	卡盘与刀具	齿轮、带等	电气系统、微型计算机

（1）动力部分　它是机器的动力来源。

（2）执行部分　它是直接完成工作任务的部分，它处于整个传动路线的终端。

（3）传动部分　它是将动力部分的运动和动力传递给执行部分的中间装置，然后再由中间装置将原动机的运动和动力传递给执行（或工作）部分，但也有一些机器是由原动机直接驱动执行（或工作）部分的。

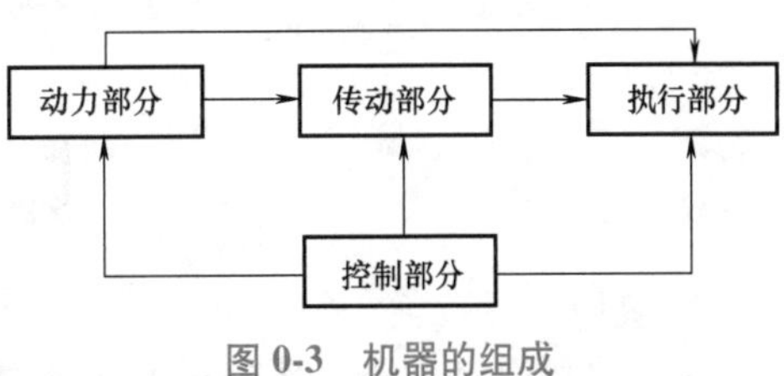

图 0-3　机器的组成

（4）控制部分　它是使动力部分、传动部分、执行部分按一定的顺序和规律实现预期运动，完成给定的工作循环。有些机器可能无此部分。

由上面的分析可知，电动自行车、电动缝纫机可以称为机器，而普通自行车、普通缝纫机由于缺少动力部分，则不能称为机器。另外，随着伺服机构、传感器与检测技术、自动控制技术、信息处理技术、材料及精密机械技术、系统总体技术的飞速发展，现代意义的机器的内涵还应包括信息处理功能、影像处理功能和数据处理功能等。

3. 机器的结构

机器一般由零件、部件组成一个整体，或者由几个独立机器构成联合体。由两台或两台以上机器机械地连接在一起的机械设备称为机组。

零件是构成机器的不可拆的制造单元。零件包括通用零件和专用零件。在各种机器中普遍使用的零件称为通用零件，如螺栓、螺母、垫圈、轴、齿轮、弹簧、销等；仅在某些机器中使用的零件称为专用零件，如压力机中的曲轴、连杆、滑块，车床上的卡盘，电风扇的叶片，手表的指针等。

部件是机器中由若干零件装配在一起构成的具有独立功能的部分，如轴承、联轴器、离合器、减速器等，为了简便，通常用“零件”一词泛指零件和部件。

三、构件和机构

1. 构件

构件是构成机器的各个相对独立的运动单元。构件可以是单一的零件，也可以由若干个零件刚性连接而成，但刚性连接的零件之间不能产生相对运动。例如，汽车发动机连杆（图 0-4）就是由连杆小端、连杆盖（大端）、连杆体、衬套、连杆轴瓦、螺栓与螺母等零件刚性连接而成的，并形成独立的运动构件。

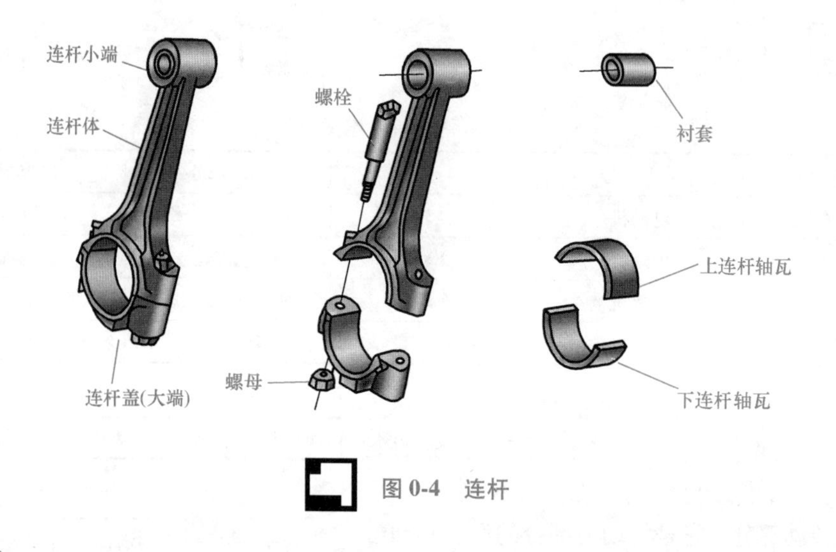

图 0-4　连杆

2. 机构

为了将机器动力部分所输出的运动变换为机器执行部分所需的运动规律和方式，首先需要认识机器传动部分的结构和特性，因此，引入了“机构”概念。机构是指两个或两个以上的构件通过活动连接以实现规定运动的构件组合。或者说，机构是具有确定的相对运动构件的组合体，是用来传递运动和力的构件系统。

复杂的机器由多种机构构成，而简单的机器可能只含有一种机构。例如，图 0-5 所示的曲柄压力机中，其传动部分由 V 带及带轮组成的带传动机构、小齿轮和大齿轮组成的齿轮传动机构、曲轴和连杆及滑块组成的曲柄滑块机构等构成，它们协同作用，将电动机的等速转动变换为凸模的直线冲压运动。再如，机械手表中的原动机构、调速机构等；车床、刨床等中有进给机构；汽车中的带传动、齿轮变速器、差速器等也都是机构。

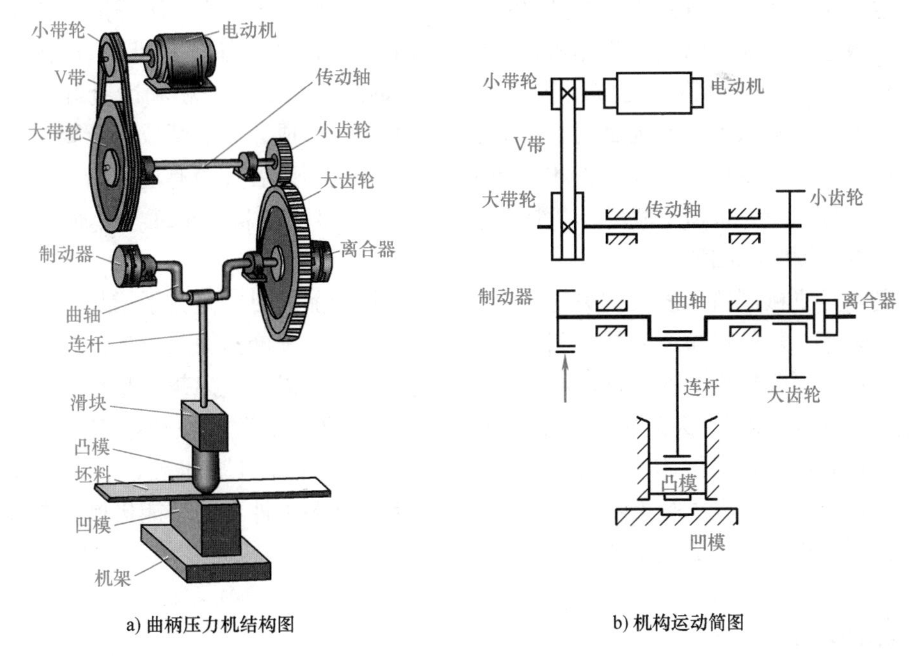

a) 曲柄压力机结构图　　b) 机构运动简图

图 0-5　曲柄压力机结构图与机构运动简图

由机器的结构可见，机构的性能和零件的质量决定着机器的完善程度。无论从制造机器还是从使用机器的角度来说，都必须将机构和零件作为基础来学习。另外，如果仅从结构和运动的角度来分析，机构与机器之间并无区别，因此，可将机构和机器总称机械。

【学——结合自身实践经验进行学习】

四、机械在社会发展中的作用

机械是人类物质文明最重要的组成部分和助推器。机械工业是为国民经济提供装备的基础产业，将随着科学技术的发展而发展。在国民经济的各个领域中，其发展水平均与机械的科技水平相适应。同时，某些机械的发明和完善，又会导致新技术和新产业的出现和发展。例如，大型动力机械的制造成功，促成了电力系统的建立；机车的发明促使铁路工程和铁路事业的兴起；内燃机、燃气轮机、火箭发动机等的发明和进步，以及飞机和航天器的研制成功使航空、航天事业蓬勃发展；高压设备的发展引发了许多新型合成化学工程的成功等。

人类为了适应生产和生活的需要，在远古时期就已经会利用杠杆、圆木滚子、绞盘等简单机械从事建筑和运输了。几千年前，人类已发明了用于谷物脱壳和粉碎的臼和磨，用于提水的辘轳、翻车（或筒车），装有轮子的车，装有齿轮系的记里鼓车，航行于江河的船及桨、橹、舵等。在古代，所用的机械动力逐步由人力发展到畜力、风力和水力，所用的机械制造材料也由天然的石、木、土、皮革等逐步发展到人造材料。制造陶瓷器皿的陶车，已是具有动力部分、传动部分和执行（工作）部分的完整机械。鼓风器的发明对人类社会的发展起到重要作用，强大的鼓风器使冶金炉获得足够高的炉温，得以从矿石中炼取金属。西周时期，中国就已经有了冶铸用的鼓风器。总体来说，在 16 世纪以前，机械的发展水平还很低，发展速度也很缓慢。直到 17 世纪以后，资本主义商品经济在英、法等国迅速发展，许多人致力于改进各产业所需要的工作机械和研制新的动力机械（如蒸汽机），机械才开始迅速发展。18 世纪后期，蒸汽机的应用从采矿业逐步推广到纺织、面粉和冶金等行业，制作机械的主要材料逐渐从木材改为金属，机械制造工业开始形成，并逐渐成为重要产业。机械制造从分散性的、主要依赖工匠个人才智和手艺的技艺逐渐发展成为有理论指导的、系统的和独立的科学技术——机械工程学。机械工程学是促成 18—19 世纪的工业革命和资本主义机械大生产的主要技术因素之一。

不断创新是机械制造与发展的关键，研制新的机械产品的目的是为了增加生产，提高劳动生产率。未来，新的机械产品的研制将以降低资源消耗，发展洁净的再生能源，治理、减轻以至消除环境污染作为主要目标。同时，现代机械工业可以创造出越来越精巧和越来越复杂的机械，将使人类的许多梦想成为现实。例如，人类已能上游天空和宇宙，下潜大洋深层，远窥百亿光年，近察细胞和分子。另外，随着新兴的电子计算机硬件、软件科学的发展，人类创造出了许多人工智能器件，帮助人类创造出许多更神奇的智能机械，并代替人类的双手作更多、更精巧、更复杂的工作。

拓展知识

中国古代机械史

中国古代机械起源早，发展较快，是世界上机械发展最早的国家之一，在 13—14 世纪曾居世界前列，并且是独立发展的。中国古代在机械方面有许多发明创造，在动力的利用和机械结构的设计上都有自己的特色。例如，许多专用机械的设计和应用，如连机水碓、指南车、地动仪等，均有独到之处。夏代以前和夏代，先后出现了无辐条和各种有辐条的车轮，殷商和西周时期已有相当精致的车轮。春秋时期出现弩，控制射击的弩机已是灵巧的机械装置。战国时期流传的《考工记》是现存最早的手工艺专著，其中记有车轮的制造工艺，对弓的弹力、箭的射速和飞行的稳定性等都做了深入的探索。到汉代，弩机的加工精度和表面质量已达到相当高的水平。西汉时期的被中香炉（图 0-6）构造精巧，无论球体香炉如何滚动，其中心位置的半球形炉体都能保持水平状态。

图 0-6　被中香炉

【练——温故知新】

一、名词解释

1. 机械　2. 机器　3. 零件　4. 部件　5. 构件　6. 机构

二、填空题

1. 机械的种类繁多，可以从不同的方面进行分类。按机械的功能进行分类，机械可分为动力机械、____________机械、____________机械、信息机械等。

2. 动力机械是指用来实现____________能与其他形式能量之间转换的机械，如电动机、内燃机、发电机、液压泵、压缩机等都属于动力机械。

3. 加工机械是指用来改变____________的状态、性质、结构和形状的机械，如金属切削机床、粉碎机、压力机、纺织机、轧钢机、包装机等都是加工机械。

4. 运输机械是指用来改变人或物料的空间____________的机械，如汽车、火车、飞机、轮船、缆车、电梯、起重机、输送机等都是运输机械。

5. 信息机械是指用来获取或处理各种____________的机械，如复印机、打印机、绘图机、传真机、数码相机、数码摄像机、智能手机等都是信息机械。

6. 机器的种类和品种很多，而且构造、功能和用途也各不相同，但它们都由____________部分、执行（工作）部分、____________部分和控制部分四部分组成。

7. 传动部分是将____________部分的运动和动力传递给执行部分的中间装置。

8. 控制部分是使动力部分、____________部分、____________部分按一定的顺序和规律实现运动，完成给定的工作循环。

9. 机器一般由____________、部件组成一个整体，或者由几个独立机器构成联合体。由两台或两台以上机器机械地连接在一起的机械设备称为____________。

10. 零件包括____________零件和____________零件。

三、单项选择题

1. 在机器中属于制造单元的是____________。

A. 零件　　B. 部件　　C. 构件

2. 在机器中各运动单元称为____________。

A. 零件　　B. 部件　　C. 构件

3. 具有确定的相对运动构件的组合体是____________。

A. 机构　　B. 机器　　C. 机械

4. 下列机械中属于动力机械的是____________。

A. 车床　　B. 电动机　　C. 连杆

5. 下列机械中属于机构的是____________。

A. 发电机　　B. 千斤顶　　C. 汽车

6. 下列机械中属于机床传动部分的是____________。

A. 刀架　　B. 电动机　　C. 齿轮机构

四、判断题（认为正确的请在括号内打“√”；反之，打“×”）

1. 零件是运动单元，构件是制造单元。（　）

2. 部件是机器中由若干零件装配在一起构成的具有独立功能的部分。（　）

3. 电动自行车、电动缝纫机可以称为机器，而普通自行车、普通缝纫机由于缺少动力部分，则不能称为机器。（　）

4. 构件可以是单一的零件，也可以是由若干个零件刚性连接而成的，但刚性连接的零件之间不能产生相对运动。（　）

5. 如果仅从结构和运动的角度来分析，机构与机器之间并无区别，因此，可将机构和机器总称机械。（　）

五、简答题

1. 人类对机械的基本要求有哪些？

2. 机器都具有哪三个共同特征？

【思——学会将知识系统化，知其所以然】

主题名称	重点说明	提示说明
机械	机械是机器与机构的总称。机械能够将能量(或力)从一个地方传递到另一个地方,它是减轻甚至代替人类劳动的工具或装置	机械可从不同方面进行分类,按功能进行分类,机械可分为动力机械、加工机械、运输机械、信息机械等
机器	机器是由各种金属和非金属部件组装成的执行机械运动的装置,它代替人进行工作、能量变换、物料传递、信息传递(或处理)以及做有效的机械功 机器由动力部分、执行(工作)部分、传动部分和控制部分四部分组成	机器一般由零件、部件组成一个整体,或者由几个独立机器构成联合体。由两台或两台以上机器机械地连接在一起的机械设备称为机组 零件是构成机器的不可拆的制造单元。部件是机器中由若干零件装配在一起构成的具有独立功能的部分
构件	构件是构成机器的各个相对独立的运动单元。构件可以是单一的零件,也可以是由若干个零件刚性连接而成的,但刚性连接的零件之间不能产生相对运动	例如,汽车发动机连杆就是由连杆小端、连杆大端、杆身、衬套、轴瓦、螺栓与螺母等零件刚性连接而成的,并形成独立的运动构件
机构	机构是指两个或两个以上的构件通过活动连接以实现规定运动的构件组合。或者说,机构是具有确定的相对运动的构件的组合体,是用来传递运动和力的构件系统	复杂的机器由多种机构构成,而简单的机器可能只含有一种机构。例如,车床、刨床等中有进给机构;汽车中的带传动、齿轮变速器、差速器等也都是机构

【做——课外调研活动】

深入社会进行观察或借助有关图书资料，了解机械在现代生活和机械制造中的应用情况，并写一篇分析报告或同学之间进行相互交流与探讨。

【评——学习情况评价】

复述本单元的主要学习内容	
对本单元的学习情况进行准确评价	
本单元没有理解的内容有哪些	
如何解决没有理解的内容	

注：学习情况评价包括少部分理解、约一半理解、大部分理解和全部理解四个层次。请根据自身的学习情况进行准确和客观的评价。

【拓——知识与技能拓展】

同学们深入认识构件与机构的内涵，然后深入生活，分析我们身边的自行车（或电动车）中有哪些构件和机构？大家分工协作，采用表格形式（或思维导图形式），系统分析自行车（或电动车）中的构件与机构。

单元一 杆件的静力分析

学习目标

1. 准确理解有关概念，如力、刚体、力矩、力偶、约束、约束力等。
2. 理解力的三要素、静力学公理、力偶三要素、力偶的性质等。
3. 学会物体（或构件）受力分析步骤，会画受力分析图。
4. 理解平面任意力系的平衡方程及其应用。
5. 围绕知识点（合力），树立职业素养，同时在科学精神、学会学习、实践创新三个素养方面对学生进行学科核心素养培养。

模块一 力的概念与基本性质

【教——教育能开拓人的智力】

一、静力学概述

静力学是研究物体平衡问题的科学。平衡是指物体相对于地面保持静止或保持匀速直线运动状态，它是物体机械运动的一种特殊形式。静力学研究的基本内容可归结为以下几个方面：

（1）物体的受力分析　即分析物体受到哪些力的作用，各力的大小、方向、作用点（线）如何。

（2）力系的简化　力系是指作用于物体上的一组力。将一个复杂的力系用简单的力系来等效代替，称为力系的简化。

（3）力系的平衡条件　要使物体保持平衡状态，作用在物体上的力系必须满足一定的条件，这种条件称为力系的平衡条件。物体平衡时所受的力系，即为平衡力系。应用力系的平衡条件，可以解决一些工程实际问题。

二、力的概念

人们在长期的生活和生产实践中，通过观察和分析，逐渐形成了力的概念，即力是物体间的相互作用，这种作用使物体的运动状态发生改变或使物体产生变形。同时，力不能脱离开物体而存在。如果物体受到力的作用，则必有施加力的物体。明确这一点对以后进行受力分析是很重要的。

力对物体的作用效果有两种情形：一是使物体的运动状态发生变化，这一效应称为力的运动效应；二是使物体发生变形，这一效应称为变形效应。

实践证明，力对物体的作用效应，由力的大小、方向和作用点的位置所决定，这三个因素称为力的三要素。在力的三个要素中，任何一个要素改变，力的作用效果就会改变。如图1-1所示，对同一物体施加力 $\boldsymbol{F}$，如果力 $\boldsymbol{F}$ 的大小、方向、作用点不同，就会产生不同的作用效果。

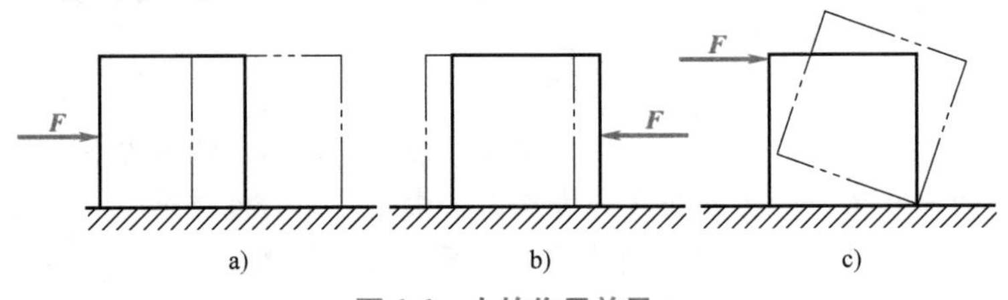

图1-1　力的作用效果

力是一个有大小和方向的矢量，在国际单位制中，力的单位为N（牛顿，简称牛）或kN（千牛）。

力的三要素可用有向线段表示，如图1-2所示。箭头的指向表示力的方向；线段的起点（箭尾）或终点（箭头）表示力的作用点；线段的长度（按一定比例画出）表示力的大小。

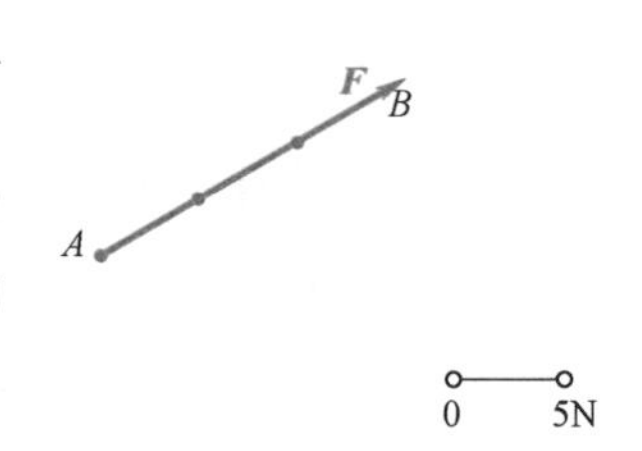

图1-2　力的表示

三、刚体的概念

任何物体受力后，都将产生或大或小的变形。在许多情况下，变形都是很小的，而且忽略变形不会对所研究的问题有实质性的影响，却可以使问题简化。例如，图1-3所示桥式起重机的桥架，由于起吊重物及其自重的作用，桥架将发生弯曲变形，但在计算桥架两端的约束力时，则可忽略桥架的微小弯曲变形，这样做对计算结果影响很小。因此，完全可以将起重机的桥架看成是不变形的物体。我们将受力后几何形状及尺寸均不发生任何变化的物体称为刚体。

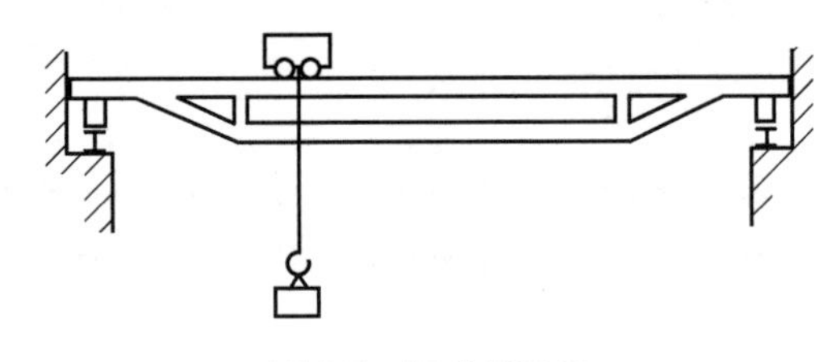

图1-3　桥式起重机

刚体是一种抽象的力学模型，实际上并不存在。一个物体能否视为刚体，通常与所研究问题的性质有关。例如，在静力学中，当研究物体的运动效应时，可将物体看成刚体；在材料力学研究时，当研究物体的变形效应时，就不能将物体看成刚体，而是看成“变形体”。

四、力的基本性质

力的基本性质由静力学公理来说明。静力学公理是人类在长期的生活和生产实践中总结出来，经实践反复检验并符合客观实际的最普遍的规律。静力学公理是整个静力学的基础，反映了力所遵循的客观规律，是进行构件受力分析、研究力系简化和力系平衡的理论依据。

1. 二力平衡公理

二力平衡公理（或二力平衡条件）：两个力作用在刚体上，使刚体处于平衡状态的充分和必要条件是这两个力作用在同一直线上，而且它们大小相等、指向相反，如图 1-4 所示。

二力平衡公理适用于刚体，对于变形体则不完全适用。例如，图 1-5 中的软绳，在一对等值反向的拉力作用下可以平衡（图 1-5a），但如果软绳受一对等值反向的压力作用时，则不能平衡（图 1-5b）。

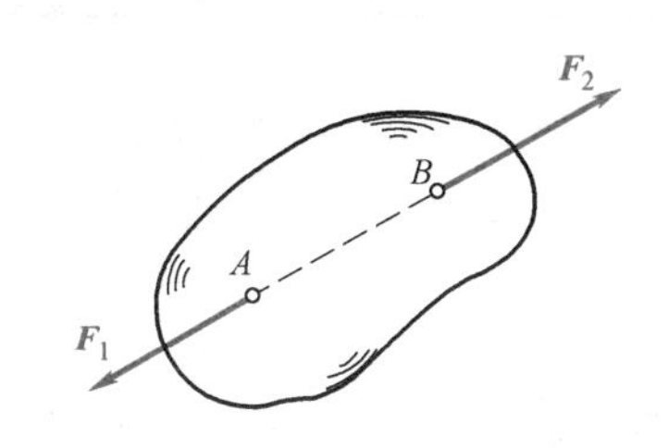

图 1-4　二力平衡公理图示[⊖]

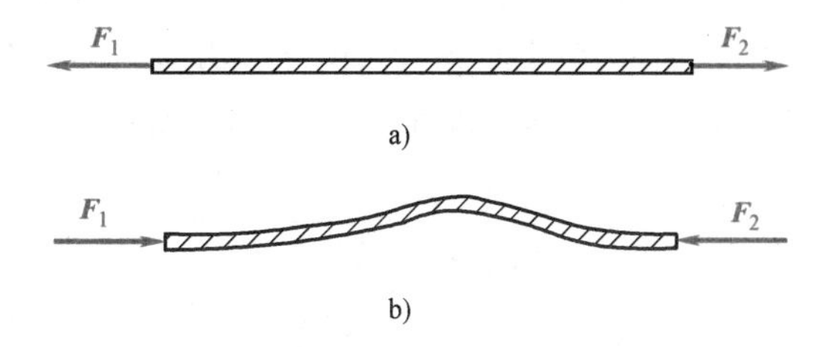

图 1-5　软绳的受力及平衡状态分析

只受两个力作用且处于平衡状态的构件称为二力构件（或二力杆件）。二力构件在工程上很常见，它的受力特点是：两个力的作用线必在两个力作用点的连线上，且等值、反向。例如，图 1-6 所示支架中的 BC 杆，如果忽略其自重，即为二力构件（或二力杆件）。

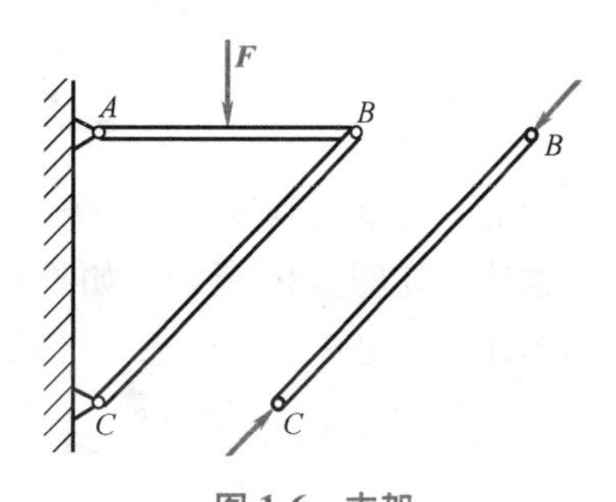

图 1-6　支架

2. 加减平衡力系公理

加减平衡力系公理：在作用于刚体上的任一力系中，加上或减去一个平衡力系，不改变原力系对刚体的作用效果。

利用加减平衡力系公理可以推导出力的可传性原理，即作用于刚体上的力，可沿其作用线移至刚体上任一点而不改变其对刚体的作用效果。例如，假设刚体上 A 点作用一力 $\boldsymbol{F}$，如图 1-7a 所示，如果在力 $\boldsymbol{F}$ 的作用线上任取一点 B，在 B 点加一平衡力系（$\boldsymbol{F}_1$、$\boldsymbol{F}_2$），使 $F_1=-F_2=F$，如图 1-7b 所示。根据加减平衡力系公理，这样做并不改变原力对刚体的作用效果。此时，$\boldsymbol{F}_2$ 与 $\boldsymbol{F}$ 组成一对平衡力系，根据二力平衡公理，可将此二力从力系中减去，则相当于将力 $\boldsymbol{F}$ 沿着它的作用线移至了 B 点，而且力 $\boldsymbol{F}$ 不改变对刚体的作用效果。因此，对于刚体，力的可传性原理成立。

根据力的可传性，作用于刚体上的力的三要素可表述为：力的大小、方向、作用线，可不再强调力的作用点。但应特别注意，力的可传性原理只适用于刚体，而不适用于变形体。例如，在生活中用小车（图 1-8）运送物品时，无论在车后 A 点用力 $\boldsymbol{F}$ 推车，还是在车前同一直线上的 B 点用力 $\boldsymbol{F}$ 拉车，它们的作用效果都是一样的。

⊖ AR 码，即增强现实码。先下载“立体书城应用”App，使用书架模块扫描图标，扫码即可使用。

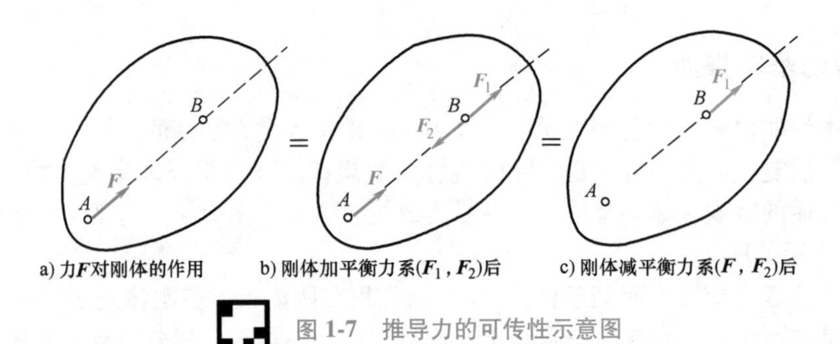

图 1-7　推导力的可传性示意图

3. 力的平行四边形法则

力的平行四边形法则：作用于刚体上同一点的两个力，可以合成为一个力，合力的作用点仍在该点，合力的大小和方向由此二力为邻边所作平行四边形的对角线来确定，如图 1-9 所示。

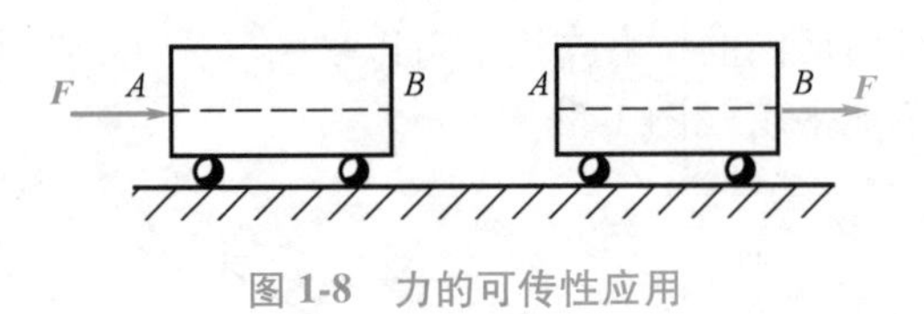

图 1-8　力的可传性应用

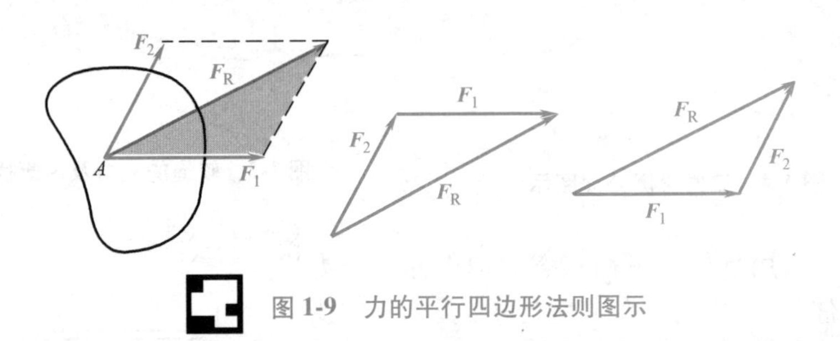

图 1-9　力的平行四边形法则图示

力的合成既可利用力的平行四边形法则求得，也可利用力的三角形法则求得。

推论：如图 1-10 所示，如果刚体受到同一平面内互不平行的三个力作用而平衡，则该三力的作用线必汇交于一点，此定理称为三力平衡汇交定理。

4. 作用与反作用公理

作用与反作用公理：两个物体间相互作用的力总是大小相等、方向相反、沿同一直线，分别作用在两个物体上。

作用与反作用公理说明力总是成对出现的，有作用力就有反作用力，二者永远是同时存在、又同时消失的。例如，如图 1-11 所示，在车削加工时，就存在作用力与反作用力。必须注意的是，作用力与反作用力分别作用在两个物体上，不能说成是一对平衡力。

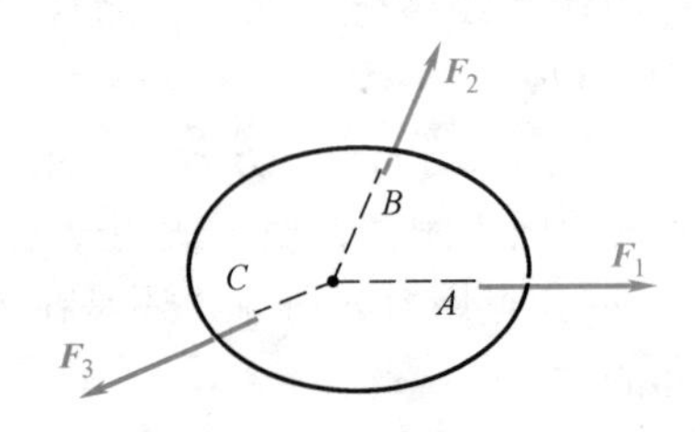

图 1-10　三力平衡汇交定理

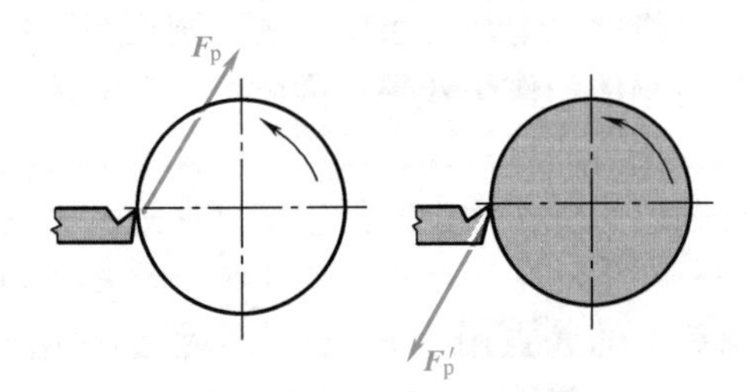

图 1-11　车削加工中的作用力与反作用力

模块二

力矩、力偶、力的平移

【教——掌握原理是应用知识的前提】

一、力矩

力对物体除了具有运动效应外，有时还会产生转动效应。如图 1-12 所示，用扳手转动螺母时，作用于扳手上的力 **F** 能使扳手及螺母绕 O 点转动。由实践经验可知，加在扳手上的力越大，或者力的作用线距离中心 O 点越远，就越容易转动螺母。因此，力 **F** 使刚体绕某点 O 转动的效应，不仅与力的大小成正比，而且与 O 点至力的作用线的垂直距离成正比。

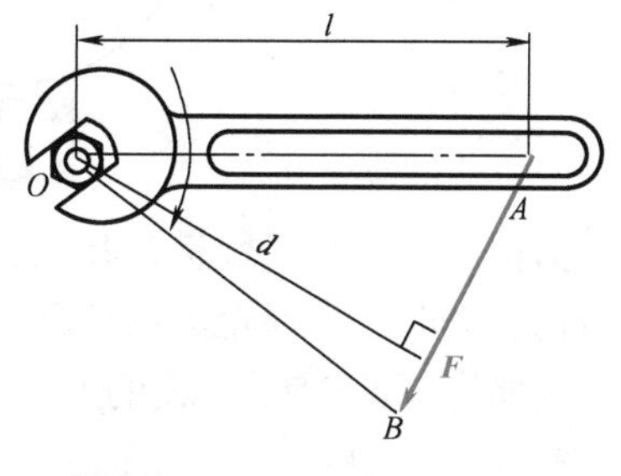

图 1-12　扳手的力矩

在力学中，将物体的转动中心称为矩心，矩心到力的作用线的距离称为力臂。以力与力臂的乘积来度量力对物体的转动效应，并称为力对点之矩，简称力矩，记作

$$M_O(F)=\pm Fd$$

力矩是一个代数量，其正、负号表示力矩的转向。通常规定：力使物体产生逆时针方向转动时，力矩为正；力使物体产生顺时针方向转动时，力矩为负。力矩为零的条件是：力的作用线通过矩心。在国际单位制中，力矩的单位为 N·m（牛·米），常用单位是 kN·m（千牛·米）。

二、力偶和力偶矩

1. 力偶

在日常生活及工程实践中，常会见到两个大小相等、方向相反、不共线的平行力作用在物体上，使物体产生转动，如双手转动汽车方向盘、用丝锥加工螺纹、用手拧水龙头等就是如此，如图 1-13 所示。

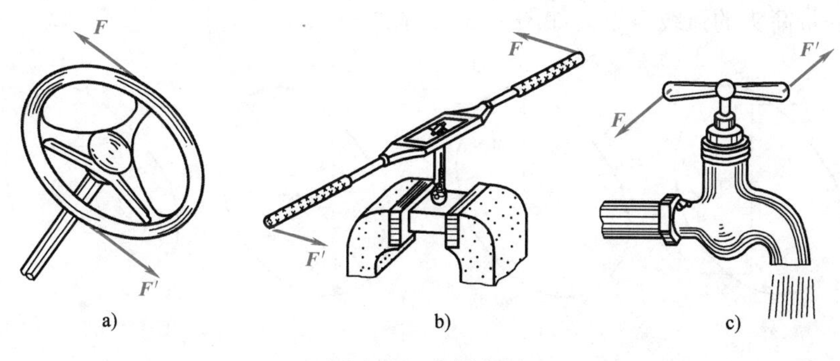

图 1-13　力偶实例

在力学中，将作用在同一物体上的两个大小相等、方向相反、不共线的平行力称为力偶，记作（F，F'）。

2. 力偶矩

图1-14所示是一平面力偶，力偶中两个力所在的平面称为力偶作用面，两力作用线之间的垂直距离称为力偶臂，用d表示。力偶使物体转动的方向称为力偶的转向，力偶对物体的转动效应取决于力偶中的力与力偶臂的乘积，称为力偶矩，记作M（F，F'）或M，即

$$M(F,F')=M=\pm Fd$$

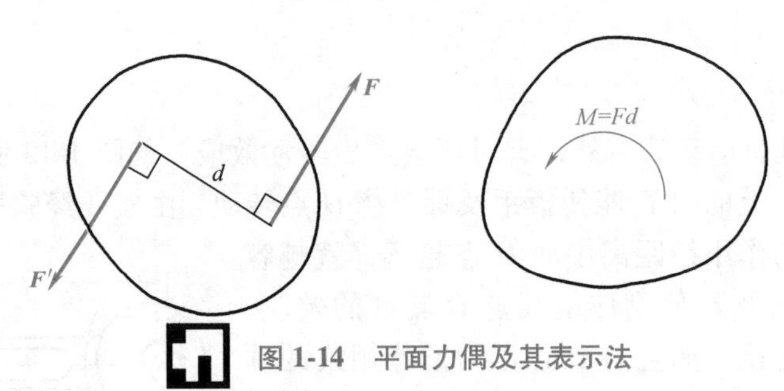

图1-14　平面力偶及其表示法

力偶矩是一个代数量，其正、负号表示力偶矩的转向。通常规定：力偶使物体产生逆时针方向转动时，力偶矩为正；反之，力偶使物体产生顺时针方向转动时，力偶矩为负。

力偶的三要素是力偶矩的大小、转向和力偶的作用面，它们决定了力偶对刚体的作用效果。

3. 力偶的性质

1）力偶不能用一个力来代替。一个力偶作用在物体上只能使物体转动，而一个力作用在物体上时，则将使物体移动或使物体既移动又转动。因此，力偶无合力，且不能与一个力平衡，即力偶必须用力偶来平衡。力偶和力是表示物体相互作用的两个基本物理量。

2）力偶对其作用面内任意一点之矩恒等于力偶矩，而与矩心的位置无关，如图1-15所示。而力对某点之矩，随矩心的不同而不同，这是力偶与力矩的本质区别之一。

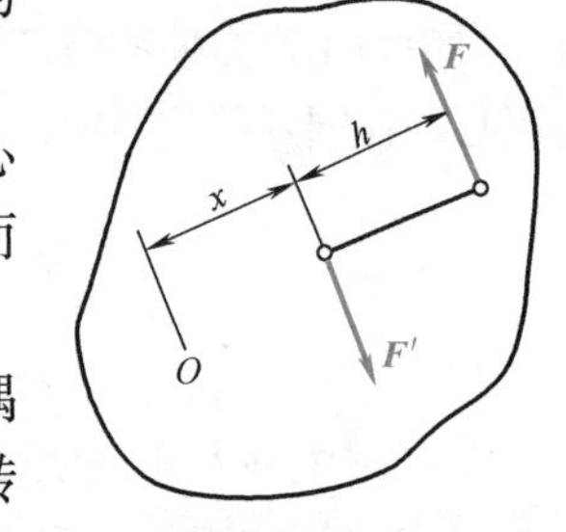

图1-15　力偶中力对任一点的矩

3）凡三要素相同的力偶，相互之间等效。该性质也称为力偶的等效性。由力偶的等效性可以得出：只要保持力偶矩的大小和转向不变，力偶可以在其平面内任意移动，且可以同时改变力偶中力的大小和力臂的长短，而不改变力偶对物体的作用效果。因此，力偶也可以用一带箭头的弧线表示，如图1-16所示。

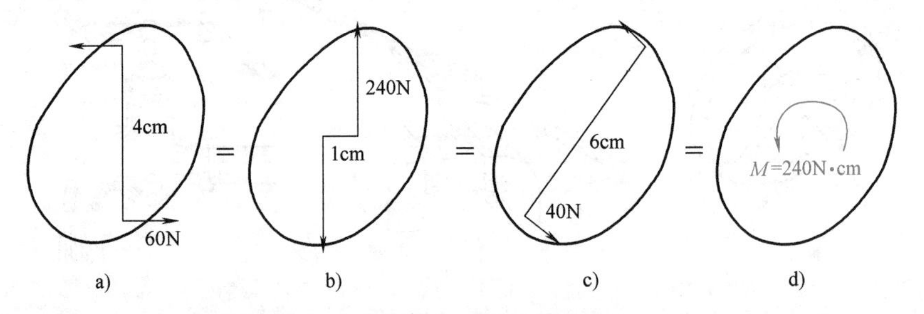

图1-16　力偶的等效性和不同的表示方法

三、力的平移定理

力的平移定理是：作用在刚体上某点 A 的力 $\boldsymbol{F}$，可以将力 $\boldsymbol{F}$ 平行移动至任一指定点 B，但需附加一个力偶矩 $\boldsymbol{M}$，附加的力偶矩 $\boldsymbol{M}$ 等于原力 $\boldsymbol{F}$ 对指定点 B 之矩，如图 1-17 所示。

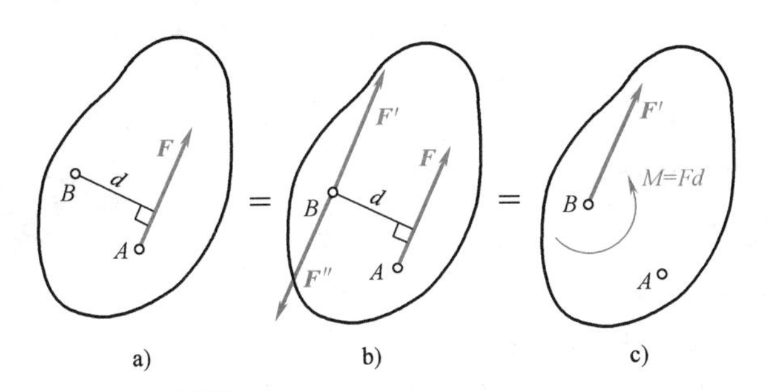

图 1-17　力的平移定理图示

力是矢量，当力平移时，原力对物体的作用效果就会改变，因此，力的平移定理可以解决此类问题。例如，在钳工实习中，使用丝锥攻螺纹时，需要在锥柄两端均匀地用力，以形成一个力偶，而不允许单手施加力于锥柄一端（图 1-18），因为这样做容易使丝锥偏斜和折断。另外，利用力的平移定理，也可以将同一平面内的一个力和一个力偶替换成一个力，这样可以将一个复杂的平面力系简化。

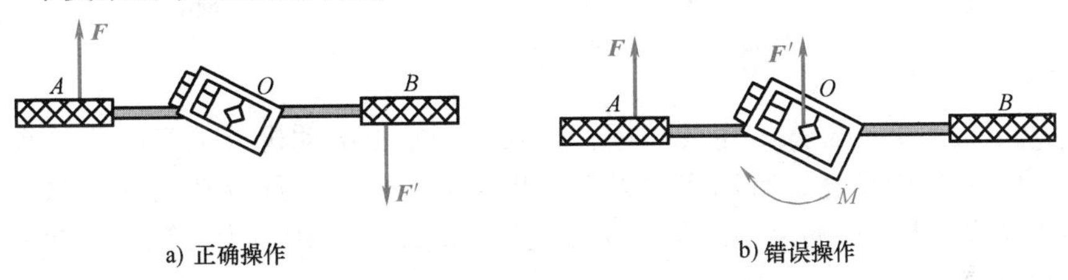

图 1-18　用丝锥攻螺纹

四、功率与效率

1. 功率

功率是指物体单位时间（t）内所作的功（W）。功率用符号 P 表示，即

$$P=\frac{W}{t}$$

功率的单位是 W（瓦），工程中常以 kW（千瓦）为常用单位。功率是机器的主要技术指标之一，它代表机器的工作能力，是正确选择和使用机器的重要参数。在机器的铭牌中都标有机器的额定功率。额定功率是机器正常工作时的功率。

（1）直线运动的功率公式　对于直线运动来说，可用如下公式计算功率：

$$P=Fv$$

式中　F——外载荷，或称为有效作用力，单位是 N；

　　v——速度，单位是 m/s。

当机器的功率一定时，力与速度成反比，速度越大，力越小；速度越小，力越大。例如，在进行金属粗切削加工时，如果被切削材料较硬、背吃刀量（切削深度）大，常选择较低的切削速度，以获得较大的切削力，否则就会使电动机过载甚至烧毁电动机。

（2）回转运动的功率公式　对于回转运动来说，可用如下公式计算功率：

$$P=\frac{Mn}{9550}$$

式中　P——圆轴传递的功率，单位是 kW；

n——圆轴的转速，单位是 r/min；

M——作用在轮轴上的外力偶矩，单位是 N · m。

图 1-19　汽车爬坡

当机器的功率一定时，转矩与转速成反比，转速大时，转矩变小；转速小时，转矩变大。例如，汽车爬坡（图 1-19）时，需要较大的驱动力矩（或较大的牵引力），驾驶人常以低档位行驶，以便在一定功率的情况下获得较大的牵引力。

实践经验

在同一台机器中，低速轴常比高速轴受力大，且轴径也较大。在由带传动、齿轮传动、链传动组成的传动系统中，高速部分要比低速部分的作用力小，因此常将带传动布置在高速级。

2. 效率

机器在运转时，必须输入一定的功率，输入功率常由电动机（或发电机）提供。输入功率（P）的一部分用于克服有用阻力以完成指定的工作，该部分功率部分称为有用功率（$P_{有}$）。输入功率（P）中的另一部分要克服机械传动中的无用阻力，该部分功率称为无用功率（$P_{无}$）。

机器工作时，输出的有用功率与输入功率（P）之比称为效率。效率总是小于 1。效率用符号 η 表示，其计算公式是

$$P=P_{有}+P_{无}$$

$$\eta=\frac{P_{有}}{P}$$

模块三　约束、约束力、力系和受力图的应用

【教——掌握分类是学习知识的有效方法之一】

一、约束与约束力

在日常生活和工程实践中，我们常遇到物体与其他物体以一定的方式相互联系在一起，

又相互制约或限制。例如，转轴受到轴承的限制，使轴只能产生绕轴线的转动；汽车受到地面的限制，使汽车只能沿路面行驶。凡是对一个物体的运动或运动趋势起限制作用的其他物体，都称为这个物体的约束。上述例子中的轴承就是转轴的约束，地面就是汽车的约束。

约束对物体的作用力称为约束力。与约束力相对应，使物体产生运动或运动趋势的力，称为主动力（在工程上又称为载荷），如物体的重力、风力、压力、零件的载荷等。由于约束的作用是限制物体的运动，所以约束力的方向总是指向限制物体运动的方向，即与主动力使物体产生运动或运动趋势的方向相反，其作用点在约束与被约束物体相互连接或接触之处。

通常主动力是已知的，而约束力则是未知的，需要由平衡条件进行确定。

二、常见的约束类型及其约束力的特点

常见的约束类型有柔性约束、光滑接触面约束、光滑圆柱铰链约束、固定端约束等。

1. 柔性约束

柔性约束又称为柔索约束，由柔软的绳索、链条、传动带、钢索等构成。柔性约束对物体的约束力是沿着柔体的中心线背离被约束物体的拉力，如图 1-20 所示。

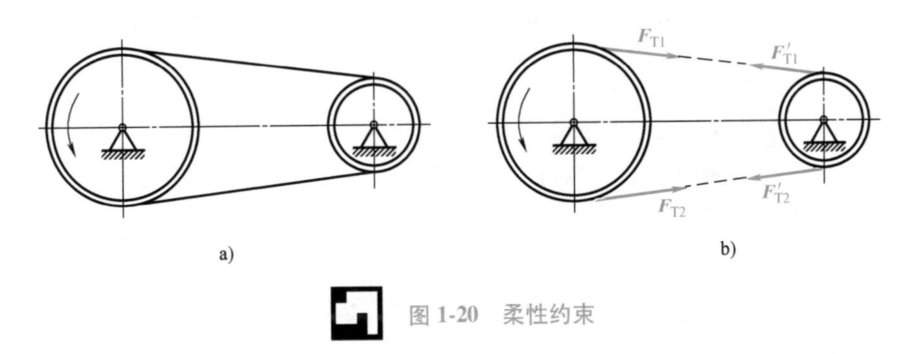

图 1-20　柔性约束

绳索、链条、传动带、钢索等对物体的约束力作用在接触点上，方向是沿着绳索、链条、传动带等而背离物体。绳索、链条、传动带、钢索等只承受拉力，不承受压力。

2. 光滑接触面约束

当两个物体接触面上的摩擦力与其他力相比很小，可忽略时，可将接触面看成是完全光滑的，这种约束称为光滑面约束，如图 1-21 所示。例如，导轨与车轮接触、齿轮与齿轮接触、气缸壁与活塞接触等均可视为光滑接触面约束。

光滑接触面约束只能阻止物体沿接触点（或接触面）公法线方向的运动，而不能限制物体沿接触面切线方向的运动。因此，光滑接触面约束力的作用方向是通过接触点并沿着公法线，指向被约束物体，这种约束力也称为正压力。

3. 光滑圆柱铰链约束

两个以上构件通过圆柱面接触，构件只能绕销轴回转中心相对转动，不能发生相对移动，而构成的约束称为光滑圆柱铰链约束。根据被连接物体的形状、位置及作用进行分类，光滑圆柱铰链约束可分为中间铰链约束（两个构件可做相对转动）、固定铰链支座约束（构件中一个固定在机架或基础上）和活动铰链支座约束（支座中有几个圆柱滚子可沿某一方向滚动）。

如图 1-22 所示，构件 1 和构件 2 分别是两个带圆孔的构件，将圆柱销穿入构件 1 和构件 2 的圆孔中，便构成了中间铰链约束。中间铰链对物体的约束特点是：约束力在垂直于圆

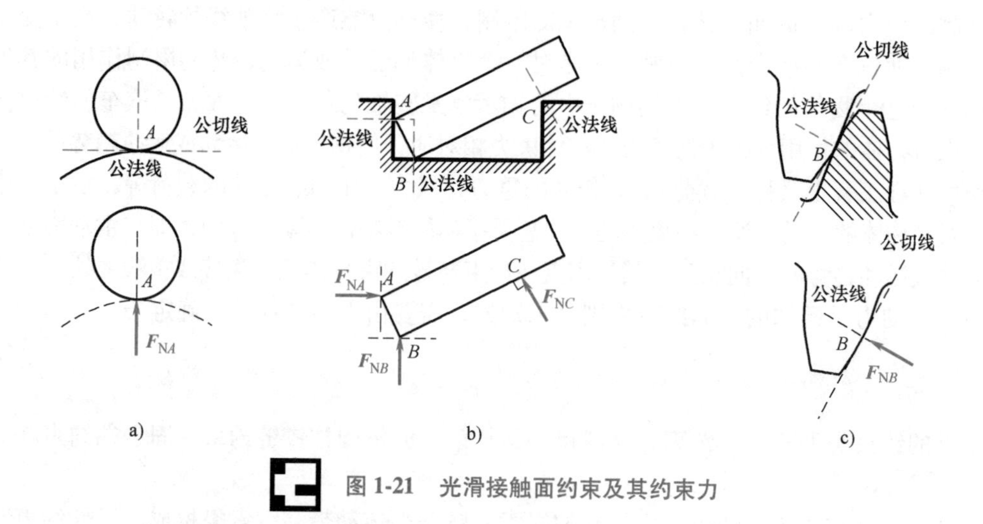

图 1-21　光滑接触面约束及其约束力

柱销（或销）轴线的平面内，约束力的作用线通过圆柱销（或销）的中心，大小和方向不确定，通常用通过圆柱销（或销）中心的两个正交分力来表示（图 1-22c）。

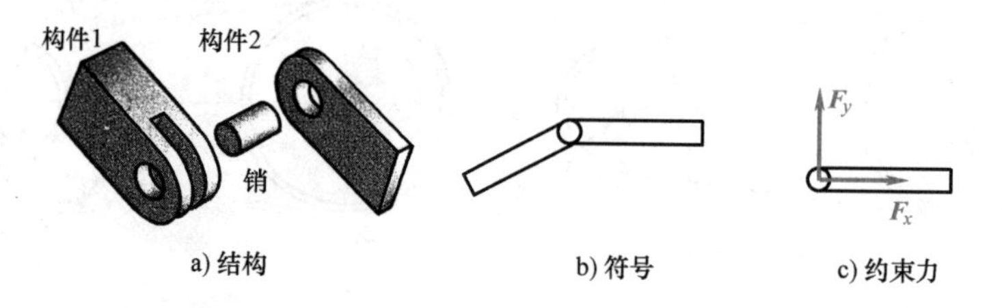

图 1-22　中间铰链约束的结构与受力分析

如果光滑圆柱铰链中有一构件与机架或基础固定在一起，则称为固定铰链支座约束，如图 1-23 所示。例如，门窗上的合页、轴承中的轴等都是固定铰链支座约束。固定铰链支座对物体的约束特点与中间铰链约束相同。

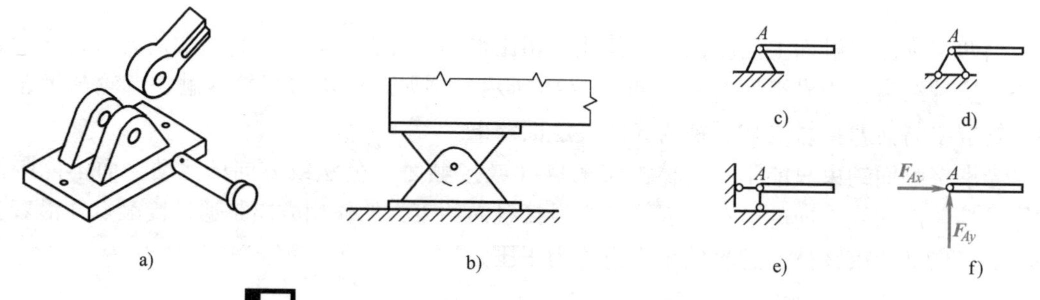

图 1-23　固定铰链支座约束的结构与受力分析

如果将固定铰链支座底部安装若干滚子，并与支承面接触，则构成活动铰链支座约束（或称滚轴支座），如图 1-24 所示。活动铰链支座对物体的约束特点是：约束力只能限制构件沿支承面垂直方向的移动，不能阻止物体沿支承面的运动或绕圆柱销轴线的转动，因此，活动铰链支座的约束力通过圆柱销中心，并垂直于支承面。活动铰链支座约束常用于桥梁、屋架结构中。

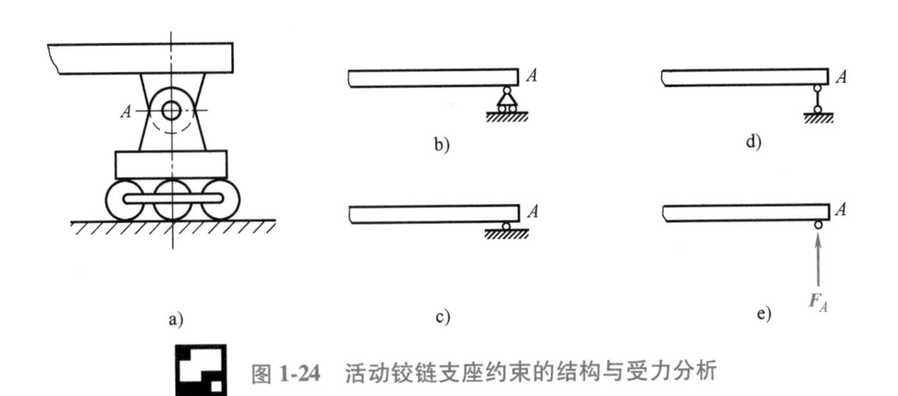

图 1-24　活动铰链支座约束的结构与受力分析

4. 固定端约束

固定端约束是指将物体的一端完全固定，使物体既不能移动又不能转动的约束，如图 1-25 所示。固定端约束的构件可以用一端插入刚体内的悬臂梁来表示。固定端约束限制物体沿任何方向的移动和转动，即物体既不能移动也不能转动，完全被固定位置。固定端约束产生一个限制物体沿任何方向移动的约束力（或两个正交分力）和一个限制转动的约束力偶。例如，在车床上用卡盘夹紧的工件和固定在刀架上的车刀，它们被限制在约束处，不能沿任何方向移动与转动。

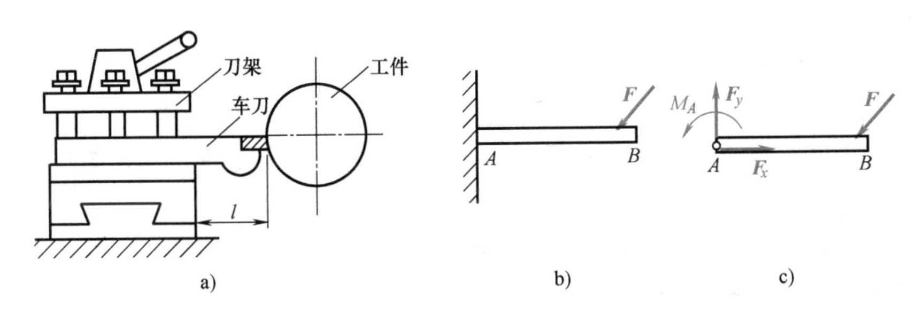

图 1-25　固定端约束的结构与受力分析

三、力系

1. 力系概述

一个物体或构件上有多个力（通常指两个以上的力）作用时，则这些力就组成一个力系。如果各个力的作用线均在同一平面内，则称该力系为平面力系。如果各个力的作用线不在同一平面内，则称该力系为空间力系。如果各力的作用线相互平行，则称该力系为平行力系。如果各个力的作用线既不汇交于一点，也不完全平行，则该力系称为任意力系（或一般力系）。

2. 平面汇交力系

在平面力系中，如果各个力的作用线都汇交于同一点，则称为平面汇交力系。例如，某刚体上作用有一平面汇交力系 $\boldsymbol{F}_1$、$\boldsymbol{F}_2$、$\boldsymbol{F}_3$ 和 $\boldsymbol{F}_4$，如图 1-26 所示。根据力的可移性原理，首先将各力沿其作用线移至 A 点，然后连续应用力的三角形法则（或平行四边形法则），将各个力首尾相接地画出，由各力起点指向终点的线段即为其合力 $\boldsymbol{F}$（这就是力的多边形法则）。无论平面汇交力系中力的数目有多少，均可用此法来求出其合力。

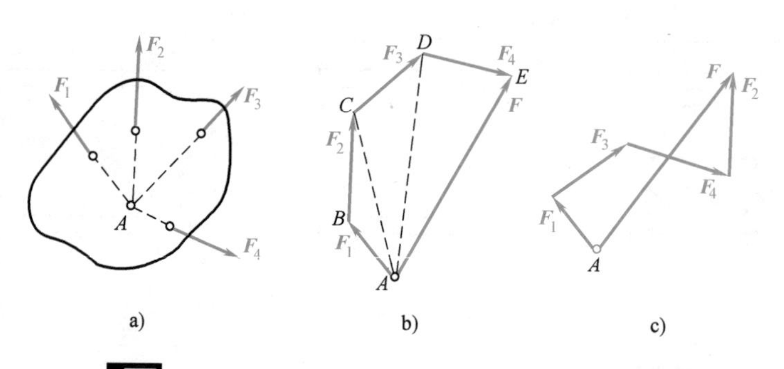

图 1-26　平面汇交力系合成的力的多边形法则

四、受力图

受力图是将被研究的物体从周围物体中分离出来，并用简明图形表示出其所受的全部作用力的图形。被分离出来的物体称为分离体。确定作用在物体上的每一个力的作用位置和方向的分析过程称为受力分析。

画受力图的一般步骤如下：

1）确定研究对象，解除约束，画出分离体简图。

2）进行受力分析，分析出研究对象上的主动力与约束力，明确受力物体与施力物体。

3）在分离体解除约束处，画出作用在研究对象上的全部主动力与约束力。

4）注意作用力与反作用力的符号区别，通常对反作用力加注角标“′”进行区分。

在画受力图的过程中，可充分应用二力杆、三力平衡汇交定理、作用与反作用公理来确定约束力的方向。

【例 1.1】　将重量为 G 的圆柱形滚子放置在光滑斜面上，用平行于光滑斜面的绳索将圆柱形滚子拉住，使圆柱形滚子静止在光滑斜面上，如图 1-27 所示。试画出圆柱形滚子的受力图。

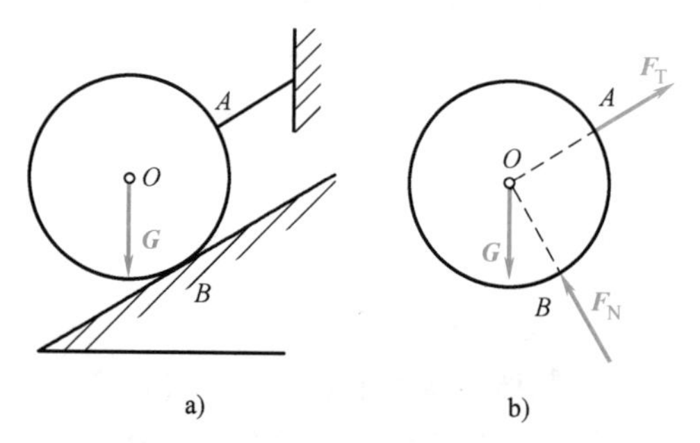

图 1-27　圆柱形滚子受力图及受力分析

解：1）取分离体。以圆柱形滚子为研究对象，画出其轮廓图。

2）画出主动力。圆柱形滚子所受的主动力是重力 G，其作用在圆柱形滚子中心 O，方向是竖直向下。

3）画出约束力。圆柱形滚子在 A 点为柔性约束，其所受约束力是 F_T，并沿绳索中心线离开圆柱形滚子；圆柱形滚子在 B 点为光滑接触面约束，其所受约束力是 F_N，并沿接触面公法线指向圆柱形滚子。

【例 1.2】　图 1-28 所示是一个起重支架，在 AB 杆的 B 处作用一力 P，如果各杆的重量忽略不计，试分别画出杆 CD 及杆 AB 的受力图。

解：1）本例中的支架是一个物体系统，作受力分析时，应从受力简单的物体着手。杆 CD 受力简单，仅在 C、D 两处各受一力作用，根据二力平衡公理，F_C、F_D 两力作用线应沿

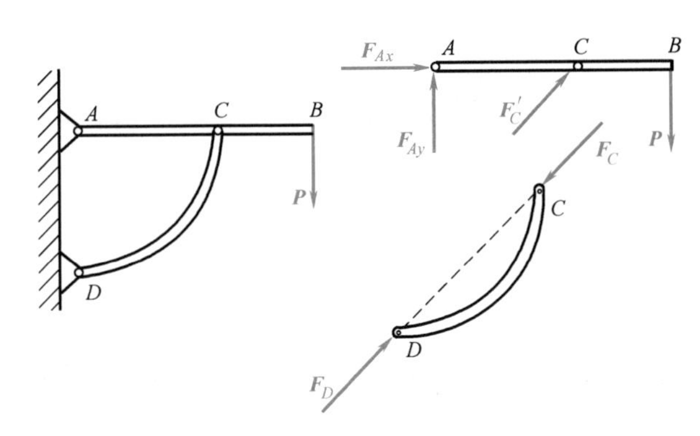

图 1-28　起重支架受力图及受力分析

CD 连线，且大小相等，方向相反。

2）画出杆 *AB* 的轮廓图，然后画出杆 *AB* 受到的主动力 *P*，最后分别在 *A*、*C* 两处画出约束力。杆 *AB* 在 *C* 处所受的约束力是 F_C'，它是 F_C 的反作用力；杆 *AB* 在 *A* 处是固定铰链支座，所受的约束力是一对正交分力。

* 模块四　平面力系的平衡方程及应用

【教——让教育事业成为一种艺术】

一、力在直角坐标轴上的投影

如果力 $\boldsymbol{F}$ 作用在 Oxy 平面内（图 1-29），过力 $\boldsymbol{F}$ 的两端点 *A*、*B* 分别作 *x* 轴的垂线，则两垂足 *a*、*b* 间的线段 *ab* 称为力 *F* 在 *x* 轴上的投影。同理，过力 $\boldsymbol{F}$ 的两端点 *A*、*B* 分别作 *y* 轴的垂线，则可得到力 $\boldsymbol{F}$ 在 *y* 轴上的投影 a_1b_1。

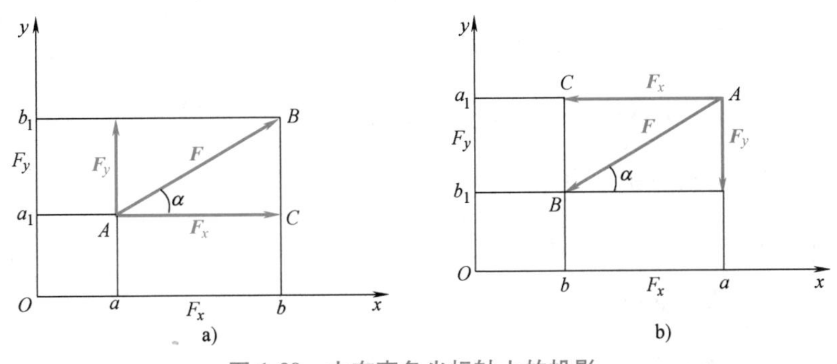

图 1-29　力在直角坐标轴上的投影

力在某一坐标轴上的投影有正、负号规定，其正、负符号规定是：当力的起点 *a*（或 a_1）到终点投影 *b*（或 b_1）的指向与坐标轴正向一致时为正，反之则为负。

在图 1-29 中，如果力 $\boldsymbol{F}$ 与 *x* 轴所夹锐角为 α，则有

$$F_x = F\cos\alpha$$
$$F_y = F\sin\alpha$$

反过来，如果已知力 $\boldsymbol{F}$ 在 x、y 轴上的投影分别为 F_x、F_y，则力 $\boldsymbol{F}$ 的大小和方向分别是：

$$F = \sqrt{F_x^2 + F_y^2}$$
$$\tan\alpha = \left|\frac{F_y}{F_x}\right|$$

式中　α——力 $\boldsymbol{F}$ 与 x 轴所夹的锐角。力 $\boldsymbol{F}$ 的指向由 F_x、F_y 的符号确定。

二、合力投影定理

合力在某一坐标轴上的投影，等于力系中各力在同一坐标轴上投影的代数和。这一结论称为合力投影定理。

对于平面汇交力系，可由合力投影定理求得合力 F_R 在 x、y 轴上的投影，进而由下列公式求得合力的大小和方向

$$F_R = \sqrt{F_{Rx}^2 + F_{Ry}^2} = \sqrt{(\sum F_x)^2 + (\sum F_y)^2}$$
$$\tan\alpha = \left|\frac{F_y}{F_x}\right| = \left|\frac{\sum F_y}{F_x}\right|$$

式中　α——合力 F_R 与 x 轴所夹的锐角。合力 F_R 的指向由 $\sum F_x$、$\sum F_y$ 的符号确定。

【例 1.3】　已知 $F_1 = 200\text{N}$，$F_2 = 300\text{N}$，$F_3 = 100\text{N}$，$F_4 = 250\text{N}$，求图 1-30 所示平面汇交力系的合力。

解：先计算合力 F_R 在 x、y 轴上的投影

$$F_{Rx} = F_1\cos30° - F_2\cos60° - F_3\cos45° + F_4\cos45°$$
$$= 200\text{N}\times\frac{\sqrt{3}}{2} - 300\text{N}\times\frac{1}{2} - 100\text{N}\times\frac{\sqrt{2}}{2} + 250\text{N}\times\frac{\sqrt{2}}{2} = 129.3\text{N}$$
$$F_{Ry} = F_1\sin30° + F_2\sin60° - F_3\sin45° - F_4\sin45°$$
$$= 200\text{N}\times\frac{1}{2} + 300\text{N}\times\frac{\sqrt{3}}{2} - 100\text{N}\times\frac{\sqrt{2}}{2} - 250\text{N}\times\frac{\sqrt{2}}{2} = 112.3\text{N}$$

然后再计算合力 F_R 的大小和方向

$$F_R = \sqrt{F_{Rx} + F_{Ry}} = \sqrt{129.3^2 + 112.3^2}\,\text{N} = 171.3\text{N}$$
$$\tan\alpha = \frac{F_y}{F_x} = \frac{112.3}{129.3} = 0.8685$$

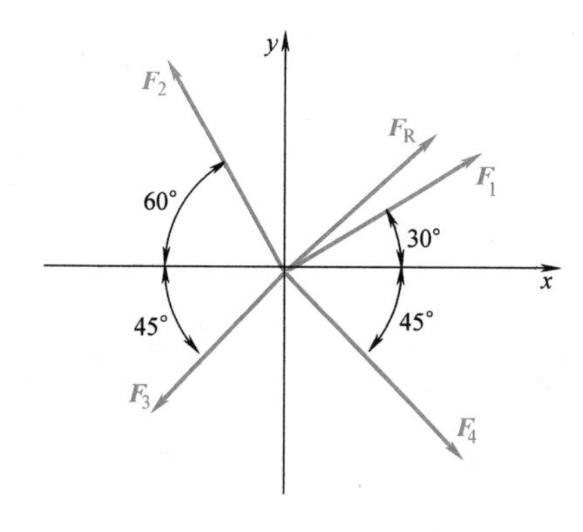

图 1-30　例 1.3 图

即 $\alpha = 40.97°$，由于合力 F_R 在各坐标轴上的投影均为正值，所以合力 F_R 的指向如图 1-30 所示。

三、平面汇交力系的平衡方程

平面汇交力系合成的结果是一个合力，如果平面汇交力系的合力为零，则该力系将不引

起物体（或构件）运动状态的改变，即该力系是平衡力系。因此，**平面汇交力系平衡的充分和必要条件是：该力系的合力等于零，用矢量式表示为**

$$F=\sum F_i=0$$

如果采用直角坐标系表示，则平面汇交力系平衡的充分和必要条件是：该力系中所有的力在 *x*、*y* 两坐标轴上投影的代数和分别等于零，即

$$\sum F_x=0$$
$$\sum F_y=0$$

【例 1.4】　图 1-31a 所示是三角形管道支架，支架中 ACD 杆水平放置，ACD 杆与 BC 杆的夹角是 60°，管道对支架的压力是 $F_P=2kN$，并且压力作用在 C 点。ACD 杆和 BC 杆的自重不计，试分析 ACD 杆与 BC 杆的受力大小。

解：如图 1-31b 所示，水平放置的 ACD 杆在 CD 段不受力，AC 杆和 BC 杆皆为二力杆件，AC 杆受拉力作用，BC 杆受压力作用，它们所受力的大小可以用平面汇交力系的平衡方程计算出。

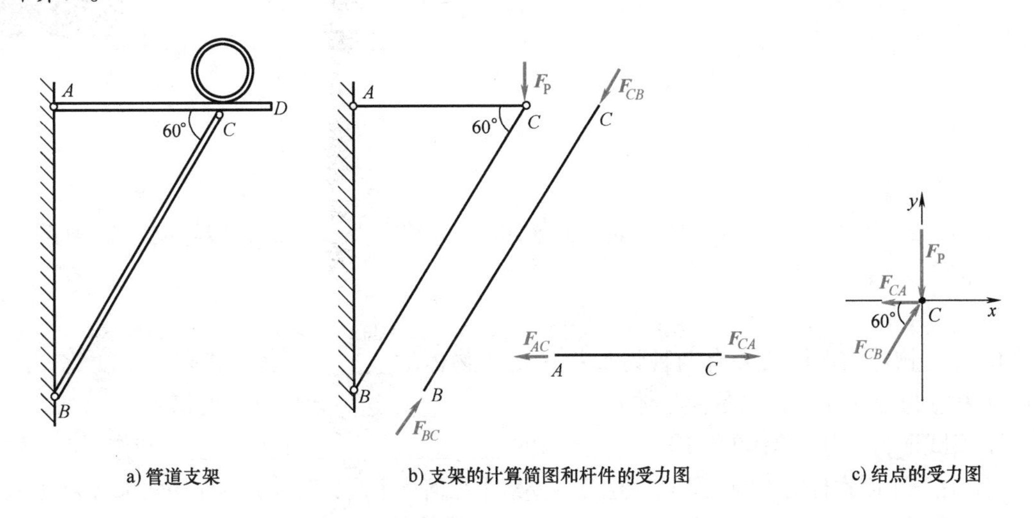

图 1-31　管道支架杆件的结构及受力分析图

1）确定研究对象。取 C 点为分离体。

2）画出 C 点受力图，如图 1-31c 所示。

3）建立直角坐标系，列出平衡方程求未知力。建立直角坐标系时，应尽量使直角坐标轴方向与某一未知力的作用线垂直，以减少方程中的未知量，避免解联立方程组。本例中两力 F_{CA} 和 F_P 的作用线互相垂直，故所取直角坐标轴分别与此二力作用线重合。

$$\sum F_y=F_{CB}\sin60°-F_P=0\text{，所以，}F_{CB}=\frac{F_P}{\sin60°}=\frac{2kN}{\sin60°}=2.309kN$$

由 $\sum F_x=F_{CB}\cos60°-F_{CA}=0$，得 $F_{CA}=F_{CB}\cos60°=2.309kN\times\cos60°=2.309kN\times0.5=1.155kN$

答：ACD 杆在 AC 段受拉力作用，其拉力大小是 1.155kN；BC 杆受压力作用，其压力大小是 2.309kN。

四、平面任意力系的平衡方程

对于平面任意力系，如果采用直角坐标系表示，平面任意力系的平衡方程可表述为：力系中各力在坐标轴上投影的代数和等于零，且各力对平面内任意一点的力矩的代数和等于零，即

$$\sum F_x = 0$$
$$\sum F_y = 0$$
$$\sum M_O(F) = 0$$

从平面任意力系的平衡方程可以看出，平面汇交力系是平面任意力系的一种特殊情况，力矩平衡方程自然满足，因此，平面汇交力系的独立平衡方程只有两个。

【拓展知识——漫话高压锅】

【练——温故知新】

一、名词解释

1. 力　2. 刚体　3. 力矩　4. 力偶　5. 约束　6. 约束力　7. 固定端约束　8. 力系　9. 平面汇交力系

二、填空题

1. 力对物体的作用效果有两种情形：一是使物体的__________状态发生变化，这一效应称为力的运动效应；二是使物体发生__________，这一效应称为变形效应。

2. 实践证明，力对物体的作用效应，由力的__________、__________和作用点的位置所决定，这三个因素称为力的三要素。这三个要素中任何一个改变时，力的作用效果就会改变。

3. 在静力学中，当研究物体的运动效应时，可将物体看成__________；在材料力学研究时，当研究物体的变形效应时，就不能将物体看成__________，而是看成“变形体”。

4. 作用在刚体上的两个力，使刚体处于平衡状态的充分和必要条件是这两个力作用在同一直线上，而且它们的大小__________、指向__________。

5. 加减平衡力系公理：在作用于刚体上的任一力系中，加上或__________一个平衡力系，不改变原力系对刚体的作用效果。

6. 如果刚体受到同一平面内互不平行的三个力作用而平衡，则该三力的作用线必汇交于一点，此定理称为三力平衡__________定理。

7. 作用与反作用公理说明，力总是成对出现的，有__________力就有反作用力，二者永远同时存在，又同时__________。

8. 在力学中，物体的转动中心称为__________，矩心到力的作用线的距离称为__________。

9. 力矩是一个代数量，其正、负号表示力矩的转向，通常规定：力使物体产生逆时针方向转动时，力矩为__________；反之，力使物体产生顺时针方向转动时，力矩

为____________。

10. 力偶中两个力所在的平面称为力偶____________面，两力作用线之间的垂直____________称为力偶臂。

11. 力偶的三要素是力偶矩的____________、____________和力偶的作用面，它们决定了力偶对刚体的作用效果。

12. 力偶无合力，且不能与一个____________平衡，即力偶必须用力偶来平衡。

13. 只要保持力偶矩的大小和转向不变，力偶可以在其平面内任意____________，且可以同时改变力偶中力的大小和力臂的长短，而不____________力偶对物体的作用效果。

14. 力的平移定理是：作用在刚体上某点 A 的力 F，可以将力 F 平行____________至任一指定点 B，但需附加一个力偶矩 M，附加的力偶矩 M 等于原力 F 对指定点 B 之____________。

15. 对于直线运动来说，当机器的功率一定时，力与____________成反比，速度越____________，力越小；速度越小，力越大。

16. 常见的约束类型有____________约束、光滑接触面约束、光滑圆柱铰链约束、____________约束等。

17. 光滑接触面约束只能阻止物体沿接触点（或接触面）____________线方向的运动，而不能限制物体沿接触面____________方向的运动。

18. 根据被连接物体的形状、位置及作用进行分类，光滑圆柱铰链约束可分为____________铰链约束、____________铰链支座约束和活动铰链支座约束。

19. 中间铰链对物体的约束特点是：约束力在____________于圆柱销（或销）轴线的平面内，约束力的作用线通过圆柱销（或销）的中心，大小和方向不确定，通常用通过圆柱销（或销）中心的两个____________分力来表示。

20. 固定端约束产生一个限制物体沿任何方向____________的约束力（或两个正交分力）和一个限制____________的约束力偶。

21. 如果各个力的作用线均在同一平面内时，则该力系为____________力系。

三、单项选择题

1. 下列说法正确的是____________。

A. 作用力与反作用力同时存在　　B. 作用力与反作用力是一对平衡力

C. 作用力与反作用力作用在同一物体上

2. 力偶对物体产生的运动效应是____________。

A. 只能使物体转动　　B. 只能使物体移动

C. 既能使物体转动，又能使物体移动

3. 地面对电线杆的约束是____________。

A. 固定端约束　　B. 光滑接触面约束

C. 柔性约束

4. 有一等边三角形板如图 1-32 所示，边长是 a，沿三角形板的三个边分别作用有 F_1、F_2 和 F_3，且 $F_1=F_2=F_3$，则此三角形板所处的状态是____________。

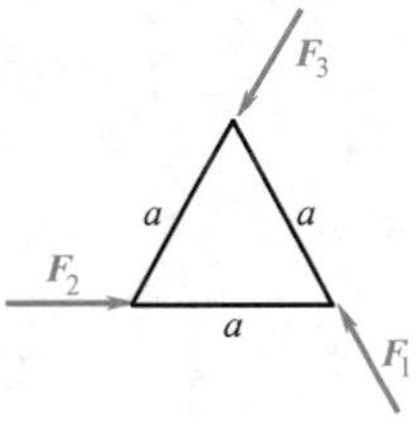

图 1-32　等边三角形板受力图

A. 平衡　　B. 转动　　C. 移动　　D. 既移动又转动

5. 对于回转运动来说，当机器的功率一定时，转矩与转速成＿＿＿＿＿＿。

A. 正比　　B. 反比　　C. 既不成正比又不成反比

四、判断题（认为正确的请在括号内打“√”；反之，打“×”）

1. 在力的三个要素中，任何一个要素改变时，力的作用效果就会改变。（　）
2. 力是一个有大小和方向的矢量。（　）
3. 刚体是一种抽象的力学模型，实际上并不存在。（　）
4. 二力平衡公理适用于刚体，对于变形体也适用。（　）
5. 凡是受二力作用的物体就是二力构件（或二力杆件）。（　）
6. 力的可传性原理只适用于刚体，而不适用于变形体。（　）
7. 作用力与反作用力是一对平衡力。（　）
8. 力矩是矢量。（　）
9. 力矩为零的条件是：力的作用线通过矩心。（　）
10. 力偶可用一个力来代替。（　）
11. 力偶对其作用面内任意一点之矩恒等于力偶矩，而与矩心的位置无关。（　）
12. 约束力的方向总是与被限制物体的运动方向一致。（　）
13. 柔性约束对物体的约束力是沿着柔性体的中心线背离被约束物体的拉力。（　）
14. 活动铰链支座的约束力通过圆柱销中心，并垂直于支承面。（　）
15. 平面汇交力系平衡的充分和必要条件是：该力系的合力等于零。（　）

五、简答题

1. 静力学研究的基本内容有哪些？
2. 画受力图的一般步骤有哪些？
3. 列出平面任意力系的平衡方程。

六、综合分析题

1. 如图1-33所示的4个力偶中，力的单位是N，力偶臂的长度单位是m。试分析图中4个力偶中哪些是等效力偶。

2. 求图1-34所示力系的合力对O点的力矩。已知$F_1=100N$，$F_2=60N$，$F_3=80N$，$F_4=50N$。

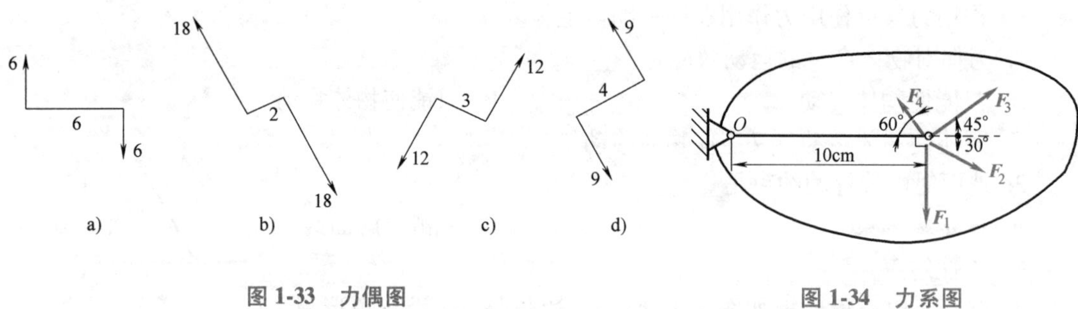

图1-33　力偶图　　图1-34　力系图

3. 力偶中的两力、作用力与反作用力、二力平衡条件中的两力都是等值反向，试问三者有何区别？

【思——学会将知识系统化，知其所以然】

主题名称	重点说明	提示说明
力	力是物体间的相互作用,这种作用使物体的运动状态发生改变或使物体产生变形	力的三要素是指力的大小、方向和作用点。在力的三个要素中,任何一个要素改变时,力的作用效果就会改变
刚体	刚体是一种抽象的力学模型	在静力学中,当研究物体的运动效应时,可将物体看成刚体;在材料力学中,当研究物体的变形效应时,就不能将物体看成刚体,而是看成“变形体”
静力学公理	二力平衡公理(或二力平衡条件):作用在刚体上的两个力,使刚体处于平衡状态的充分和必要条件是这两个力作用在同一直线上,而且它们大小相等、指向相反	二力平衡公理适用于刚体,对于变形体则不完全适用
	加减平衡力系公理:在作用于刚体上的任一力系中,加上或减去一个平衡力系,不改变原力系对刚体的作用效果	利用加减平衡力系公理可以推导出力的可传性原理,即作用于刚体上的力,可沿其作用线移至刚体上任一点而不改变其对刚体的作用效果
	力的平行四边形法则:作用于刚体上同一点的两个力,可以合成为一个力,合力的作用点仍在该点,合力的大小和方向由以此二力为邻边所作平行四边形的对角线来确定	力的合成既可利用力的平行四边形法则求得,也可利用力的三角形法则求得
	作用与反作用公理:两个物体间相互作用的力,总是大小相等、方向相反、沿同一直线,分别作用在两个物体上	力总是成对出现的,有作用力就有反作用力,二者永远是同时存在,又同时消失。作用力与反作用力分别作用在两个物体上,不能说成是一对平衡力
力矩	力矩是力与力臂的乘积 $M_O(F)=\pm Fd$	力使物体产生逆时针方向转动时,力矩为正;反之,力使物体产生顺时针方向转动时,力矩为负
力偶	在力学中将作用在同一物体上的两个大小相等、方向相反、不共线的平行力称为力偶	力偶中两个力所在的平面称为力偶作用面,两力作用线之间的垂直距离称为力偶臂,用 d 表示
力偶矩	力偶对物体的转动效应取决于力偶中的力与力偶臂的乘积,称为力偶矩	力偶的三要素是力偶矩的大小、转向和力偶作用面,它们决定了力偶对刚体的作用效果
力的平移定理	力的平移定理:作用在刚体上某点 A 的力 F,可以平行移动至任一指定点 B,但需附加一个力偶矩 M,附加的力偶矩 M 等于力 F 对指定点 B 之矩	利用力的平移定理,也可以将同一平面内的一个力和一个力偶替换成一个力,这样可以将一个复杂的平面力系简化
功率	功率是指物体单位时间(t)内所作的功(W)。功率用符号 P 表示,即 $P=\frac{W}{t},P=Fv,P=\frac{Mn}{9550}$	当机器的功率一定时,力与速度成反比,速度越大,力越小;速度越小,力越大 当机器的功率一定时,转矩与转速成反比,转速大时,转矩变小;转速小时,转矩变大
效率	机器工作时,输出的有用功率与输入功率(P)之比,称为效率	效率总是小于1
约束	凡是对一个物体的运动或运动趋势起限制作用的其他物体,都称为这个物体的约束	常见的约束类型有柔性约束、光滑接触面约束、光滑圆柱铰链约束、固定端约束等
约束力	约束对物体的作用力称为约束力 使物体产生运动或运动趋势的力,称为主动力(在工程上又称为载荷),如物体的重力、风力、压力、零件的载荷等	约束力的方向总是与主动力使物体产生运动或运动趋势的方向相反,其作用点在约束与被约束物体相互连接或接触之处

（续）

主题名称	重点说明	提示说明
力系	一个物体或构件上有多个力（通常指两个以上的力）作用时，则这些力就组成一个力系	如果各个力的作用线均在同一平面内时，则称该力系为平面力系 如果各个力的作用线不在同一平面内时，则称该力系为空间力系
平面汇交力系	在平面力系中，如果各个力的作用线都汇交于同一点，则称为平面汇交力系	平面汇交力系可连续应用力的三角形法则（或平行四边形法则），将各个力首尾相接地画出，并求出其合力 F
受力图	受力图是将被研究的物体从周围物体中分离出来，并用简明图形表示出其所受的全部作用力的图形	被分离出来的物体称为分离体。确定作用在物体上的每一个力的作用位置和方向的分析过程称为受力分析
合力投影定理	合力投影定理是指合力在某一坐标轴上的投影，等于力系中各力在同一坐标轴上投影的代数和	平面汇交力系平衡的充分和必要条件是：该力系的合力等于零 平面任意力系的平衡条件是：力系中各力在坐标轴上投影的代数和等于零，且各力对平面内任意一点的力矩的代数和等于零

【做——课外调研活动】

深入社会进行观察或借助有关图书资料，了解常用机械（或工具）在使用过程中的受力情况，然后同学之间进行交流与探讨。

【评——学习情况评价】

复述本单元的主要学习内容	
对本单元的学习情况进行准确评价	
本单元没有理解的内容有哪些	
如何解决没有理解的内容	

注：学习情况评价包括少部分理解、约一半理解、大部分理解和全部理解四个层次。请根据自身的学习情况进行准确和客观的评价。

【拓——知识与技能拓展】

1. 同学们深入生活或企业，分析我们身边的力偶和力偶矩出现在哪些工具、设备中？大家分工协作，采用表格形式列出力偶和力偶矩出现的场合。

2. 同学们深入生活或企业，分析我们身边的固定铰链支座出现在哪些工具、设备中？大家分工协作，采用表格形式列出固定铰链支座出现的场合。

【实训任务书】

实训活动1：带传动结构认识实训

单元二 直杆的基本变形

学习目标

1. 理解拉伸（压缩）、剪切、扭转、弯曲、压杆失稳、交变应力、疲劳强度等概念。
2. 理解拉伸与压缩时材料的力学性能等指标的含义及应用范围。
3. 学会根据直杆的受力情况判定其变形特点和应力分布规律。
4. 理解应力集中与疲劳失效的因果关系。
5. 围绕知识点，培养核心素养、职业素养和工程素养，合理融入科学精神、学会学习、实践创新3个核心素养，引导学生养成严谨规范的习惯。

模块一 杆件基础知识

【教——培养兴趣，兴趣是最好的老师】

1. 杆件与直杆的概念

所谓杆件是指纵向（长度方向）尺寸远大于横向（垂直于长度方向）尺寸的构件。杆件在工程中所占比例较大，如机械中的轴、螺栓、梁、柱等均可称为杆件。杆件有两个主要几何要素，即横截面和轴线。横截面是指垂直于杆件轴线方向的截面；轴线是指各横截面形心（几何中心）的连线。如果杆件的轴线是直线，则称为直杆。

2. 杆件所受载荷的种类

载荷是材料（或杆件）在使用过程中所承受的外力。根据载荷作用性质的不同，载荷分为静载荷、冲击载荷和交变载荷。根据载荷作用形式的不同，载荷又可分为拉伸载荷、压缩载荷、弯曲载荷、剪切载荷和扭转载荷等。

静载荷是指大小不变或变化过程缓慢的载荷。冲击载荷是指在短时间内以较高速度作用于材料（或杆件）上的载荷，如枪管、炮管、冲模、锤头等工作时承受的载荷就是冲击载荷。交变载荷是指随时间作周期性变化的载荷，如齿轮轮齿、滚动轴承、轴等工作时承受的载荷就是交变载荷。

3. 杆件的变形种类

变形是指材料（或杆件）受到力的作用而产生几何形状和尺寸的变化。杆件在不同的载荷形式作用下，会产生不同的变形，但杆件的基本变形形式主要有拉伸（或压缩）变形、剪切变形、扭转变形和弯曲变形，如图 2-1 所示。其他复杂的变形可看作是基本变形形式的组合。

4. 杆件的强度与刚度

为了使杆件正常工作，杆件必须满足三个基本要求：第一，杆件应具有足够的强度，保证杆件在载荷作用下不发生破坏。所谓强度是指材料（或杆件）受力时抵抗破坏的能力。例如，桥梁在承受载荷时应不会发生断裂。第二，杆件应具有足够的刚度。所谓刚度是指材料（或杆件）抵抗变形的能力。工程上对杆件的变形有一定的要求，如减速器的轴不能出现较大的变形。第三，杆件应具有足够的稳定性。稳定性是指杆件保持原有平衡形式的能力，即杆件在使用过程中不产生失稳现象。

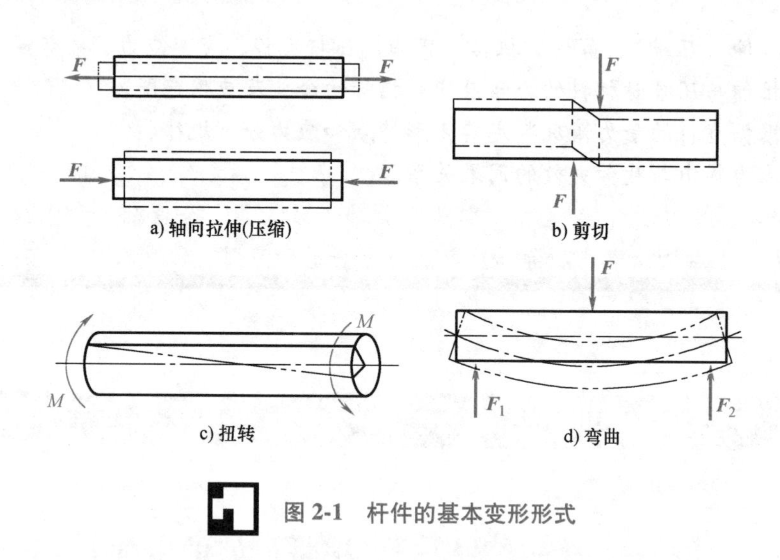

图 2-1　杆件的基本变形形式

5. 变形固体及其基本假设

杆件的材料虽然不同，但都有一个共同特点，即它们都是固体，且受力后都会产生变形。因此，可将杆件统称为变形固体。对于变形固体，可以做如下假设：

（1）均匀连续性假设　即认为杆件的整个体积内都连续不断地充满着物质，而且各处的力学性能都相同。事实上，从微观角度来看，以上假设是不完全的，但从宏观角度来看，杆件的力学性能反映的是所有组成部分的统计平均值，故可将杆件抽象为均匀连续的变形固体，而且所获得的计算结果也可完全满足工程需要。

（2）各向同性假设　即杆件在各个方向具有相同的力学性能。在工程上大多数杆件材料都符合这一假设。如果材料沿不同方向呈现不同的力学性能，则称为各向异性材料。例如，木材顺着纹理方向与横纹方向的力学性能明显不同。

模块二 直杆轴向拉伸与压缩时的变形与应力分析

【教——概念是对事物的界定，是认识事物的基础】

一、直杆轴向拉伸与压缩的概念

工程上直杆轴向拉伸变形（或压缩变形）的实例很多。如图 2-2 所示的 AB 杆、AC 杆，图 2-3 中的螺栓等。拉伸变形（或压缩变形）的特点是：作用在杆件上的外力（或外力的合力）的作用线与杆件轴线重合。当作用在杆件两端面的外力作用线方向离开杆件端面时，杆件发生拉伸变形，杆件主要是轴向伸长，同时杆件横截面尺寸缩小；当作用在杆件两端面的外力作用线方向指向杆件端面时，杆件发生压缩变形，杆件主要是纵向收缩，同时杆件横截面尺寸增大，如图 2-4 所示。

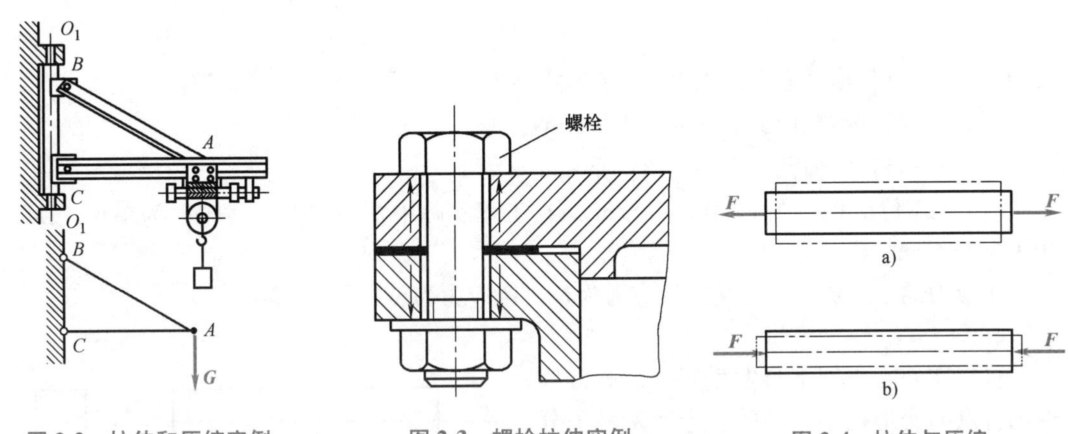

图 2-2　拉伸和压缩实例　　图 2-3　螺栓拉伸实例　　图 2-4　拉伸与压缩

通常将产生轴向拉伸变形的杆件称为拉杆，将产生轴向压缩变形的杆件称为压杆。

二、内力、截面法、应力和应变的概念

1. 内力

内力是杆件内部产生阻止变形的抗力，外力是作用于杆件上的载荷和约束力。在外力作用下，材料（或杆件）会产生变形。外力越大，杆件的变形越大，所产生的内力也越大。当杆件横截面上的内力达到某一极限值时，杆件会发生破坏。因此，内力与杆件的强度、刚度和稳定性等密切相关。

2. 截面法

截面法是求内力的基本方法，它是将受外力作用的杆件假想地切开，用以显示内力的大小，并以平衡条件确定其合力的方法。截面法的具体应用如图 2-5 所示，如果求杆件 $m—m$ 截面上的内力，可用一假想平面将杆件在 $m—m$ 处切开，将杆件分成左右两部分。右部分杆件对左部分杆件的作用力用 F_N 表示，选择杆件左部分为研究对象，列平衡方程：

$$F_N - F = 0$$

则内力

$$F_N = F$$

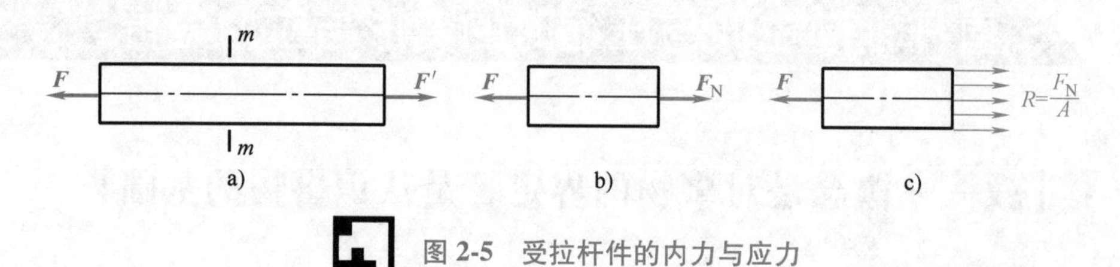

图 2-5　受拉杆件的内力与应力

3. 应力

在相同的内力作用下，如果杆件的材料相同、横截面不同，力会产生不同的作用效果。应力是为了分析和衡量力对不同横截面杆件的作用效果而引入的概念。应力是杆件在外力作用下，其横截面上单位面积上的内力。应力分为正应力和切应力。其中，正应力是沿杆件横截面法向的应力，用 R 表示；切应力是沿杆件横截面切向的应力，用 τ 表示。

杆件被轴向拉伸和压缩时，横截面上的应力是均匀分布的，如图 2-5 所示，其计算公式是

$$R = \frac{F_N}{A}$$

式中　R——杆件横截面上的正应力，单位是 MPa；

F_N——杆件横截面上的内力，单位是 N；

A——杆件的横截面面积，单位是 mm^2。

应力的单位是 Pa（帕），$1Pa = 1N/m^2$。在工程实际中常用 MPa（兆帕）为单位，$1MPa = 10^6Pa = 1N/mm^2$。

正应力的正、负号规定是：拉应力为正，压应力为负。

4. 应变

杆件在外力作用下将发生变形，通常杆件内各点的变形是不相同的。应变是为了分析和衡量杆件在外力作用下的变形程度而引入的概念。应变是杆件在外力作用下其内部某一点的变形程度。

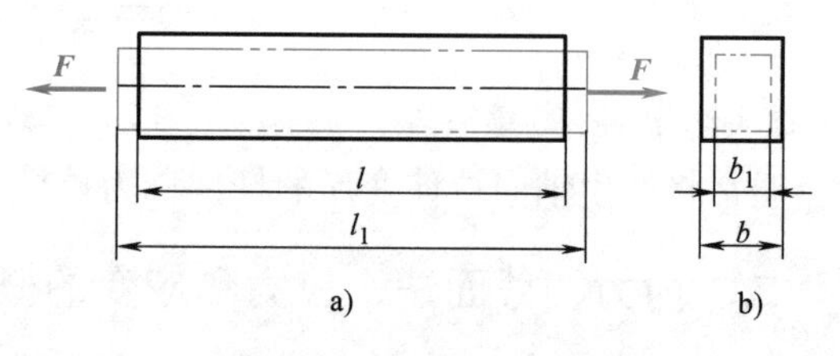

图 2-6　杆件的纵向伸长

杆件在拉伸（或压缩）时，其变形主要表现为纵向伸长（或缩短）。假设等截面杆件原长是 l，横截面面积是 A。在轴向拉力 F 的作用下，杆件的长度由 l 增加为 l_1，如图 2-6 所示，则杆件的纵向伸长是

$$\Delta l = l_1 - l$$

但 Δl 反映的是杆件的总变形量，说明不了杆件的变形程度。因此，为了衡量杆件沿轴向的变形程度，引入线应变的概念。线应变是杆件沿轴向单位长度的伸长量，即

$$\varepsilon = \frac{\Delta l}{l}$$

ε 是无量纲的量，其正、负号与 Δl 的正负号一致，即拉伸变形时 ε 为正，压缩变形时 ε 为负。

模块三 材料的力学性能

【教——掌握分类可使知识系统化、简单化】

材料的力学性能是指材料在外力作用下所表现出来的性能。材料的力学性能是评定材料质量的主要判据，也是零件设计和选材时的主要依据。材料的力学性能指标有强度、塑性、硬度、韧性和疲劳强度等。

材料包括塑性材料和脆性材料两类。塑性材料包括低碳钢、合金钢、纯铜与加工铜、纯铝与变形铝合金等，它们在断裂时可产生较大的塑性变形；脆性材料包括铸铁、铸铜、铸铝、陶瓷、混凝土、石材等，它们在断裂时塑性变形很小。低碳钢是塑性材料的典型代表，铸铁是脆性材料的典型代表。我们可以通过拉伸试验（或压缩试验）认识塑性材料和脆性材料的力学性能。

一、低碳钢拉伸时的力学性能

1. 低碳钢拉伸试验

拉伸试样通常采用圆形横截面比例拉伸试样，一种是长拉伸试样，其原始标距 $L_o=10d_o$；另一种是短拉伸试样，其原始标距 $L_o=5d_o$，如图 2-7 所示。d_o 是圆形横截面比例拉伸试样的原始直径，d_u 是圆形横截面比例拉伸试样断口处的直径，L_o 是圆形横截面比例拉伸试样的原始标距，L_u 是圆形横截面比例拉伸试样拉断对接后测出的标距长度。为了节省拉伸试样制作成本，通常采用短拉伸试样。

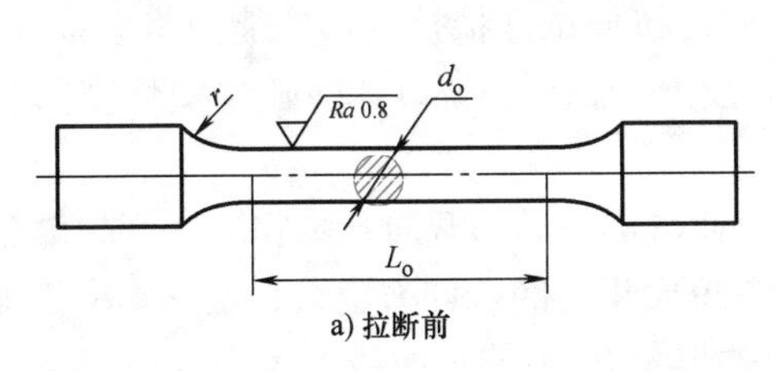

a) 拉断前

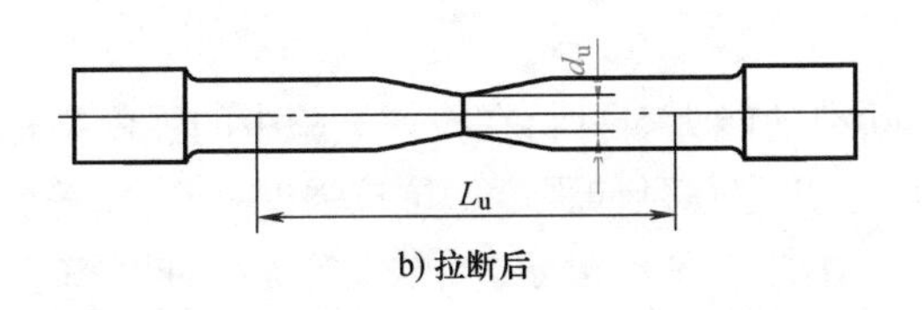

b) 拉断后

图 2-7　拉伸试样

图 2-8　液压万能拉伸试验机

拉伸试验的主要设备是液压万能拉伸试验机（图 2-8），试验前将拉伸试样装夹在拉伸试验机上，然后逐渐施加拉伸载荷，直到将拉伸试样拉断为止。在试验过程中，拉伸试验机可连续地记录试验过程，并以力（F）-伸长（ΔL）曲线形式，或者是应力（R）-应变（ε）

曲线形式记录试验过程，如图 2-9 所示。

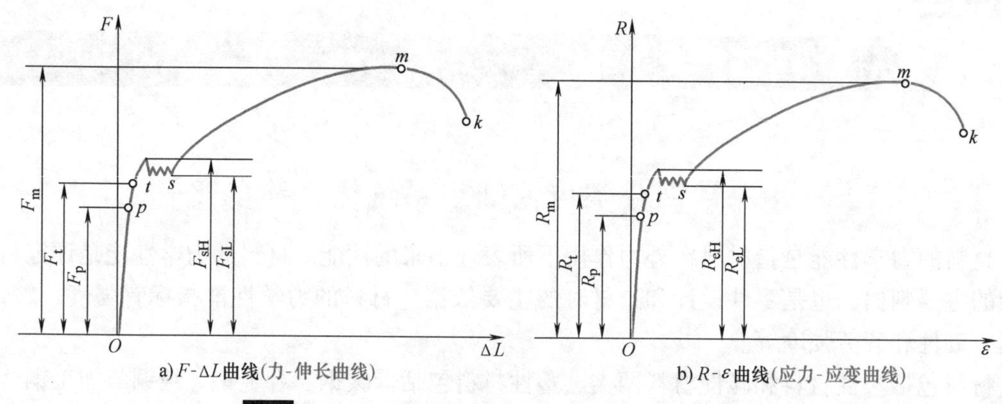

图 2-9　退火低碳钢的 F-ΔL 曲线和 R-ε 曲线

从退火低碳钢的力（F）-伸长（ΔL）曲线图可以看出，拉伸试样从开始拉伸到断裂要经过弹性变形阶段、屈服阶段、变形强化阶段、缩颈与断裂阶段四个阶段。

（1）弹性变形阶段　观察图 2-9a 所示的力-伸长曲线可以看出，在斜直线 Op 阶段，当拉伸力 F 增加时，拉伸试样伸长量 ΔL 呈正比增加。当去除拉伸力 F 后，拉伸试样伸长变形消失，恢复其原来形状，其变形表现为弹性变形。图中 F_p 是拉伸试样保持完全弹性变形的最大拉伸力。

（2）屈服阶段　当拉伸力超过 F_p 时，对应 pt 线段，曲线稍微弯曲，说明试样在此阶段处于弹塑性阶段，不仅产生弹性变形，还将产生微量的塑性变形，去除拉伸力后，微量的塑性变形不能完全恢复，试样会残留微量的塑性变形。当拉伸力继续增加到一定值时，力-伸长曲线出现一个波动平台，即在拉伸力几乎不变的情况下，拉伸试样会明显地伸长，这种现象称为屈服现象。拉伸力 F_s 称为屈服拉伸力（分为上屈服拉伸力 F_{sH}、下屈服拉伸力 F_{sL}）。

（3）变形强化阶段　当拉伸力超过屈服拉伸力后，拉伸试样抵抗变形的能力将会提高，会产生冷变形强化现象。在力-伸长曲线上表现为一段上升曲线（sm），即随着塑性变形的增大，拉伸试样抵抗变形的力也逐渐增大。

（4）缩颈与断裂阶段　当拉伸力达到 F_m 时，拉伸试样的局部截面开始收缩，产生缩颈现象。由于缩颈使拉伸试样局部横截面迅速缩小，单位面积上的拉伸力增大，变形集中于缩颈区，最后变形延续到 k 点时拉伸试样被拉断。缩颈现象在力-伸长曲线上表现为一段下降曲线。F_m 是拉伸试样拉断前能承受的最大拉伸力，称为极限拉伸力。

2. 低碳钢的强度指标

强度是材料在力的作用下，抵抗永久变形和断裂的能力。材料在拉伸试验中的强度指标主要有屈服强度（分为上屈服强度和下屈服强度）、规定总延伸强度、抗拉强度（R_m）等。

（1）屈服强度　试样在拉伸试验过程中力不增加（保持恒定）仍然能继续伸长（变形）时的应力，称为屈服强度。屈服强度包括上屈服强度（R_{eH}）和下屈服强度（R_{eL}），由于下屈服强度的数值较为稳定，因此，通常将下屈服强度作为材料的屈服强度。屈服强度的单位是 MPa（或 N/mm^2）。屈服强度 R_{eL} 可用下式计算：

$$R_{eL}=\frac{F_{sL}}{S_o}$$

式中　F_{sL}——拉伸试样屈服时的下拉伸力，单位是 N；

　　　S_o——拉伸试样的原始横截面面积，单位是 mm^2。

（2）规定总延伸强度　工业上使用的部分金属材料，如高碳钢、铸铁等，在进行拉伸试验时，没有明显的屈服现象，也不会产生缩颈现象，这就需要规定一个相当于屈服强度的强度指标，即“规定总延伸强度 R_t”。

规定总延伸强度是指试样总延伸率等于规定的引伸计标距（L_e）百分率时对应的应力。规定总延伸强度用符号“R”并加角标“t 和规定的总延伸率”表示。例如，$R_{t0.5}$ 表示规定总延伸率为 0.5%时的应力，并将此值作为没有产生明显屈服现象的金属材料的屈服强度（或条件屈服强度）。

金属零件及其结构件在工作过程中通常不允许产生塑性变形，因此，设计零件和结构件时，屈服强度是工程技术上重要的力学性能指标之一，也是大多数机械零件和结构件选材和设计的依据。

（3）抗拉强度　抗拉强度是指拉伸试样拉断前承受的最大标称拉应力。抗拉强度用符号 R_m 表示，单位是 MPa（或 N/mm^2）。R_m 可用下式计算：

$$R_m=\frac{F_m}{S_o}$$

式中　F_m——拉伸试样承受的最大载荷，单位是 N；

　　　S_o——拉伸试样原始横截面面积，单位是 mm^2。

R_m 是表征金属材料由均匀塑性变形向局部集中塑性变形过渡的临界值，也表征金属材料在静拉伸条件下的最大承载能力。对于塑性金属材料来说，拉伸试样在承受最大拉应力 R_m 之前，变形是均匀一致的，但超过 R_m 后，金属材料开始出现缩颈现象，即产生集中变形。

3. 低碳钢的塑性指标

塑性是指金属材料在外力作用下发生不可逆永久变形而不破坏其完整性的能力。金属材料的塑性可用拉伸试样断裂时的最大变形量来表示。工程上广泛使用的表征材料塑性大小的主要指标是断后伸长率和断面收缩率。

（1）断后伸长率　在进行拉伸试验时，拉伸试样在力的作用下会产生塑性变形，标距会不断地伸长。拉伸试样拉断后的标距伸长量与原始标距的百分比称为断后伸长率，用符号 A 或 $A_{11.3}$ 表示。A 或 $A_{11.3}$ 可用下式计算：

$$A \text{ 或 } A_{11.3}=\frac{L_U-L_o}{L_o}\times 100\%$$

式中　L_U——拉断拉伸试样对接后测出的标距长度，单位是 mm；

　　　L_o——拉伸试样原始标距长度，单位是 mm。

对于长圆形横截面比例拉伸试样来说，其断后伸长率用符号 $A_{11.3}$ 表示；对于短圆形横截面比例拉伸试样来说，其断后伸长率用符号 A 表示。同一种金属材料的断后伸长率 A 或 $A_{11.3}$ 数值是不相等的，因而不能直接用 A 与 $A_{11.3}$ 进行比较。一般短圆形横截面比例拉伸试样的 A 数值大于长圆形横截面比例拉伸试样的 $A_{11.3}$ 数值。

（2）断面收缩率　断面收缩率是指圆形横截面比例拉伸试样拉断后缩颈处横截面面积的最大缩减量与原始横截面面积的百分比。断面收缩率用符号“Z”表示。Z 值可用下式计算：

$$Z=\frac{S_o-S_U}{S_o}\times100\%$$

式中　S_o——拉伸试样原始横截面面积，单位是 mm^2；

S_U——拉伸试样断口处的横截面面积，单位是 mm^2。

金属材料的塑性大小，对零件的加工和使用具有重要的实际意义。塑性好的金属材料不仅能顺利地进行锻压、轧制等成形工艺，而且在使用过程中如果发生超载，由于塑性变形，还可以避免或缓冲突然断裂。所以，大多数机械零件除要求具有较高的强度外，还须有一定的塑性。对于铸铁、陶瓷等脆性材料，由于塑性较低，拉伸时几乎不产生明显的塑性变形，超载时会突然断裂，使用过程中必须注意。

目前，金属材料室温拉伸试验方法推广采用现行标准 GB/T 228.1—2021《金属材料　拉伸试验　第1部分：室温试验方法》，本教材所涉及的力学性能数据尽量采用现行标准。关于金属材料强度与塑性的新、旧标准名词和符号对照见表2-1。

表 2-1　金属材料强度与塑性的新、旧标准名词和符号对照

GB/T 228.1—2021（现行标准）		GB/T 228—1987（旧标准）	
名　词	符　号	名　词	符　号
断面收缩率	Z	断面收缩率	φ
断后伸长率	A 和 $A_{11.3}$	断后伸长率	δ_5 和 δ_{10}
屈服强度	—	屈服点	σ_s
上屈服强度	R_{eH}	上屈服点	σ_{sU}
下屈服强度	R_{eL}	下屈服点	σ_{sL}
规定塑性延伸强度	R_p，如 $R_{p0.02}$	规定非比例伸长应力	σ_p，如 $\sigma_{p0.05}$
规定总延伸强度	R_t，如 $R_{t0.5}$	规定总伸长应力	σ_t，如 $\sigma_{t0.5}$
规定残余延伸强度	R_r，如 $R_{r0.2}$	规定残余伸长应力	R_r，如 $\sigma_{r0.2}$
抗拉强度	R_m	抗拉强度	σ_b

4. 卸载规律与冷变形强化

对于低碳钢等塑性金属材料，当拉伸试样被加载到强化阶段内的某一点 d 时，将载荷逐渐减小到零（图2-10a），可以看出卸载过程中 R-ε 曲线将沿着与 Op 近似平行的直线 dh 回到水平轴上。这说明卸载过程中，应力与应变之间按直线规律变化，这就是卸载规律。试样卸载后，弹性应变 hg 消失，塑性应变 Oh 将被残留下来。如果试样卸载后在短期内再加载，则其应力和应变将基本上沿着卸载时的同一直线 hd 上升，直到恢复开始卸载时的应力为止，

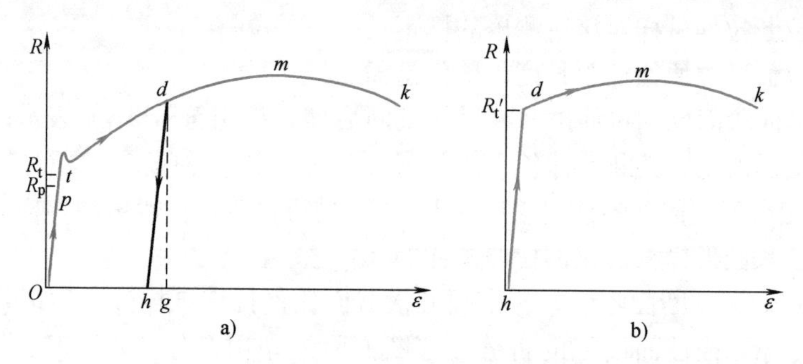

图 2-10　卸载规律和冷变形强化

再往后加载时，将沿着原来的曲线变化（图 2-10b）。比较 *Opdmk* 曲线和 *hdmk* 曲线可知，试样在强化阶段内加载后再卸载，试样的规定总延伸强度得到提高，而塑性却有所下降，这种现象称为冷变形强化。

在机械工程中常利用冷变形强化提高构件的承载能力，如建筑钢筋、钢丝绳、链条等在使用前进行冷拔工艺，对冷轧钢板、型钢进行冷轧工艺等都是利用冷变形强化现象提高钢材的强度。相反，如果金属材料在冷压成形时产生冷变形强化，降低了金属材料的塑性，可利用退火工艺消除冷变形强化现象。

二、低碳钢压缩时的力学性能

压缩试验可在万能拉伸试验机上进行，压缩试样通常采用圆截面（适用于金属材料）或方截面（适用于混凝土、石料等非金属材料）的短柱体，如图 2-11 所示。为了避免压缩试样被压弯，压缩试样的长度 l 与直径 d（或截面边长 b）的比值通常规定为 1~3。

图 2-12 所示是退火低碳钢压缩试验与拉伸试验的 R-ε 曲线。比较两者的 R-ε 曲线可以看出：在屈服阶段之前，两曲线是重合的，表明低碳钢压缩时的规定塑性延伸强度、规定总延伸强度、屈服强度、弹性模量均与拉伸时相同；进入强化阶段后，压缩试样越压越扁，先是压成鼓形，最后压成饼形，但压缩试样不会断裂，测不出其抗压强度极限。

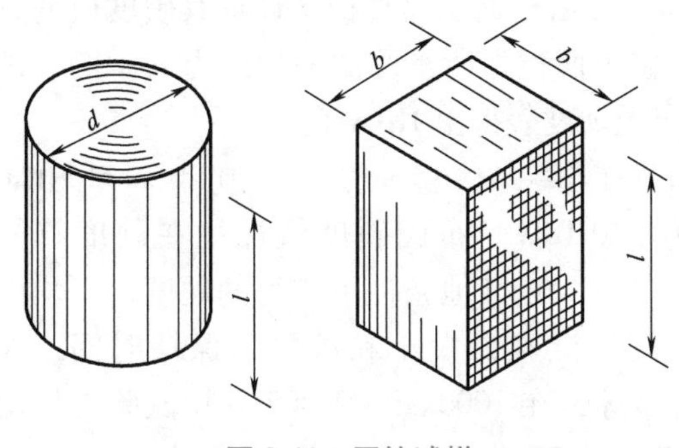

图 2-11　压缩试样

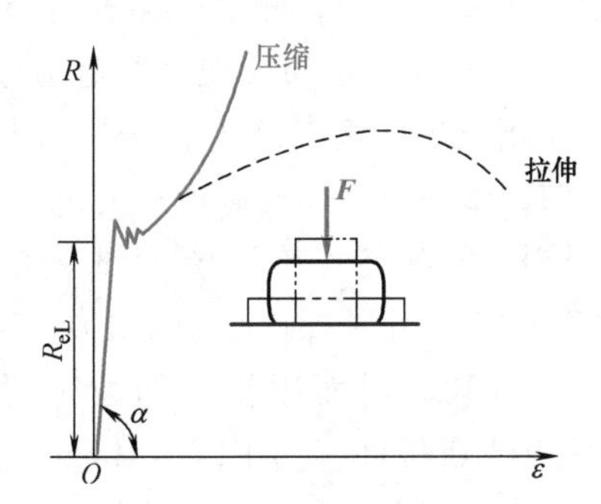

图 2-12　退火低碳钢在压缩与拉伸时的 R-ε 曲线

其他塑性金属材料受压时的情况与退火低碳钢相似。工程中认为塑性金属材料在拉伸和压缩时具有相同的主要力学性能，且以拉伸时所测得的力学性能为准。

三、铸铁拉伸与压缩时的力学性能

图 2-13 所示是灰铸铁压缩试验与拉伸试验的 R-ε 曲线。比较两者的 R-ε 曲线可以看出：铸铁在拉伸过程中，试样从开始拉伸至拉断，应力和应变都很小，没有明显的屈服阶段和缩颈现象，断口垂直于试样轴线，即断裂发生在最大拉应力的作用面上。断裂时的应变仅为 0.4%~0.5%，说明铸铁是典型的脆性材料。断裂时 R-ε 曲线上的最高点所对应的应力是抗拉强度 R_m。由于

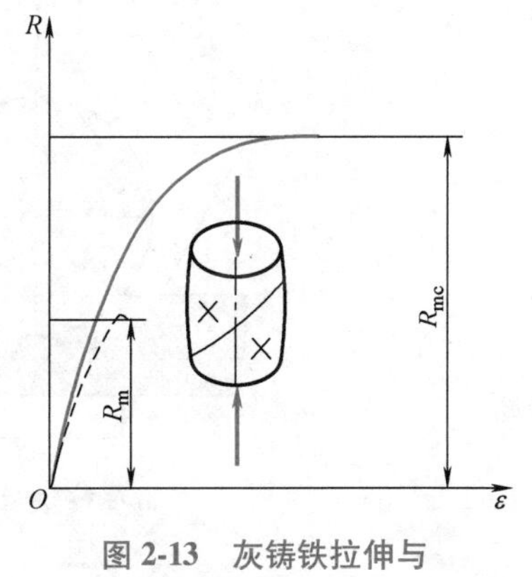

图 2-13　灰铸铁拉伸与压缩时的 R-ε 曲线

铸铁的抗拉强度很低，如灰铸铁（如 HT150）的抗拉强度 R_m 约为 150MPa，因此，铸铁不宜用于制作受拉杆件。

在压缩试验过程中，铸铁的 R-ε 曲线中没有明显的直线部分，表明应力与应变的正比例关系基本不存在，但铸铁在压缩时其抗压强度远大于抗拉强度，如灰铸铁 HT150 的抗压强度约为 500MPa，因此，铸铁常用于制作受压杆件。另外，铸铁压缩破坏时，断口与轴线大致成 45°倾角，这是因为在 45°斜截面上存在最大切应力，从而造成铸铁在此截面上发生断裂。

其他脆性材料（如玻璃、石料、混凝土等）在拉伸时的力学性能与铸铁相似，在拉断前没有明显的塑性变形，弹性变形也不大，只能测出其抗拉强度，而且其数值也很低。

四、金属材料的硬度

硬度是金属材料抵抗外物压入的能力。硬度是一项综合力学性能指标，它可以反映金属材料的强度、塑性和可加工性。在工程技术和机械生产方面，常在零件图上标注出相应的硬度指标，并作为零件生产和验收的主要依据之一。一般来说，金属材料的硬度值越高，零件的耐磨性越好。常用的硬度测试方法有布氏硬度（HBW）和洛氏硬度（HRA、HRB、HRC 等）。

1. 布氏硬度

布氏硬度是用一定直径的碳化钨合金球，以相应的试验力压入试样表面，经规定的保持时间后，卸除试验力，测量试样表面的压痕直径 d，然后根据压痕直径 d 计算其硬度值的方法，如图 2-14 所示。布氏硬度值是用球面压痕单位表面积上所承受的平均压力表示的。试验时只要测量出压痕直径 d（mm），即可通过查布氏硬度表得出 HBW 值。

目前，金属材料布氏硬度试验方法执行 GB/T 231.1—2018 标准，布氏硬度用符号 HBW 表示，该标准规定的布氏硬度试验范围上限为 650HBW。布氏硬度值标注在硬度符号“HBW”前面。除了保持时间是 10~15s 的试验条件外，在其他条件下测得的硬度值，均应在符号“HBW”后面用相应的数字写明压头直径、试验力大小和试验力保持时间，如 300HBW10/1000/30 表示用 D=10mm 的碳化钨合金球，在 1000kgf（9.807kN）试验力作用下，保持 30s 测得的布氏硬度值是“300”；400HBW5/750 表示用 D=5mm 的碳化钨合金球，在 750kgf（7.355kN）试验力作用下保持 10~15s 测得的布氏硬度值是“400”。

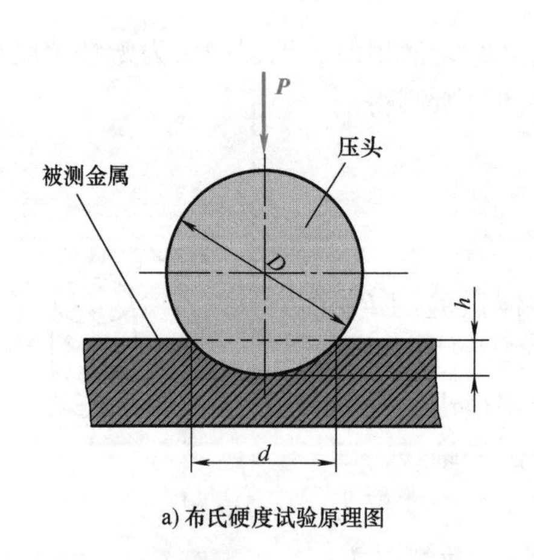

a) 布氏硬度试验原理图

b) 布氏硬度计

图 2-14　布氏硬度试验原理图及设备

布氏硬度反映的硬度值比较准确，数据重复性强。但由于其压痕较大，对金属材料表面的损伤较大，因此，它不适合于测定太小或太薄的试样。通常布氏硬度适合于测定非铁金属、铸铁及经退火、正火、调质处理后的各类钢材。

2. 洛氏硬度

洛氏硬度是以锥角为120°的金刚石圆锥或直径为1.5875mm的碳化钨合金球（合金球），压入试样表面（图2-15），根据试样残余压痕深度增量 h 来衡量试样的硬度大小。如果残余压痕深度 h 增量小，则金属材料的硬度高；反之，则金属材料的硬度低。

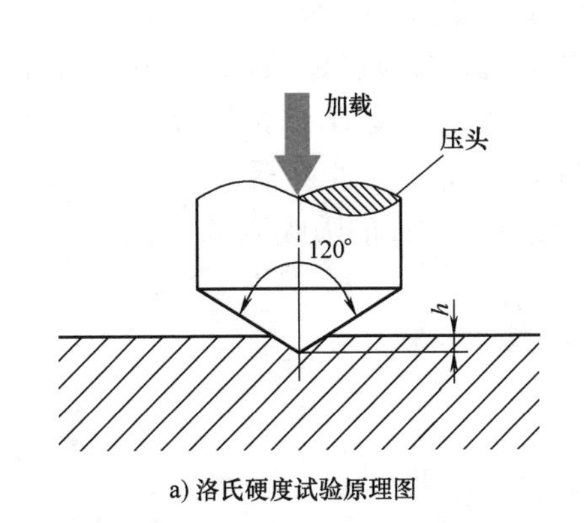

a) 洛氏硬度试验原理图

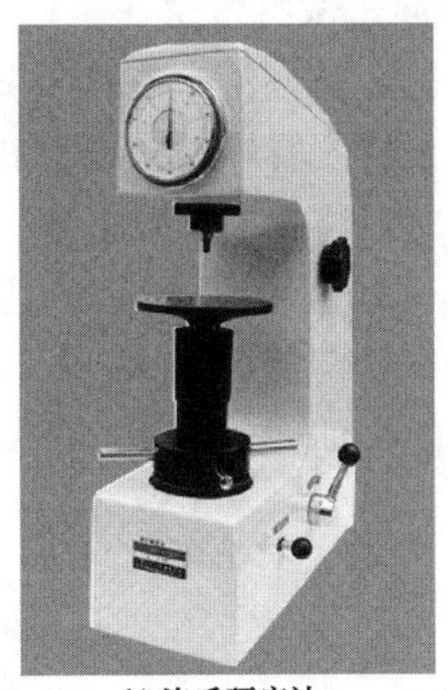

b) 洛氏硬度计

图2-15　洛氏硬度试验原理图及设备

目前，金属材料洛氏硬度试验方法执行GB/T 230.1—2018标准。洛氏硬度计采用不同的压头和载荷，并对应不同的硬度标尺，每种标尺由一个专用字母表示，标注在符号“HR”后面，如HRA、HRB、HRC等（表2-2）。不同标尺的洛氏硬度值，彼此之间没有直接的换算关系。测定的硬度数值写在符号“HR”的前面，符号“HR”后面写使用的标尺，如55HRC表示用“C”标尺测定的洛氏硬度值为“55”。

表2-2　常用洛氏硬度的试验条件、硬度测试范围和应用举例

硬度符号	压头材料	总试验力 F/N(kgf)	硬度测试范围	应用举例
HRA	120°金刚石圆锥	588.4(60)	20~95HRA	硬质合金、碳化物、浅层表面硬化钢
HRB	ϕ1.5875mm 碳化钨合金球	980.7(100)	10~100HRB	低碳钢、铜合金、铝合金、铁素体可锻铸铁
HRC	120°金刚石圆锥	1471.0(150)	20~70HRC	淬火钢、调质钢、深层表面硬化钢

注：采用碳化钨合金球压头测定的硬度值，需在硬度符号HRB后面加“W”。

洛氏硬度试验操作简便，压痕小，对试样表面损伤小，硬度值可以直接从试验机上显示出。但是，由于压痕小，硬度值的准确性不如布氏硬度高，数据的重复性较差。因此，在测试洛氏硬度时，至少需要测取三个不同位置的硬度值，然后再计算这三点硬度的平均值作为被测材料的硬度值。洛氏硬度主要用于直接检验成品或半成品的硬度，特别适合检验经过淬火的零件。

五、金属材料的韧性

韧性是金属材料在断裂前吸收变形能量的能力。在机械装备中，部分零件工作时承受的

是冲击载荷，如锻锤锤杆、钢钎、冲压模具、曲轴、压力机连杆等，这些零件除要求具备足够的强度、塑性、硬度外，还应具有足够的韧性。金属材料的韧性大小通常采用吸收能量 K（单位是焦尔 J）来衡量。测定金属材料的吸收能量 K 可采用 GB/T 229—2020《金属材料　夏比摆锤冲击试验方法》进行测定。

1. 夏比摆锤冲击试样

夏比摆锤冲击试样主要有 V 型缺口试样、U 型缺口试样和无缺口试样三种。带 V 型缺口的试样称为夏比 V 型缺口试样；带 U 型缺口的试样称为夏比 U 型缺口试样。

2. 夏比摆锤冲击试验方法

夏比摆锤冲击试验方法是在摆锤式冲击试验机上进行的，如图 2-16 所示。试验时，将带有缺口的标准试样安置在冲击试验机的机架上，使试样的缺口位于两支座中间，并背向摆锤的冲击方向。然后将一定质量的摆锤升高到规定高度 H_1，则摆锤具有势能 A_{KV1}（V 型缺口试样）或 A_{KU1}（U 型缺口试样）。当摆锤落下将试样冲断后，摆锤继续向前冲并升高到 H_2，此时摆锤的剩余势能是 A_{KV2} 或 A_{KU2}。则冲击试样的吸收能量 K 就等于摆锤冲断试样过程中所失去的势能，即

$$K=A_{KV1}-A_{KV2} \text{ 或 } K=A_{KU1}-A_{KU2}$$

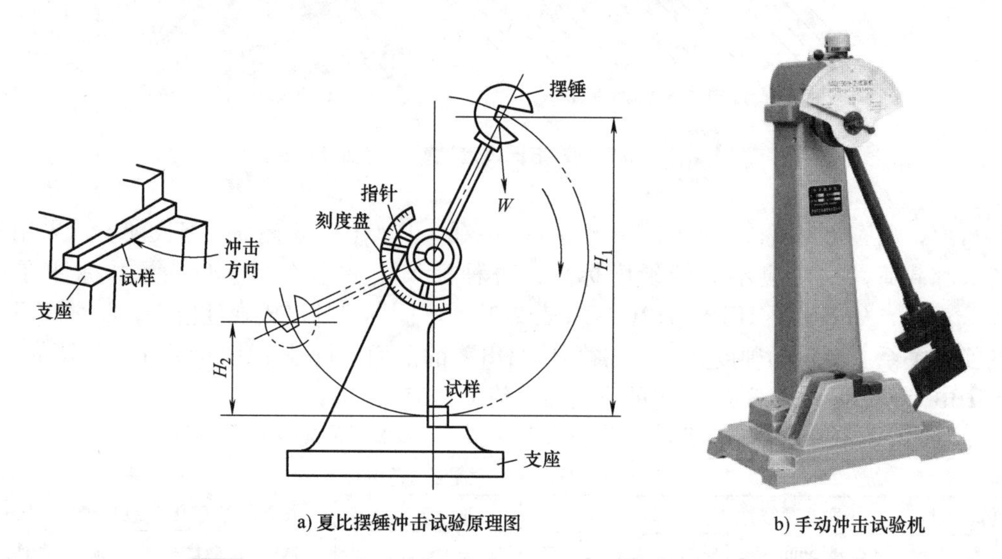

a) 夏比摆锤冲击试验原理图　　b) 手动冲击试验机

图 2-16　夏比摆锤冲击试验原理图及手动冲击试验机

材料的吸收能量 K 可以从试验机的刻度盘上直接读出，它是表征金属材料韧性的重要指标。显然，冲击吸收能量 K 越大，表示金属材料抵抗冲击试验力而不破坏的能力越强，即韧性越好。

冲击载荷比静载荷的破坏性要大得多，因此，对于承受冲击载荷的金属零件，需要对金属材料的韧性进行测量。另外，冲击吸收能量 K 对组织缺陷非常敏感，它可灵敏地反映出金属材料的质量、宏观缺口和显微组织的差异，能有效地检验金属材料在冶炼、成形加工、热处理工艺等方面的质量。

3. 冲击吸收能量与温度的关系

冲击吸收能量 K 对温度非常敏感。有些金属材料在室温时可能并不显示脆性，但在较

低温度下，则可能发生脆断。如图 2-17 所示，在进行不同温度的一系列冲击试验时，随冲击试验温度的降低，冲击吸收能量 K 总的变化趋势随着温度的降低而降低。当冲击试验温度降至某一数值时，冲击吸收能量 K 急剧下降，金属材料由韧性断裂变为脆性断裂，这种现象称为冷脆转变。金属材料在一系列不同温度的冲击试验中，冲击吸收能量 K 急剧变化或断口韧性急剧转变的温度区域，称为韧脆转变温度。金属材料的韧脆转变温度越低，说明金属材料低温抗冲击性越好。非合金钢的韧脆转变温度约为-20℃，因此，在非常寒冷（室外温度低于-20℃）的地区使用非合金钢构件（如钢轨、车辆、桥梁、运输管道、电力铁塔等）时，易发生脆断现象。所以，在选用金属材料时，一定要考虑金属材料服役条件的最低环境温度必须高于金属材料的韧脆转变温度。

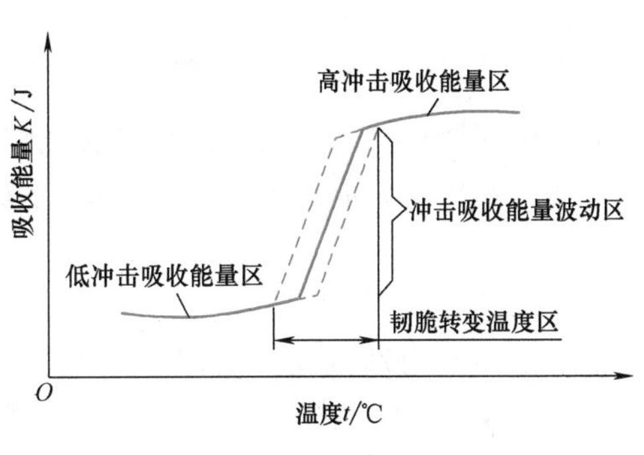

图 2-17　吸收能量-温度曲线

模块四　直杆轴向拉伸与压缩时的强度计算

【教——学会应用知识是学习知识的最终目标】

一、许用应力与安全系数

工程上将材料因强度不足而失效时的最大应力称为极限应力。对于脆性材料，其失效表现为断裂破坏，所以脆性材料的抗拉强度就是极限应力；对于塑性材料，当应力达到屈服强度时，材料将产生显著的变形而丧失工作能力，所以塑性材料的屈服强度（如 R_{eL}）就是极限应力。

当构件中的应力接近极限应力时，构件就处于危险状态。因此，材料的极限应力不能直接作为构件安全工作时所允许承受的最大应力。这是因为：第一，材料本身存在不均匀性；第二，构件承受的载荷难以精确估算；第三，构件加工时存在尺寸误差；第四，构件工作期间可能遇到意外过载或其他不利的工作条件等。基于上述因素，在实际使用过程中，为了确保构件安全可靠地工作，须预留足够的强度储备。所以，制造材料的极限应力除以一个大于 1 的系数 n（安全系数），并以此作为材料安全工作时允许承受的最大应力，这个最大应力就是材料的许用应力。许用应力常用符号 $[R]$ 表示。

对于塑性材料，其 $[R]$=屈服强度/n；对于脆性材料，其 $[R]$=抗拉强度/n。

安全系数 n 反映了强度储备的情况，也反映了构件安全性与经济性的矛盾关系。如果安全系数 n 过大，则许用应力过低，将造成材料使用过多或浪费；如果安全系数 n 过小，则材料用量减少，但安全得不到保障，在过载时容易导致事故。所以，选取安全系数 n 时，必须合理权衡构件的安全性和经济性。对于塑性材料，其安全系数 n=1.2~2.5；对于脆性材料，其安全系数 n=2.0~3.5。

二、直杆轴向拉伸与压缩时的强度条件

为了保证轴向拉杆（或压杆）具有足够的强度，要求杆件中最大工作应力 R_{max} 小于材料在拉伸（或压缩）时的许用应力 $[R]$，因此，轴向拉杆（或压杆）的强度条件是

$$R_{max}=\frac{F_N}{A}\leqslant[R]$$

式中　F_N、A——危险截面上的内力和横截面面积。

上式不仅是轴向拉杆（或压杆）的强度条件，也是轴向拉杆（或压杆）强度计算的依据。轴向拉杆（或压杆）上产生最大应力 R_{max} 的截面称为危险截面，等截面轴向拉杆（或压杆）的危险截面位于内力最大处，而变截面轴向拉杆（或压杆）的危险截面必须综合内力 F_N 和横截面面积 A 两方面的因素来确定。应用轴向拉杆（或压杆）的强度条件可以解决轴向拉杆（或压杆）的强度校核、截面尺寸选择、许用载荷确定等问题。

【例 2.1】　如图 2-18 所示，有一起重机吊环采用低碳钢制造，其屈服强度 $R_{eL}=360\text{MPa}$，安全系数 $n=1.7$，求起重机吊环连接螺栓的最小直径 d_1。

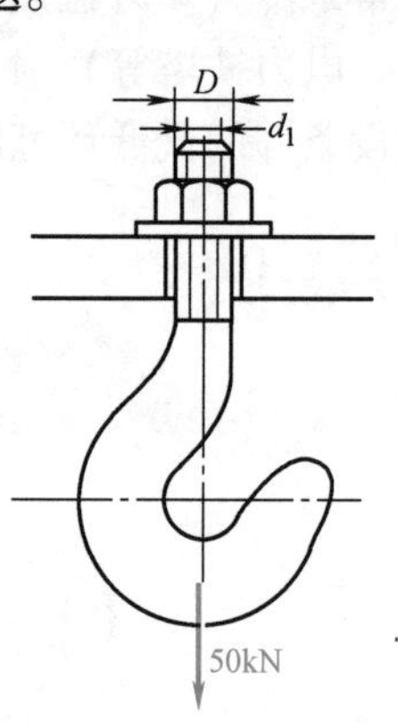

图 2-18　起重机吊环

解：起重机吊环的许用应力是

$$[R]=\frac{R_{eL}}{n}=\frac{360}{1.7}\text{MPa}=212\text{MPa}$$

由公式 $R_{max}=\frac{F_N}{A}\leqslant[R]$ 和连接螺栓的最小横截面面积 $A=\frac{\pi d_1^2}{4}$，得

$$d_1\geqslant\sqrt{\frac{4F_N}{\pi[R]}}\geqslant\sqrt{\frac{4\times50000}{3.14\times212}}\text{mm}=17.32\text{mm}$$

答：起重机吊环连接螺栓的最小直径是 17.32mm。

三、应力集中

等截面直杆在拉伸（或压缩）时，横截面上的正应力是均匀分布的。但是，工程中由于结构和工艺上的需要，杆件上常开有键槽、切口、油孔、螺纹孔、螺纹及凸肩等，从而使杆件的截面尺寸发生突变。试验和理论分析表明，在杆件截面突变处的横截面上，应力分布是不均匀的。图 2-19 所示是受拉杆件上开孔处横截面上的应力分布情况。从图中可以看出，紧靠开孔处应力值明显增大，而距孔较远处应力渐趋平均状态。这种由于杆件截面的突变导致的局部应力骤增的现象，称为应力集中。

大量实践表明，应力集中使杆件破坏的危险性增加。对于塑性材料（如中、低强度钢），由于其具有缓和应力集中的特点，一般不考虑应力集中对杆件强度的影响；但对于脆性材料，应力集中对其强度的影响较大，也比较敏感。

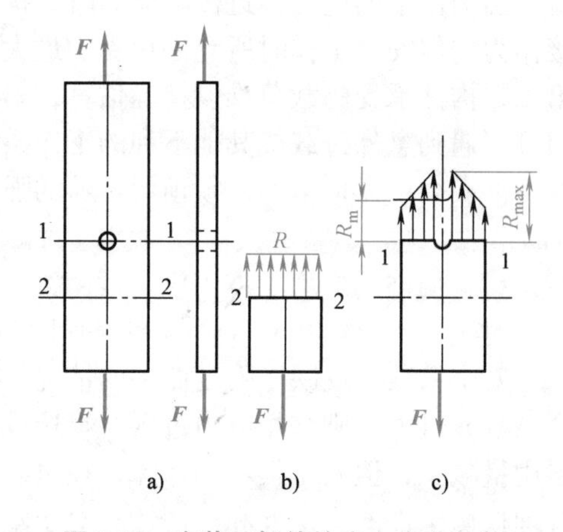

图 2-19　变截面杆件的应力集中现象

模块五　连接件的剪切与挤压

【教——科学是系统化的知识】

一、剪切

1. 剪切变形

当构件的某一截面两侧受到一对大小相等、方向相反、作用线距离很近的横向外力作用时，构件的相邻两部分将沿外力作用线方向发生相对错动，这种变形称为剪切变形。机械工程中有许多连接件，如铆钉（图 2-20）、销、键等都会产生剪切变形。发生相对错动的截面称为剪切面，如图 2-20b 所示的 m—m 截面。剪切面平行于外力的方向，位于两个反向的外力之间。

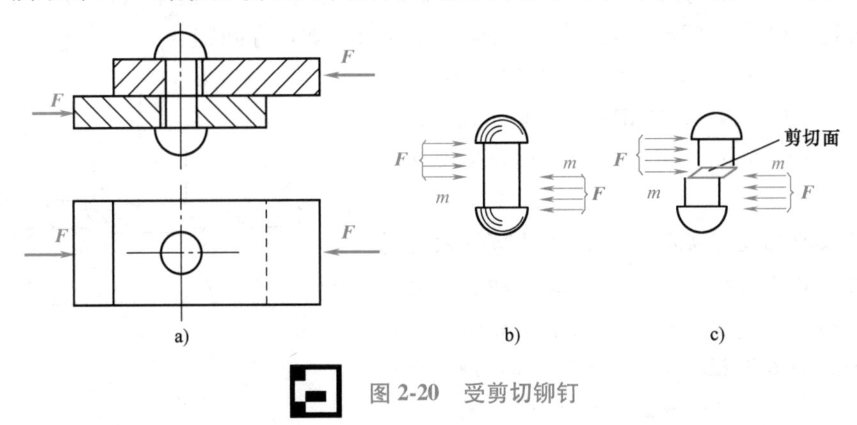

图 2-20　受剪切铆钉

2. 切应力

图 2-21 所示是铆钉连接件受力分析图。首先应用截面法假想地沿剪切面 m—m 将铆钉截为两段（图 2-21b），任取一段作为研究对象（图 2-21c），由平衡条件可知，剪切面上必有一个与外力 F 大小相等、方向相反的内力，这个与截面相切的内力称为剪力，用符号 F_S 表示。由平衡方程 $\sum F_x=0$，可得到剪力的大小为

$$F_S=F$$

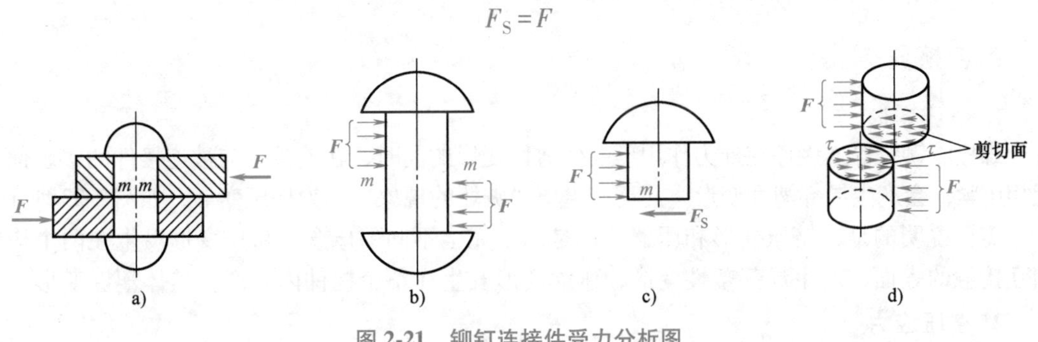

图 2-21　铆钉连接件受力分析图

由于剪力 F_S 存在，剪切面上必然有平行于截面的切应力，如图 2-21d 所示。切应力 τ 是表示沿剪切面上应力分布的程度，即单位面积上所受到的剪力。机械工程上一般认为剪力在剪切面上是均匀分布的。因此，切应力 τ 可按下列公式计算：

$$\tau=\frac{F_S}{A}$$

式中　F_S——剪切面上的剪力；

A——剪切面的面积。

3. 剪切强度条件

为了保证连接件在工作时不发生剪切破坏，必须使连接件剪切面上的工作切应力 τ 不超过材料的许用切应力［τ］，即连接件的剪切强度条件是

$$\tau=\frac{F_S}{A}\leqslant[\tau]$$

［τ］是材料的许用切应力，其值可根据试验得到的抗剪强度 τ_b，再除以安全因数 n 获得。工程中常用材料的许用应力［τ］可从有关设计手册中查得。连接件的剪切强度条件同样可以解决连接件强度校核、截面尺寸选择和许可载荷确定等问题。

【例 2.2】　如图 2-22 所示，已知钢板厚度 $t=10$mm，其剪切强度 $\tau_b=300$MPa。如果用压力机将钢板冲出直径 $d=25$mm 的孔，试分析最小需要多大的冲剪力？

解：钢板冲孔过程实际上是钢板被剪切破坏的过程，因此，必须使孔剪切面上的最大切应力大于或等于材料的剪切强度。在此问题中，剪切面是圆柱形侧表面，如图 2-22b 所示。剪切面的面积是

$$A=\pi dt$$

能冲出孔的条件是

$$\tau=\frac{F_S}{A}\geqslant\tau_b$$

即 $F_S\geqslant\tau_b A=\tau_b\pi dt=300\pi\times10\times25\text{N}$

$=2.36\times10^5\text{N}=236\text{kN}$

答：冲孔所需要的最小冲剪力是 236kN。

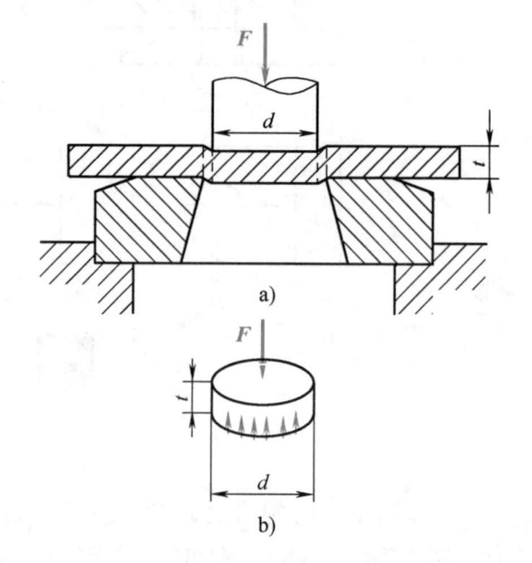

图 2-22　钢板冲孔示意图

二、挤压

1. 挤压变形

螺栓、铆钉等连接件在外力作用下发生剪切变形的同时，在连接件与被连接件的接触面上互相压紧，会产生局部塑性变形，甚至产生压溃破坏的现象，称为挤压变形，如图 2-23 所示。

需要说明的是，挤压变形和压缩变形是两个完全不同的概念，挤压变形发生在两个构件相互接触的表面，产生局部塑性变形；压缩变形发生在整个构件内，产生整体塑性变形。

2. 挤压应力

工程中常假定在挤压面上挤压力是均匀分布的。挤压面上单位面积所受到的挤压力称为

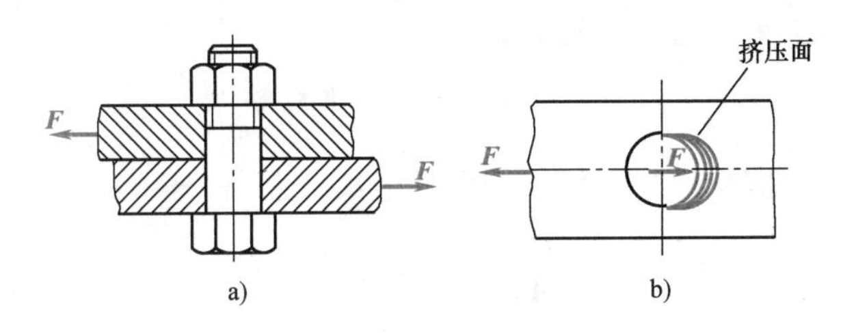

图 2-23　螺栓挤压变形

挤压应力，挤压应力用符号 R_{bc} 表示，其表达式是

$$R_{bc}=\frac{F_{bc}}{A_{bc}}$$

式中　F_{bc}——挤压力，挤压力与挤压面积相互垂直；

A_{bc}——挤压面积。

当挤压面为半圆柱面时，如铆钉、螺栓、销等连接件的挤压面，则挤压面积是半圆柱面的正投影面积，即 $A_{bc}=dt$，其中 d 为圆柱体的直径，t 为被连接件的厚度。当挤压面为平面时，则挤压面积是接触面的面积。

3. 挤压强度条件

为了保证连接件在工作时不发生挤压破坏，必须使连接件的工作挤压应力 R_{bc} 不超过材料的许用挤压应力 $[R_{bc}]$，即连接件的挤压强度条件是

$$R_{bc}=\frac{F_{bc}}{A_{bc}}\leqslant[R_{bc}]$$

式中　$[R_{bc}]$——材料的许用挤压应力，其值可根据试验测定，也可从有关设计手册中查得。

连接件的挤压强度条件同样可以解决连接件强度校核、截面尺寸选择和许可载荷确定等问题。在挤压强度计算中，当连接件与被连接件的材料不同时，应对挤压强度较低的构件进行强度计算。

实践经验

在对连接件进行强度计算时，由于剪切与挤压相伴而生，所以工程结构中既要考虑剪切强度，又要注意挤压强度。

【例 2.3】　图 2-24 所示是螺栓连接，已知钢板厚度 $t=10\text{mm}$，螺栓的许用切应力 $[\tau]=100\text{MPa}$，许用挤压应力 $[R_{bc}]=200\text{MPa}$，$F=28\text{kN}$。试选择螺栓的直径尺寸。

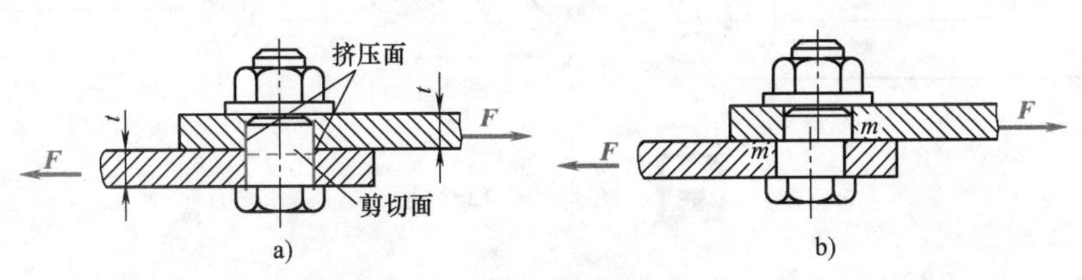

图 2-24　螺栓连接中螺栓尺寸的核算

解：1）求剪力 F_S 和挤压力 F_{bc}。螺栓的破坏可能沿着 $m—m$ 截面被剪断，钢板孔壁间可能会产生挤压变形，采用截面法可求得

$$F_S = F_{bc} = F = 28\text{kN}$$

2）按剪切强度条件计算螺栓直径 d，由 $\tau=\dfrac{F_S}{A}\leqslant[\tau]$ 得

$$A=\frac{\pi d^2}{4}\geqslant\frac{F_S}{[\tau]}$$

$$d\geqslant\sqrt{\frac{4F_S}{\pi[\tau]}}=\sqrt{\frac{4\times28\times10^3\text{N}}{\pi\times100\text{N/mm}^2}}=19\text{mm}$$

3）按挤压强度条件计算螺栓直径 d，由 $R_{bc}=\dfrac{F_{bc}}{A_{bc}}\leqslant[R_{bc}]$ 得

$$A_{bc}=dt\geqslant\frac{F_{bc}}{R_{bc}}$$

$$d\geqslant\frac{F_{bc}}{R_{bc}t}=\frac{28\times10^3}{200\times10}\text{mm}=14\text{mm}$$

如果要螺栓同时满足剪切强度和挤压强度的要求，则螺栓的最小直径 $d=19\text{mm}$。

模块六 圆轴扭转、直梁弯曲和组合变形

【教——分析是认识事物的区别和联系】

一、圆轴扭转

1. 扭转变形

构件受到作用面与轴线垂直的外力偶作用时，构件各横截面绕轴线发生相对转动的现象称为扭转变形（图 2-25a）。在机械工程中，发生扭转变形的杆件是很常见的，如用于钻孔的钻头、汽车转向轴（图 2-25b）、传动系统中的传动轴（图 2-25c），以及用螺钉旋具拧紧螺钉等均是扭转变形的实例。

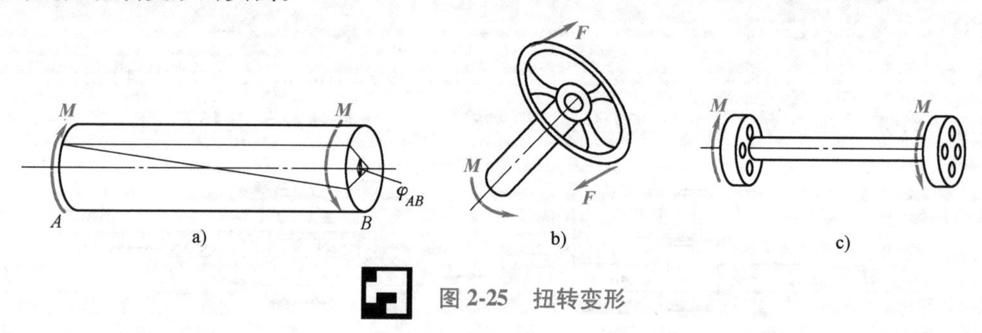

图 2-25　扭转变形

在机械工程中，常将以扭转变形为主的杆件称为轴。机械工程中的轴，由于多数是圆形

截面和环形截面，因此，可将它们统称为圆轴。圆轴扭转变形的受力特点之一是：在与圆轴轴线垂直的平面内受到大小相等、方向相反、作用面垂直于轴线的力偶作用。圆轴扭转变形的特点之二是：圆轴各横截面绕轴线发生相对转动，但圆轴轴线始终保持直线。

2. 扭矩

确定圆轴扭转时的内力可采用截面法。图 2-26 所示是受扭圆轴扭矩分析图，假设将圆轴沿截面 C 截为两段，由于圆轴处于平衡状态，则其任一段也处于平衡状态。任取一段作为研究对象，根据力偶只能与力偶平衡的性质，C 截面上的内力系必须合成为一个力偶才能与外力偶 M_A 平衡。横截面上的内力偶矩 M_T 称为扭矩。如果取左段轴（图 2-26b）为研究对象，由平衡方程 $\sum M_x=0$，得

$$M_T-M_A=0, M_T=M_A$$

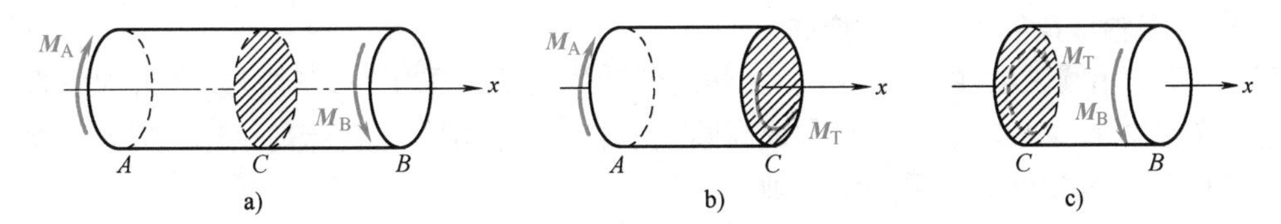

图 2-26　受扭圆轴扭矩分析图

如果取右段轴为研究对象，求得的同一截面的扭矩大小相等，转向相反，如图 2-26c 所示。

为了使取左、右两段轴求得的同一截面的扭矩符号相同，通常采用右手定则确定扭矩的正负号：用右手四指沿扭矩的转向握着轴，大拇指的指向（扭矩的方向）背离截面时，扭矩为正；反之，扭矩为负，如图 2-27 所示。

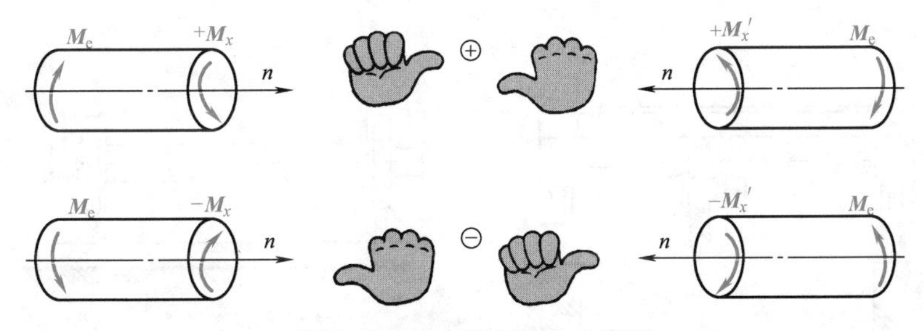

图 2-27　确定扭矩方向示意图

3. 圆轴扭转的应力

圆轴扭转变形时，各横截面绕轴线相对转动，横截面上只有切应力，切应力的方向垂直于半径，且沿半径线性分布，切应力指向与扭矩的转向一致。圆轴扭转变形时，其横截面圆心处的切应力为零，圆周边缘上各点的切应力最大，同一圆周上各点的切应力相等。图 2-28 所示是实心圆轴和空心圆轴横截面上切应力的分布规律。

圆轴表面的最大切应力 τ_{max} 计算公式为

$$\tau_{max}=\frac{M_T}{W_P}$$

式中　M_T——圆轴横截面上的扭矩，单位是 N · m；

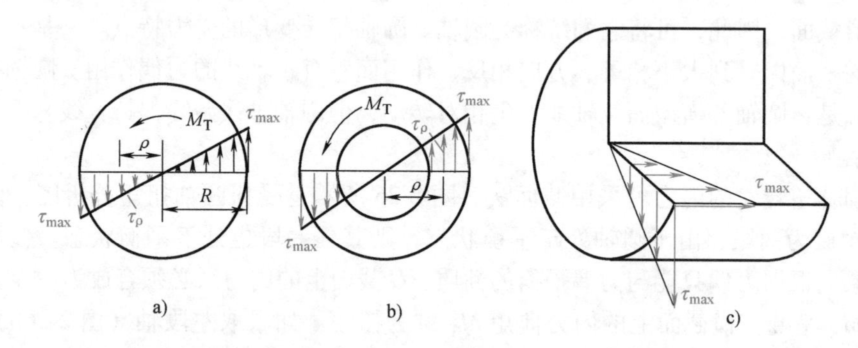

图 2-28　实心圆轴和空心圆轴的切应力分布图

W_P——扭转截面系数，单位是 m^3 或 mm^3。

4. 提高圆轴抗扭能力的有效措施

1）合理选用圆轴的横截面尺寸。在相同载荷作用下，采用空心轴可以有效地发挥材料的性能，节省材料，减轻圆轴自重，提高圆轴承载能力。例如，机床的主轴，以及汽车、船舶、飞机中的轴类零件大多采用空心轴。

2）合理改善受力情况，以降低最大扭矩。

二、直梁弯曲

1. 弯曲变形

杆件受到垂直于轴线的外力或作用面在轴线所在平面内的外力偶作用时，杆件的轴线将由直线变为曲线，这种变形称为弯曲变形。以弯曲变形为主的构件称为梁。弯曲变形是工程中常见的一种基本变形，如桥式起重机、机车的轮轴、托架等都是弯曲变形的典型实例，如图 2-29 所示。

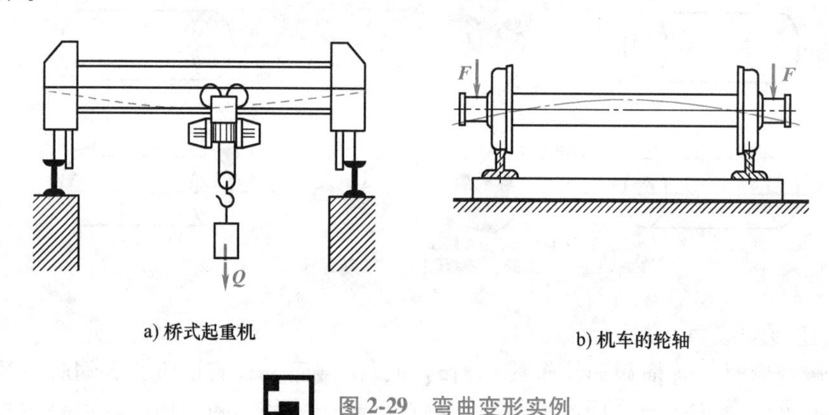

a) 桥式起重机　　b) 机车的轮轴

图 2-29　弯曲变形实例

机械工程中的梁通常都具有纵向对称面，如图 2-30 所示。当外力或外力偶作用在梁的纵向对称面内时，梁变形后的轴线为平面曲线，这种弯曲称为平面弯曲。平面弯曲是梁变形中最常见和最简单的情形。

2. 梁的基本形式

机械工程中，通过对支座的简化，可将梁分为简支梁、悬臂梁和外伸梁三种形式，如图 2-31 所示。

（1）简支梁　它是一端为固定铰支座，另一端为活动铰支座的梁。

（2）悬臂梁　它是一端固定，另一端自由的梁。

（3）外伸梁　简支梁的一端或两端伸长于支座以外，并在外伸端有载荷作用的梁称为外伸梁。

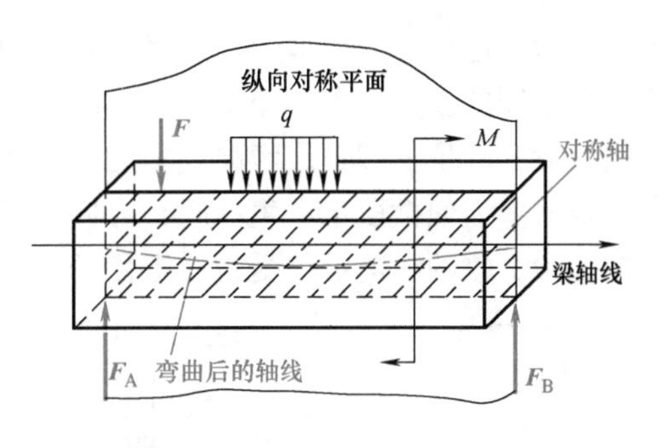

图 2-30　平面弯曲变形

3. 梁的内力

确定梁的内力可采用截面法，如图 2-32 所示。为了确定任一截面 $m—m$ 的内力，首先求出梁的支座约束力 F_A 和 F_B，然后将梁在截面处截成两段（图 2-32b）。如果取左段梁为研究对象，由于整个梁是平衡的，它的任一部分也处于平衡状态。由左段梁的平衡条件可知，在 $m—m$ 截面上必然存在两个内力分量：剪力和弯矩。

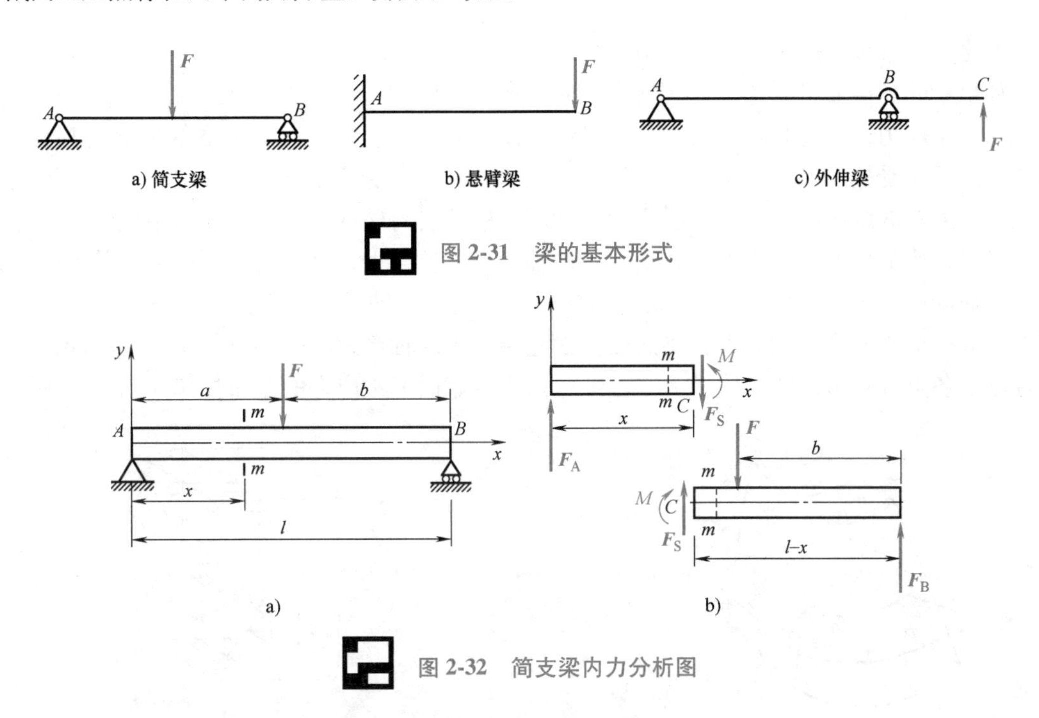

图 2-31　梁的基本形式

图 2-32　简支梁内力分析图

1）与截面相切的内力分量称为剪力，用 F_S 表示。

2）作用在纵向对称面内的内力偶，称为弯矩，用 M 表示。

由左段梁的平衡方程可计算出 $m—m$ 截面上的剪力 F_S 与弯矩 M。

$$\sum F_y=0,F_A-F_S=0,F_A=F_S$$

$$\sum M_C=0,-F_Ax+M=0,M=F_Ax$$

图 2-32b 中 C 为 $m—m$ 截面的形心。

如果取右段为研究对象，同样可求出 $m—m$ 截面的剪力与弯矩，且与取左段梁求出的剪力与弯矩等值、反向。

为了使取左段梁或右段梁获得的同一截面的剪力与弯矩不仅大小相等，而且符号相同，根据梁的变形情况，对剪力、弯矩的符号规定如下：在梁横截面处取微段梁 dx，凡使微段梁产生左侧向上、右侧向下相对错动变形的剪力为正（图 2-33a），反之为负（图 2-33b）；凡使微段梁产生上凹下凸弯曲变形的弯矩为正（图 2-34a），反之为负（图 2-34b）。按此规定，正的剪力使微段梁产生顺时针方向转动。如果将梁设想成由无数纵向纤维所组成，正的弯矩使梁下侧的纵向纤维受拉，上侧的纵向纤维受压。

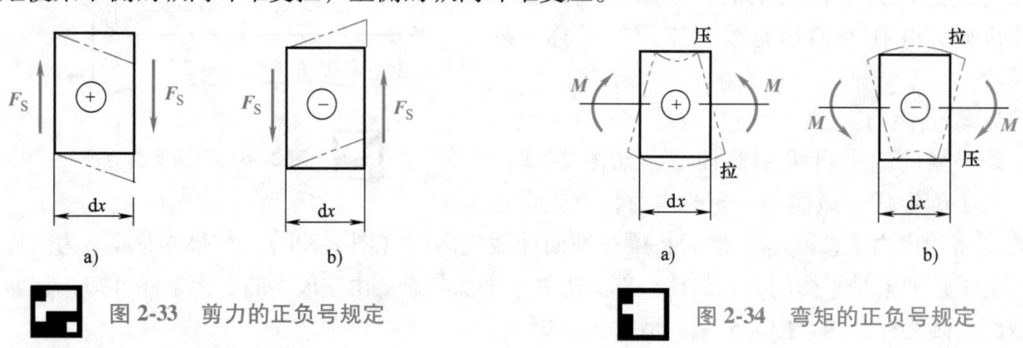

图 2-33 剪力的正负号规定

图 2-34 弯矩的正负号规定

4. 纯弯曲时梁横截面上的正应力

如果梁的各截面只有弯矩而无剪力，此类弯矩变形称为纯弯曲。梁纯弯曲时，梁的横截面上只有正应力，没有切应力。如图 2-35 所示，如果将梁设想成由无数纵向纤维所组成，梁的下部纤维受拉而伸长，梁的上部纤维受压而缩短，在受拉区和受压区之间存在一层既不伸长也不缩短的纵向纤维层，此层称为中性层。中性层与横截面的交线称为中性轴。梁纯弯曲变形时，梁的横截面绕中性轴转动。中性轴一侧为拉应力，另一侧为压应力，其大小沿梁的横截面高度（y）呈线性分布；梁的横截面上距离中性轴最远的截面上、下边缘上，分别具有最大拉应力和最大压应力；梁的横截面上距离中性轴等距离的各点的正应力相同，梁的中性轴上各点（$y=0$）的正应力为零。纯弯曲梁横截面上正应力的分布规律如图 2-36 所示。

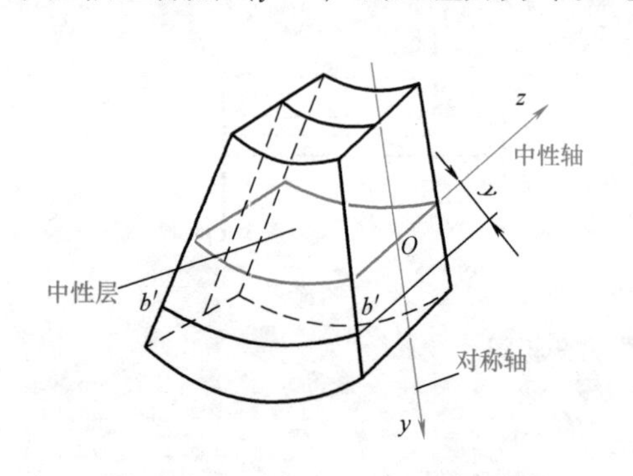

图 2-35 梁的中性层与中性轴

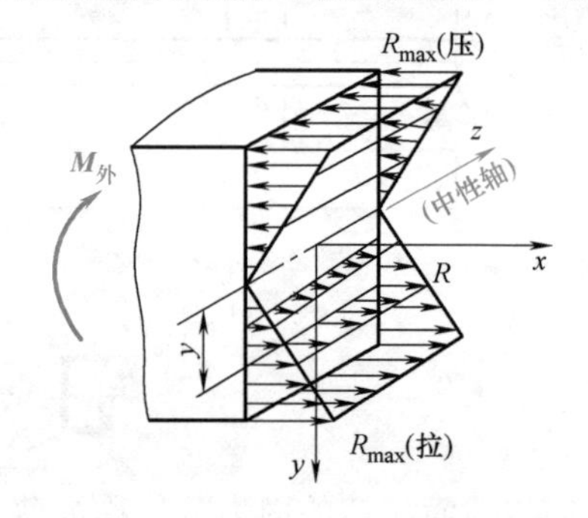

图 2-36 纯弯曲梁横截面上的正应力分布

梁在纯弯曲时，梁的上、下边缘处（到中性轴距离最大）的正应力最大，其表达式是

$$R_{max}=\frac{M}{W_Z}$$

式中 R_{max}——横截面上距离中性层最远处的最大正应力，单位是 MPa；

M——梁横截面上的弯矩，单位是 N · m；

W_Z——弯曲截面系数，单位是 m^3 或 mm^3。

5. 提高梁抗弯能力的有效措施

（1）合理布置支座，降低最大弯矩值　最大弯矩值不仅取决于外力的大小，还取决于外力在梁上的分布。如图 2-37a 所示，简支梁在均布载荷作用下，梁所受最大弯矩值是 $0.125ql^2$（或 $ql^2/8$），如果将两端支座各向内侧移动 $0.2l$（或 $l/5$）（图 2-37b），则梁所受最大弯矩值是 $0.025ql^2$（或 $ql^2/40$），仅为前者的 1/5。

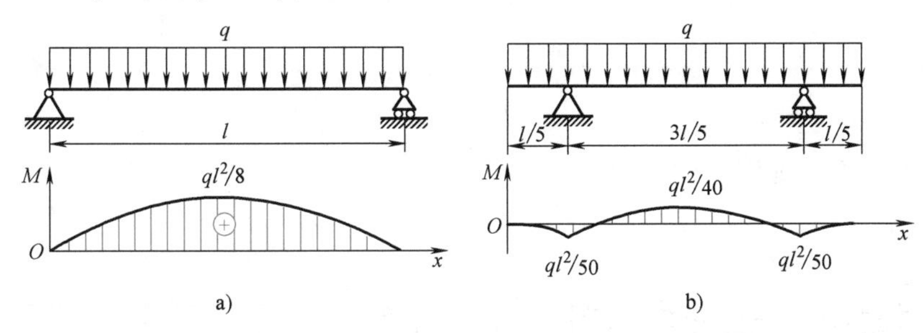

图 2-37　合理布置简支梁支座分析图

机械工程中，龙门起重机的大梁、锅炉、储罐等均可简化为均布载荷作用下的梁，实践中通常也是将支座从两端向内移动一段距离，以降低最大弯矩值，并提高其抗弯强度和刚度，如图 2-38 所示。

a) 龙门吊车　　b) 大型储罐

图 2-38　合理布置简支梁支座的实例

（2）合理选用梁的截面形状，充分发挥材料潜力　由于梁的横截面上各点的弯曲正应力与其到中性轴的距离成正比，所以中性轴附近各点的应力较小，这部分材料的承载能力不能得到充分发挥。如果将这部分材料转移至距离中性层较远处，则梁的承载能力将得到充分提高，也会使梁的横截面形状更加合理。如图 2-39 所示，在梁的各横截面面积相等的情况下，自左向右，各截面形状的梁的抗弯能力逐渐下降，其中工字形截面梁和空心截面梁的承载能力较强。

（3）采用变截面梁　机械工程中，为了提高梁的抗弯能力、减轻自重和节省材料，常根据弯矩沿梁的轴线变化情况，制成变截面梁，从而使梁的所有横截面上的最大正应力都接近许用应力，即将梁设计成“等强度梁”。但在机械工程实际中，考虑到梁的加工经济性，通常将梁制成近似的等强度梁，如飞机的机翼、汽车的板弹簧、阶梯轴，以及建筑中广泛采

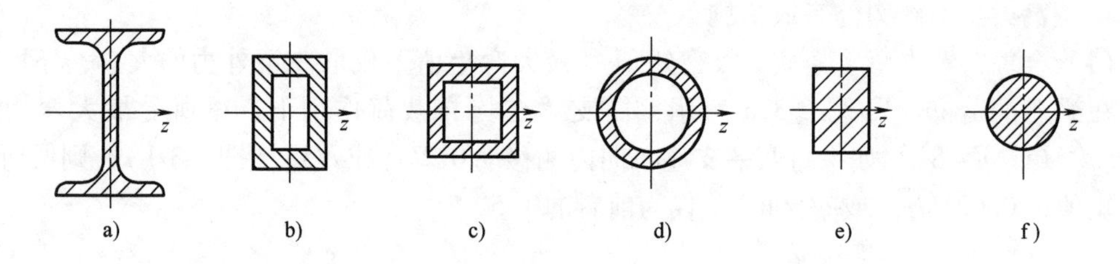

图 2-39　梁的截面形状对抗弯能力的影响

用的“鱼腹梁”等，如图 2-40 所示。

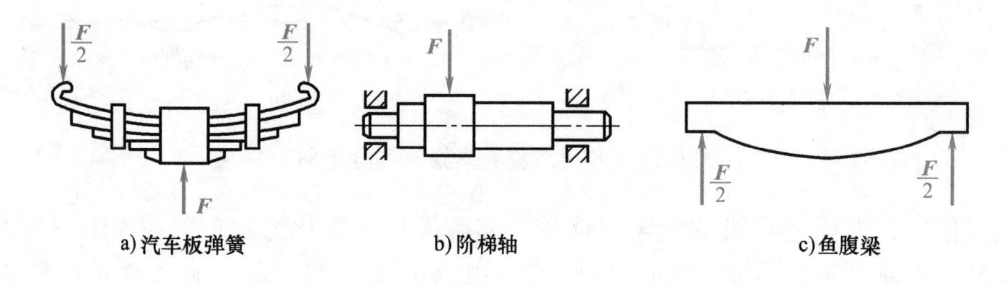

图 2-40　变截面梁在机械工程中的应用实例

（4）提高梁的抗弯刚度　通常可以采用缩短梁的跨度（或外伸长度）的措施来提高梁的抗弯刚度。另外，在不能缩短梁的跨度的情况下，采用增加支座的措施可以有效地减小梁的变形。

三、组合变形

构件发生拉伸（或压缩）变形、剪切变形、扭转变形、弯曲变形中的一种变形的情形，称为基本变形。构件同时发生两种或两种以上的基本变形，称为组合变形。在机械工程中，构件发生组合变形的情形很多，如旋紧的螺栓会产生拉伸变形和扭转变形，车刀在切削过程中既有弯曲变形还有压缩变形（图 2-41），齿轮轴在工作中既有弯曲变形还有扭转变形（图 2-42）。

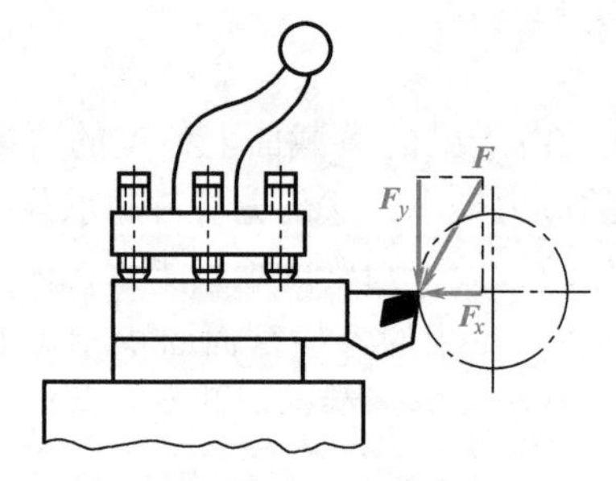

图 2-41　车刀的弯曲变形与压缩变形

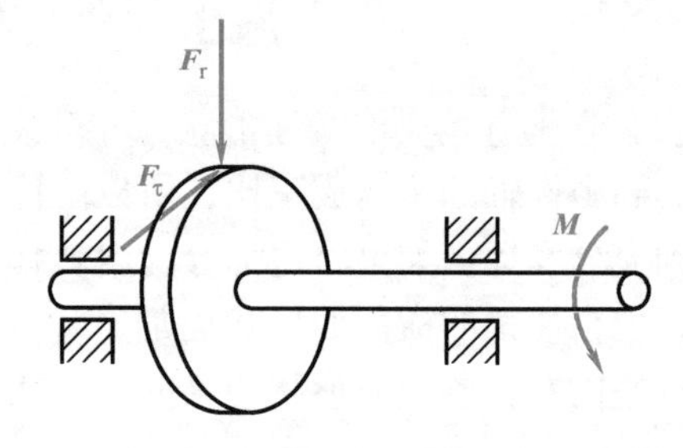

图 2-42　齿轮轴的弯曲变形与扭转变形

在小变形且材料服从弹性变形（或胡克定律）的条件下，每一种基本变形所产生的应力和变形将不受其他变形的影响。所以，可以应用叠加原理求得组合变形时杆件的应力和变形。

模块七

压杆稳定、交变应力与疲劳强度

【学——结合自身实践经验进行学习】

一、压杆稳定

在学习轴向压缩时，认为受压杆件只要满足压缩强度条件即可安全工作。理论与实践证明，这一结论对于粗短压杆是正确的，但对于细长压杆并不适用。

试验演示

有一根长 300mm 的矩形截面钢尺，其横截面尺寸是 20mm×1mm，制作材料的屈服强度 R_{eL} 是 235MPa，其承受轴向压力作用。按强度条件，此钢尺（压杆）能够承受的屈服压力是

$$F_S = R_{eL}A = 235\text{MPa}\times20\text{mm}\times1\text{mm} = 4700\text{N}$$

实际上，当压力不足 40N 时，钢尺就沿厚度方向突然弯曲而丧失承载能力了。

如果减小压杆的长度，压杆能承受的压力会逐步地提高；当压杆很短时，压杆承受压力后不再发生弯曲变形，能承受的压力也逐步接近屈服压力值。这说明，细长压杆之所以丧失承载能力，不是因为材料的压缩强度不够，而是因为不能保持原有直线平衡状态所致。压杆不能保持原有直线平衡状态而突然变弯的现象称为压杆失稳。因此，粗短压杆和细长压杆的失效是截然不同的，前者是强度问题，后者是稳定性问题。

机械工程中有许多承受压力的杆件，如柴油机的连杆、液压缸的活塞杆（图 2-43a）、起重机的撑杆（图 2-43b）、托架中的压杆等，为了保证其安全工作，设计时不仅要考虑其强度、刚度，还要考虑其稳定性。

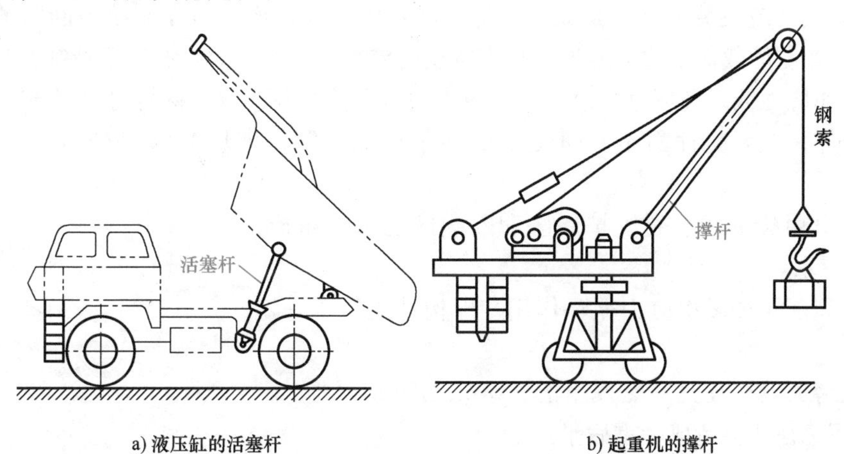

a) 液压缸的活塞杆　　b) 起重机的撑杆

图 2-43　液压缸的活塞杆和起重机的撑杆

二、交变应力

静应力是不随时间发生变化的应力。交变应力是随时间发生周期性变化的应力。例如，火车轮轴（图 2-44a）虽然载荷不变，但由于轴在转动，轴的横截面上各点的应力都将随着轴的转动而作周期性地变化。例如，以 $m—m$ 横截面上任一点 A 的应力状态为例进行分析，随着轴的转动，A 点的实际运动位置变化顺序是 1→2→3→4→1（图 2-44b），A 点应力也经历了从 R_{max}→0→R_{min}→0→R_{max} 的变化顺序，A 点的应力随时间变化的曲线如图 2-44c 所示。轴继续转动，A 点的应力不断地重复以上变化。因此，A 点的应力是随时间作周期性变化的。

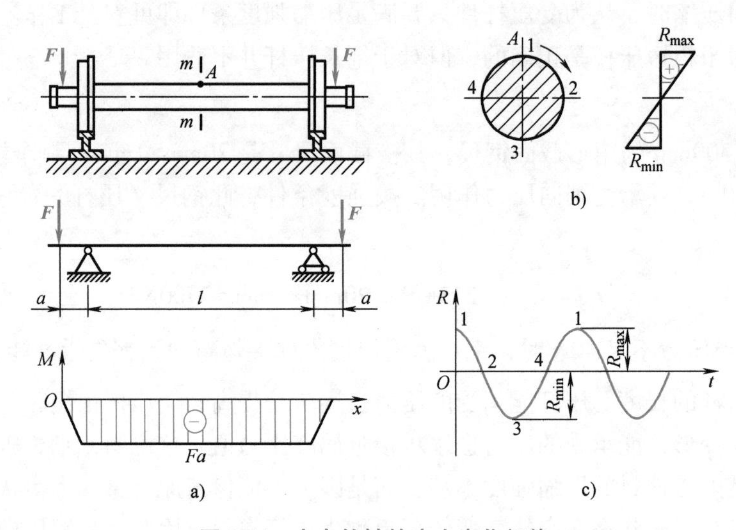

图 2-44　火车轮轴的应力变化规律

三、疲劳强度

1. 疲劳失效的特征

疲劳失效（或疲劳破坏）是在交变应力作用下，构件产生可见裂纹或断裂的现象。构件的疲劳失效与静载荷下的强度失效具有本质的差别。疲劳失效具有以下特征：

1）工作应力低。破坏时的最大工作应力一般远低于静载荷下材料的屈服强度。

2）破坏表现为脆性断裂。即使是塑性很好的材料，破坏时断口处也无明显的塑性变形。

3）断口由疲劳源、裂纹扩展区和断裂区三部分组成，如图 2-45 所示。

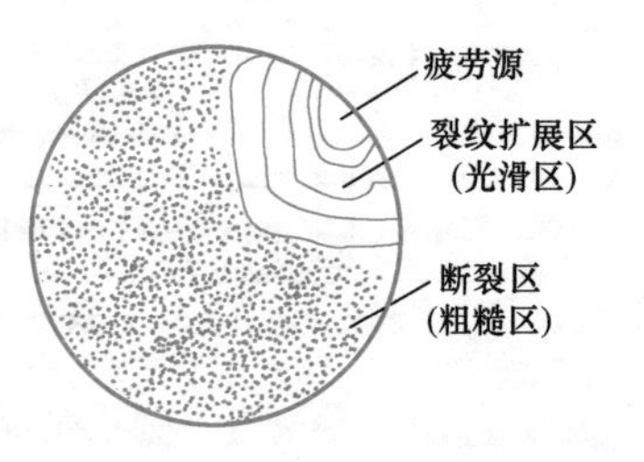

图 2-45　疲劳断口

4）断裂前经过多次应力循环作用，即构件运行了一定时间。

5）疲劳失效往往是突然发生的，事先无明显预兆，一旦发生破坏，往往会造成严重后果。

2. 疲劳失效的原因

疲劳失效的主要原因是：材料内部存在一些缺陷，构件设计存在的缺陷，构件表面在机械加工后留下的刀痕等，当交变应力超过一定限度并经历了足够多次的反复作用后，便在构件中应力最大处和材料的缺陷处产生了微细的裂纹，即形成了裂纹源。随着应力循环次数的增加，裂纹源逐渐扩展，裂纹两边的材料时而压紧，时而离开，类似研磨过程，从而逐渐形成光滑区。当有效截面削弱到不足以承受外力时，在外界偶然因素（如超载、冲击或振动等）的作用下便突然断裂，形成断口的粗糙区。

据统计，机械零件的失效有 70%～90%为疲劳失效。例如，转轴、连杆、齿轮、弹簧、汽轮机叶片等，其主要失效形式都是疲劳失效。

3. 疲劳强度

材料的疲劳强度是材料在交变应力作用下，能经受无限次应力循环而不发生疲劳破坏的最大应力。材料的疲劳强度可通过疲劳试验测定。例如，当结构钢的抗拉强度 $R_m \leqslant$ 1400MPa 时，其疲劳强度约为抗拉强度的一半。

4. 影响构件疲劳强度的主要因素

1）材料的屈服强度越高，其疲劳强度也越高。

2）构件表面加工质量越高，表面粗糙度值 Ra 越小，应力集中越小，疲劳强度也越高。

3）通过表面处理（如喷丸处理、表面渗碳、渗氮、表面淬火等）对构件表面进行强化，可改善构件表面层质量，提高构件的疲劳强度。

4）在构件的形状和尺寸突变处（如阶梯轴台肩、开孔、切槽等），由于存在应力集中，使构件容易产生疲劳裂纹，从而降低构件的疲劳强度。

5）构件的尺寸越大，所包含的缺陷越多，出现裂纹的概率越大，因此，其疲劳强度越低。

拓展知识

金属疲劳断裂及其危害

从人类开始制造工程结构以来，疲劳断裂就是要面对的一个问题。人们对金属构件的疲劳断裂问题的最初理解始于 19 世纪。在第一次工业革命期间，蒸汽机车、轮船、汽车等装备和设备相继发明出来，但随之而来的是这些机械设备的关键构件经常在循环载荷（或交变载荷）作用下断裂失效，如图 2-46 所示。起初人们很难理解，为什么在循环载荷（或交变载荷）作用下，服役的金属构件的寿命远远小于设计寿命？人们发现：在循环载荷（或交变载荷）作用下，构件的使用寿命远小于设计寿命，甚至不到设计寿命的一半。这时人们开始认识到了疲劳的破坏力，但由于技术检测落后，人们还不能查明疲劳破坏的原因，直到显微镜和电子显微镜等高科技器具的相继出现之后，人们开展了一些有针对性的研究，从此金属构件疲劳断裂的面纱渐渐地被揭开。

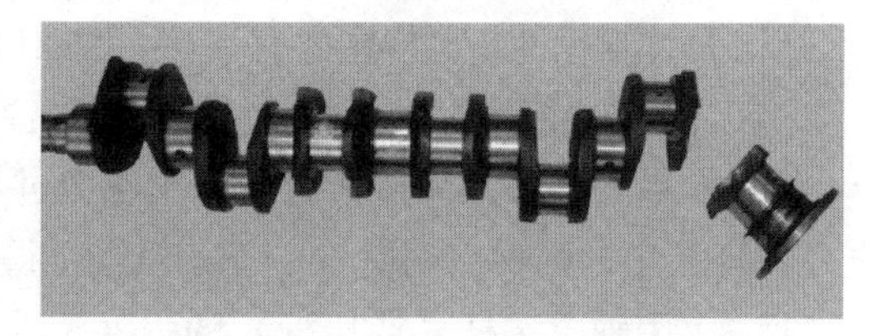

图 2-46　疲劳断裂的内燃机曲轴

【拓展知识——力学与生活】

【练——温故知新】

一、名词解释

1. 杆件　2. 内力　3. 应力　4. 应变　5. 力学性能　6. 抗拉强度　7. 塑性　8. 扭转变形　9. 弯曲变形　10. 交变应力

二、填空题

1. 杆件有两个主要几何要素，即________和________。________是指垂直于杆件轴线方向的截面；________是指各横截面形心（几何中心）的连线。

2. 根据载荷作用性质的不同，载荷可分为________载荷、________载荷和交变载荷。

3. 根据载荷作用形式的不同，载荷又可分为________载荷、________载荷、________载荷、剪切载荷和扭转载荷等。

4. 杆件的基本变形形式主要有拉伸（或压缩）变形、________变形、________变形和弯曲变形。

5. 通常将产生轴向拉伸变形的杆件称为______杆，将产生轴向压缩变形的杆件称为______杆。

6. ______力是杆件内部产生阻止变形的抗力，______力是作用于杆件上的载荷和约束力。

7. 应力分为______应力和______应力。

8. 材料的力学性能指标有______、______、硬度、韧性和疲劳强度等。

9. 从退火低碳钢的力（F）-伸长（ΔL）曲线图可以看出，拉伸试样从开始拉伸到断裂要经过弹性变形阶段、______阶段、变形强化阶段、______与断裂阶段四个阶段。

10. 强度是材料在力的作用下，抵抗永久变形和______的能力。

11. 材料在静拉伸试验中的强度指标主要有______强度、规定总延伸强度、______强度等。

12. 工程上广泛使用的表征材料塑性大小的主要指标是______伸长率和______收缩率。

13. 压缩试样通常采用______截面或______截面的短柱体。

14. 常用的硬度测试方法有______硬度（HBW）和______硬度（HRA、HRB、HRC 等）。

15. 夏比摆锤冲击试样主要有______型缺口试样、______型缺口试样、______试样三种。

16. 冲击吸收能量 K 大，表示金属材料抵抗冲击试验力而不破坏的能力______，即韧性越好。

17. 如果安全系数 n 过大，则许用应力过______，将造成材料使用过多或浪费；如果安全系数 n 过小，则材料用量______，但安全得不到保障，在过载时容易导致事故。

18. 应用轴向拉杆（或压杆）的强度条件可以解决轴向拉杆（或压杆）的______校核、截面尺寸______、许用载荷确定等问题。

19. 圆轴扭转变形的特点是：圆轴各横截面绕轴线发生相对______，但圆轴轴线始终保持直线。

20. 圆轴扭转变形时，其横截面圆心处的切应力为______，边缘圆周上各点的切应力最大，同一圆周上各点的切应力______。

21. 机械工程中，通过对支座的简化，可将梁分为简支梁、______梁和______梁三种形式。

22. 如果将梁设想成由无数纵向纤维所组成，正的弯矩使梁下侧的纵向纤维受______，上侧的纵向纤维受______。

23. 粗短压杆和细长压杆的失效是截然不同的，前者是______问题，后者是______问题。

24. 构件表面加工质量越高，表面粗糙度值 Ra 越______，应力集中越______，疲劳强度也越高。

三、单项选择题

1. 材料（或杆件）抵抗变形的能力称为______________。

A. 强度　　B. 刚度

2. 起重机起吊重物时，钢丝绳不被拉断是因为其具有足够的______________。

A. 强度　　B. 刚度

3. 下列零件中没有剪切变形的是______________。

A. 销　　B. 铆钉　　C. 拉杆　　D. 键

4. 通常建筑物的立柱会产生______________。

A. 拉伸变形　　B. 压缩变形　　C. 扭转变形

5. 挤压变形是构件的______________变形。

A. 轴向压缩　　B. 局部互压　　C. 全表面

6. 下列构件在使用中可产生扭转变形的是______________。

A. 起重机吊钩　　B. 钻孔的钻头　　C. 火车车轴

7. 传动系统中的传动轴会产生______________。

A. 拉伸变形　　B. 压缩变形　　C. 扭转变形

8. 如图 2-47 所示，用截面法求扭矩时，无论取哪一段作为研究对象，其同一截面的扭矩大小和符号是______________。

A. 完全相同　　B. 正好相反　　C. 不能确定

图 2-47　圆轴截面的扭矩

9. 在图 2-48 中，仅发生扭转变形的轴是______________。

A. 图 2-48a　　B. 图 2-48b　　C. 图 2-48c　　D. 图 2-48d

10. 在梁的弯曲过程中，梁的中性层______________。

A. 长度不变　　B. 长度变大　　C. 长度变小

11. 如图 2-49 所示，火车轮轴产生的变形是______________。

A. 拉伸或压缩变形　　B. 剪切变形　　C. 扭转变形　　D. 弯曲变形

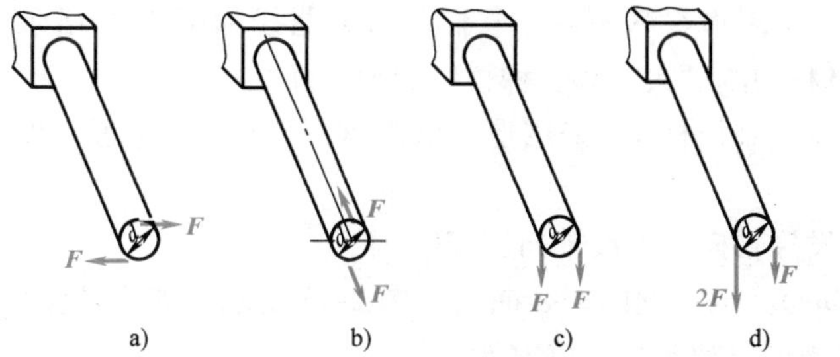

图 2-48　轴受力情况

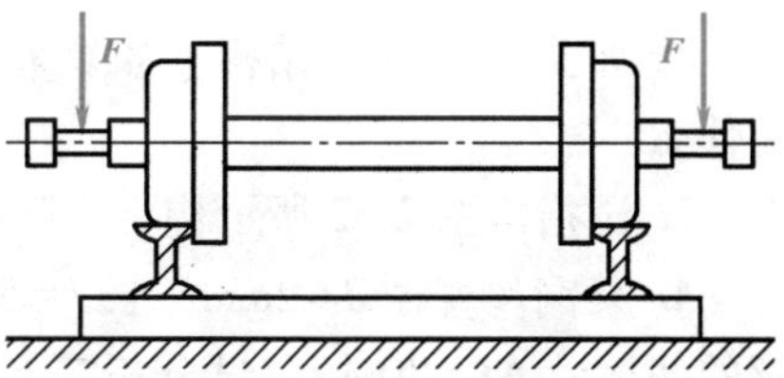

图 2-49　火车轮轴示意图

四、判断题（认为正确的请在括号内打“√”；反之，打“×”）

1. 两根材料相同，但粗细不同的杆件，在相同的拉力作用下，它们的内力是不相等的。（　）

2. 两根材料相同，但粗细不同的杆件，在相同的拉力作用下，它们的应力是不相等的。（　）

3. 在机械工程中常利用冷变形强化提高构件的承载能力。（　）

4. 在杆件截面突变处的横截面上，应力分布是均匀的。（　）

5. 铸铁在压缩时其抗压强度远大于抗拉强度。（　）

6. 一般来说，金属材料的硬度值越高，零件的耐磨性也越高。（　）

7. 冲击吸收能量 K 对温度非常不敏感。（　）

8. 纯弯曲时，梁的中性层与横截面的交线称为中性轴。（　）

9. 梁的横截面上距离中性轴越远的点，其正应力就越小。（　）

10. 齿轮轴在工作中既有弯曲变形也有扭转变形。（　）

11. 偏心拉伸是轴向拉伸与弯曲的组合变形。（　）

12. 可以采用缩短梁的跨度（或外伸长度）的措施来提高梁的抗弯刚度。（　）

13. 对于承受轴向压力的杆件，只要满足压缩强度条件即可安全、可靠地工作。（　）

14. 塑性材料在交变应力作用下，即使发生疲劳破坏，其断口也会有明显的塑性变形。（　）

15. 构件的尺寸越大，所包含的缺陷越多，出现裂纹的概率越大，因此，其疲劳强度越低。（　）

五、简答题

1. 为了使杆件正常工作，杆件必须满足哪三个基本要求？

2. 拉伸变形（或压缩变形）的特点是什么？

3. 铸铁的 R-ε 曲线有何特点？

4. 挤压与压缩有何不同？

5. 圆轴扭转变形的受力特点和变形特点是什么？

6. 如何确定扭矩的正负号？

7. 纯弯曲时梁横截面上的正应力如何分布？

8. 提高梁抗弯能力的措施有哪些？

9. 疲劳失效具有哪些特征？

六、综合分析题

1. 有三个试样，它们的尺寸相同，但制作材料不同，它们的 R-ε 曲线如图 2-50 所示。试分析哪一种材料的强度高？哪一种材料的刚度大？哪一种材料的塑性好？

2. 如图 2-51 所示结构，如果采用铸铁制作杆 1，采用退火低碳钢制作杆 2，是否合理？为什么？

3. 试指出图 2-52 所示构件中哪些发生轴向拉伸或轴向压缩？

4. 某铜丝直径 $d=2\text{mm}$，长 $l=500\text{mm}$。该铜丝的 R-ε 曲线如图 2-53 所示。如果使该铜丝的伸长量 $\Delta L=30\text{mm}$，试分析需要对该铜丝加多大的拉力 F？

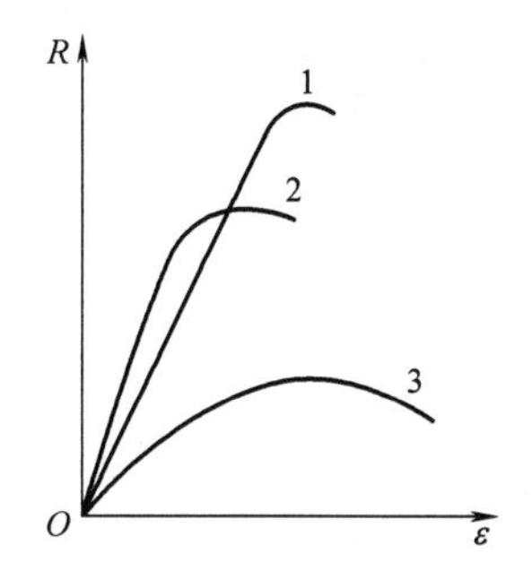

图 2-50　三个试样的 R-ε 曲线

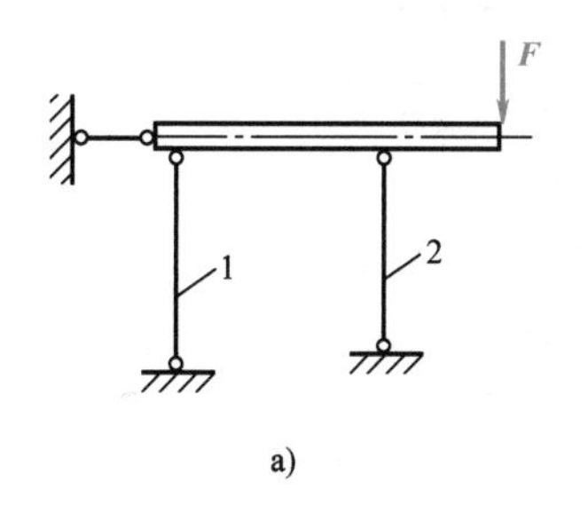

b)

图 2-51　结构示意图

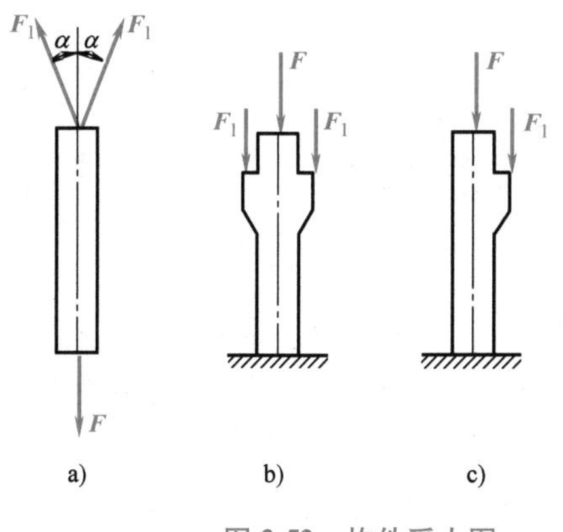

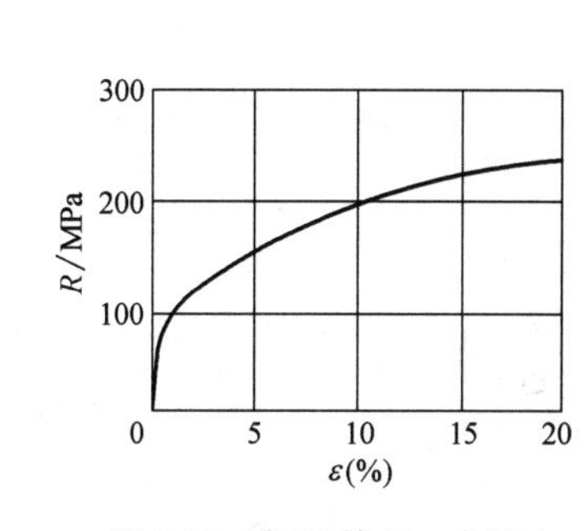

图 2-52　构件受力图

图 2-53　铜丝的 R-ε 曲线

5. 车辆制动缸如图 2-54 所示。制动时，空气压力 $p=1.2\text{MPa}$，已知活塞直径 $D=40\text{cm}$，活塞杆直径 $d=6\text{cm}$，活塞杆制造材料的许用应力 $[R]=50\text{MPa}$。试校核活塞杆的强度。

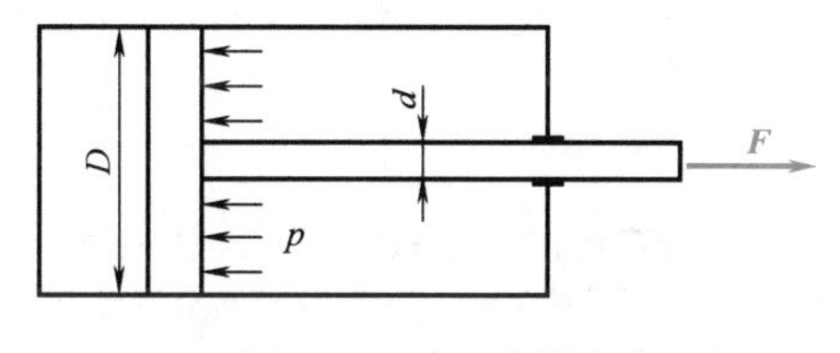

图 2-54　车辆制动缸

【思——学会将知识系统化，知其所以然】

主题名称	重点说明	提示说明
杆件	杆件是指纵向(长度方向)尺寸远大于横向(垂直于长度方向)尺寸的构件	杆件有两个主要几何要素，即横截面和轴线
载荷	载荷是材料(或杆件)在使用过程中所承受的外力	根据作用形式不同，载荷可分为拉伸载荷、压缩载荷、弯曲载荷、剪切载荷和扭转载荷
强度	强度是指材料(或杆件)受力时抵抗破坏的能力	例如，桥梁在承受载荷时应不会发生断裂
刚度	刚度是指材料(或杆件)抵抗变形的能力	工程上对杆件的变形有一定的要求，如减速器的轴不能出现较大的变形
稳定性	稳定性是指杆件保持原有平衡形式的能力	即杆件在使用过程中不产生失稳现象

（续）

主题名称	重点说明	提示说明
变形固体	对于变形固体，有两个假设： （1）均匀连续性假设 （2）各向同性假设	
拉伸变形	当作用在杆件两端面上的外力作用线方向离开杆件端面时，杆件发生拉伸变形	拉伸变形的特点：作用在杆件上的外力（或外力的合力）的作用线与杆件轴线重合，杆件轴向伸长，同时杆件横截面尺寸缩小
压缩变形	当作用在杆件两端面上的外力作用线方向指向杆件端面时，杆件发生压缩变形	杆件主要是纵向收缩，同时杆件横截面尺寸增大
内力	内力是杆件内部产生阻止变形的抗力	当杆件横截面上的内力达到某一极限值时，杆件会发生破坏
外力	外力是作用于杆件上的载荷和约束力	外力越大，杆件的变形越大，所产生的内力也越大
截面法	截面法是求内力的基本方法	截面法是将受外力作用的杆件假想地切开，用以显示内力的大小，并以平衡条件确定其合力的方法
应力	应力是杆件在外力作用下，其横截面单位面积上的内力	应力分为正应力和切应力
应变	应变是杆件在外力作用下其内部某一点的变形程度	线应变是杆件沿轴向单位长度的伸长量。拉伸变形时线应变为正，压缩变形时线应变为负
力学性能	材料的力学性能是指材料在外力作用下所表现出来的性能	材料的力学性能指标有强度、塑性、硬度、韧性和疲劳强度等
强度	强度是材料在力的作用下，抵抗永久变形和断裂的能力	材料在静拉伸试验中的强度指标主要有：屈服强度、规定总延伸强度、抗拉强度等
塑性	塑性是指金属材料在断裂前发生不可逆永久变形的能力	金属材料的塑性可用拉伸试样断裂时的最大变形量来表示，主要指标是断后伸长率和断面收缩率
硬度	硬度是金属材料抵抗外物压入的能力。硬度是一项综合力学性能指标，它可以反映出金属材料的强度、塑性和切削加工性能	常用的硬度测试方法有布氏硬度（HBW）和洛氏硬度（HRA、HRB、HRC 等）。布氏硬度值是用球面压痕单位表面积上所承受的平均压力表示的。洛氏硬度是根据试样残余压痕深度增量来衡量试样的硬度大小的
韧性	韧性是金属材料在断裂前吸收变形能量的能力。金属材料的韧性大小通常采用冲击吸收能量 K（单位是 J）来衡量	冲击吸收能量 K 对温度非常敏感。有些金属材料在室温时可能并不显示脆性，但在较低温度下，则可能发生脆断
许用应力	在构件的实际使用过程中，应对其制造材料的极限应力除以一个大于 1 的系数 n（安全系数），并以此作为材料安全工作时允许承受的最大应力，这个最大应力就是材料的许用应力	安全系数 n 反映了强度储备的情况，也反映了构件安全性与经济性的矛盾关系。如果安全因数 n 过大，则许用应力过小，将造成材料使用过多或浪费；如果安全因数 n 过小，则材料用量减少，但安全得不到保障，在过载时容易导致事故
应力集中	由于杆件横截面的突变导致局部应力骤增的现象，称为应力集中	应力集中使杆件破坏的危险性增加
剪切变形	当构件的某一截面两侧受到一对大小相等、方向相反、作用线相距很近的横向外力作用时，构件的相邻两部分将沿外力作用线方向发生相对错动，这种变形称为剪切变形	机械工程中有许多连接件，如铆钉、销、键等都会产生剪切变形。发生相对错动的截面称为剪切面。剪切面平行于外力的方向，位于两个反向的外力之间

（续）

主题名称	重点说明	提示说明
挤压变形	螺栓、铆钉等连接件在外力作用下发生剪切变形的同时，在连接件与被连接件的接触面上互相压紧，会产生局部塑性变形，甚至产生压溃破坏的现象称为挤压变形	挤压变形和压缩变形是两个完全不同的概念，挤压变形发生在两个构件相互接触的表面上，产生局部塑性变形；压缩变形发生在整个构件内，产生整体塑性变形
扭转变形	构件受到作用面与轴线垂直的外力偶作用时，构件各横截面绕轴线发生相对转动的现象称为扭转变形	在机械工程中，常将以扭转变形为主的杆件称为轴。圆轴扭转变形的特点是：圆轴各横截面绕轴线发生相对转动，但圆轴轴线始终保持为直线
弯曲变形	杆件受到垂直于轴线的外力或作用面在轴线所在平面内的外力偶作用时，杆件的轴线将由直线变为曲线，这种变形称为弯曲变形	以弯曲变形为主的构件称为梁。当外力或外力偶作用在梁的纵向对称面内时，梁变形后的轴线为平面曲线，这种弯曲称为平面弯曲。平面弯曲是梁变形中最常见和最简单的情形
交变应力	交变应力是随时间发生周期性变化的应力	静应力是不随时间发生变化的应力
疲劳失效	疲劳失效（或疲劳破坏）是在交变应力作用下构件产生可见裂纹或断裂的现象	疲劳失效的主要原因是：材料内部存在一些缺陷、构件设计存在缺陷、构件表面在机械加工后留下刀痕等，这些缺陷处有可能形成微细的裂纹源
疲劳强度	材料的疲劳强度是材料在交变应力作用下能经受无限次应力循环而不发生疲劳破坏的最大应力	材料的疲劳强度可通过疲劳试验测定。构件表面加工质量越高，表面粗糙度值 *Ra* 越小，应力集中越小，疲劳强度也越高

【做——课外调研活动】

深入社会进行观察或借助有关图书资料，了解常用机械（或工具）在使用过程中的受载特征、受载类型、变形情况，以及力学性能要求等，并针对某一自己喜爱的机械（或工具）写一篇简单的受载特征、受载类型及变形情况分析报告，然后与同学进行相互交流与探讨。

【评——学习情况评价】

复述本单元的主要学习内容	
对本单元的学习情况进行准确评价	
本单元没有理解的内容有哪些	
如何解决没有理解的内容	

注：学习情况评价包括少部分理解、约一半理解、大部分理解和全部理解四个层次。请根据自身的学习情况进行准确和客观的评价。

【拓——知识与技能拓展】

同学们深入生活或企业，分析我们身边的交变应力出现在哪些零件与设备中？大家分工协作，采用表格形式列出交变应力出现的场合。

【实训任务书】

实训活动 2：螺旋传动结构认识实训

单元三 工程材料

学习目标

1. 准确理解有关概念，如金属、金属材料、合金、钢铁材料、非铁金属、有机高分子材料、复合材料、热处理等。

2. 认识钢铁材料、非铁金属、工程塑料和复合材料的分类、牌号、性能和应用范围，并建立典型零件在选择制造材料时的基本经验。

3. 认识铁碳相图和材料选择方面的基础知识。

4. 认识热处理的目的、工艺分类及其应用范围，并建立典型钢铁零件在选择热处理工艺时的基本经验。

5. 围绕知识点，树立职业素养，合理融入科学精神、学会学习、实践创新3个核心素养的培养，引导学生养成科学选材、用材和节约工程材料的好习惯。

材料是人类社会发展重要的物质基础，人类利用材料制作了生产和生活用的工具、设备及设施，不断改善了自身的生存环境与空间，创造了丰富的物质文明和精神文明，因此，材料同人类社会的发展密切相关。从人类使用材料的历史长河中可以看出，人类使用材料的足迹经历了从低级到高级、从简单到复杂、从天然到合成的过程，目前人类已进入金属（如钛金属）、高分子、陶瓷及复合材料共同发展的时代。

模块一 工程材料概述

【教——分类可将无规律的事物形成规律】

一、工程材料分类

工程材料主要是指结构材料，是指用于制作机械、车辆、建筑、船舶、桥梁、化工、石油、矿山、冶金、仪器仪表、航空航天、国防等领域的工程结构件的结构材料。工程材料按组成特点分类，可分为金属材料、陶瓷材料、有机高分子材料和复合材料四大类。

- 工程材料
  - 金属材料
    - 钢铁材料：钢和铸铁
    - 非铁金属材料：铂、金、银、钨、钼、铅、锌、镍、钛、铜、铝、镁及其合金等
  - 陶瓷材料
    - 普通陶瓷：日用陶瓷、建筑陶瓷、电绝缘陶瓷、多孔陶瓷等
    - 特种陶瓷：金属陶瓷、氧化物陶瓷、氮化物陶瓷、硅化物陶瓷等
  - 有机高分子材料
    - 塑料：聚乙烯塑料、聚酰胺塑料、聚甲醛、聚碳酸酯等
    - 橡胶：天然橡胶、丁苯橡胶、顺丁橡胶、氯丁橡胶等
    - 胶黏剂：非结构胶、结构胶、密封胶、导电胶、医用胶等
    - 合成纤维：聚酯纤维、聚酰胺纤维、聚丙烯腈纤维等
  - 复合材料
    - 金属基复合材料：铝基复合材料、钛基复合材料、镁基复合材料等
    - 非金属基复合材料：聚合物基复合材料、陶瓷基复合材料

二、工程材料的性能

工程材料的性能包括使用性能和工艺性能。使用性能是指工程材料为保证机械零件或工具正常工作应具备的性能，即在使用过程中所表现出的特性。使用性能包括力学性能（如强度、塑性、硬度、韧性、疲劳强度等）、物理性能（如密度、导热性、导电性、热膨胀性、磁性等）、化学性能（耐蚀性、抗氧化性、化学稳定性等）、生物功能（如相容性、自恢复性、自修复性等）；工艺性能是指工程材料在制造机械零件和工具的过程中，适应各种冷加工和热加工的性能，包括铸造性能、可锻性、焊接性、热处理性能和可加工性等。

在机械装备设计和制造中，首先要考虑的是工程材料的性能。只有了解了工程材料的性能，才能正确、经济、合理地选用工程材料，并合理地制订加工工艺，最终实现设计需要。

三、金属材料概述

金属材料是现代工农业生产中使用最广的工程材料。对于从事机械制造、工程建设及国防建设等方面的人员来说，了解金属材料的分类、性能、加工方法及应用范围等知识具有重要意义。金属是指在常温常压下，在游离状态下呈不透明的固体状态，具有良好的导电性和导热性，有一定的强度和塑性，并具有特殊光泽的物质，如金、银、铜、铁、铝、镁、钛等。金属材料是由金属元素或以金属元素为主，其他金属或非金属元素为辅构成的，并具有金属特性的工程材料。

金属材料包括纯金属和合金。另外，金属材料还可分为钢铁材料（或称黑色金属）和非铁金属材料（或称有色金属）两大类，如图 3-1 所示。

金属是指具有良好的导电性和导热性，有一定的强度和塑性，并具有特殊金属光泽的物质。在元素周期表中有 80 多种纯金属，纯金属的强度与硬度一般都较低，塑性与韧性较高，虽然在工农业生产中有一定的用途，但由于纯金属的冶炼技术复杂、价格较高，因此，纯金属在使用上受到较大的限制，一般作为冶炼合金的基本材料。

合金是由一种金属元素同另一种或几种其他元素，通过熔化或其他方法结合在一起所形成的具有金属特性的金属材料。例如，普通黄铜主要是由铜和锌两种金属元素组成的合金；

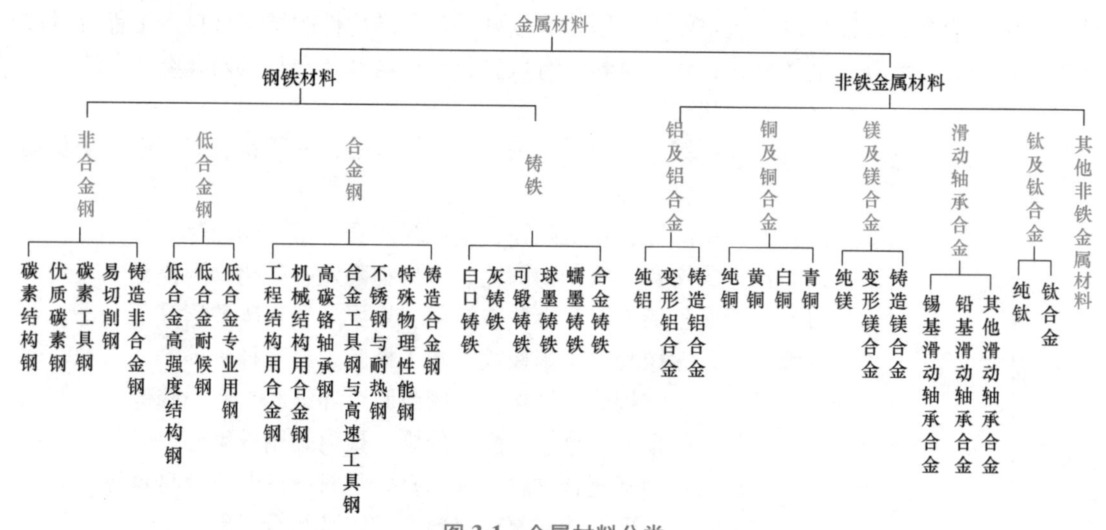

图 3-1　金属材料分类

锡青铜主要是由铜和锡两种金属元素组成的合金；普通白铜是由铜和镍两种金属元素组成的合金；碳素钢是由铁和碳组成的合金，合金钢是由铁、碳和合金元素组成的合金等。与组成合金的纯金属相比，合金除了具有更好的力学性能外，还可以通过调整组成元素之间的比例，获得一系列性能各不相同的合金，以满足工农业生产、建筑及国防建设上不同的性能要求。目前，在工农业生产、建筑、国防建设中广泛使用的主要是合金状态的金属材料。

钢铁材料（或称黑色金属）是以铁或以铁为主而形成的金属材料，如各种钢材和铸铁。钢铁材料具有力学性能、工艺性能优良以及价格较低等优点，因此，在制造工程结构件中一直占有主导地位，大约90%以上的金属结构和工具是采用钢铁材料制作的。

非铁金属材料（或称有色金属）是除钢铁材料以外的其他金属材料，如金、银、铜、铝、镁、锌、钛、锡、铅、铬、钼、钨、镍及其合金等。在国民经济生产中，非铁金属材料一般用于特殊场合。

四、陶瓷材料概述

陶瓷材料是无机非金属材料的统称，是用天然的或人工合成的粉状化合物，通过成形和高温烧结而制成的多晶体固体材料，它包括陶瓷、瓷器、玻璃、搪瓷、耐火材料、砖瓦、水泥、石膏等。由于陶瓷材料具有耐高温、耐腐蚀、硬度高等优点，不仅用于制作餐具等生活用品，在现代工业中也得到了广泛的应用。

五、有机高分子材料概述

高分子材料是以高分子化合物或高分子聚合物为主要组分所构成的材料，它分为有机高分子材料和无机高分子材料。本书主要介绍有机高分子材料。有机高分子材料的主要成分是碳和氢。有机高分子材料包括天然高分子材料和人工合成高分子材料两大类。机械工程中主要使用人工合成高分子材料。有机高分子材料按用途和使用状态分类，可分为塑料、橡胶、胶黏剂、合成纤维等。

六、复合材料概述

复合材料是由两种或两种以上物理或化学性质不同，或组织结构不同的材料，以微观或宏观形式组合而成的多相材料。复合材料既保持了原有材料的各自性能特点，又具有比原材料更好的性能，即具有“复合”效果。不同材料复合后，通常是其中一种材料作为基体材料，起黏结作用；另一种材料作为增强剂材料，起承载作用。

模块二 钢铁材料

【教——要准确认识事物的特点】

钢铁材料包括钢和铸铁两大类。钢是指碳的质量分数介于0.02%~2.11%的铁碳合金的统称；铸铁是指碳的质量分数大于2.11%的铁碳合金。钢按化学成分分类，可分为非合金钢、低合金钢和合金钢三大类。非合金钢又称为碳素钢、碳钢，是指以铁为主要元素，碳的质量分数一般在2.11%以下并含有少量其他元素的钢铁材料。为了改善钢的某些性能或使之具有某些特殊性能（如耐蚀性、抗氧化性、耐磨性、热硬性、高淬透性等），在炼钢时有意加入的元素，称为合金元素。含有一种或数种有意添加的合金元素的钢称为合金钢。

一、铁碳合金及其相图

铁碳合金是由铁和碳两种元素为主组成的合金，如钢和铸铁都是铁碳合金。铁碳相图是研究铁碳合金的组织、化学成分、温度关系的重要图形，掌握铁碳相图，对于了解钢铁的组织、性能以及制订钢铁材料的各种加工工艺有着重要的指导作用。

1. 铁碳合金的基本组织

铁碳合金在固态下存在的基本组织有铁素体、奥氏体、渗碳体、珠光体和莱氏体。

（1）铁素体（F）　铁素体是指α-Fe或其内固溶有一种或数种其他元素所形成的晶体点阵为体心立方的固溶体，用符号F（或α）表示。铁素体仍保持α-Fe的体心立方晶格，碳原子在铁素体中的位置如图3-2所示。铁素体的溶碳量很小，在727℃时溶碳量最大[w(C)=0.0218%]，随着温度的下降，铁素体的溶碳量逐渐减少，其在室温的溶碳量几乎为零，所以在室温状态下铁素体的性能几乎与纯铁相同，即强度和硬度较低（R_m=180~280MPa），而塑性和韧性好（$A_{11.3}$=30%~50%）。在显微镜下观察，铁素体呈明亮的多边形晶粒，如图3-3所示。

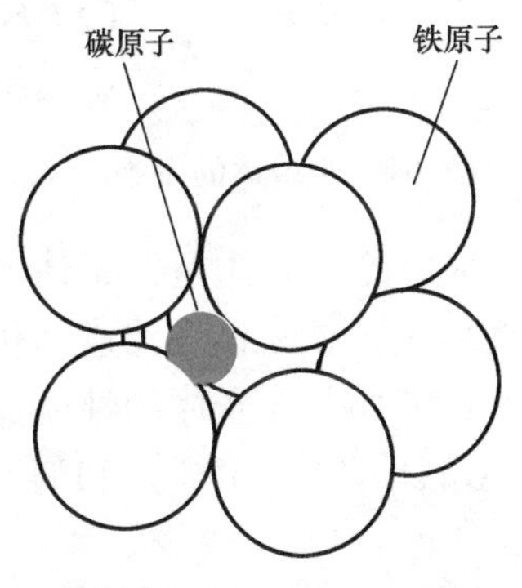

图3-2　铁素体晶胞示意图

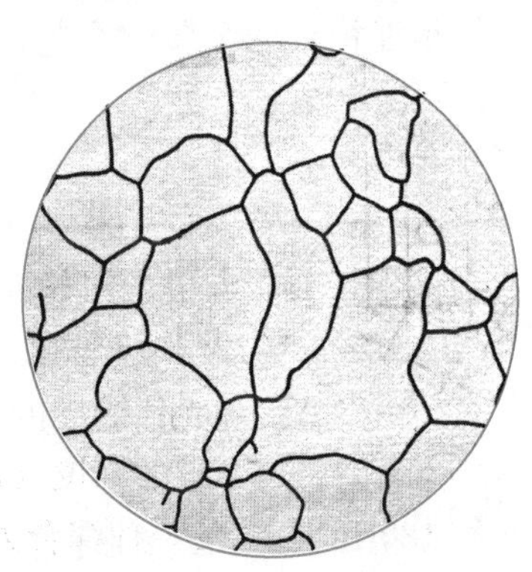

图3-3　铁素体的显微组织

（2）奥氏体（A）　奥氏体是指 γ-Fe 内固溶有碳和（或）其他元素所形成的晶体点阵为面心立方的固溶体，用符号 A（或 γ）表示。奥氏体仍保持 γ-Fe 的面心立方晶格，碳原子在奥氏体中的位置如图 3-4 所示。奥氏体溶碳能力较大，在 1148℃ 时溶碳量最大［$w(C)=2.11\%$］，随着温度下降奥氏体的溶碳量逐渐减少，在 727℃时的溶碳量为 $w(C)=0.77\%$。奥氏体具有一定的强度和硬度（$R_m\approx400$MPa），塑性好（$A_{11.3}\approx40\%\sim50\%$）。奥氏体的显微组织呈多边形晶粒状态，但晶界比铁素体的晶界平直些，如图 3-5 所示。

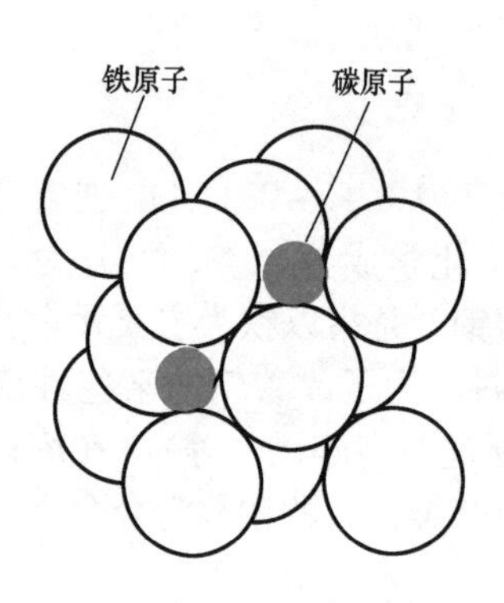

图 3-4　奥氏体晶胞示意图

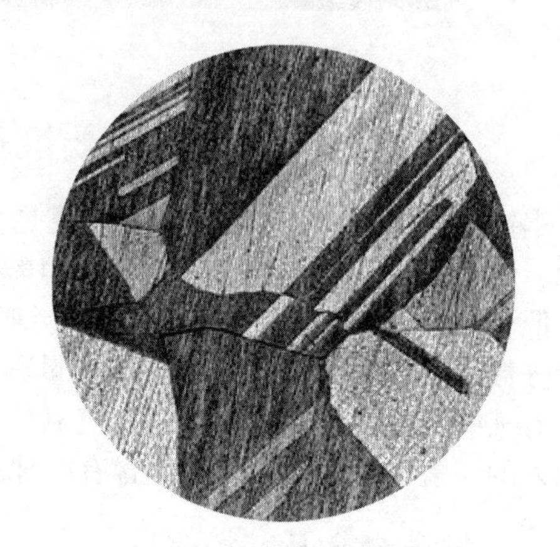

图 3-5　奥氏体的显微组织

（3）渗碳体（Fe_3C）　渗碳体是指晶体点阵为正交点阵、化学成分近似于 Fe_3C 的一种间隙式化合物。渗碳体是复杂的晶格类型，如图 3-6 所示。渗碳体中碳的质量分数是 $w(C)=6.69\%$，熔点是 1227℃，其分子式是 Fe_3C。渗碳体的结构比较复杂，硬度高（950～1050HV），脆性大，塑性与韧性极低。渗碳体在钢和铸铁中与其他相共存时呈片状、球状、网状或板条状，并且当渗碳体以适量、细小、均匀状态分布时，可作为钢铁的强化相；相反，当渗碳体数量过多或呈粗大、不均匀状态分布时，将使钢铁的韧性降低，脆性增大。渗碳体是亚稳定的金属化合物，在一定条件下，渗碳体可分解成铁和石墨，这一过程对于铸铁的生产具有重要意义。

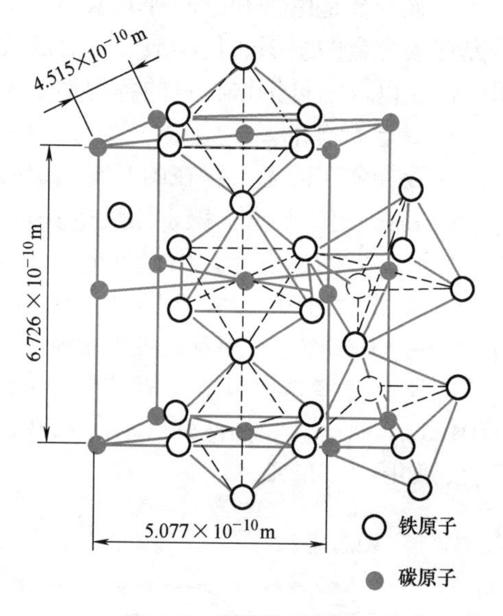

图 3-6　渗碳体的晶胞

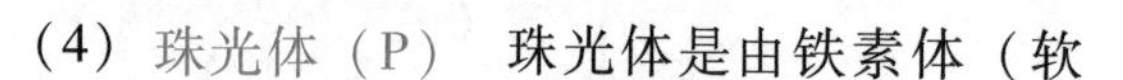

（4）珠光体（P）　珠光体是由铁素体（软相）和渗碳体（硬相）组成的机械混合物，用符号 P 表示。常见的珠光体是铁素体薄层和渗碳体薄层交替重叠的层状复相组织，如图 3-7 所示。在珠光体中，铁素体和渗碳体仍保持各自原有的晶格类型。珠光体中碳的平均质量分数是 $w(C)=0.77\%$。珠光体的性能介于铁素体和渗碳体之间，有一定的强度（$R_m\approx770$MPa）、塑性（$A_{11.3}\approx20\%\sim35\%$）和韧性，硬度适中（约 180HBW），是一种综合力学性能较好的组织。

（5）莱氏体（Ld）　莱氏体是指高碳的铁基合金在凝固过程中发生共晶转变时所形成的

奥氏体和碳化物渗碳体所组成的共晶体。莱氏体碳的质量分数是 $w(C)=4.3\%$，用符号 Ld 表示。$w(C)>2.11\%$的铁碳合金从液态缓冷至1148℃时，将同时从液体中结晶出奥氏体和渗碳体的机械混合物（即莱氏体）。由于奥氏体在727℃时转变为珠光体，所以，在室温时莱氏体由珠光体和渗碳体所组成。为了区别起见，将727℃以上存在的莱氏体称为高温莱氏体（Ld），在727℃以下存在的莱氏体称为低温莱氏体（Ld′），或称变态莱氏体。莱氏体的性能与渗碳体相似，硬度很高（相当于700HBW），塑性很差。莱氏体的显微组织可以看成是在渗碳体的基体上分布着颗粒状的奥氏体（或珠光体）。

图 3-7　珠光体的显微组织

2. 铁碳合金相图（铁碳相图）

铁碳相图是表示铁碳合金在极缓慢冷却（或加热）条件下，不同化学成分的铁碳合金，在不同温度下所具有的组织状态的一种图形。Fe 和渗碳体（Fe_3C）是组成 Fe-Fe_3C 相图的两个基本组元。生产实践表明，碳的质量分数 $w(C)>5\%$的铁碳合金，尤其当碳的质量分数增加到 $w(C)=6.69\%$时，铁碳合金几乎全部变为渗碳体（Fe_3C），渗碳体可看成是铁碳合金的一个独立组元。因此，研究铁碳相图，就是研究 Fe-Fe_3C 相图部分，如图 3-8 所示。

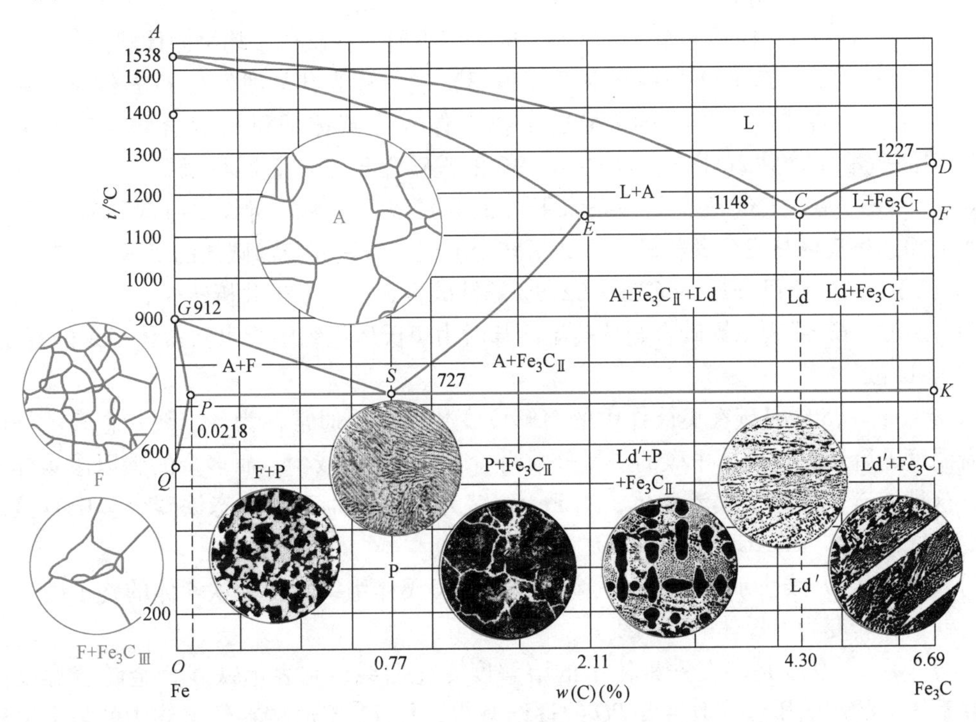

图 3-8　简化的铁碳相图

（1）铁碳相图中的特性点 铁碳相图中主要特性点的温度、碳的质量分数及其含义见表3-1。

表 3-1 铁碳相图中的主要特性点

特性点	温度/℃	w(C)(%)	相图中特性点的含义
A	1538	0	纯铁的熔点或结晶温度
C	1148	4.3	共晶点，在此点发生共晶转变：$L_{4.3} \rightleftharpoons A_{2.11}+Fe_3C$
D	1227	6.69	渗碳体的熔点
E	1148	2.11	碳在奥氏体中的最大溶碳量，也是钢与生铁的化学成分分界点
F	1148	6.69	共晶渗碳体的化学成分点
G	912	0	同素异构转变点，纯铁在此点发生同素异构转变：α-Fe$\rightleftharpoons\gamma$-Fe
S	727	0.77	共析点，在此点发生共析转变：$A_{0.77} \rightleftharpoons F_{0.0218}+Fe_3C$
P	727	0.0218	727℃时碳在铁素体中的最大溶碳量
K	727	6.69	共析渗碳体的化学成分点
Q	600	0.0008	至室温时碳在铁素体中的最大溶碳量

（2）铁碳相图中的主要特性线

1）液相线 ACD 铁碳合金在液相线 ACD 以上是液态（L）。当碳的质量分数 w(C)<4.3%的铁碳合金从高温冷却到 AC 线时，开始从铁碳合金液中结晶出奥氏体（A）；当碳的质量分数 w(C)>4.3%的铁碳合金从高温冷却到 CD 线时，开始从铁碳合金液中结晶出渗碳体（称一次渗碳体），用 Fe_3C_{I} 表示。

2）固相线 $AECF$ 铁碳合金在固相线 $AECF$ 以下时，铁碳合金均呈固体状态。

3）共晶线 ECF ECF 线是一条水平（恒温）线，称为共晶线。在 ECF 线上，液态铁碳合金将发生共晶转变。共晶转变形成了奥氏体与渗碳体的机械混合物，称为莱氏体（Ld）。碳的质量分数为 w(C)=2.11%~6.69%的铁碳合金均会发生共晶转变。

4）共析线 PSK PSK 线也是一条水平（恒温）线，称为共析线，通常称为 A_1 线。在 PSK 线上固态奥氏体将发生共析转变。共析转变形成了铁素体与渗碳体的机械混合物，称为珠光体（P）。碳的质量分数 w(C)>0.0218%的铁碳合金均会发生共析转变。

5）GS 线 GS 线表示铁碳合金从高温冷却时由奥氏体组织中析出铁素体组织的开始线，通常称为 A_3 线。

6）ES 线 ES 线是碳在奥氏体中的溶解度变化曲线，通常称为 A_{cm} 线。它表示铁碳合金随着温度的降低，奥氏体中碳的质量分数沿着 ES 线逐渐减少，而多余的碳以渗碳体形式析出，这种渗碳体称为二次渗碳体，用 Fe_3C_{II} 表示，以区别于从液态铁碳合金中直接结晶出来的一次渗碳体（Fe_3C_{I}）。

7）GP 线 GP 线表示铁碳合金从高温冷却时奥氏体组织转变为铁素体的终了线（或者加热时铁素体转变为奥氏体的开始线）。

8）PQ 线 PQ 线是碳在铁素体中的溶解度变化曲线。它表示铁碳合金随着温度的降低，铁素体中的碳的质量分数沿着 PQ 线逐渐减少，在727℃时碳在铁素体中的最大溶解度是0.0218%，随着温度下降，溶解度逐渐减小，冷却时多余的碳以渗碳体形式析出，这种渗碳体称为三次渗碳体，用 Fe_3C_{III} 表示。

【快速记忆铁碳相图的方法】　铁碳相图记忆比较难，同学们可按下列口诀记忆和绘制："天边两条水平线 *ECF* 和 *PSK*（一高、一低；一长、一短），飞来两只雁 *ACD* 和 *GSE*（一高、一低；一大、一小），雁前两条彩虹线 *AE* 和 *GP*（一高、一低；一长、一短），小雁画了一条月牙线 *PQ*。"

3. 铁碳合金的分类

铁碳合金按碳的质量分数和室温平衡组织的不同，可分为工业纯铁、钢和白口铸铁（生铁）三类，见表 3-2。

表 3-2　铁碳合金分类

合金类别	工业纯铁	钢			白口铸铁		
		亚共析钢	共析钢	过共析钢	亚共晶白口铸铁	共晶白口铸铁	过共晶白口铸铁
w(C)(%)	w(C)≤0.0218	0.0218<w(C)≤2.11			2.11<w(C)<6.69		
		w(C)<0.77	w(C)=0.77	w(C)>0.77	w(C)<4.3	w(C)=4.3	w(C)>4.3
室温组织	F	F+P	P	P+Fe_3C_{II}	Ld′+P+Fe_3C_{II}	Ld′	Ld′+Fe_3C_{I}

4. 碳对铁碳合金的组织和性能的影响

铁碳合金的平衡组织由铁素体和渗碳体两相所构成。其中铁素体是含碳量极低的固溶体，是钢中的软韧相，渗碳体是硬而脆的金属化合物，是钢中的强化相。随着钢中碳的质量分数的不断增加，钢中的铁素体数量不断减少，渗碳体数量不断增多，因此，钢的力学性能将发生明显的变化。当碳的质量分数 w(C)<0.9%时，随着碳的质量分数的增加，钢的强度和硬度逐步提高，而塑性和韧性逐步降低；当碳的质量分数 w(C)>0.9%时，由于钢中 Fe_3C_{II} 的数量随着碳的质量分数的增加而急剧增多，并明显地呈网状分布于奥氏体晶界上，这样不仅降低了钢的塑性和韧性，而且也降低了钢的强度。

5. 铁碳相图的应用

铁碳相图从客观上反映了钢铁材料的组织随化学成分和温度而变化的规律，因此，它在工程上为零件选材以及制订零件铸造、锻造、焊接、热处理等热加工工艺提供了理论依据。例如，从铁碳相图中可以看出，共晶成分的铁碳合金不仅结晶温度最低，而且温度范围也最小（为零）。因此，共晶成分的铁碳合金具有良好的铸造性能，在铸造生产中应用广泛。再如，钢在室温时，其显微组织由铁素体和渗碳体组成，塑性不如单相奥氏体组织好，如果将钢加热到单相奥氏体区，则钢的内部组织就可转变为奥氏体组织，钢的塑性则明显提高，便于进行锻压加工。因此，在锻件的实际生产过程中，锻件的坯料一般都加热到奥氏体单相区，这也就是"趁热打铁"的含义。

二、非合金钢的分类、牌号及用途

1. 非合金钢的分类

非合金钢分类方法有多种，常用的分类方法有以下几种：

（1）按非合金钢中碳的质量分数分类　非合金钢按其碳的质量分数高低进行分类，可分为低碳钢、中碳钢和高碳钢三类，见表 3-3。

（2）按非合金钢主要质量等级和主要性能或使用特性分类　非合金钢按其主要质量等级进行分类，可分为普通质量非合金钢、优质非合金钢和特殊质量非合金钢三类，见表 3-4。

表 3-3　低碳钢、中碳钢和高碳钢的定义和典型牌号

名称	定义	典型牌号
低碳钢	指碳的质量分数 $w(C)<0.25\%$ 的钢铁材料	08 钢、10 钢、15 钢、20 钢等
中碳钢	指碳的质量分数 $w(C)=0.25\%\sim0.60\%$ 的钢铁材料	35 钢、40 钢、45 钢、50 钢、55 钢等
高碳钢	指碳的质量分数 $w(C)>0.60\%$ 的钢铁材料	65 钢、70 钢、75 钢、80 钢、85 钢等

表 3-4　普通质量非合金钢、优质非合金钢和特殊质量非合金钢的定义和典型牌号

名称	定义	典型牌号
普通质量非合金钢	指对生产过程中不规定需要特别控制质量的非合金钢	Q195、Q215A、Q215B、Q235A、Q235B、Q235C、Q235D、Q275A、Q275B、Q275C、Q275D 等
优质非合金钢	指生产过程中需要特别控制质量，以达到比普通质量非合金钢特殊的质量要求的非合金钢。但这种钢的生产控制和质量要求不如特殊质量非合金钢严格	08 钢、10 钢、15 钢、20 钢、25 钢、30 钢、35 钢、40 钢、45 钢、50 钢、55 钢、65 钢、70 钢、75 钢、80 钢、85 钢等
特殊质量非合金钢	指在生产过程中需要特别严格控制质量和性能（如控制淬透性和纯洁度）的非合金钢	T7、T7A、T8、T8A、T9、T10、T10A、T12、T12A 等

（3）按非合金钢的用途分类　非合金钢按其用途进行分类，可分为碳素结构钢和碳素工具钢。

碳素结构钢主要用于制造各种机械零件和工程结构件，其碳的质量分数一般都小于0.70%。此类钢常用于制造齿轮、轴、螺母、弹簧、连杆等机械零件，用于制作桥梁、船舶、建筑等工程结构件。

碳素工具钢主要用于制造工具，如制作刃具、模具、量具等，其碳的质量分数一般都大于0.70%。

（4）非合金钢的其他分类方法　非合金钢还可以从其他角度进行分类，如按专业进行分类，可分为锅炉用钢、桥梁用钢、矿用钢、造船用钢、铁道用钢、汽车用钢、建筑结构用钢等。

2. 碳素结构钢的牌号及用途

碳素结构钢是非合金钢中应用最多的钢种之一，其牌号由屈服强度字母、屈服强度数值、质量等级符号、脱氧方法四部分按顺序组成。碳素结构钢的质量等级分 A、B、C、D 四级，从左至右质量依次提高。屈服强度用“屈”的汉语拼音字母的字首“Q”和一组数字表示；脱氧方法用 F、Z、TZ 分别表示沸腾钢、镇静钢、特殊镇静钢。在牌号中“Z”“TZ”可以省略。例如，Q235BF，表示屈服强度大于 235MPa，质量为 B 级的沸腾碳素结构钢。碳素结构钢主要有 Q195、Q215A、Q215B、Q235A、Q235B、Q235C、Q235D、Q275A、Q275B、Q275C、Q275D。

碳素结构钢的塑性好，常用于制作薄板、中板、型材、线材、钢管、铁钉、铆钉、垫圈、地脚螺栓、冲压件、钢筋、螺栓（图 3-9）、拉杆、连杆、销、轴、法兰盘（图 3-10）、键、机壳等。

3. 优质碳素结构钢的牌号及用途

优质碳素结构钢是优质非合金钢中应用最多的钢种之一，其牌号采用两位数字表示，两位数字表示该钢的平均碳的质量分数的万分之几（以 0.01% 为单位），如 35 钢表示平均碳

的质量分数 $w(C)=0.35\%$的优质碳素结构钢；08 表示平均碳的质量分数 $w(C)=0.08\%$的优质碳素结构钢。如果是沸腾钢或半镇静钢，则在数字后分别加“F”或“b”，如 08F 或 08b 等。

图 3-9　螺栓

图 3-10　法兰盘

优质碳素结构钢主要有 08 钢、10 钢、15 钢、20 钢、25 纲、30 钢、35 钢、40 钢、45 钢、50 钢、55 钢、60 钢、65 钢、70 钢、75 钢、80 钢和 85 钢等。它们可分别归属于冷冲压钢、渗碳钢、调质钢和弹簧钢。

冷冲压钢主要有 08 钢、10 钢和 15 钢等，其碳的质量分数低，塑性好，强度低，焊接性能好，主要用于制作薄板，用于制造冷冲压零件和焊接件。

渗碳钢主要有 15 钢、20 钢、25 钢等，其强度较低，塑性和韧性较高，冷冲压性能和焊接性能好，可以制造各种受力不大但要求高韧性的零件，如焊接容器与焊接件、螺钉、杆件、轴套、冷冲压件等。这类钢经渗碳淬火后，表面硬度可达 60HRC 以上，表面耐磨性较好，而心部具有一定的强度和良好的韧性，可用于制造要求表面硬度高、耐磨，并承受冲击载荷的零件（如齿轮、凸轮等）。

调质钢主要有 30 钢、35 钢、40 钢、45 钢、50 钢、55 钢等，其经过热处理后具有良好的综合力学性能，主要用于制作要求强度、塑性、韧性都较高的零件，如齿轮（图 3-11）、套筒、轴类等。

弹簧钢主要有 60 钢、65 钢、70 钢、75 钢、80 钢、85 钢等，其经过热处理后可获得较高的规定总延伸强度，主要用于制造尺寸较小的弹簧（图 3-12）、弹性零件及耐磨零件等。

4. 易切削结构钢的牌号及用途

易切削结构钢是在钢中加入一种或几种元素，利用其本身或与其他元素形成一种对切削加工有利的夹杂物，来改善钢材切削加工性的钢材。易切削结构钢中常加入的元素有：硫（S）、磷（P）、铅（Pb）、钙（Ca）、硒（Se）、碲（Te）、锰（Mn）等，这些元素可以在钢内形成大量的夹杂物（如 MnS 等），切削时这些夹杂物可起断屑作用，从而减少动力损耗。另外，硫化物在切削过程中还有一定的润滑作用，可以减小刀具与零件表面之间的摩擦，延长刀具的使用寿命。

易切削结构钢的牌号以“Y+数字”表示，“Y”是“易”字汉语拼音首字母，数字是易切削结构钢中平均碳的质量分数的万分之几，如 Y12 表示其平均碳的质量分数 $w(C)=$

0.12%的易切削结构钢。常用易切削结构钢有：Y08 钢、Y12 钢、Y20 钢、Y30 钢、Y35 钢、Y40Mn 钢、Y45Ca 钢等。

图 3-11　齿轮

图 3-12　弹簧

易切削结构钢适合在自动机床上进行高速切削，如 Y45Ca 钢适合于高速切削加工，其生产率比 45 钢高一倍多，节省工时。易切削结构钢主要用于制造受力较小的标准件，如齿轮轴（图 3-13）、花键轴、螺钉、螺母，垫圈、垫片，缝纫机、计算机和仪表零件等。

5. 非合金工具钢的牌号及用途

非合金工具钢中碳的质量分数 $w(\mathrm{C})>0.7\%$，有害杂质元素（S、P）含量较少，冶金质量较高，属于优质钢或高级优质钢，它主要用于制造刀具、模具和量具等。非合金工具钢一般需要经过热处理后使用，淬火后具有高硬度和高耐磨性。非合金工具钢的牌号以“碳”的汉语拼音字首“T”开头，其后的数字表示平均碳的质量分数的千分数。例如，T8 表示平均碳的质量分数是 $w(\mathrm{C})=0.80\%$的非合金工具钢。如果是高级优质非合金工具钢，则在钢的牌号后面标以字母“A”，如 T12A 表示平均碳的质量分数是 $w(\mathrm{C})=1.20\%$的高级优质非合金工具钢。非合金工具钢随着碳的质量分数的增加，其硬度和耐磨性会提高，塑性和韧性会下降。

常用非合金工具钢有 T7 或 T7A、T8 或 T8A、T10 或 T10A、T12 或 T12A 等，它们主要用于制作能承受一定冲击、韧性较好、高硬度、高耐磨性的工具和模具，如錾子、手钳（图 3-14）、大锤、旋具、木工工具、冲头、剪刀、风动工具、车刀、刨刀、钻头、手锯锯条、拉丝模、冲模、锉刀、刮刀、丝锥、板牙、铰刀、量具等。

图 3-13　齿轮轴

图 3-14　手钳

6. 铸造非合金钢

在机械装备制造中有许多形状复杂的零件，很难用锻压等方法成形，用铸铁铸造又难以满足力学性能要求，这时可选用铸钢，并采用铸造成形方法来获得铸钢件。铸造非合金钢包括一般工程用铸造碳钢和焊接结构用碳素铸钢。铸造非合金钢广泛用于制造箱体、曲轴、连杆、轧钢机机架、水压机横梁、锻锤砧座等机械结构件。铸造非合金钢碳的质量分数一般为0.20%~0.60%，如果碳的质量分数过高，则钢的塑性差，且铸造时易产生裂纹。

一般工程用铸造碳钢的牌号是用“铸钢”两字的汉语拼音字首“ZG”后面加两组数字组成，第一组数字代表铸钢屈服强度的最低值，第二组数字代表铸钢抗拉强度的最低值。例如，ZG200-400 表示屈服强度≥200MPa，抗拉强度≥400MPa 的一般工程用铸造碳钢。一般工程用铸造碳钢的牌号有 ZG200-400、ZG230-450、ZG270-500、ZG310-570、ZG340-640。

焊接结构用碳素铸钢的牌号表示方法与一般工程用铸造碳钢的牌号基本相同，不同之处是在数字后面加注字母“H”，如 ZG200-400H、ZG230-450H、ZG275-485H 等。

三、低合金钢和合金钢的分类、牌号及用途

对于要求具有高强度、高淬透性、高耐磨性或特殊性能的零件，非合金钢是不能满足要求的，因此，必须选用低合金钢和合金钢。低合金钢和合金钢中加入的合金元素主要有硅（Si）、锰（Mn）、铬（Cr）、镍（Ni）、钨（W）、钼（Mo）、钒（V）、钛（Ti）、铌（Nb）、钴（Co）、铝（Al）、硼（B）及稀土元素（RE）等。其中稀土元素可以显著地提高耐热钢、不锈钢、工具钢、磁性材料、超导材料、铸铁等的使用性能，所以，材料专家称稀土是金属材料的“维生素”和“味精”，是制造高精度传感器的重要元素。通常钢中加入的合金元素都能显著地提高钢的强度、硬度、耐磨性、耐回火性。合金元素对钢的有利作用，主要是通过热处理发挥出来的，因此，合金钢大多在热处理状态下使用。

（一）低合金钢和合金钢的分类

1. 低合金钢的分类

低合金钢是指合金元素的种类和含量低于国家标准规定范围的钢。低合金钢是按其主要质量等级和主要性能及使用特性分类的。

（1）按主要质量等级分类　低合金钢按其主要质量等级进行分类，可分为普通质量低合金钢、优质低合金钢和特殊质量低合金钢三类（表 3-5）。

表 3-5　普通质量低合金钢、优质低合金钢和特殊质量低合金钢的定义和种类

名称	定义	种类
普通质量低合金钢	指在生产过程中不规定需要特别控制质量要求的，只供作一般用途的低合金钢	一般用途低合金结构钢、低合金钢筋钢、铁道用一般低合金钢、矿用一般低合金钢等
优质低合金钢	指生产过程中需要特别控制质量，以达到比普通质量低合金钢特殊的质量要求的低合金钢。但这种钢的生产控制和质量要求不如特殊质量低合金钢严格	可焊接的低合金高强度钢、锅炉和压力容器用低合金钢、造船用低合金钢、汽车用低合金钢、桥梁用低合金钢、自行车用低合金钢、低合金耐候钢、铁道用低合金钢、矿用低合金钢、输油及输气管线用低合金钢等
特殊质量低合金钢	指在生产过程中需要特别严格控制质量和性能（特别是严格控制硫、磷等杂质含量和纯洁度）的低合金钢	核能用低合金钢、保证厚度方向性能低合金钢、铁道用低合金车轮钢、低温用低合金钢、舰船兵器等专用特殊低合金钢等

（2）按主要性能及使用特性分类　低合金钢按其主要性能及使用特性进行分类，可分为可焊接的低合金高强度结构钢、低合金耐候钢、低合金钢筋钢、铁道用低合金钢、矿用低合金钢和其他低合金钢。

2. 合金钢的分类

合金钢是指合金元素的种类和含量高于国家标准规定范围的钢。合金钢是按其主要质量等级和主要性能及使用特性分类的。

（1）按主要质量等级分类　合金钢按其主要质量等级进行分类，可分为优质合金钢和特殊质量合金钢两类（表3-6）。

表3-6　优质合金钢和特殊质量合金钢的定义和种类

名称	定义	种类
优质合金钢	在生产过程中需要特别控制质量和性能，但其生产控制和质量要求不如特殊质量合金钢严格的合金钢	一般工程结构用合金钢，合金钢筋钢，不规定磁导率的电工用硅（铝）钢，铁道用合金钢，地质、石油钻探用合金钢，耐磨钢和硅锰弹簧钢
特殊质量合金钢	在生产过程中需要特别严格控制质量和性能的合金钢。除优质合金钢以外的所有其他合金钢都是特殊质量合金钢	压力容器用合金钢，经热处理的合金钢筋钢，经热处理的地质、石油钻探用合金钢，合金结构钢，合金弹簧钢，不锈钢，耐热钢，合金工具钢，高速工具钢，轴承钢，高电阻电热钢和合金，无磁钢，永磁钢

（2）按主要性能及使用特性分类　合金钢按主要性能及使用特性分类，可分为工程结构用合金钢，如一般工程结构用合金钢、钢筋钢、高锰耐磨钢等；机械结构用合金钢，如调质处理合金结构钢、表面硬化合金结构钢、合金弹簧钢等；不锈钢、耐蚀钢和耐热钢，如不锈钢、抗氧化钢和热强钢等；工具钢，如合金工具钢、高速工具钢；轴承钢，如高碳铬轴承钢、不锈轴承钢等；特殊物理性能钢，如软磁钢、永磁钢、无磁钢以及特殊弹性钢、特殊膨胀钢、高电阻钢和合金等；其他合金钢，如铁道用合金钢等。

（二）低合金钢和合金钢的牌号

1. 低合金高强度结构钢的牌号

低合金高强度结构钢的牌号由代表屈服强度“屈”字的汉语拼音首位字母“Q”、规定的最小上屈服强度数值、交货状态代号、质量等级符号（B、C、D、E、F）四部分按顺序组成。例如，Q390ND表示屈服强度 R_{eH}≥390MPa，交货状态为正火（或正火轧制），质量等级为D级的低合金高强度结构钢。如果是专用结构钢，一般在低合金高强度结构钢牌号表示方法的基础上附加钢产品的用途符号，如Q355HP表示焊接气瓶用钢等。

2. 合金结构钢（包括部分低合金结构钢）的牌号

合金结构钢的牌号是按照合金结构钢中碳的质量分数及所含合金元素的种类（元素符号）和其质量分数来编制的。牌号的首部是表示钢中平均碳的质量分数的数字，它表示钢中平均碳的质量分数的万分之几。当合金钢中某种合金元素（Me）的平均质量分数 w(Me)<1.5%时，牌号中仅标出合金元素符号，不标明其含量；当1.5%≤w(Me)<2.5%时，在该元素后面相应地用整数“2”表示其平均质量分数；当2.5%≤w(Me)<3.49%时，在该元素后面相应地用整数“3”表示其平均质量分数，以此类推。例如，60Si2Mn表示 w(C)=0.60%、w(Si)=2%、w(Mn)<1.5%的合金结构钢；09Mn2表示 w(C)=0.09%、w(Mn)=2%的合金结构钢。如果钢中含有微量的钒、钛、铝、硼、稀土等合金元素，即使含量很少，

仍然需要在钢中标出合金元素符号，如 20MnVB 钢、25MnTiBRE 钢等。如果合金结构钢是高级优质钢，则在钢牌号后面加“A”，如 60Si2MnA；如果合金结构钢是特级优质钢，则在钢的牌号后面加“E”。

3. 合金工具钢和高速工具钢的牌号

合金工具钢和高速工具钢的牌号表示方法与合金结构钢类似。当合金工具钢中 $w(C)<1.0\%$ 时，牌号前的“数字”以千分之几（一位数）表示其碳的质量分数；当合金工具钢中 $w(C)\geq 1\%$ 时，为了避免与合金结构钢相混淆，牌号前不标出碳的质量分数的数字。例如，9Mn2V 表示 $w(C)=0.9\%$，$w(Mn)=2\%$、$w(V)<1.5\%$ 的合金工具钢；CrWMn 表示钢中 $w(C)\geq 1.0\%$、$w(Cr)<1.5\%$、$w(W)<1.5\%$、$w(Mn)<1.5\%$的合金工具钢；高速工具钢的 $w(C)=0.7\%\sim1.5\%$，一般在高速工具钢的牌号中不标出碳的质量分数值，如 W18Cr4V 钢、W6Mo5Cr4V2 等。

4. 高碳铬轴承钢的牌号

对于高碳铬轴承钢，其牌号前面冠以汉语拼音字母“G”，其后是铬元素符号 Cr，铬的质量分数以千分之几表示，其余合金元素含量及其表示方法均与合金结构钢牌号中的规定相同，如 GCr15 钢、GCr15SiMn 钢、GCr18Mo 钢等。

5. 不锈钢和耐热钢的牌号

GB/T 20878—2007 规定，不锈钢和耐热钢的牌号表示方法与合金结构钢基本相同，当 $w(C)\geq 0.04\%$时，推荐取两位小数，如 10Cr17Mn9Ni4N 钢；当 $w(C)\leq 0.03\%$时，推荐取 3 位小数，如 022Cr17Ni7N 钢。

（三）低合金钢的用途

低合金钢主要包括低合金高强度结构钢、低合金耐候钢和低合金专业用钢等。此类钢具有良好的焊接性，大多数在热轧或正火状态下使用。

1. 低合金高强度结构钢

低合金高强度结构钢的合金元素以锰（Mn）、钒（V）、钛（Ti）、铝（Al）、铌（Nb）等元素为主。与非合金钢相比，低合金高强度结构钢具有较高的强度、韧性、耐蚀性及良好的焊接性，而且其价格与非合金钢接近。低合金高强度结构钢广泛用于制造桥梁、车辆、船舶、建筑等。根据现行国家标准 GB/T 1591—2018《低合金高强度结构钢》，常用低合金高强度结构钢有 Q355、Q390、Q420、Q460、Q500、Q550、Q620、Q690。

2. 低合金耐候钢

耐候钢是指耐大气腐蚀的钢。我国目前使用的耐候钢分为焊接结构用耐候钢和高耐候性结构钢两大类。焊接结构用耐候钢的牌号由“Q+数字+NH”组成。其中“Q”是“屈”字汉语拼音字母的字首，数字表示钢的最低屈服强度数值，字母“NH”是“耐候”两字汉语拼音字母的字首，牌号后缀质量等级代号（C、D、E），如 Q355NHC 表示屈服强度大于 355MPa，质量等级为 C 级的焊接结构用耐候钢。焊接结构用耐候钢适用于制造桥梁（图 3-15）、建筑及其他要求耐候性的钢结构。

高耐候性结构钢包括铜磷钢和铜磷铬镍钢两类。高耐候性结构钢的牌号由“Q+数字+GNH”组成。“GNH”表示“高耐候”三字汉语拼音字母的字首。含 Cr、Ni 元素较多的高耐候性结构钢在其牌号后面后缀字母“L”，如 Q345GNHL 钢。高耐候性结构钢适用于制造铁路货车（图 3-16）、建筑、塔架和其他要求高耐候性的钢结构，并可根据不同需要制成螺栓连接、铆接和焊接结构件。

图 3-15 桥梁

图 3-16 铁路货车

3. 低合金专业用钢

低合金专业用钢包括锅炉和压力容器用钢、船舶用钢、桥梁用钢、汽车用钢、铁道用钢、自行车用钢、矿山用钢、工程建设混凝土及预应力用钢和建筑结构用钢等。例如，汽车大梁用钢 420L 钢、510L 钢等；钢筋混凝土用余热处理钢筋（如 20MnSi 钢）和预应力混凝土用热处理钢筋（如 40Si2Mn 钢、45Si2Cr 钢）；用于制作重轨的铁道用低合金钢，如 U70Mn 钢、U71MnSi 钢、U75V 钢、U75NbRE 钢等；用于制作轻轨的铁道用低合金钢，如 45SiMnP 钢、36CuCrP 等；用于制作矿用结构件的矿用低合金钢包括高强度圆环链用钢（如 25MnV 钢、20MnSiV 钢）和巷道支护用钢（如 20MnVK 钢、25MnK 钢）。

（四）合金钢的用途

合金钢通常是钢材中冶炼质量最优、强度和硬度较高的钢材，主要用于制造重要的零部件。一般来说，采用合金钢制造的零部件大多数需要经过热处理后才能投入使用。

1. 高锰耐磨钢

耐磨钢是具有良好耐磨损性能的钢铁材料的总称。耐磨钢出现于 19 世纪后半叶，至今已有 100 多年的历史，其中应用最广的是高锰耐磨钢。高锰耐磨钢的 $w(\mathrm{C})=1.0\%\sim1.3\%$，$w(\mathrm{Mn})=11\%\sim14\%$，其牌号有 ZG120Mn7Mo1、ZG110Mn13Mo1、ZG100Mn13、ZG120Mn13、ZG120Mn13Cr2、ZG120Mn13W1、ZG120Mn7Ni3、ZG90Mn14Mo1、ZG120Mn17、ZG120Mn17Cr2。高锰耐磨钢的耐磨性在高压应力作用下表现突出，比非合金钢高十几倍，但在低压应力作用下其耐磨性较差。高锰耐磨钢常用于制造拖拉机与坦克的履带板、球磨机衬板、挖掘机铲齿与履带板（图 3-17）、破碎机颚板、铁路道岔、防弹钢板、保险箱钢板、监狱栅栏等。此外，高锰耐磨钢是无磁性的，也可用于制造既耐磨又抗磁化的零件，如吸料器的电磁铁罩等。

2. 机械结构用合金钢

机械结构用合金钢主要用于制造机械零件，如轴、连杆、销、套、齿轮、弹簧、轴承等，此类钢按其用途和热处理特点进行分类，可分为合金渗碳钢、合金调质钢、合金弹簧钢和超高强度钢等。

合金渗碳钢是指用于制造渗碳零件的合金钢。合金渗碳钢的 $w(\mathrm{C})=0.10\%\sim0.25\%$，主要加入的合金元素有 Cr、Ni、Mn、B、W、Mo、V、Ti 等。常用合金渗碳钢有 20Cr、20CrMnTi、20CrMnMo 等，它们主要用于制造齿轮、小轴、蜗杆、凸轮、活塞销、球头销、爪形离合器等。

合金调质钢是在中碳钢的基础上加入一种或数种合金元素，以提高钢的淬透性和耐回火性，使之在调质处理后具有良好的综合力学性能的钢。合金调质钢的 $w(C)=0.25\%\sim0.50\%$，常加入的合金元素有 Mn、Si、Cr、B、Mo 等。常用合金调质钢有 40Cr、40MnB、40CrMnMo、38CrMoAl 等，主要用来制造负荷较大的重要零件，如机床主轴、发动机曲轴、连杆、齿轮等。

图 3-17　挖掘机

合金弹簧钢是用于制造截面尺寸较大、屈服强度较高的弹簧钢。合金弹簧钢的 $w(C)=0.45\%\sim0.70\%$，常加入的合金元素有 Mn、Si、Cr、V、Mo、W、B 等。常用合金弹簧钢有 60Si2Mn、55SiMnVB、50CrV 等，它们主要用来制造汽车、拖拉机、机车车辆的减振板簧和螺旋弹簧，冷卷弹簧、阀门弹簧、离合器簧片、制动弹簧等，以及高载荷重要弹簧和工作温度低于 350℃ 的阀门弹簧、活塞弹簧、安全阀弹簧等。

超高强度钢一般是指 $R_{eL}>1370\text{MPa}$、$R_m>1500\text{MPa}$ 的特殊质量合金结构钢。超高强度钢主要用于航空和航天工业，如 35Si2MnMoV 钢的抗拉强度可达 1700MPa，用于制造飞机的起落架、框架、发动机曲轴等；40SiMnCrWMoRE 钢在 300～500℃ 工作时仍能保持高强度、抗氧化性和抗热疲劳性，用于制造超音速飞机的机体构件。

3. 高碳铬轴承钢

高碳铬轴承钢的 $w(C)=0.95\%\sim1.10\%$，钢中 $w(Cr)=0.4\%\sim1.65\%$，具有均匀的组织、高硬度、高耐磨性、高耐压强度和高疲劳强度等性能。对于大型滚动轴承，还需在钢中加入 Si、Mn 等合金元素，以进一步提高钢的淬透性。最常用的高碳铬轴承钢是 GCr15、GCr15SiMn 钢、GCr18Mo 钢等，它们主要用于制造滚动轴承（图 3-18）的滚动体（如球、圆柱、圆锥体等）、轴承内圈、轴承外圈，也可用于制作量具、模具、低合金刃具等。

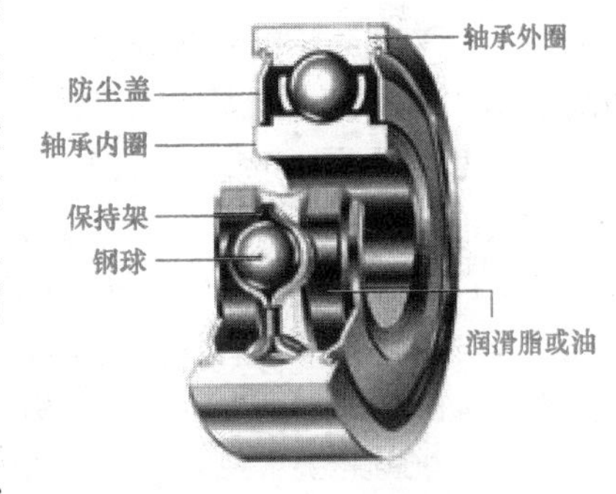

图 3-18　滚动轴承

4. 合金工具钢

合金工具钢是用于制造量具、刃具、耐冲击工具、模具等的钢种。合金工具钢的牌号较多，在加入的合金元素种类、数量以及碳的质量分数方面也存在较大的差异，因此，其性能和用途也各有不同。

（1）制作量具及刃具用的合金工具钢　此类合金工具钢主要用于制造金属切削刀具（刃具）、量具和冲模等。常用的制作量具及刃具用的合金工具钢主要有 9SiCr 钢、9Cr2 钢、CrWMn 钢、Cr2 钢和 9Mn2V 钢等，它们主要用来制造淬火变形小、精度高的低速切削工具、冲模、量具和耐磨零件等，如 9SiCr 钢、CrWMn 钢常用于制作冷剪切刀、板牙（图 3-19）、丝锥、铰刀、搓丝板、拉刀、圆锯等。

（2）制作冷作模具的合金工具钢（或冷作模具钢）　制作冷作模具的合金工具钢的碳的质量分数较高，$w(C)=0.95\%\sim2.0\%$，主要加入的合金元素有 Cr、Mo、W、V 等，具有高硬度和高耐磨性，还有一定的冲击韧性和抗疲劳性。常用的制作冷作模具的合金工具钢主要有 Cr12MoV 钢、Cr12 钢、CrWMn 钢、9CrWMn 钢等，它们主要用于制造冲模（图 3-20）、拉丝模、搓丝板、冷挤压模等。

（3）制作热作模具用的合金工具钢（或热作模具钢）　制作热作模具的合金工具钢的碳的质量分数 $w(C)=0.3\%\sim0.6\%$，主要加入的合金元素有 Cr、Mn、Ni、Mo、W、V、Si 等，具有高强度、较好的韧性和耐磨性，还有较高的抗热疲劳性能。常用的制作热作模具的合金工具钢主要有5CrNiMo钢、5CrMnMo钢、3Cr2W8V钢、8Cr3钢、4Cr3Mo3SiV钢等，它们主要用于制造热锻模、压铸型、热挤压模、精锻模、非铁金属成形模等。

图 3-19 板牙

图 3-20 冲模

（4）高速工具钢（简称高速钢） 高速工具钢的 $w(C)=0.7\%\sim1.65\%$，加入的合金元素是W、Mo、Cr、V、Co等，合金元素含量达10%~25%，具有高耐磨性和高热硬性。热硬性是指钢能够在600℃以下保持高硬度和高耐磨性的能力。常用的高速工具钢牌号有W18Cr4V、W9Mo3Cr4V、W6Mo5Cr4V2、W6Mo5Cr4V2Co5钢等，它们用于制造中速或高速切削工具，如车刀、铣刀、麻花钻头、齿轮刀具、拉刀等。

5. 不锈钢

不锈钢是以不锈、耐蚀性为主要特性，且铬的质量分数至少为10.5%，碳的质量分数最大不超过1.2%的钢。不锈钢最突出的性能是良好的耐蚀性，其次还具有良好的力学性能以及良好的冷、热加工和焊接性。不锈钢按其使用时的组织特征进行分类，可分为奥氏体型不锈钢（如12Cr18Ni9钢、06Cr19Ni10钢、022Cr17Ni7N钢等）、铁素体型不锈钢（如10Cr17钢、008Cr30Mo2钢等）、马氏体型不锈钢（如12Cr13钢、06Cr11Ti钢、68Cr17钢等）、奥氏体-铁素体型不锈钢（如022Cr19Ni5Mo3Si2N钢、14Cr18Ni11Si4AlTi钢等）和沉淀硬化型不锈钢（如05Cr17Ni4Cu4Nb钢、07Cr15Ni7Mo2Al钢）五类。不锈钢主要用于制作建筑装饰品、电器、医疗器械、食品设备、化工设备、耐腐蚀部件（如轴、弹簧、容器、刃具、量具、滚动轴承）等。

6. 耐热钢

耐热钢是在高温下具有良好的化学稳定性或较高强度的钢。在耐热钢中主要加入Cr、Al、Si、Mo、W、Ti等合金元素，这些元素在高温下与氧作用，在钢材表面会形成一层致密的高熔点氧化膜（如 Cr_2O_3、Al_2O_3、SiO_2），能有效地保护钢材在高温下不被氧化，也可以阻止晶粒长大，提高耐热钢的高温热强性。耐热钢分为抗氧化钢和热强钢。抗氧化钢是指在高温下能够抵抗气体腐蚀而不会使氧化皮剥落的钢，主要用于长期在高温下工作但强度要求较低的零件，如渗碳炉构件、加热炉传送带料盘、燃气轮机的燃烧室等。常用的抗氧化钢有26Cr18Mn12Si2N钢、22Cr20Mn10Ni2Si2N钢等。热强钢是指在高温条件下能够抵抗气体腐蚀且具有较高强度的钢。例如，12CrMo钢、15CrMo钢、15CrMoV钢、24CrMoV钢可制造在350℃以下工作的锅炉钢管件等，14Cr11MoV钢、158Cr12MoV钢可用于制造540℃以下工作的汽轮机叶片、发动机排气阀、螺栓紧固件等，42Cr9Si2 钢可用于制造工作温度不高于 800℃的内燃机重载荷排气阀。

7. 特殊物理性能钢

特殊物理性能钢是在钢的定义范围内具有特殊磁性、电性、弹性、膨胀性等物理特性的钢，它包括软磁钢、永（硬）磁钢、无磁钢以及特殊弹性钢、特殊膨胀钢、高电阻钢及合金等。

8. 铸造合金钢

铸造合金钢包括一般工程与结构用低合金铸钢、大型低合金铸钢、特殊铸钢三类。一般工程与结构用低合金铸钢的牌号表示方法基本上与铸造非合金钢相同，所不同的是需要在“ZG”后加注字母“D”，如 ZGD270-480、ZGD290-510、ZGD345-570 等。大型低合金铸钢一般应用于较重要的，复杂的，而且要求具有较高强度、塑性与韧性以及特殊性能的结构件，如机架（图 3-21）、缸体、齿轮、连杆等。大型低合金铸钢的牌号是在合金钢的牌号前加“ZG”，其后第一组数字表示低合金铸钢的碳的质量分数，随后排列的是各主要合金元素符号及其质量分数的百分数，如 ZG35CrMnSi、ZG34Cr2Ni2Mo、ZG65Mn 等。特殊铸钢是具有特殊性能的铸钢，包括耐磨铸钢（如 ZG120Mn13 等）、耐热铸钢（ZG30Cr7Si2 等）和耐蚀铸钢（ZG10Cr13 等），它们分别用于制造铸造成形的耐磨件、耐热件及耐蚀件。

图 3-21　铸钢机架

四、常用铸铁

铸铁包括白口铸铁、灰铸铁、可锻铸铁、球墨铸铁、蠕墨铸铁、合金铸铁等，它具有良好的铸造性能、减摩性能、吸振性能、可加工性及低的缺口敏感性，生产工艺简单、成本低，经合金化后还具有良好的耐热性和耐蚀性等，广泛应用于农业机械、汽车制造、冶金机械、矿山机械、化工机械等行业。但铸铁强度较低，塑性与韧性较差，不能进行锻造、轧制、拉丝等加工。

1. 灰铸铁的性能、牌号及用途

灰铸铁是指碳主要以片状石墨形式析出的铸铁，因断口呈灰色，故称灰铸铁。灰铸铁分为铁素体灰铸铁、铁素体-珠光体灰铸铁和珠光体灰铸铁等。灰铸铁具有优良的铸造性能、良好的吸振性能、较低的缺口敏感性能、良好的可加工性和减摩性能。但其抗拉强度、塑性和韧性比钢低得多。

灰铸铁的牌号用“HT”及数字组成。其中“HT”是“灰铁”两字汉语拼音的第一个字母，其后的数字表示灰铸铁的最低抗拉强度，如 HT250 表示最低抗拉强度是 250MPa 的灰铸铁。常用灰铸铁有 HT100、HT150、HT250、HT350 等，它们主要用于制造承受低载荷（或中等载荷）的零件，如外罩、盖、支柱、底座、床身、齿轮箱、工作台、阀体、轴承座、带轮、手轮、阀体、暖气片、管路附件及一般工作条件要求的零件。

2. 球墨铸铁的性能、牌号及用途

球墨铸铁是指铁液经过球化处理而不是在凝固后经过热处理，使石墨大部分或全部呈球状，有时少量石墨呈团絮状的铸铁。球墨铸铁分为铁素体球墨铸铁、铁素体-珠光体球墨铸铁、珠光体球墨铸铁、贝氏体球墨铸铁、马氏体球墨铸铁等。球墨铸铁与灰铸铁相比，具有较高的强度和良好的塑性与韧性，特别是稀土镁球墨铸铁的出现，使球墨铸铁在某些性能方面可与钢相媲美，如屈服强度比碳素结构钢高，疲劳强度接近中碳钢。同时，球墨铸铁还具有与灰铸铁相类似的优良性能。

球墨铸铁的牌号用“QT”及其后的两组数字表示。“QT”是“球铁”两字汉语拼音的第一个字母，两组数字分别代表其最低抗拉强度和最低断后伸长率，如 QT400-15 表示最低抗拉强度是 400MPa、最低断后伸长率是 15% 的球墨铸铁。常用球墨铸铁有 QT450-10、QT500-7、QT550-5、QT700-2、QT900-2 等，它们主要用于制造一些受力复杂，强度、韧性和耐磨性要求较高的零件，如曲轴（图 3-22）、连杆、齿轮、机床主轴、市政工程用井盖等零件。

3. 蠕墨铸铁的牌号、性能及用途

蠕墨铸铁是指金相组织中石墨形态主要为蠕虫状的铸铁。蠕墨铸铁是用高碳、低硫、低磷的铁液加入蠕化剂（稀土镁钛合金、稀土镁钙合金、稀土硅铁合金等），经蠕化处理后获得的高强度铸铁。蠕墨铸铁分为铁素体蠕墨铸铁、铁素体-珠光体蠕墨铸铁和珠光体蠕墨铸铁。蠕墨铸铁具有良好的综合性能，其力学性能介于灰铸铁和球墨铸铁之间，但蠕墨铸铁在铸造性能、导热性能等方面要比球墨铸铁好。

图 3-22　曲轴

蠕墨铸铁的牌号用“RuT”符号及其后面的数字表示。“RuT”是“蠕铁”两字汉语拼音字母，其后数字表示最低抗拉强度，如 RuT350 表示最低抗拉强度是 350MPa 的蠕墨铸铁。常用蠕墨铸铁有 RuT300、RuT350、RuT400、RuT450、RuT500 等，它们主要用于制造受热、要求组织致密、强度较高、形状复杂的大型铸件，如机床的立柱，柴油机的气缸盖、缸套和排气管，耐磨件（如活塞环）等。

4. 可锻铸铁的牌号、性能及用途

可锻铸铁是由一定化学成分的白口铸铁经石墨化退火，使渗碳体分解而获得团絮状石墨的铸铁。可锻铸铁按其退火方法进行分类，可分为黑心可锻铸铁、珠光体可锻铸铁和白心可锻铸铁。可锻铸铁的力学性能比灰铸铁高，具有较高塑性和韧性，而且低温韧性好。

可锻铸铁的牌号由三个字母及两组数字组成。其中前两个字母“KT”是“可铁”两字汉语拼音的第一个字母；第三个字母代表类别，“H”表示“黑心”（即铁素体基体），“Z”表示珠光体基体，“B”表示白心（铸件中心是珠光体，表面是铁素体）；后两组数字分别表示可锻铸铁的最低抗拉强度和最低断后伸长率。例如，KTH350-10 表示最低抗拉强度是 350MPa、最小断后伸长率是 10%的黑心可锻铸铁。常用可锻铸铁铁有 KTH300-06、KTH330-08、KTH350-10、KTH370-12、KTZ550-04、KTZ700-02、KTB360-12、KTB400-05 等，它们广泛应用于汽车、拖拉机、机械制造及建筑行业，制造形状复杂、承受冲击载荷的薄壁（厚度<25mm）、中小型铸件，如管件、阀门、电动机壳、万向联轴器（图 3-23）、农机具等。

但可锻铸铁的石墨化退火时间较长（几十小时），能源消耗较大。

5. 合金铸铁

常规元素硅、锰高于普通铸铁规定含量或含有其他合金元素，具有较高力学性能或某种特殊性能的铸铁，称为合金铸铁。常用的合金铸铁有耐磨铸铁、耐热铸铁及耐蚀铸铁等。

图 3-23　万向联轴器

（1）耐磨铸铁　不易磨损的铸铁称为耐磨铸铁。耐磨铸铁主要是通过激冷或加入某些合金元素在铸铁中形成耐磨损的基体组织和一定数量的硬化相来提高其耐磨性的。耐磨铸铁包括减摩铸铁和抗磨铸铁两大类。减摩铸铁用于制造机床导轨、气缸套、活塞环（图 3-24）、轴承等。常用减摩铸铁是耐磨灰铸铁，其牌号是用字母“HTM”表示，数字表示合金元素质量分数的百分数，如 HTMCu1Cr1Mo 等。抗磨铸铁用于制造犁铧、轧辊、抛丸机叶片、球磨机磨球、煤粉机锤头、拖拉机履带板、发动机凸轮、轧辊等。抗磨白口铸铁的牌号由“BTM”、合金元素符号和数字组成，如 BTMCr15Mo 等。

（2）耐热铸铁　可以在高温下使用，抗氧化或抗生长性能符合使用要求的铸铁，称为耐热铸铁。常用耐热铸铁牌号有 HTRCr、HTRCr2、HTRSi5、QTRSi4、QTRAl22 等。耐热铸铁主要用于制造工业加热炉附件，如炉底板、炉条、烟道挡板、废气道、传递链构件、渗碳坩埚、热交换器、压铸型等。

图 3-24　活塞环

（3）耐蚀铸铁　能耐化学、电化学腐蚀的铸铁，称为耐蚀铸铁。耐蚀铸铁主要用于制造化工机械，如管道、阀门、耐酸泵、离心泵、反应锅及容器等。常用的高硅耐蚀铸铁的牌号有 HTSSi11Cu2CrR、HTSSi15R、HTSSi15Cr4MoR 等。牌号中的“HTS”表示高硅耐蚀铸铁，“R”是稀土代号，数字表示合金元素的质量分数的百分数。

模块三　钢的热处理概述

【教——按“典型零件—性能要求—热处理方法”进行讲解】

热处理是采用适当的方式对金属材料或工件进行加热、保温和冷却以获得预期的组织结构与性能的工艺。热处理是钢铁材料和机械零件制造过程中的中间工序，其目的是改善钢材表面或内部的组织状态，获得需要的工艺性能和使用性能，提高钢制零件的使用寿命，节约钢材，充分发挥钢材的潜力。热处理是机械制造行业重要的加工工艺，大部分机械零件都需要进行热处理，例如，机床中60%～70%的零件需要进行热处理，汽车、拖拉机中70%～80%的零件需要进行热处理，绝大多数的齿轮、轴承、轴、连杆、刃具、精密量具、工具、模具、弹簧以及耐磨件等都需要经过热处理后，才能投入使用。热处理设备主要包括加热设备（图3-25）、温度控制仪表、冷却设备和辅助设备等。

一、热处理的基本原理

热处理的基本原理是借助铁碳相图（图3-26），通过钢在加热和冷却时内部组织发生相变的基本规律，使钢材（或零件）获得人们需要的组织和使用性能，从而实现改善钢材性能的目的。热处理的工艺过程通常由加热、保温、冷却三个阶段组成，如图3-27所示。“加热”和“保温”是为“冷却”提供组织准备，“冷却”是借助不同的冷却速度，实现钢材发生不同的相变，从而使钢材获得预期需要的组织和性能。实际上，零件进行热处理的基本过程就是科学合理地确定加热温度、保温时间和冷却介质等参数。

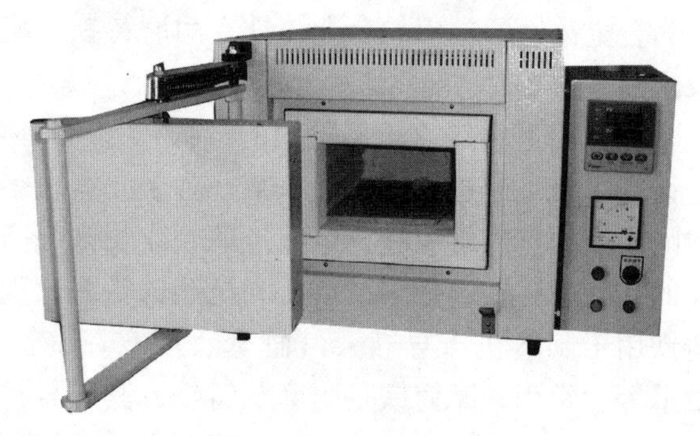

图3-25　箱式电阻炉

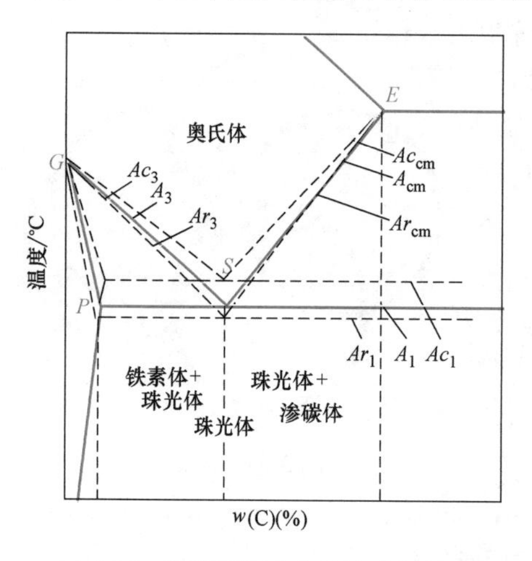

图3-26　铁碳相图上各相变点的位置

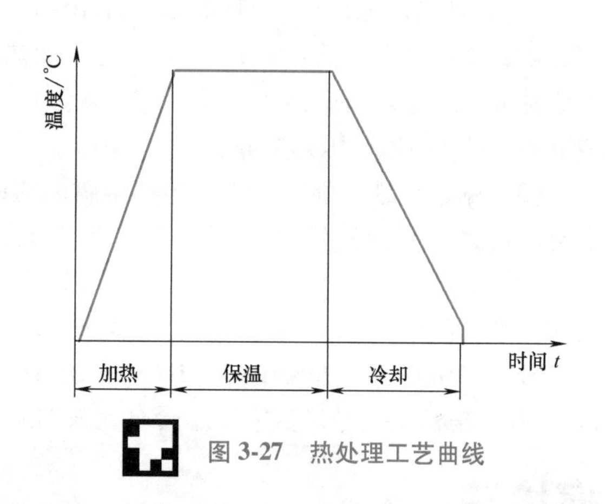

图3-27　热处理工艺曲线

金属材料在加热或冷却过程中，发生相变的温度称为相变点（或临界点）。铁碳相图中A_1、A_3、A_{cm}是平衡条件下的相变点。铁碳相图中的相变点是在缓慢加热（或缓慢冷却）条件下测得的，但是在实际生产过程中，由于加热过程（或冷却过程）并不是非常缓慢地进行的，因此，实际生产中钢铁材料发生相变的温度与铁碳相图中所示的理论相变点A_1、A_3、A_{cm}之间有一定的偏离。实际生产过程中，钢铁材料随着加热速度（或冷却速度）的增加，其相变点的偏离程度将逐渐增大。钢铁材料在实际加热时的相变点可标注为Ac_1、Ac_3、Ac_{cm}；钢铁材料在实际冷却时的临界点可标注为Ar_1、Ar_3、Ar_{cm}。

大多数零件的热处理都是将其先加热到临界点以上某一温度区间，使其全部或部分得到均匀的奥氏体组织，但奥氏体组织一般不是人们最终需要的组织，而是在随后的冷却过程中，采用合理的冷却方法（或冷却速度），使零件发生相变，获得预期需要的组织，如马氏体（M）、贝氏体（B）、索氏体（S）、珠光体（P）、铁素体（F）、球状渗碳体（Fe_3C）等。

二、热处理的分类和应用

根据零件热处理的目的、加热和冷却方法的不同，热处理工艺可分为整体热处理、表面热处理和化学热处理三大类。热处理按其工序位置和目的不同，又可分为预备热处理和最终热处理。预备热处理是指为调整原始组织，以保证工件最终热处理或（和）切削加工质量，预先进行的热处理工艺，如退火、正火、调质等；最终热处理是指使钢件达到使用性能要求的热处理，如淬火与回火、表面淬火、渗氮等。

整体热处理是对工件整体进行穿透加热的热处理。它包括退火、正火、淬火、淬火和回火、调质、固溶处理、水韧处理、固溶处理和时效。

表面热处理是指为改变工件表面的组织和性能，仅对其表面进行热处理的工艺。它包括表面淬火和回火、物理气相沉积、化学气相沉积、等离子体化学气相沉积、激光辅助化学气相沉积、火焰沉积、盐浴沉积、离子镀等。

化学热处理是将工件置于适当的活性介质中加热、保温，使一种或几种元素渗入到它的表层，以改变其化学成分、组织和性能的热处理工艺。它包括渗碳、碳氮共渗、渗氮、氮碳共渗、渗其他非金属、渗金属、多元共渗、溶渗等。

三、退火与正火

退火与正火主要用来处理毛坯件（如铸件、锻件、焊件等），为以后的切削加工和最终热处理做组织准备。钢铁材料适宜切削加工的硬度范围通常是 170~270HBW。如果钢材的硬度低于 170HBW，则容易发生“粘刀”现象，并影响工件表面的切削质量和切削效率。如果钢材的硬度高于 270HBW，则不容易进行切削，并会加剧切削刀具的磨损。因此，可以通过选择合理的退火工艺或正火工艺使钢材获得适宜切削加工的硬度范围。一般来说，选择退火，可以降低钢材的硬度；而选择正火，则可以提高钢材的硬度。

1. 退火

退火是将工件加热到适当温度，保持一定时间，然后缓慢冷却的热处理工艺。根据钢材的化学成分和退火目的进行分类，退火通常分为完全退火、不完全退火、等温退火、球化退火、去应力退火、均匀化退火等。常用退火工艺曲线如图 3-28 所示。退火的目的：第一，消除钢铁材料的内应力；第二，降低钢铁材料的硬度，提高其塑性；第三，细化钢铁材料的组织，均匀其化学成分，并为最终热处理做好组织准备。退火广泛应用于机械零件的加工过程中，退火属于预备热处理工序，通常安排在铸造、锻造、焊接等工序之后，粗切削加工之前，主要用来消除前一工序中所产生的某些组织缺陷或残余内应力，为后续工序做好组织准备。

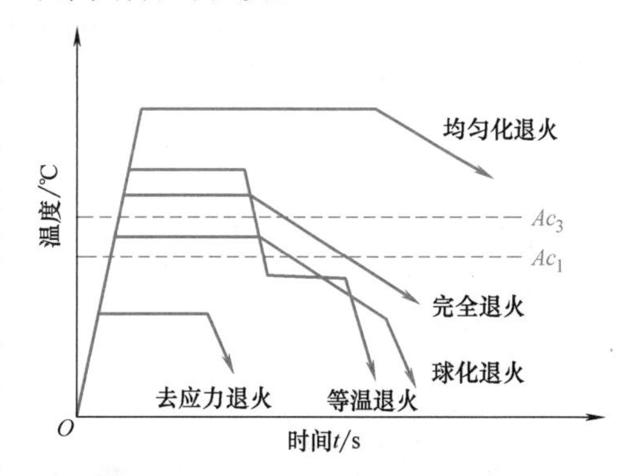

图 3-28　常用退火工艺曲线示意图

2. 正火

正火是将工件加热奥氏体化后在空气中或其他介质中冷却，获得以珠光体为主的组织的热处理工艺。正火的目的是细化晶粒，提高钢材硬度，消除钢材中的网状碳化物（或渗碳体），并为淬火、切削加工等后续工序做组织准备。

正火与退火相比，具有如下特点：加热温度比退火高；冷却速度比退火快，过冷度较大；正火后得到的室温组织比退火细，强度和硬度比退火稍高些；正火比退火操作简便、生产周期短、生产率高、能源消耗少、生产成本低。

四、淬火

淬火是将工件加热奥氏体化后以适当方式冷却获得马氏体或（和）贝氏体组织的热处理工艺。马氏体是碳或合金元素在 α-Fe 中的过饱和固溶体，是单相亚稳组织，硬度较高，用符号“M”表示。淬火的目的是使钢铁材料获得马氏体（或贝氏体）组织，提高钢材的硬度和强度，并与回火工艺合理配合，获得需要的使用性能。在动载荷与摩擦力作用下的零件（如齿轮、凸轮等），以及各种类型的重要工具（如刀具、钻头、丝锥、板牙、精密量具等）及重要零件（销、套、轴、滚动轴承、模具、风动工具、阀等）都要进行淬火处理。

1. 淬火的加热温度

钢的淬火加热温度一般可由铁碳相图确定（图 3-29），不同的钢种其淬火加热温度不同。为了防止奥氏体晶粒粗化，淬火温度不宜选得过高，一般仅比临界点（Ac_1 或 Ac_3）高 30~50℃。

亚共析钢的淬火加热温度是 Ac_3+(30~50℃)，过共析钢的淬火加热温度是 Ac_1+(30~50℃)，共析钢的加热温度可参照亚共析钢或过共析钢的加热温度范围来选择。

2. 淬火介质

淬火冷却时所用的物质称为淬火介质。不同的淬火介质具有不同的冷却特性。淬火时为了保证获得马氏体或贝氏体组织，需要选用合理的淬火介质或冷却速度，保证钢件淬火过程中不产生较大的内应力、淬火变形以及开裂。常用的淬火介质有水、油、水溶液（如盐水、碱水等）、熔盐、熔融金属、空气等。

3. 常用淬火方法

选择淬火方法时，需要根据钢材的化学成分以及对钢材组织、性能和钢件尺寸精度的要求，在保证预期技术要求的前提下，尽量选择简便、实用、易操作的淬火方法。目前，常用的淬火方法有单液淬火、双液淬火、马氏体分级淬火和贝氏体等温淬火，如图 3-30 所示。

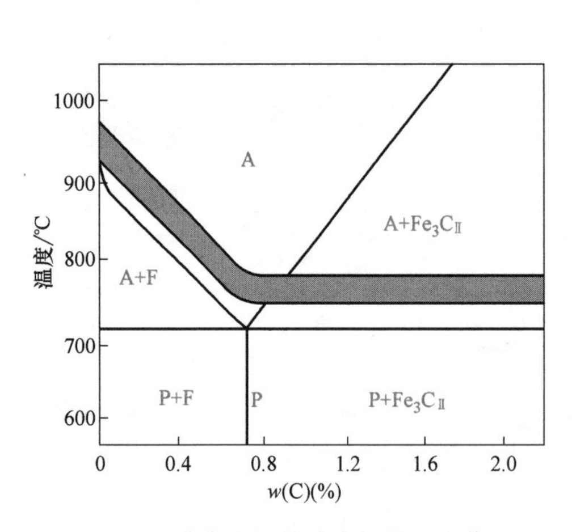

图 3-29　非合金钢的淬火加热温度范围

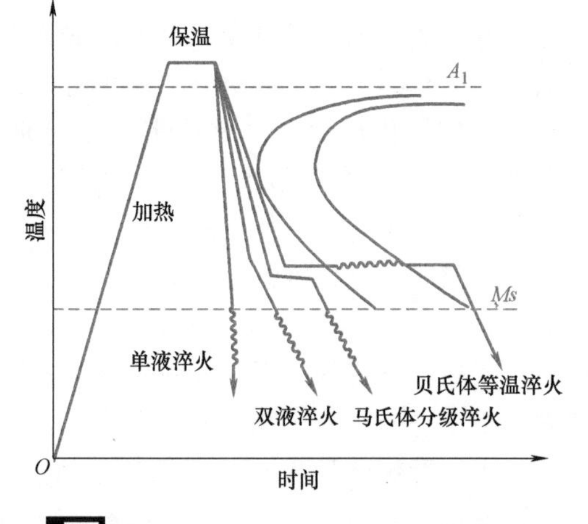

图 3-30　常用淬火方法的冷却曲线

（1）单液淬火 单液淬火又称普通淬火，它是将已奥氏体化的钢件在一种淬火介质中进行冷却的淬火方法。例如，低碳钢和中碳钢在水或盐水中淬火，合金钢在油中淬火等就是典型的单液淬火方法。单液淬火虽然易使钢件产生变形或开裂，但其具有操作简单，容易实现机械化和自动化的优点，因此，其应用较广泛。目前，单液淬火方法主要应用于形状简单的钢件。

（2）双液淬火 双液淬火是将工件加热奥氏体化后先浸入冷却能力强的介质中，在组织即将发生马氏体转变时立即转入冷却能力弱的介质中冷却的方法。例如，首先将加热后的钢件在水中冷却一段时间，然后再在油中冷却的方法就是典型的双液淬火方法。双液淬火主要适用于中等复杂形状的中碳钢、高碳钢工件及尺寸较大的合金钢工件。

（3）马氏体分级淬火 马氏体分级淬火又称热浴淬火，它是指工件加热奥氏体化后浸入温度稍高于或稍低于 Ms 点的盐浴或碱浴中，保持适当时间，在工件整体达到冷却介质温度后取出空冷以获得马氏体组织的淬火方法。马氏体分级淬火能够减小工件中的热应力，并缓和相变过程中产生的组织应力，减少淬火变形。由于马氏体分级淬火使用的盐浴或碱浴的冷却能力小，因此，它适用于尺寸较小、形状复杂的由高碳钢或合金钢制造的工具和模具。

（4）贝氏体等温淬火 贝氏体等温淬火是指工件加热奥氏体化后快冷到贝氏体转变温度区间等温保持，使奥氏体转变为贝氏体的淬火方法。贝氏体等温淬火的特点是淬火后，工件的淬火应力与变形较小，工件具有较高的韧性、塑性、硬度和耐磨性。贝氏体等温淬火用于处理由各种中碳钢、高碳钢和合金钢制造的尺寸较小的形状复杂的工具、模具、刃具等工件。

五、回火

回火是指工件淬硬后，加热到 Ac_1 以下的某一温度，保温一定时间（通常为1~3h），然后冷却到室温的热处理工艺。钢件淬火后，其内部存在很大的内应力，脆性大，韧性低，一般不能直接使用，如不及时消除内应力，将会引起钢件变形，甚至开裂。回火是安排在淬火之后及时进行的工序，通常也是钢件进行热处理的最后一道工序。回火的主要目的是降低钢件的脆性，消除或减小钢件的内应力，稳定钢的内部组织，调整钢的性能以获得较好的强度和韧性配合，改善切削加工性能。

一般来说，淬火钢随回火温度的升高，强度与硬度降低而塑性与韧性提高，如图3-31所示。

根据淬火钢件在回火时的加热温度进行分类，回火可分为低温回火、中温回火和高温回火三种。淬火钢件回火结束后，一般在空气中冷却。对于部分性能要求较高的工件，在保证不变形和不开裂的前提下，可采用油冷或水冷。

1. 低温回火

低温回火的温度范围是在250℃以下。淬火钢经过低温回火后，既降低了钢的淬火应力和脆性，又可保持钢获得高硬度（58~64HRC）和高耐磨性。低温回火主要用于处理由碳素工具钢、合金工具钢制造的刃具、量具、冷作模具、滚动轴承、渗碳件、表面淬火件等。

2. 中温回火

中温回火的温度范围为250~450℃。淬火钢经中温回火后，降低了淬火应力，可以使钢获得较高的规定总延伸强度、屈服强度和较好的韧性，钢的硬度一般为35~50HRC。中温回

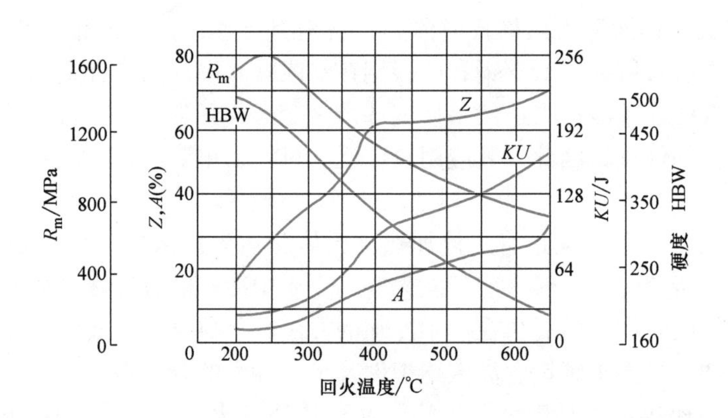

图 3-31　40 钢回火后其力学性能与温度的关系

火主要用于处理钢制弹性元件，如各种卷簧、板簧、弹簧钢丝、热锻模等。

3. 高温回火

高温回火的温度范围是在 500℃以上。淬火钢经高温回火后，钢的淬火应力完全消除，强度较高，塑性和韧性进一步提高，具有良好的综合力学性能，钢的硬度一般为 200～350HBW。另外，钢件淬火加高温回火的复合热处理工艺又称为调质处理。调质处理主要用于处理重要的轴类、连杆、螺栓、齿轮等工件。同时，钢件经过调质处理后，不仅具有较高的强度和硬度，而且塑性和韧性也明显比经过正火处理后的高，因此，一些重要的钢制零件一般都采用调质处理，而不采用正火处理。

六、时效

时效是指合金工件经固溶处理，或铸造、冷塑性变形（或锻造）、焊接及机械加工之后，将工件在较高温度放置或室温保持一定时间后，工件的性能、形状和尺寸等随时间而变化的热处理工艺。固溶处理是指工件加热至适当温度并保温，使过剩相充分溶解，然后快速冷却以获得过饱和固溶体的热处理工艺。工件进行时效处理的目的是消除工件的内应力，稳定工件的组织和尺寸，改善工件的力学性能等。常用的时效方法主要有自然时效、人工时效、热时效、变形时效、振动时效和沉淀硬化时效等。例如，自然时效是工件放置在室温或自然条件下长时间存放而发生的时效。自然时效主要用于处理大型钢铁铸件、锻件、焊接件等，处理方法是将工件在室温下长时间（半年或几年）在户外或室内堆放，使其自然发生时效现象。

七、表面热处理

表面热处理是为改变工件表面的组织和性能，仅对其表面进行热处理的工艺。例如，齿轮、曲轴、花键轴、活塞销、凸轮等零件的表面所受到的应力和磨损会比心部高，这就要求其表面具有高硬度、高耐磨性、高耐蚀性和高疲劳强度，而心部则具备较好的塑性和韧性以承受载荷作用。

在表面热处理中，最常用的工艺之一是表面淬火。表面淬火是指仅对工件表层进行淬火的工艺。表面淬火的目的是使工件表面获得高硬度和高耐磨性，而心部保持较好的塑性和韧性，以提高其在扭转、弯曲、循环应力或在摩擦、冲击、接触应力等工作条件下的使用寿命。表面淬火不改变工件表面化学成分，只改变工件表面的组织和性能。表面淬火的原理是采用快速加热方式使工件表层迅速达到淬火温度，在热量未传递到工件心部时立即淬火冷却，从而实现表面淬火或局部表面淬火。表面淬火按加热方法的不同，可分为感应淬火、火焰淬火（图 3-32）、接触电阻加热淬火、激光淬火、电子束淬火等。目前应用最广泛的是感应淬火和火焰淬火。

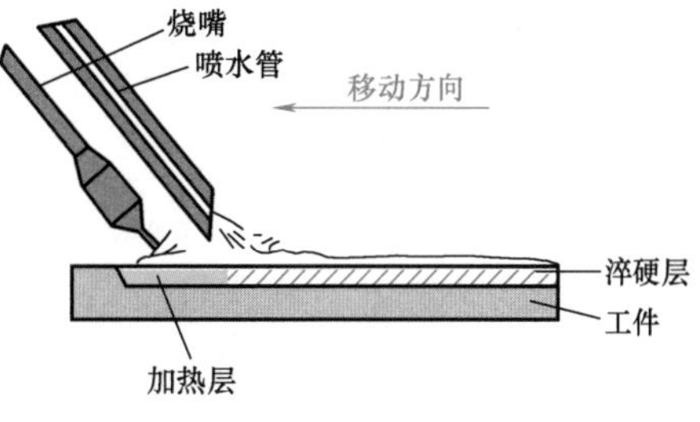

图 3-32 火焰淬火示意图

八、化学热处理

化学热处理是将工件置于适当的活性介质中加热、保温，使一种或几种元素渗入到它的表层，以改变其化学成分、组织和性能的热处理工艺。化学热处理与表面淬火相比，其特点是不仅改变表层的组织，而且还改变表层的化学成分。

化学热处理方法主要有渗碳、渗氮、碳氮共渗、渗硼、渗硅、渗金属等。由于渗入元素不同，工件表面经化学热处理后，可获得的性能也不相同。渗碳、碳氮共渗的主要目的是提高工件表面的硬度、耐磨性和疲劳强度；渗氮、氮碳共渗的主要目的是为了提高工件表面的硬度、耐磨性、热硬性、耐蚀性和疲劳强度；渗金属的主要目的是提高工件表面的耐蚀性和抗氧化性等。

化学热处理由分解、吸收和扩散三个基本过程组成。分解是指渗入介质在高温下通过化学反应进行分解，形成渗入元素的活性原子；吸收是指渗入元素的活性原子被钢件表面吸附，进入钢件内形成固溶体或形成化合物；扩散是指被吸附的渗入原子由工件表层逐渐向内扩散，形成一定深度的扩散层。

目前在机械制造业中，最常用的化学热处理是渗碳和渗氮。例如，渗碳工艺被广泛用于要求表面硬而心部韧的工件上，如齿轮、凸轮轴、活塞销、铁道车辆滚动轴承、模具、量具等。例如，15 钢、20 钢、20Cr 钢、20CrMnTi 钢、20CrMnMo 钢制工件等经渗碳后，再经过淬火和低温回火，可使工件表面获得高硬度（56~64HRC）、高耐磨性和高疲劳强度，而心部仍保持一定的强度和良好的韧性。渗氮工艺广泛用于处理各种高速传动的精密齿轮、精密模具、高精度机床主轴与丝杠、蜗杆、受循环应力作用下要求高疲劳强度的零件（如高速柴油机曲轴和气缸套）以及要求变形小和具有一定耐热、耐蚀能力的耐磨零件（如阀门）等。

模块四 非铁金属材料

【教——按“典型材料—性能特点—主要应用”进行讲解】

非铁金属材料（或有色金属）具有钢铁材料所不具备的某些物理性能和化学性能，是国民经济发展中不可缺少的重要材料，广泛应用于机械制造、航天、航空、航海、汽车、石化、电力、电器、核能及计算机等行业。非铁金属材料不仅是世界上重要的战略储备物资，而且也是人类生活中不可缺少的消费物资。常用的非铁金属材料主要有铝及铝合金、铜及铜合金、钛及钛合金、镁及镁合金、滑动轴承合金、硬质合金等。

一、铝及铝合金

铝元素在地壳中的含量仅次于氧和硅，居第三位，是地壳中含量最丰富的金属元素。铝及铝合金是非铁金属中应用最广的金属材料，它包括纯铝和铝合金。

1. 纯铝的性能及用途

纯铝分为工业高纯铝［$w(\mathrm{Al})\geqslant 99.85\%$］和工业纯铝［$99.85\%>w(\mathrm{Al})\geqslant 99.0\%$］。纯铝的密度是$2.7\mathrm{g/cm^3}$，属于轻金属；纯铝的熔点是660℃，无铁磁性；纯铝的导电和导热性能仅次于银和铜；纯铝与氧的亲合力强，容易在其表面形成致密的Al_2O_3薄膜，该薄膜能有效地防止内部金属继续氧化，故纯铝在非工业污染的大气中具有良好的耐蚀性，但纯铝不耐碱、酸、盐等介质的腐蚀；纯铝塑性好（$A_{11.3}\approx 40\%$，$Z\approx 80\%$），但强度低（$R_m\approx 80\sim 100\mathrm{MPa}$）；纯铝不能用热处理进行强化，冷变形是其提高强度的主要手段，纯铝经冷变形强化后，其强度可提高到$R_m=150\sim 250\mathrm{MPa}$，而塑性则下降到$Z=50\%\sim 60\%$。纯铝的牌号用“1×××四位数字”或“四位字符表示”，牌号的最后两位数字表示纯铝最低百分含量。例如，1A93，其$w(\mathrm{Al})=99.93\%$；1A97，其$w(\mathrm{Al})=99.97\%$。纯铝主要用于熔炼铝合金，制造电线、电缆、电器元件、换热器件、器皿以及要求制作质轻、导热、导电、耐大气腐蚀但强度要求不高的机电构件等。

2. 铝合金的性能及用途

铝合金是以铝为基础，加入一种或几种其他元素（如铜、镁、硅、锰、锌等）构成的合金。铝合金经过冷加工或热处理，其抗拉强度可提高到500MPa以上。铝合金具有比强度（抗拉强度与密度的比值）高、良好的耐蚀性和切削加工性能，广泛用于电气、汽车、车辆、化工、航空、建筑等行业。

铝合金分为变形铝合金和铸造铝合金。变形铝合金是指塑性高、韧性好，适合于压力加工的铝合金；铸造铝合金是指塑性差，适合于铸造成形的铝合金。

（1）变形铝合金　变形铝合金按其性能特点和用途进行分类，可分为防锈铝、硬铝、超硬铝、锻铝等。防锈铝具有比纯铝更好的耐蚀性，具有良好的塑性及焊接性，主要用于制造要求具有耐蚀性的油箱（图3-33）、导油管、食品用器皿、装饰件、铆钉、轻载荷零件、焊条及防锈蒙皮等；硬铝可通过热处理提高其强度，主要用于制造中等强度的构件和零件，如飞机的铆钉、螺栓、蒙皮、骨架、螺旋桨叶、翼肋和翼梁（图3-34）等；超硬铝通过热处理可获得高强度，主要用于制造受力大的重要构件及高载荷零件，如飞机的大梁、桁架、活塞、加强框、起落架、蒙皮等；锻铝具有良好的热加工性能，力学性能与硬铝相近，适合锻造加工，可用来制造各种复杂形状的模锻件。

（2）铸造铝合金　它具有良好的铸造性能，塑性与韧性较低，不能进行压力加工。铸造铝合金按所添加合金元素进行分类，可分为Al-Si系、Al-Cu系、Al-Mg系和Al-Zn系铸造铝合金。铸造铝合金牌号由铝和主要合金元素的化学符号，以及表示主要合金元素名义质量百分含量的数字组成，并在其牌号前面冠以“铸”字的汉语拼音字母的字首“Z”。例如，ZAlSi12，表示$w(\mathrm{Si})=12\%$，$w(\mathrm{Al})=88\%$的铸造铝合金。铸造铝合金可用来制造内燃机活

图 3-33　油箱

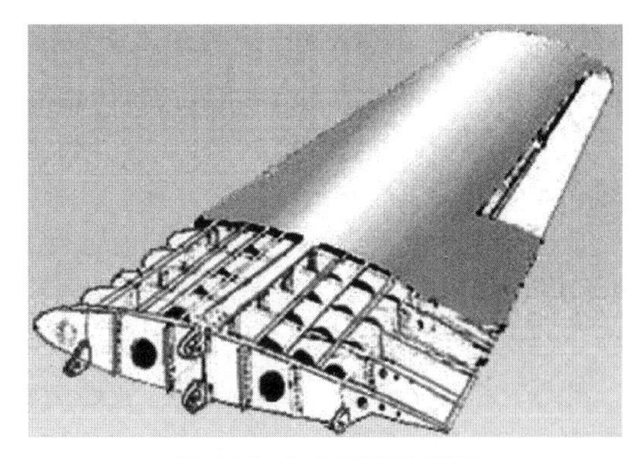

图 3-34　飞机翼肋和翼梁

塞（图 3-35）、气缸体、气缸套、风扇叶片、形状复杂的薄壁零件以及仪器外壳、油泵壳体、活塞、支臂、挂架梁等。

3. 铝合金的热处理

铝合金常用的热处理方法有退火，淬火加时效等。退火可消除铝合金的加工硬化，恢复其塑性变形能力，也可消除铝合金铸件的内应力和化学成分偏析。淬火加时效是铝合金强化的主要方法。

图 3-35　铸造铝合金内燃机活塞

二、铜及铜合金

虽然铜元素在地壳中的储量较少，但铜及铜合金是人类使用最早的金属之一，在六七千年以前中国人的祖先就发现并开始使用铜。目前，在国民经济生产中使用的铜及其合金主要有加工铜（纯铜）、黄铜、青铜及白铜。

1. 加工铜（纯铜）的性能及用途

加工铜呈玫瑰红色，故俗称紫铜，又称电解铜。加工铜的熔点是 1083℃，密度是 8.91g/cm^3，属于重金属。加工铜具有良好的导电性和导热性，而且无磁性。加工铜在含有 CO_2 的湿空气中，其表面容易生成碱性碳酸盐类的绿色薄膜［$CuCO_3 \cdot Cu(OH)_2$］，俗称铜绿。加工铜在大气、淡水等介质中均有良好的耐蚀性，在非氧化性酸溶液中也能耐腐蚀，但在氧化性酸（如 HNO_3、浓 H_2SO_4 等）溶液以及各种盐类溶液（包括海水）中则容易受到腐蚀。加工铜的强度（R_m = 200～250MPa）不高，硬度（40～50HBW）较低，塑性（$A_{11.3}$ = 45%～50%）与低温韧性较好，容易进行压力加工。加工铜经冷塑性变形后可提高其强度，但塑性有所下降。加工铜的牌号用“铜”字的汉语拼音字母的字首“T”加顺序号表示，共有 T1、T2、T3 三种，顺序号数字越大，则其纯度越低。加工铜主要用于制造电线、电缆、电子器件、导热器件、雷管、耐腐蚀器件以及作为冶炼铜合金的原料等。

2. 铜合金的性能及用途

在纯铜中加入其他合金元素形成的合金，称为铜合金。铜合金按其化学成分进行分类，可分为黄铜、白铜和青铜三类。

（1）黄铜　黄铜是指以铜为基体金属，以锌为主加元素的铜合金。黄铜包括普通黄铜和特殊黄铜。普通黄铜是由铜和锌组成的铜合金；特殊黄铜是在普通黄铜中再加入其他合金元素所形成的铜合金，如铅黄铜、锰黄铜、铝黄铜、镍黄铜、铁黄铜、锡黄铜、加砷黄铜、硅黄铜等。根据生产方法的不同，黄铜又可分为加工黄铜与铸造黄铜两类。

普通黄铜色泽美观，具有良好的耐蚀性和可加工性。常用普通黄铜有 H96、H90、H85、H80、H70、H68、H65、H63、H62、H59 等，主要用于制作导电零件、双金属片、艺术品、证章、艺术品、散热器、波纹管、弹壳、各种构件、支架、排水管、管接头、油管、轴套、销、螺母、垫片、弹簧、电镀件等。普通黄铜的牌号是用“黄”字汉语拼音字首“H”加数字表示，其中数字表示平均铜的质量分数，如 H90 表示 $w(\mathrm{Cu})=90\%$，$w(\mathrm{Zn})=10\%$的普通黄铜。

为了提高黄铜的力学性能、工艺性能和化学性能，在普通黄铜的基础上加入铅、铝、硅、锰、锡、镍、砷、铁等元素，可分别形成铅黄铜、铝黄铜、硅黄铜、锰黄铜、锡黄铜等特殊黄铜。例如，加入铅可以改善黄铜的可加工性；加入铝、镍、锰、硅等元素能提高黄铜的强度和硬度，改善黄铜的耐蚀性、耐热性和铸造性能；加入锡能增加黄铜的强度及其在海水中的耐蚀性，因此，锡黄铜也有“海军黄铜”之称；加入砷可以减少或防止黄铜脱锌。特殊黄铜的牌号用“黄”字汉语拼音字首“H”加主加元素（Zn 除外）符号，加铜及相应主加元素的质量分数来表示，如 HPb59—1 表示 $w(\mathrm{Cu})=59\%$，$w(\mathrm{Pb})=1\%$的特殊黄铜（或称铅黄铜）。

（2）白铜　白铜是指以铜为基体金属，以镍为主加元素的铜合金。白铜包括普通白铜和特殊白铜。普通白铜是由铜和镍组成的铜合金；特殊白铜是在普通白铜中再加入其他合金元素所形成的铜合金，如锌白铜、锰白铜、铝白铜等。根据生产方法的不同，白铜又可分为加工白铜与铸造白铜两类。

普通白铜是铜镍二元合金，它具有优良的塑性、很好的耐蚀性、耐热性、特殊的电性能和冷热加工性能。普通白铜是制造精密机械零件、仪表零件、冷凝器、蒸馏器、热交换器、日用水龙头和电器元件不可缺少的材料。普通白铜的牌号是用“B+数字”表示，其中“B”是“白”字的汉语拼音字首，数字表示镍的质量百分数。例如，B30 表示 $w(\mathrm{Ni})=30\%$，$w(\mathrm{Cu})=70\%$的普通白铜。常用普通白铜有 B0.6、B5、B19、B25、B30 等。

特殊白铜是在普通白铜中加入锌、铝、铁、锰等元素形成的白铜。合金元素的加入是为了改善白铜的力学性能、工艺性能和电热性能以及获得某些特殊性能，如锰白铜（又称康铜）具有较高的电阻率、热电势、较低的电阻温度系数、良好的耐热性和耐蚀性，常用来制造热电偶、变阻器及加热器等。特殊白铜的牌号用“B+主加元素符号+几组数字”表示，数字依次表示镍和主加元素的质量百分数，如 BMn3-12 表示平均 $w(\mathrm{Ni})=3\%$、$w(\mathrm{Mn})=12\%$的锰白铜。常用特殊白铜有 BAl6-1.5（铝白铜）、BFe30-1-1（铁白铜）、BMn3-12（锰白铜）等。

（3）青铜　青铜因其外观呈青灰色而得名。青铜是指以除锌和镍以外的合金元素为主添加元素的铜合金（或指除黄铜和白铜以外的铜合金）。例如，以锡为合金元素的青铜称为锡青铜，以铝为主要合金元素的青铜称铝青铜。其他青铜主要有铝青铜、铅青铜、硅青铜、锰青铜等。根据生产方法的不同，青铜可分为加工青铜与铸造青铜两类。加工青铜的牌号是用“Q+第一个主加元素的化学符号及数字+其他元素符号及数字”方式表示，“Q”是“青”字汉语拼音字首，数字依次表示第一个主加元素和加入元素的平均质量百分数。例如，QAl5 是 w(Al)= 5%的铝青铜；QSn4-3 是 w(Sn)= 4%，w(Zn)= 3%的锡青铜。加工青铜主要用于制作齿轮、轴套、蜗轮、蜗杆以及抗磁零件等。

3. 铸造铜合金

铸造铜合金是指用来生产铜合金铸件的合金。铸造铜合金的牌号表示方法是用“ZCu+主加元素符号+主加元素质量百分数+其他加入元素符号和质量百分数”组成。例如，ZCuZn30 表示 w(Zn)= 30%的铸造铜合金。常用的铸造铜合金有 ZCuZn38、ZCuZn16Si4、ZCuZn40Pb2、ZCuZn25Al6Fe3Mn3、ZCuSn10Zn2、ZCuAl9Mn2、ZCuPb30 等。铸造锡青铜适合于铸造对外形及尺寸要求较高的铸件以及形状复杂、壁厚较大的零件。

三、钛及钛合金

钛合金是金属中的佼佼者，除了具有密度小、强度高、比强度高、耐高温、耐腐蚀和良好的冷热加工性能等优点外，还具有特殊的记忆功能。钛及其钛合金广泛应用于航空、航天、化工、造船、机电产品、医疗卫生、国防、新能源开发等领域，用于制造要求塑性高、有适当的强度、耐腐蚀和可焊接的零件。此外，利用钛及其钛合金的记忆功能还可制造牙齿矫形弓丝、人工关节、智能开关、管道连接接头等构件。

1. 加工钛（纯钛）的性能及用途

加工钛呈银白色，密度为 4.51g/cm^3，熔点为 1668℃，热膨胀系数小，塑性好，强度低，容易加工成形。钛与氧和氮的亲和力较大，非常容易与氧和氮结合形成一层致密的氧化物和氮化物薄膜，其稳定性高于铝及不锈钢的氧化膜，故在许多介质中钛的耐蚀性比大多数不锈钢更优良，尤其是抗海水的腐蚀能力非常突出。加工钛的牌号是用“TA+顺序号”表示，如 TA2 表示 2 号工业纯钛。工业纯钛的牌号有 TA0G、TA1、TA2、TA3、TA4 五个牌号，顺序号越大，杂质含量越多。加工钛主要用于制造飞机骨架、蒙皮、发动机部件等；在化工部门主要用于制造热交换器、泵体、搅拌器、蒸馏塔、叶轮、阀门等；在海水净化装置及舰船方面用于制造相关耐腐蚀零部件，如阀门、管道等；另外，加工钛还可用于制造压缩机气阀、柴油机活塞等。

2. 钛合金

为了提高加工钛的强度和耐热性等，可加入铝、锆、钼、钒、锰、铬、铁等合金元素，形成不同类型的钛合金。钛合金按其退火后的组织形态进行分类，可分为 α 型钛合金、β 型钛合金和（α+β）型钛合金。钛合金的牌号是用“T+合金类别代号+顺序号”表示。“T”是“钛”字汉语拼音字首，合金类别代号分别用 A、B、C 表示 α 型钛合金、β 型钛合金、（α+β）型钛合金。例如，TA5 表示 5 号 α 型钛合金；TB3 表示 3 号 β 型钛合金；TC4 表示 4 号（α+β）型钛合金。

常用的 α 型钛合金有 TA5、TA6、TA7、TA9、TA10 等。α 型钛合金一般用于制造使用温度不超过 500℃的零件，如飞机蒙皮、骨架零件，航空发动机压气机叶片和管道，导弹的燃料缸，超音速飞机的涡轮机匣，火箭和飞船的高压低温容器等；常用的 β 型钛合金有 TB2、TB3、TB4、TB5 等。β 型钛合金一般用于制造使用温度在 350℃以下的结构零件和紧固件，如压气机叶片、轴、轮盘及航空航天结构件等；常用的（α+β）型钛合金有 TC1、TC2、TC3、TC4、TC9、TC10、TC11、TC12 等。（α+β）型钛合金一般用于制造使用温度在 500℃以下和低温下工作的结构零件，如各种容器、泵、低温部件、舰艇耐压壳体、坦克履带、飞机发动机结构件和叶片，火箭发动机外壳、火箭和导弹的液氢燃料箱部件等。钛合金中（α+β）型钛合金可以适应各种不同的用途，是应用最广的钛合金。

四、镁及镁合金

1. 纯镁的性能及用途

纯镁具有金属光泽，呈亮白色。纯镁的熔点是650℃，密度是1.738g/cm^3，其密度是钢的1/4，是铝的2/3，也是最轻的非铁金属。镁具有较高的比强度，可加工性比钢铁材料好，能够进行高速切削，抗冲击能力强，尺寸稳定性高，但塑性比铝低得多，大约为$A_{11.3}=10\%$左右。镁的化学活性很强，耐蚀性差，在潮湿的大气、淡水、海水及大多数酸、盐溶液中镁很容易受到腐蚀。纯镁的牌号有1号纯镁、2号纯镁和3号纯镁，主要用于制作合金以及作为保护其他金属的牺牲阴极。

2. 镁合金的性能及用途

镁合金是以镁为基加入其他元素组成的合金。镁合金中主要加入的合金元素有铝（Al）、锌（Zn）、锰（Mn）、铈（Ce）、钍（Th）以及少量的锆（Zr）或镉（Cd）等。镁合金的密度略比塑料大，但在同样强度情况下，镁合金零件可以做得比塑料零件薄而且轻；镁合金具有良好的减振性能和降噪性能，是制造飞机轮毂的理想材料；镁合金具有良好的电磁屏蔽性能和防辐射性能；镁合金的熔点比铝合金熔点略低，其压铸成形性能好。镁合金铸件的抗拉强度与铝合金铸件相当。

镁合金包括变形镁合金和铸造镁合金两大类。目前，在工业中应用较广泛的镁合金主要有4个系列：AZ系列（Mg-Al-Zn合金）、AM系列（Mg-Al-Mn合金）、AS系列（Mg-Al-Si合金）和AE系列（Mg-Al-RE合金）。镁合金牌号采用“英文字母（两个）+数字（两个）+英文字母”进行表示。其中前面两个字母的含义是：第一个字母表示含量最大的合金元素，第二个字母表示含量为第二的合金元素。其中两位数字表示两个主要合金元素的质量分数：第一个数字表示第一个字母所代表的合金元素的大致百分质量分数，第二个数字表示第二个字母所代表的合金元素的大致百分质量分数。其中最后面的英文字母表示标识代号，用以标识各具体组成元素相异或元素含量有微小差别的不同合金，一般用后缀字母A、B、C、D、E进行标识。例如，AZ91D表示主要合金元素是Al和Zn，其名义百分质量分别是9%和1%，“D”表示AZ91E是含9%（质量分数）Al和1%（质量分数）Zn合金系列的第四位。

目前，镁合金中使用最广、最多的是镁铝合金，其次是镁锰合金和镁锌锆合金。镁合金主要用于航空、航天、国防、交通运输、化工等工业部门。在航空结构件、航天器制造方面，镁合金是航空、航天工业不可缺少的材料，可用于制作飞机轮毂、摇臂、襟翼、舱门和舵面等活动零件，发动机齿轮机匣、油泵和油管，地空导弹的仪表舱、尾舱和发动机支架等；在交通工具制造方面，镁合金可用于制造汽车的离合器壳体、阀盖、仪表板、变速器箱体、曲轴箱、发动机舱盖、气缸盖、空调机外壳、方向盘（图3-36）、转向支架、制动装置支架、座椅框架、车镜支架、分配支架等零件。

五、滑动轴承合金

滑动轴承一般由轴承体和轴瓦构成，如图3-37所示。滑动轴承承压面积大，承载能力

图 3-36 方向盘

强，工作平稳、噪声小，检修方便，应用广泛。滑动轴承合金是用于制造滑动轴承轴瓦及其内衬的铸造合金，它具有良好的耐磨性、磨合性、抗咬合性、减摩性、导热性和耐蚀性等，主要用于制造汽轮机、柴油机、发动机、压缩机、电动机、空气压缩机、减速器中的滑动轴承等。

1. 滑动轴承合金的组织状态类型

滑动轴承合金的组织状态有两种类型：第一种类型是在软的基体上分布着硬质点（图 3-38）；第二种类型是在硬的基体上分布着软质点。在滑动轴承工作时，滑动轴承合金组织中软的部分逐渐地被磨损，形成下凹区域并储存润滑油，使磨合表面形成连续的油膜，硬质点则凸出并支承轴颈，使轴与轴瓦的实际接触面积减少，从而减少了轴瓦对轴颈的摩擦和磨损。软基体组织的滑动轴承合金具有较好的磨合性、抗冲击性和抗振动能力，但此类滑动轴承合金承载能力较低，如锡基滑动轴承合金和铅基滑动轴承合金。硬基体（但其硬度低于轴颈硬度）组织的滑动轴承合金能承受较高的载荷，但磨合性较差，如铜基滑动轴承合金和铝基滑动轴承合金等。

图 3-37 滑动轴承

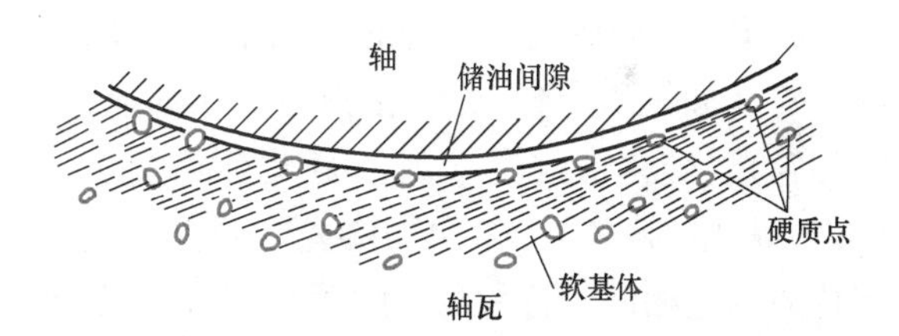

图 3-38 滑动轴承合金的组织状态示意图

2. 常用滑动轴承合金

常用滑动轴承合金有锡基、铅基、铜基、铝基等滑动轴承合金，它们一般采用铸造方式成形。铸造滑动轴承合金牌号由字母“Z+基体金属元素+主添加合金元素的化学符号+主添加合金元素平均质量百分数的数字+辅添加合金元素的化学符号+辅添加合金元素平均质量百分数的数字”组成。如果合金元素的质量百分数不小于 1%，该数字用整数表示，如果合金元素的质量百分数小于 1%，一般不标数字，必要时可用一位小数表示。例如，ZSnSb11Cu6 表示 $w(\mathrm{Sb})=11\%$、$w(\mathrm{Cu})=6\%$、其余 $w(\mathrm{Sn})=83\%$的铸造锡基滑动轴承合金；ZPbSb16Sn16Cu2 表示 $w(\mathrm{Sb})=16\%$、$w(\mathrm{Sn})=16\%$、$w(\mathrm{Cu})=2\%$、其余 $w(\mathrm{Pb})=66\%$的铸造铅基滑动轴承合金。除上述几种滑动轴承合金外，灰铸铁也可以用于制造低速、不重要的滑动轴承，其组织中的钢基体为硬基体，石墨为软质点并起一定的润滑作用。

模块五 陶瓷、有机高分子材料和复合材料

【教——按“典型材料—性能特点—主要应用”进行讲解】

一、陶瓷材料

陶瓷材料是无机非金属材料的统称，是用天然的或人工合成的粉状化合物，通过成形和高温烧结而制成的多晶体固体材料。陶瓷材料包括陶瓷、瓷器、玻璃、搪瓷、耐火材料、砖瓦、水泥、石膏等。由于陶瓷材料具有耐高温、耐腐蚀、硬度高等优点，所以它不仅可用于制造餐具类生活制品，而且在现代工业中也得到了越来越广泛的应用。目前，陶瓷材料已同金属材料、有机高分子材料成为现代工程材料的三大支柱。陶瓷按其成分和来源进行分类，可分为普通陶瓷（传统陶瓷）和特种陶瓷（近代陶瓷）两大类。

普通陶瓷是以天然的硅酸盐矿物，如黏土、长石、石英等原料为主，经过粉碎、成形和烧结制成的产品。它包括日用陶瓷、建筑陶瓷、卫生陶瓷、电绝缘陶瓷、化工陶瓷（耐酸碱用瓷）和多孔陶瓷（过滤、隔热用瓷）等。普通陶瓷制作成本低，成形性好，质地坚硬，不被氧化，耐腐蚀，不导电，能耐一定高温（最高1200℃），产量大，用途广，广泛应用于日用、电气、化工、建筑、纺织等行业中要求使用温度不高、强度不高的构件，如铺设地面的地砖、输水管道、绝缘件等。

特种陶瓷主要是指采用高纯度人工合成化合物，如 Al_2O_3、ZrO_2、MgO、BeO、SiC、Si_3N_4、BN 等制成的具有特殊物理化学性能的新型陶瓷（包括功能陶瓷）。特种陶瓷包括金属陶瓷（如硬质合金）、氧化物陶瓷（如氧化铝陶瓷）、氮化物陶瓷（如氮化硅陶瓷、氮化硼陶瓷）、硅化物陶瓷（如二硅化钼陶瓷）、碳化物陶瓷（如碳化硅陶瓷）、硼化物陶瓷（如二硼化钛陶瓷）、氟化物陶瓷、半导体陶瓷、磁性陶瓷、压电陶瓷等，其生产工艺过程与普通陶瓷相同。特种陶瓷除了具有普通陶瓷的性能外，还至少具有一种适应工程需要的特殊性能，如高强度、高硬度、耐腐蚀、导电性、绝缘性、磁性、透光性、半导体压电特性、光电特性、超导特性、生物相容性等。特种陶瓷主要用于制造高温容器、熔炼金属坩埚、热电偶套管、内燃机火花塞、切削高硬度材料的刀具（图 3-39）、轴承、金属拉丝模、挤压模、火箭喷嘴、阀门、密封件等。

图 3-39 氮化硼陶瓷刀具

二、有机高分子材料

高分子化合物或高分子聚合物（简称高聚物）是指由众多原子或原子团主要以共价键结合而成的相对分子质量在 10^4 以上的化合物。高分子材料也称为聚合物材料，是以高分子化合物为基体，再配有其他添加剂（助剂）所构成的材

料，它分为有机高分子材料和无机高分子材料。其中有机高分子材料是由相对分子质量大于 10^4 并以碳、氢元素为主的有机高分子化合物组成的。一般说来，有机高分子化合物具有较好的强度、弹性和塑性。

有机高分子材料按其用途和使用状态进行分类，可分为塑料、橡胶、胶黏剂、合成纤维等；有机高分子材料按其来源进行分类，可分为天然、半合成（改性天然高分子材料）和人工合成高分子材料。天然高分子材料包括松香、蛋白质、天然橡胶、皮革、蚕丝、木材等。天然高分子材料是生命起源和进化的基础。人类社会一开始就利用天然高分子材料作为生活资料和生产资料，并掌握了其加工技术。例如，人类利用蚕丝、棉、毛等织成织物，用木材、棉、麻等造纸。19 世纪 30 年代末期，人类进入天然高分子化学改性阶段，出现了半合成高分子材料。到 1907 年，人类研制出了合成高分子酚醛树脂，标志着人类开始应用人工合成高分子材料。目前广泛使用的高分子材料主要是人工合成的，合成高分子材料已成为国民经济建设中的重要材料之一。

1. 塑料

塑料是指以合成树脂高分子化合物为主要成分，加入某些添加剂之后且在一定温度、压力下塑制成型的材料或制品的总称。塑料品种很多，根据树脂在加热和冷却时所表现出来的性质进行分类，可将塑料分为热塑性塑料和热固性塑料两类。塑料按其应用范围进行分类，可分为通用塑料、工程塑料和耐高温塑料等。常用塑料主要有聚乙烯（PE）、聚丙烯（PP）、聚氯乙烯（PVC）、聚苯乙烯（PS）、聚酰胺（PA）、聚甲醛（POM）、聚碳酸酯（PC）、酚醛塑料（PF）、环氧塑料（EP）等。

工程塑料是指能在较宽的温度范围内和较长的使用时间内保持优良性能，能承受机械应力并作为结构材料使用的一类塑料。工程塑料耐热性、耐腐蚀、自润滑性好，尺寸稳定性良好，具有较高的强度，在部分场合可替代金属材料。常用工程塑料主要有聚碳酸酯、尼龙、聚甲醛、ABS 塑料、聚砜、酚醛塑料等。

2. 橡胶

橡胶是以生胶为基体原料，加入适量配合剂，经硫化处理后形成的有机高分子材料。通常橡胶制品还加入增强骨架材料（如各种纤维、金属丝及其编织物等），其主要作用是增加橡胶制品的强度，并限制其变形。常用橡胶主要有天然橡胶（代号 NR）、丁苯橡胶（代号 SBR）、顺丁橡胶（代号 BR）、氯丁橡胶（代号 CR）、硅橡胶（代号 SR）、氟橡胶（代号 FPM）等。橡胶制品广泛用于生活和工业生产的各个方面，例如，胶管、密封件（图 3-40）、胶辊、胶版、橡胶衬里、带传动中的传动带、弹性元件、耐磨件（如轮胎、橡胶履带）、医疗用品、劳动保护用品、国防用品等。

图 3-40　橡胶产品

3. 胶黏剂

胶黏剂是指能将同种或两种或两种以上同质或异质的制件（或材料）连接在一起，固化后具有足够强度的有机（无机）、天然

（合成）的一类物质，也称为黏结剂、黏合剂，简称胶。胶黏剂以流变性质进行分类，可分为热固性胶黏剂、热塑性胶黏剂、合成橡胶胶黏剂和复合型胶黏剂。

4. 纤维

纤维是指长度与直径之比大于 100 甚至达到 1000，并具有一定柔韧性的物质。合成纤维是将人工合成的、具有适宜分子量并具有可溶性的线型聚合物，经纺丝成型和后处理而制得的化学纤维。通常将这类具有成纤性能的聚合物称为成纤聚合物。与天然纤维和人造纤维相比，合成纤维的原料是由人工合成方法制得的，生产不受自然条件限制。合成纤维除了具有化学纤维的一般优越性能，如强度高、质轻、易洗快干、弹性好、不怕霉蛀等之外，不同品种的合成纤维各具有独特性能。合成纤维广泛用于制作衣物、生活用品、汽车与飞机轮胎的帘子线、渔网、防弹衣、汽车安全带、索桥、船缆、降落伞、绝缘布、复合材料等，是一种发展迅速的有机高分子材料。合成纤维品种多，大规模生产的约有 40 种，其中发展最快的合成纤维是聚酯纤维（涤纶）、聚酰胺纤维（锦纶）、聚丙烯腈纤维（腈纶）、聚乙烯醇纤维（维纶）、聚丙烯纤维（丙纶）、聚氯乙烯纤维（氯纶），通称 6 大纶。

有机高分子材料与人类的日常生活和生产越来越密切，如塑料、橡胶、胶黏剂和纤维制品等在日常生活中随处可见。可以说，如果没有橡胶，就没有充气轮胎，也就不会有发达的交通运输业。交通运输业需要大量的橡胶。例如，一辆汽车需要约 240kg 橡胶，一艘轮船需要约 70t 橡胶，一架飞机至少需要 600kg 橡胶。随着有机高分子材料给人类生活和生产带来便利的同时，部分有机高分子材料也给人类的生存环境带来了破坏，如“白色垃圾”、土地污染等问题。因此，在享受现代文明生活时，每一位地球公民都应该具有环境保护意识，并落实在日常行动中。

三、复合材料概述

1. 复合材料的分类

复合材料是由两种或两种以上不同性质的材料，通过物理或化学的方法，在宏观（微观）上组成具有新性能的材料。在复合材料中，各种材料在性能上互相取长补短，产生协同效应，使复合材料的综合性能不仅优于原组成材料，而且还能满足各种不同的要求。自然界中有许多天然材料可看作是复合材料，如树木是由纤维素和木质素复合而得；纸张是由纤维物质与胶质物质组成的复合材料；又如动物的骨骼也可看作是由硬而脆的无机磷酸盐和软而韧的蛋白质骨胶组成的复合材料。人类很早之前就开始仿制天然复合材料了，并在生产和生活中制成了一些初期的复合材料，如在建造房屋时，往泥浆中加入麦秸、稻草、麻、毛发等增加泥土的强度；还有利用水泥、砂子、石子、钢筋形成钢筋混凝土等。

不同材料复合后，通常是其中一种材料作为基体材料，起黏结作用；另一种材料作为增强剂材料，起承载作用。复合材料的基体材料分为金属和非金属两大类。金属基体主要有铝、镁、铜、钛及其合金等。非金属基体主要有合成树脂、橡胶、陶瓷、石墨、碳等。增强材料主要有玻璃纤维、碳纤维、硼纤维、芳纶纤维、碳化硅纤维、石棉纤维、晶须、金属丝和硬质细粒等。复合材料按其增强剂种类和结构形式进行分类，可分为纤维增强复合材料、层叠增强复合材料和颗粒增强复合材料三类，如图 3-41 所示。

2. 复合材料的性能和应用

复合材料一般是由强度和弹性模量较高、但脆性大的增强剂和韧性好但强度和弹性模量

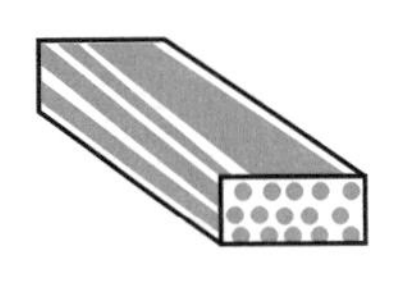
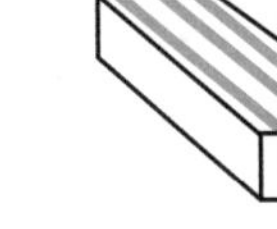
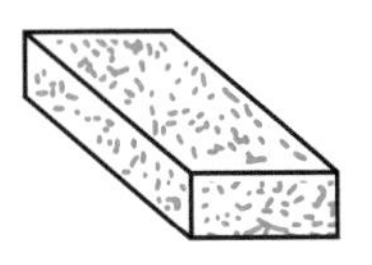

a) 纤维增强复合材料　b) 层叠增强复合材料　c) 颗粒增强复合材料

图 3-41　复合材料结构形式示意图

低的基体组成，它是将增强材料均匀地分散在基体材料中，以克服单一材料的某些弱点。例如，汽车上普遍使用的玻璃纤维挡泥板，就是由玻璃纤维与有机高分子材料复合而成的；光导纤维是由石英玻璃纤维与塑料组成的复合材料。

复合材料的最大优点是可根据人的要求来改善材料的使用性能，目前，应用最多的复合材料有纤维增强复合材料，如玻璃钢（玻璃纤维增强热固性树脂复合材料）和碳纤维增强树脂基复合材料。

玻璃钢的性能特点是强度较高，接近或超过铜合金和铝合金；其密度为 $1.5\sim2.8g/cm^3$，只有钢的 1/5~1/4。此外，玻璃钢还有较好的耐蚀性。玻璃钢的主要缺点是耐热性差、易老化、易蠕变及弹性模量较小等，玻璃钢的弹性模量只有钢的 1/10~1/5，用作受力构件时，刚度较差，容易导致构件变形。玻璃钢主要用于制造各种罐、管道、泵、阀门、贮槽、电动机罩、发电机罩、带轮防护罩、风扇叶片、齿轮、轴承、开关装置、高压绝缘子、印制电路板、汽车配件、船体及其部件等。

碳纤维增强树脂基复合材料不仅保持了玻璃钢的许多优点，而且许多性能优于玻璃钢。例如，其强度和弹性模量都超过铝合金，而接近高强度钢，完全弥补了玻璃钢弹性模量小的缺点，此外，还具有优良的耐磨性、减摩性及自润滑性、耐蚀性、耐热性等优点。碳纤维增强树脂基复合材料可用于制造承载零件（如连杆、齿轮、发动机外壳）、耐磨零件（如活塞、轴承）、化工机械零件（如容器、管道、泵）、航空航天飞行器构件[如外表面防热层、飞机机身（图 3-42）、螺旋桨、尾翼、发动机叶片、人造卫星壳体及天线构架]、运动器械（如羽毛球拍、网球拍及鱼竿）等。

图 3-42　飞机机身

模块六　其他新型工程材料

【学——养成善于利用互联网进行学习的习惯】

新型工程材料是指新出现的，建立在新思路、新概念、新工艺的基础上，具有传统工程材料所不具备的优异性能和特殊功能的材料，如特种陶瓷、高温合金、非晶态合金、形状记忆合金、超导材料、纳米材料等。严格地说，传统工程材料和新型工程材料两者之间并无严格的界限，因为传统工程材料也在不断地提高质量、降低成本、扩大品种，在加工工艺和性能方面不断得到更新和提高。

一、高温合金

高温合金是在高温下具有足够的持久强度、热疲劳强度及高温韧性，又具有抵抗氧化或气体腐蚀能力的合金。如果金属构件的工作温度超过600℃，一般就不能选择普通的耐热钢了，而要选择高温材料或高温合金。高温材料一般是指能在600℃以上，甚至在1000℃以上能满足使用要求的材料，这种材料在高温下能承受较高的应力并具有相应的使用寿命。高温合金的发展和使用温度的提高与航天航空技术的发展紧密相关，其应用涉及锅炉、蒸汽机、内燃机到石油、化工用的各种高温反应装置、原子反应堆的热交换器、喷气涡轮发动机和航天飞机的多种部件等。目前，已开发并进入实用状态的高温合金主要有铁基高温合金、镍基高温合金、钴基高温合金。例如，镍基高温合金主要用作现代喷气发动机的涡轮叶片（图3-43）、导向叶片和涡轮盘等。

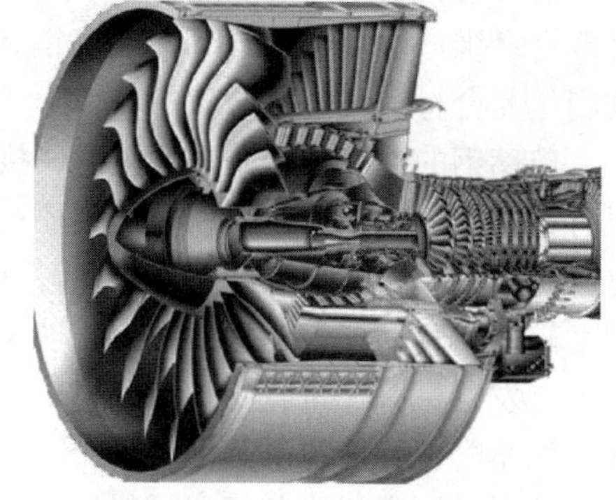

图3-43　喷气发动机的涡轮叶片

二、非晶态合金

非晶态合金是一种没有原子三维周期性排列的固体合金。由于非晶态合金在结构上与玻璃相似，又称金属玻璃。非晶态合金可采用液相急冷法、气相沉积法、注入法等工艺制取。具有实用意义的非晶态合金系是由Fe、Ni、Co为主体的金属-非金属合金系。

非晶态合金具有很高的强度和硬度，如非晶态合金$Fe_{80}B_{20}$，其抗拉强度可达3630MPa，而晶态超高强度钢的抗拉强度仅为1800~2000MPa；非晶态铝合金的抗拉强度是超硬铝的2倍。同时，非晶态合金还具有很高的韧性和塑性，许多非晶态合金薄带可以反复弯曲，即使弯曲到180°也不会断裂，因此，非晶态合金既可以进行冷轧弯曲加工，也可编织成各种网状物。

与晶态合金相比，非晶态合金的电阻率显著增高，一般要高2~3倍，这一特性显示了其在仪表测量中的应用前景。此外，非晶态合金制成的磁性材料具有高导磁率、低损耗等软磁性能，其耐蚀性也十分优异。目前，非晶态合金常用于制作磁头、脉冲变压器、磁传感元件等，如中国用非晶铁芯替代硅钢片制作变压器，每年约可节省相当于两个葛洲坝水电站的发电量。

三、形状记忆合金

形状记忆效应是指将材料在一定条件下进行一定限度以内的变形后，在对材料施加适当的外界条件（如加热）时，材料的变形会随之消失，并回复到变形前的形状的现象。形状记忆合金是指具有形状记忆效应的金属材料。目前已成功开发的形状记忆合金有Ti-Ni形状记忆合金、Cu系形状记忆合金、Fe系形状记忆合金等。其中Ni-Ti系形状记忆合金是最具有实用前景的形状记忆材料，其室温抗拉强度可达1000MPa以上，密度是6.45g/cm³，疲劳强度高达480MPa，而且还具有很好的耐蚀性。形状记忆合金具有广泛的应用前景，利用形状记忆合金可以制造防滑轮胎、温度控制仪器、过热报警器、火灾报警器、自动灭火喷头、脊柱矫形棒、牙齿矫形唇弓丝、人工关节、人造骨骼、骨折部位的固定板、人造心脏、血栓过滤器、特殊场合下的管接头与铆钉以及作为智能材料等。

四、超导材料

超导材料是在一定温度下如果材料的电阻变为零，并且磁力线不能进入其内部，材料呈现完全抗磁性的材料。超导材料一般分为：超导合金、超导陶瓷和超导聚合物三类。超导材料的出现为人类提供了十分诱人的应用前景，利用超导材料输电，电力损耗几乎为零，可节省大量的电能；利用超导材料可制造发电机中的超导线圈，提高电机中的磁感应强度，提高发电机的输出功率，使发电效率提高约50%；利用超导材料的抗磁性，可制造时速达550km/h的磁悬浮列车（图3-44）；利用超导材料具有高载流能力和零电阻的特点，可长时间无损耗地储存大量电能，需要时可将储存的能量连续地释放出来，在此基础上可制成超导储能系统，将超导储能系统应用于军事方面，可更换军车和坦克上的笨重油箱和内燃机；利用超导材料可以制作超导粒子武器、自由电子激光器、超导电磁泡、超导电磁推进系统和超导陀螺仪等。

五、纳米材料

图3-44　磁悬浮列车

纳米是一种度量单位，1纳米（nm）= 10^{-9}m，即百万分之一毫米、十亿分之一米。目前，国际上将处于1～100nm范围内的超微颗粒及其致密的聚集体，以及由纳米微晶所构成的材料，统称为纳米材料，它包括金属材料、非金属材料、有机材料、无机材料和生物材料等多种粉末材料。

纳米材料具有四大效应，即小尺寸效应、量子效应（含宏观量子隧道效应）、表面效应和界面效应，具有传统材料所不具备的物理性能、化学性能，表现出独特的光、电、磁和化学特性。

纳米结构材料具有十分优异的力学性能及热力性能，可使结构件重量大大减轻；纳米催化、敏感、储氢材料可用于制造高效的异质催化剂、气体敏感器及气体捕获剂，用于汽车尾气净化、环境保护、石油化工、新型洁净能源等领域；纳米光学材料可用于制作多种具有独特性能的光电子器件，如蓝光二极管、量子点激光器、单电子晶体管等；纳米碳管的抗拉强度比钢高出100倍，其硬度与金刚石相当，却拥有良好的柔韧性，可以进行拉伸，而且其导电率比铜还要高；纳米技术电子器件工作速度快，是硅器件的1000倍，可大幅度提高产品性能；纳米生物与医学材料可清除心脏动脉脂肪沉积物，甚至还能吞噬病毒、杀死癌细胞；纳米硬质合金具有极高的硬度和韧性，可拓展硬质合金的应用范围。

模块七

材料的选用及运用

【学——养成归纳和总结的好习惯，提高学习效率】

零件材料选择是一个复杂而重要的工作，需要科学合理地综合考虑。首先，要全面分析零件的工作条件、受力性质与大小、失效形式等，然后进行综合分析，并提出可以满足零件工作条件的性能指标，最后选择合理的制造材料并制定相应的加工工艺。

一、机械零件失效分析

1. 失效概述

失效是指机械零件在使用过程中由于尺寸、形状或材料的组织和性能发生变化而失去规定功能的现象。失效在机械设备使用过程经常可以见到，如齿轮在工作过程中由于磨损超标，不能使齿轮正常啮合及传递动力；主轴在工作过程中由于变形超标而失去精度；弹簧发生过量塑性变形或疲劳断裂等均属于失效。机械零件失效的具体表现是：机械零件完全破坏，不能工作；机械零件虽然能工作，但达不到设计的规定功能；机械零件损坏严重，但继续工作时，不能保证安全性和可靠性。

2. 失效的形式

机械零件失效的具体形式是多种多样的，经归纳和分析后，可以将机械零件的失效形式分为过量变形失效、断裂失效和表面损伤失效三大类。

1）过量变形失效是指机械零件在外力作用下，零件整体（或局部）发生过量变形的现象。过量变形失效又可分为过量弹性变形失效和过量塑性变形失效。例如，弹簧在使用中发生过量弹性变形，导致弹簧的功能失效，就属于过量弹性变形失效。再如，在高温下工作的螺栓发生松弛现象就是由过量弹性变形转化为塑性变形而造成的过量塑性变形失效。

2）断裂失效是指机械零件完全断裂而无法工作的失效，如钢丝绳在吊装过程中的断裂，车轴在运行中发生的断裂等，均属于断裂失效。断裂失效可分为塑性断裂、脆性断裂、疲劳断裂、蠕变断裂、腐蚀断裂、冲击载荷断裂、低应力脆性断裂等。其中低应力脆性断裂和疲劳断裂是没有前兆的突然断裂，往往会造成灾难性事故，因此最危险。

3）表面损伤失效是指机械零件在工作中因机械和化学的作用，使其表面损伤而造成的失效。表面损伤失效可分为表面磨损失效、表面腐蚀失效和表面疲劳失效（疲劳点蚀）三类。例如，滑动轴承的轴颈或轴瓦的磨损、齿轮齿面的点蚀或磨损等，就属于表面损伤失效。

某一个机械零件失效时，可能包含多个失效形式，但总有一种失效形式是起主导作用的。例如，齿轮失效可能是由轮齿折断、齿面磨损、齿面点蚀、齿面硬化层剥落、齿面过量塑性变形等失效形式造成的，到底是哪一个失效形式为主，需要根据实际情况综合分析，并最终确认。

二、机械零件失效因素分析

1. 机械零件失效因素

引起机械零件失效的因素很多，它主要涉及机械零件的结构设计、金属材料选择、加工制造过程、装配、使用保养、服役环境（如高温、低温、室温、变化温度等）、环境介质（如有无腐蚀介质、有无润滑剂等）及载荷性质（如静载荷、冲击载荷、循环载荷）等方面。

分析机械零件失效因素是一个复杂和细致的工作。进行机械零件失效分析时，应按科学的程序进行。第一，应注意及时收集失效零件的残骸，了解机械零件失效的部位、特征、环境、时间等，并查阅有关原始设计资料、加工资料及使用与维修记录等；第二，在了解了机械零件的基本情况后，需要对机械零件进行断口分析（或金相显微组织分析），找出失效起源部位；第三，综合分析失效机械零件的性能指标、材质、化学成分、显微组织及内部缺陷等；第四，如果需要还需利用各种测试手段或模拟实验进行辅助分析；第五，综合上述分析结果，在排除其他因素后，确定主要失效因素和失效形式；第六，建立失效模型，提出改进措施。如果造成机械零件失效的主要因素是材料的性能指标设定不合理，则需要根据失效模型，提出所需材料的牌号及合理的性能指标等。

2. 机械零件失效的分析方法

进行机械零件失效分析的目的是找出机械零件发生失效的本质、产生原因及预防措施，以杜绝或减少类似事件的再次发生。在对失效机械零件进行分析时，通常有两个基本思路：

1）以机械零件的性能指标为主线，进行详细分析。首先，找出造成机械零件失效的主要形式和性能指标，然后提出合理改进的措施和合理的性能指标。

2）以机械零件断口特征为主线，进行详细分析。首先，找出机械零件断裂的主断口，根据主断口的特征确定断裂的主要形式和原因，然后提出合理改进的措施和合理的性能指标。

三、选择材料时需要考虑的三个方面

选择材料时，需要考虑材料的使用性能（即“质优”）、加工工艺性能（即“易加工”）以及经济性（即“实惠”）。只有对这三个方面进行综合性权衡，才能使材料发挥最佳的经济效益和社会效益。

1. 材料的使用性能

材料的使用性能是指材料为保证机械零件或工具正常工作而应具备的性能，它包括力学性能、物理性能和化学性能。对于机械零件和工程构件，最重要的是力学性能。那么，如何才能准确地了解具体零件的力学性能指标？

1）要能正确地分析机械零件的工作条件，包括受力状态、应力（或载荷）性质、工作温度、环境条件等。其中受力状态有拉、压、弯、扭、剪等；应力（或载荷）性质有静载荷、冲击载荷、循环应力等；工作温度可分为高温和低温；环境条件有加润滑剂的，不加润滑剂的，有接触酸、碱、盐、海水、粉尘、磨粒的等。此外，有时还需考虑导电性、磁性、膨胀、导热等特殊要求。

2）根据上述分析，确定该机械零件可能的失效形式，再根据机械零件的形状、尺寸、载荷，确定使用性能指标的具体数值。有时通过改进强化方法，可以将廉价的材料制成性能更好的机械零件。所以，选材时要把材料的化学成分与强化手段紧密结合起来综合考虑。

2. 材料的工艺性

制造每一个机械零件都要经过一系列的加工过程。因此，材料加工成机械零件的难易程度，将直接影响机械零件的质量、生产率和制造成本。如果机械零件的加工方法是铸造，则优先选用铸造性能好的铸造合金；如果机械零件的加工方法是锻件或冲压件，则优先选择塑性较好的金属材料；如果机械零件的加工方法是焊接结构件，则优先选用低碳钢或低合金高强度结构钢，以保证获得良好的焊接性。

在工艺性能中，最突出的问题是切削加工性和热处理工艺性。因为绝大部分金属材料需要经过切削加工和热处理。为了便于切削，一般希望金属材料的硬度控制在170~270HBW之间。在化学成分确定后，可借助于热处理来改善金属材料的金相组织和力学性能，达到改善其可加工性的目的。

当材料的工艺性能与力学性能相矛盾时，有时需要优先考虑材料的工艺性能，这样就使得某些力学性能显然合格的材料不得不舍弃，这点对于大批量生产的零件特别重要。因为在大量生产时，工艺周期的长短、加工过程的难易程度和加工费用的高低等，常常是生产单位优先考虑的关键因素。

3. 材料的经济性

在满足机械零件使用性能的前提下，选用材料时还应注意降低零件的制造成本。机械零件的制造成本包括材料本身的价格、加工费及其他费用，有时甚至还要包括运费与安装费用。

在金属材料中，非合金钢和铸铁的价格比较低廉，而且加工方便。因此，在能满足机械零件力学性能与工艺性能的前提下，选用非合金钢和铸铁可降低成本。对于一些只要求表面性能高的机械零件，可选用廉价钢种进行表面强化处理来达到使用要求。另外，在考虑金属材料的经济性时，切记不宜单纯地以单价来比较金属材料的优劣，而应以综合经济效益来评价金属材料的经济性。此外，在选择材料时应立足于中国的资源条件，考虑中国的生产条件和供应情况，以及节能减排和环境保护的规定与要求。对企业来说，所选材料的种类和规格，应尽量少而集中，以便于集中采购和管理。

四、选择材料的一般程序

1）对机械零件的工作特性和使用条件进行周密分析，找出机械零件失效（或损坏）形式，合理地确定材料的主要力学性能指标。

2）根据机械零件的工作条件和使用环境，对机械零件的设计和制造提出相应的技术要求，对加工工艺性和加工成本等也提出相应的基本要求。

3）根据所提出的技术条件、加工工艺性和加工成本等方面的指标，借助于各种材料选用手册，对材料进行预选。

4）对预选材料进行核算，以确定其是否满足使用性能、加工工艺性和加工成本等方面的要求。

5）对材料进行第二次选择，确定最佳选材方案。

6）通过试验、试生产和检验，最终确定合理的选材结果。

五、典型零件选材实例

1. 齿轮类零件的选材

齿轮在机器中主要担负传递功率、调节速度、改变运动方向的功能等。齿轮在运转过程中，通过齿面的接触传递动力，并周期地承受弯曲应力和接触应力的作用。另外，在齿轮啮合的齿面上，还要承受强烈的摩擦，有些齿轮在换挡、突然启动或啮合不均匀时还要承受一定的冲击力作用。因此，制造齿轮的材料应具有较高的弯曲疲劳强度和接触疲劳强度；齿面应具有较高的硬度和耐磨性；齿轮心部要具有足够的强度和韧性。通常齿轮毛坯是采用钢材锻造成形，所选用的钢种基本是调质钢和渗碳钢。

调质钢主要用于制造两种齿轮，一种是对耐磨性要求较高，而冲击韧性要求一般的硬齿面（>40HRC）齿轮，如车床、钻床、铣床等机床的变速箱齿轮，通常采用 45、40Cr、42SiMn 等钢制造，齿轮经调质处理后进行表面高频感应淬火和低温回火；另一种是对齿面硬度要求不高的软齿面（≤350HBW）齿轮，这类齿轮一般在低速、低载荷下工作，如车床滑板上的齿轮、车床挂轮架齿轮等，通常采用 45、40Cr、42SiMn、35SiMn 等钢制造，齿轮经调质处理或正火处理后使用。

渗碳钢主要用于制造高速、重载、冲击力比较大的硬齿面（>55HRC）齿轮，如汽车变速器齿轮、汽车驱动桥齿轮等，常用 20CrMnTi、20CrMnMo、20CrMo 等钢制造，齿轮经渗碳、淬火和低温回火后获得表面硬而耐磨，心部强韧、耐冲击的组织。

2. 轴类零件的选材

轴是机器中最基本、最关键的机械零件之一，轴的主要功能是支承传动零件并传递运动和动力，轴类零件的工作特点是：传递一定的转矩，要承受一定程度的冲击载荷，可能还承受一定的弯曲应力；需要用轴承支持，在轴的轴颈处应具有较高的耐磨性；用于制造轴类零件的材料一般要求具有多项性能指标。例如，应具有优良的综合力学性能，以防轴变形和断裂；应具有高的疲劳强度，以防轴过早地发生疲劳断裂；应具有良好的耐磨性，以提高其使用寿命。

总体来说，轴类零件在选择制造材料时，应根据轴的受力情况进行合理选材。具体的选材情况如下：

1）承受循环应力和动载荷的轴类零件，如船用推进器轴、锻锤锤杆等，应选用淬透性好的调质钢，如 30CrMnSi、35CrMn、40MnVB、40CrMn、40CrNiMo 钢等，并进行调质处理。

2）主要承受弯曲和扭转应力的轴类零件，如变速器传动轴、发动机曲轴、机床主轴等。这类轴在整个截面上所受的应力分布不均匀，表面应力较大，心部应力较小，这类轴不需选用淬透性很高的钢种，可选用合金调质钢，如汽车、车床、铣床、磨床的主轴等常采用 40Cr、45Mn2、40MnV、40MnB 等钢制造。热处理工艺一般是调质加轴颈表面淬火。

3）高精度、高速转动的轴类零件，如高精度磨床的主轴、镗床的主轴与镗杆、多轴自动车床的中心轴等常选用渗氮钢 38CrMoAl 等，并进行调质及渗氮处理。

4）对于中速、低速内燃机曲轴，以及连杆、凸轮轴，可以选用球墨铸铁制造，不仅满足了力学性能要求，而且制造工艺简单，成本低。

3. 箱体类零件的选材

主轴箱、变速箱、进给箱、滑板箱、缸体、缸盖、机床床身、壳体类、罩类等都可视为箱体类零件。由于箱体零件大多结构复杂，通常都是采用铸造方法进行生产。对于一些受力较大，要求高强度、高韧性，甚至在高温高压下工作的箱体类零件，如汽轮机机壳，可选用铸钢制造；对于一些受冲击力不大，而且主要承受静压力的箱体类零件可选用灰铸铁（如 HT150、HT200 等）制造；对于受力不大，要求自重轻或导热性良好的箱体类零件，可选用铸造铝合金、铸造镁合金制造，如汽车发动机的缸盖；对于受力很小，要求自重轻和耐腐蚀的箱体类零件，可选用工程塑料制造；对于受力较大，但形状简单的箱体类零件，可采用型钢（如 Q235 钢、20 钢、Q355 钢等）采用焊接方式制造。

案例分析

图 3-45 所示为检修车辆时经常使用的螺旋起重器。其用途是将车架顶起，以便维修人员对车辆进行检修。该起重器的承载能力为 4t，工作时依靠手柄带动螺杆在螺母中转动，以便推动托杯顶起车辆。螺母装在支座上。起重器中主要零件的选材与加工工艺方法分析如下：

（1）托杯　托杯工作时直接支承车辆，承受压应力，可选用灰铸铁（如 HT200）等制造。由于托杯具有凹槽和内腔结构，形状较复杂，所以采用铸造成形。如果采用中碳钢制造托杯，则可采用模锻进行生产。

（2）手柄　手柄工作时，承受弯曲应力，受力不大，且结构形状较简单，可选用非合金钢材料（如 Q235 等）制造。

（3）螺母　螺母工作时沿轴线方向承受压应力，螺纹还承受弯曲应力和摩擦力，受力情况比较复杂。但为了保护比较贵重的螺杆，以及从降低摩擦阻力考虑，宜选用较软的材料，如青铜 ZCuSn10Pb1，毛坯生产可以采用铸造成形。如果螺母孔尺寸较大时可直接铸出。

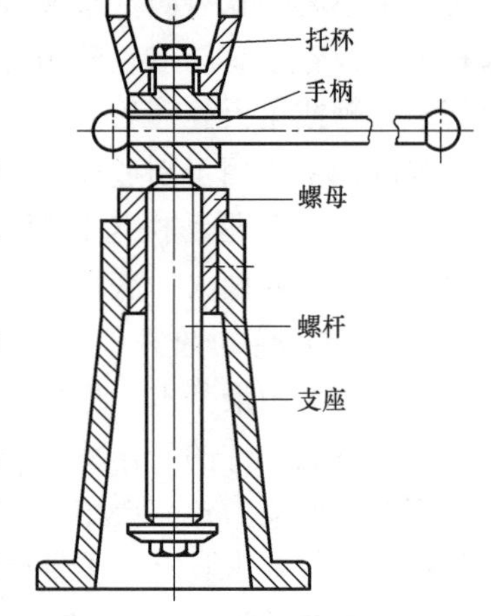

图 3-45　螺旋起重器结构图

（4）螺杆　螺杆工作时，受力情况与螺母类似但结构形状比较简单，可选用中碳钢（如 45 钢）或合金调质钢（如 40Cr 钢）进行制造，毛坯生产方法可以采用锻造成形方法。

（5）支座　支座是起重器的基础零件，承受静载荷压应力，可选用灰铸铁（如 HT200）等制造。又由于支座具有锥度和内腔，结构形状较复杂，因此，采用铸造成形比较合理。

拓展知识

热处理发展历史

为使金属工件具有所需要的力学性能、物理性能和化学性能，除合理选用材料和各种成形工艺外，合理选择热处理工艺是不可少的环节。金属热处理是机械制造中的重要工艺之一，与其他加工工艺相比，热处理一般不改变工件的形状和整体的化学成分，而是通过改变工件内部的显微组织，或改变工件表面的化学成分，赋予或改善工件的使用性能。其特点是改善工件的内在质量，而这一般不是肉眼所能看到的。钢铁材料是机械工业中应用最广的金属材料，虽然钢铁材料的显微组织比较复杂，但可以通过热处理予以控制。另外，铝、铜、镁、钛等及其合金也都可以通过热处理改变其力学性能、物理性能和化学性能，以获得不同的使用性能。

在从石器时代进入到铜器时代和铁器时代的过程中，热处理的作用逐渐为人们所认识。早在公元前770年至公元前222年之间，中国人在生产实践中就已发现，钢铁材料的性能会因温度和加压变形的影响而产生变化。例如，白口铸铁的软化处理就是制造农具的重要工艺。

公元前6世纪，钢铁兵器逐渐被军队采用，为了提高钢的硬度，淬火工艺逐渐得到迅速发展。中国河北省易县燕下都出土的两把剑和一把戟，其显微组织中都有马氏体存在，说明它们是经过淬火处理的。

随着淬火技术的发展，人们逐渐发现淬火冷却介质对淬火质量的影响。三国蜀人蒲元曾在今陕西斜谷为诸葛亮打制3000把刀，相传是派人到成都取水淬火的。这说明中国在古代就注意到不同水质的冷却能力了，同时也注意了油和水的冷却能力。中国出土的西汉中山靖王墓中的宝剑，其心部的碳的质量分数为0.15%~0.4%，而其表面的碳的质量分数却达0.6%以上，说明当时已经应用了渗碳工艺。但当时作为个人“手艺”的秘密，不肯外传，因而发展很慢。

1863年，英国金相学家和地质学家展示了钢铁在显微镜下的6种不同的金相组织，证明了钢在加热和冷却时，其内部会发生组织改变，钢中高温时的相在急冷时会转变为一种较硬的相。法国人奥斯蒙德确立的铁的同素异构理论，以及英国人奥斯汀最早制定的铁碳相图，为现代热处理工艺初步奠定了理论基础。与此同时，人们还研究了在金属热处理的加热过程中对金属的保护方法，以避免金属在加热过程中金属表面发生氧化和脱碳等。1850—1880年，对于采用各种气体（诸如氢气、煤气、一氧化碳等）进行保护加热曾获得一系列专利。1889—1890年英国人莱克获得了多种金属光亮热处理专利。

自20世纪以来，金属物理的发展和其他新技术的移植应用，使金属热处理工艺得到更大发展。一个显著的进展是1901—1925年，在工业生产中应用转筒炉进行气体渗碳；20世纪30年代出现露点电位差计，使炉内气氛的碳势达到可控，以后又研究出用二氧化碳红外仪、氧探头等进一步控制炉内气氛碳势的方法；20世纪60年代，热处理技术运用了等离子场的作用，发展了离子渗氮、渗碳工艺；激光、电子束技术的应用，又使金属获得了新的表面热处理和化学热处理方法。

21世纪，随着机械装备制造技术的提高，以及计算机技术的广泛应用，目前钢铁材料热处理技术已经向自动控制、精细化控制、数智化、柔性化和绿色清洁热处理方向发展。

【练——温故知新】

一、名词解释

1. 工程材料　2. 金属　3. 金属材料　4. 合金　5. 钢铁材料　6. 非铁金属　7. 非合金钢　8. 合金钢　9. 铁碳合金相图　10. 耐磨钢　11. 不锈钢　12. 耐热钢　13. 灰铸铁　14. 热处理　15. 退火　16. 淬火　17. 回火　18. 时效　19. 表面热处理　20. 化学热处理　21. 变形铝合金　22. 黄铜　23. 白铜　24. 塑料　25. 复合材料

二、填空题

1. 工程材料按组成特点分类，可分为______材料、______材料、有机高分子材料和复合材料四大类。

2. 工程材料的性能包括______性能和______性能。

3. 金属材料还可分为______材料（或称黑色金属）和非铁金属材料（或称______金属）两大类。

4. 有机高分子材料按用途和使用状态，可分为______、______、胶黏剂、合成纤维等。

5. 钢铁材料包括______和______两大类。

6. 钢按化学成分分类，可分为______合金钢、______合金钢和合金钢三大类。

7. 铁碳合金在固态下存在的基本组织有：______体、______体、渗碳体、珠光体和莱氏体。

8. 铁碳合金按碳的质量分数和室温平衡组织的不同，可分为______纯铁、______和白口铸铁（生铁）三类。

9. 非合金钢按其碳的质量分数高低进行分类，可分为____碳钢、____碳钢和高碳钢三类。

10. 非合金钢按其主要质量等级进行分类，可分为________非合金钢、________非合金钢和特殊质量非合金钢三类。

11. 非合金钢按其用途进行分类，可分为碳素________钢和碳素________钢。

12. 40 钢按其用途进行分类，属于________钢；40 钢按其主要质量等级分类，属于__________钢。

13. T10A 钢按其用途进行分类，属于______________钢；T10A 钢按其碳的质量分数进行分类，属于______________钢；T10A 钢按其主要质量等级进行分类，属于__________钢。

14. 低合金钢按其主要质量等级进行分类，可分为__________低合金钢、________低合金钢和特殊质量低合金钢三类。

15. 合金钢按其主要质量等级进行分类，可分为____________合金钢和____________合金钢两类。

16. 机械结构用合金钢按其用途和热处理特点进行分类，可分为合金______钢、合金______钢、合金弹簧钢和超高强度钢等。

17. 超高强度钢一般是指 $R_{eL}>$__________MPa、$R_m>$__________MPa 的特殊质量合金结构钢。

18. 高速工具钢经淬火和回火后，可以获得高__________、高________和高热硬性。

19. 不锈钢按其使用时的组织特征进行分类，可分为________型不锈钢、________型不锈钢、__________型不锈钢、奥氏体-铁素体型不锈钢和沉淀硬化型不锈钢五类。

20. 特殊物理性能钢包括________磁钢、永（硬）磁钢、________磁钢以及特殊弹性钢、特殊膨胀钢、高电阻钢及合金等。

21. 铸铁包括______铸铁、______铸铁、______铸铁、______铸铁、蠕墨铸铁、合金铸铁等。

22. 常用的合金铸铁有__________铸铁、__________铸铁及__________铸铁等。

23. 热处理的工艺过程通常由__________、__________和__________三个阶段组成。

24. 根据零件热处理的目的、加热和冷却方法的不同，热处理工艺可分为______热处理、表面热处理和______热处理三大类。

25. 热处理按其工序位置和目的的不同，又可分为______热处理和______热处理。

26. 根据钢铁材料化学成分和退火目的不同，退火通常分为：______退火、不完全退火、等温退火、______退火、______退火、均匀化退火等。

27. 常用的淬火方法有______淬火、______淬火、________分级淬火和________等温淬火。

28. 根据淬火钢件在回火时的加热温度进行分类，可将回火分为______回火、______回火和高温回火三种。

29. 钢件______火加______回火的复合热处理工艺又称为调质处理。

30. 常用的时效方法主要有________时效、________时效、热时效、变形时效、振动时效和沉淀硬化时效等。

31. 表面淬火按加热方法的不同，可分为________淬火、________淬火、接触电阻加热淬火、激光淬火、电子束淬火等。

32. 化学热处理方法主要有渗________、渗________、碳氮共渗、渗硼、渗硅、渗金属等。

33. 目前在机械制造业中，最常用的化学热处理是________和________。

34. 变形铝合金按其性能特点和用途进行分类，可分为______铝、______铝、超硬铝、锻铝等。

35. 铸造铝合金按所添加合金元素进行分类，可分为________系、________系、Al-Mg系和 Al-Zn 系铸造铝合金。

36. 铜合金按其化学成分进行分类，可分为______铜、______铜和青铜三类。

37. 普通黄铜是由______和______组成的铜合金；在普通黄铜中再加入其他元素所形成的铜合金称为______黄铜。

38. 普通白铜是由______和______组成的铜合金；在普通白铜中再加入其他元素所形成的铜合金称为______白铜。

39. 钛合金按其退火后的组织形态进行分类，可分为______型钛合金、______型钛合金和（α+β）型钛合金。

40. 镁合金包括________镁合金和________镁合金两大类。

41. 常用的滑动轴承合金有______基、______基、铜基、铝基滑动轴承合金等。

42. 塑料的品种很多，根据树脂在加热和冷却时所表现的性质进行分类，可将塑料分为______塑料和______塑料两类。

43. 常用工程塑料主要有聚碳酸酯、______、______、ABS 塑料、聚砜、酚醛塑料等。

44. 不同材料复合后，通常是其中一种材料作为______材料，起黏结作用；另一种材料作为增强剂材料，起______作用。

45. 复合材料按其增强剂种类和结构形式进行分类，可分为____增强复合材料、____增强复合材料和颗粒增强复合材料三类。

46. 高温合金主要有______基高温合金、______基高温合金、钴基高温合金。

47. 超导材料一般分为超导______、超导______和超导聚合物三类。

48. 机械零件的失效分为过量______失效、______失效和表面损伤失效三大类。

49. 过量变形失效分为过量______变形失效和过量______变形失效。

50. 断裂失效可分为______断裂、______断裂、______断裂、蠕变断裂、腐蚀断裂、冲击载荷断裂、低应力脆性断裂等。

三、单项选择题

1. 铁碳合金相图上的 *ES* 线，用符号____表示；*PSK* 线用符号____表示；*GS* 线用符号____表示。

A. A_1　　B. A_{cm}　　C. A_3

2. 铁碳合金相图上的共析线是__________，共晶线是__________。

A. *ECF* 线　　B. *ACD* 线　　C. *PSK* 线

3. 08 钢牌号中，“08”是表示钢的平均碳的质量分数是__________。

A. 8%　　B. 0.8%　　C. 0.08%

4. 在下列三种钢中，________的弹性最好，__________的硬度最高，__________的塑性最好。

A. T10 钢　　B. 65 钢　　C. 10 钢

5. 选择制造下列零件的钢材：冷冲压件用________；齿轮用________；小弹簧用________。

A. 10 钢　　B. 70 钢　　C. 45 钢

6. 将下列合金钢牌号进行归类。耐磨钢：________；合金弹簧钢：________；冷作模具钢：________；不锈钢：________。

A. 60Si2Mn　　B. ZG120Mn13Cr2　　C. Cr12MoV　　D. 10Cr17

7. 为下列零件正确选材：机床齿轮用________；汽车与拖拉机的变速齿轮用______；减振板弹簧用_________；滚动轴承用________；拖拉机履带用________。

A. GCr15 钢　　B. 40Cr 钢　　C. 20CrMnTi 钢

D. 60Si2MnA 钢　　E. ZG100Mn13 钢

8. 过共析钢的淬火加热温度应选择在______，亚共析钢的淬火加热温度则应选择在______。

A. Ac_1+(30~50℃)　　B. Ac_{cm} 以上　　C. Ac_3+(30~50℃)

9. 各种卷簧、板簧、弹簧钢丝及弹性元件等，一般采用__________进行处理。

A. 淬火+高温回头　　B. 淬火+中温回火　　C. 淬火+低温回火

10. 化学热处理与表面淬火的基本区别是______________。

A. 加热温度不同　　B. 组织有变化　　C. 改变表面化学成分

11. 某一金属材料的牌号是 T3，它是__________。

A. 碳的质量分数是 3%的碳素工具钢　　B. 3 号加工铜　　C. 3 号工业纯钛

12. 将相应牌号填入空格内：普通黄铜______；特殊黄铜______；锡青铜______。

A. H90　　B. QSn4-3　　C. HAl77-2

四、判断题（认为正确的请在括号内打“√”；反之，打“×”）

1. 在 $Fe\text{-}Fe_3C$ 相图中，A_3 温度是随着碳的质量分数的增加而上升的。（　　）

2. 碳素工具钢的碳的质量分数一般都大于 0.7%。（　　）

3. T12A 钢的碳的质量分数是 12%。（　　）

4. ZG200-400 表示屈服强度≤200MPa，抗拉强度≤400MPa 的一般工程用铸造碳钢。（　　）

5. 40Cr 钢是最常用的合金调质钢。（　　）

6. GCr15 钢是高碳铬轴承钢，其铬的质量分数是 15%。（　　）

7. Cr12MoV 钢是不锈钢。（　　）

8. 3Cr2W8V 钢一般用来制造冷作模具。（　　）

9. 球墨铸铁的塑性与韧性比灰铸铁差。（　　）

10. 钢铁材料适宜切削加工的硬度范围通常是：170~270HBW。（　　）

11. 退火可提高钢的硬度。（　　）

12. 一般来说，淬火钢随回火温度的升高，强度与硬度降低而塑性与韧性提高。（　　）

13. 工件进行时效处理的目的是消除工件的内应力，稳定工件的组织和尺寸，改善工件的力学性能等。（　　）

14. 化学热处理与表面淬火相比，其特点是不仅改变表层的组织，而且还改变表层的化学成分。（　　）

15. 特殊黄铜是不含锌元素的黄铜。（　　）

16. 工业纯钛的牌号有 TA0G、TA1G、TA2G、TA3G、TA4G 五个牌号，顺序号越大，杂质含量越多。（　　）

17. 镁合金的密度略比塑料大，但在同样强度情况下，镁合金零件可以做得比塑料零件薄而且轻。（　　）

18. 工程塑料具有较高的强度和刚度，在部分场合可替代金属材料。（　　）

19. 复合材料是由两种或两种以上不同性质的材料，通过物理或化学的方法，在宏观（微观）上组成具有新性能的材料。（　　）

五、简答题

1. 高锰耐磨钢常用牌号有哪些？高锰耐磨钢有何用途？

2. 高速工具钢有何性能特点？高速工具钢主要应用哪些方面？

3. 说明下列钢材牌号属何类钢？其数字和符号各表示什么？

①Q420B；②Q355NHC；③20CrMnTi；④9CrSi；⑤50CrV；⑥GCr15SiMn；⑦Cr12MoV；⑧W6Mo5Cr4V2；⑨10Cr17。

4. 说明下列铸铁牌号属何类铸铁？其数字和符号各表示什么？

①HT250；②QT500-7；③KTH350-10；④KTZ550-04；⑤KTB360-12；⑥RuT300；⑦HTRSi5

5. 滑动轴承合金的组织状态有哪些类型？各有何特点？

6. 正火与退火相比，有何主要区别？

7. 淬火的目的是什么？亚共析钢和过共析钢的淬火加热温度应如何选择？

8. 回火的目的是什么？工件淬火后为什么要及时进行回火？

9. 表面淬火的目的是什么？

10. 渗氮的目的是什么？

11. 塑料与金属相比有何特性？

12. 机械零件失效的具体表现有哪些？

13. 选择材料时，需要考虑的三个方面是哪些？

【思——学会将知识系统化，知其所以然】

主题名称	重点说明	提示说明
工程材料	金属材料包括钢铁材料和非铁金属材料	钢铁材料包括钢和铸铁；非铁金属材料包括除了钢铁材料之外的金属材料，如铂、金、银、铜、铝、钛、镁、锌、铅、镍、铬、钼、钨、锆、钒等
	陶瓷材料包括普通陶瓷和特种陶瓷	普通陶瓷包括日用陶瓷、建筑陶瓷、电绝缘陶瓷、多孔陶瓷等；特种陶瓷包括金属陶瓷、氧化物陶瓷、氮化物陶瓷、硅化物陶瓷等
	有机高分子材料包括塑料、橡胶、胶黏剂和合成纤维等	塑料包括聚乙烯塑料、聚酰胺塑料、聚甲醛、聚碳酸酯、聚砜、酚醛塑料等；橡胶包括天然橡胶、丁苯橡胶、顺丁橡胶、氯丁橡胶等；胶黏剂包括非结构胶、结构胶、密封胶、导电胶、医用胶等；合成纤维包括聚酯纤维、聚酰胺纤维、聚丙烯腈纤维等
	复合材料包括金属基复合材料、非金属基复合材料等	金属基复合材料包括铝、镁、铜、钛及其合金；非金属基复合材料包括合成树脂、橡胶、陶瓷、石墨、碳等
钢的热处理	热处理概念	热处理是采用适当的方式对金属材料或工件进行加热、保温和冷却以获得预期的组织结构与性能的工艺
	热处理原理	热处理的基本原理是借助铁碳合金相图，通过钢在加热和冷却时内部组织发生相变的基本规律，使钢材（或零件）获得人们需要的组织和使用性能，从而实现改善钢材性能的目的
	热处理工艺过程	热处理工艺过程通常由加热、保温、冷却三个阶段组成。加热和保温是为冷却提供组织准备，冷却是借助不同的冷却速度，使钢材发生不同的相变，从而使钢材获得需要的组织和性能
	相变点（或临界点）	金属材料在加热或冷却过程中，发生相变的温度称为相变点（或临界点）
	热处理分类	根据零件热处理的目的、加热和冷却方法的不同，热处理工艺可分为整体热处理、表面热处理和化学热处理三大类
		整体热处理是对工件整体进行穿透加热的热处理。它包括退火、正火、淬火、回火、调质、水韧处理、固溶处理和时效
		表面热处理是指为改变工件表面的组织和性能，仅对其表面进行热处理的工艺。它包括表面淬火和回火、物理气相沉积、化学气相沉积、等离子体化学气相沉积、激光辅助化学气相沉积、火焰沉积、盐浴沉积、离子镀等
		化学热处理是将工件置于适当的活性介质中加热、保温，使一种或几种元素渗入到它的表层，以改变其化学成分、组织和性能的热处理工艺。它包括渗碳、碳氮共渗、渗氮、氮碳共渗、渗其他非金属、渗金属、多元共渗、溶渗等

（续）

主题名称	重点说明	提示说明
材料选用	机械零件失效形式	机械零件失效形式分为过量变形失效、断裂失效和表面损伤失效三大类
	机械零件失效因素	机械零件失效因素涉及机械零件的结构设计、金属材料选择、加工制造过程、装配、使用保养、服役环境（如高温、低温、室温、变化温度等）、环境介质（如有无腐蚀介质、有无润滑剂等）及载荷性质（如静载荷、冲击载荷、循环载荷）等
	机械零件失效的分析方法	对失效机械零件进行分析时，通常有两个基本思路：以机械零件的性能指标为主线，进行详细分析；以机械零件断口特征为主线，进行详细分析
	选择材料时需要考虑的三个方面	选择材料时，需要考虑材料的使用性能（即质优）、加工工艺性能（即易加工）以及经济性（即实惠）。只有对这三个方面进行综合性权衡，才能使材料发挥最佳的经济效益和社会效益

【做——课外调研活动】

1. 同学之间相互交流与探讨，分析在春秋战国时期，为什么军队的兵器广泛采用青铜制造，而没有采用钢材制造呢？

2. 同学之间相互交流与探讨，如何节约有限的金属矿产资源和金属材料？

3. 针对铁碳相图，同学之间互相提问，熟悉铁碳相图的各个相区组成。

4. 你能区分生活中遇到的钢件与铸铁件吗？想一想，大概有几种方法可以区分？

5. 观察你周围的工具、器皿和零件等，它们是选用什么材料制造的？有哪些性能要求？

6. 同学之间相互交流与探讨，分析为什么钢件在热处理过程中总是需要进行“加热→保温→冷却”这些过程呢？

【评——学习情况评价】

复述本单元的主要学习内容	
对本单元的学习情况进行准确评价	
本单元没有理解的内容有哪些	
如何解决没有理解的内容	

注：学习情况评价包括少部分理解、约一半理解、大部分理解和全部理解四个层次。请根据自身的学习情况进行准确和客观的评价。

【拓——知识与技能拓展】

同学们深入生活或企业，分析我们身边的工具（或零件）哪些需要进行热处理，是进行何种热处理工艺？大家分工协作，采用表格形式列出工具（或零件）及相关热处理工艺。

【实训任务书】

实训活动3：链传动结构认识实训

单元四 连 接

学习目标

1. 熟知键连接的结构、特点、应用等。
2. 熟知销连接的分类和应用等。
3. 熟知常用普通螺纹连接的结构、特点、应用、防松方法以及相关基础知识。
4. 熟知弹簧的种类、功能及应用。
5. 熟知常用联轴器和离合器的类型、特点及应用。
6. 围绕知识点（如联轴器的功能），树立职业素养，合理融入爱国主义教育内容，合理融入专业精神、职业精神、工匠精神、劳模精神、航天精神和创新精神教育内容，进行科学精神、学会学习、实践创新等核心素养的培养，引导学生养成严谨规范的职业素养、工程素养和安全素养。

许多机械是由各种零部件按一定方式连接而成的，而且零部件之间的连接类型很多，如键连接、销连接、螺纹连接等。机械连接可分为动连接和静连接两大类。动连接的零件之间有相对运动，如各种运动副连接和弹性连接等；静连接的零件之间没有相对运动，如键连接、花键连接、销连接等。另外，按连接零件安装后能否拆卸进行分类，连接又可分为可拆卸连接和不可拆卸连接。可拆卸连接在拆卸时不破坏各个连接件，连接件可重复使用；不可拆卸连接在拆卸时连接件被破坏，连接件不能重复使用，如焊接、铆接和胶接等就属于不可拆卸连接。

模块一 键连接与销连接

【教——建立“类型—特点—应用”之间的关系】

一、键连接

键连接在机器中应用广泛，如安装在轴上的齿轮、带轮、链轮等传动零件，其轮毂与轴的连接主要采用键连接。键连接通过键实现轴和轴上零件间的周向固定以传递运动和转矩。键的功能主要是连接两个被连接件，并传递运动和动力。另外，某些键也可起导向作用，使轴上零件沿轴向移动。键连接具有结构简单、工作可靠、装拆方便、标准化及传递转矩大等优点。

1. 键的类型

键连接根据键在连接时的松紧程度进行分类，可分为松键连接和紧键连接两大类。其中松键连接以键的两侧面为工作面，键宽与键槽需要紧密配合，而键的顶面与轴上零件之间有一定的间隙。松键连接时，依靠键的侧面传递转矩，键只对轴上零件做周向固定，不能承受轴向力。如果要进行轴向固定，则需要附加紧定螺钉或定位环等定位零件。松键连接所用的键有普通平键、半圆键、导向平键、花键及滑键等。

紧键连接时，键侧与键槽有一定间隙，键的上表面、下表面都是工作面，上表面与下表面有 1∶100 的斜度。装配时将键打入键槽就构成紧键连接。紧键连接利用过盈配合传递转矩，并能传递单向的轴向力，还可轴向固定零件。紧键连接包括楔键连接和切向键连接。

2. 平键连接

平键连接结构简单、装拆方便、对中性好。平键主要有普通平键、导向平键和滑键三种。

（1）普通平键　图 4-1 所示为普通平键连接的结构形式。普通平键连接属于静连接，主要用于轴上零件的周向固定，可以传递运动和转矩，键的两个侧面是工作面。普通平键按其端部形状进行分类，可分为圆头键（A 型）、平头键（B 型）和单圆头键（C 型）三种，如图 4-2 所示。普通平键通常采用中碳钢（如 45 钢）制造。

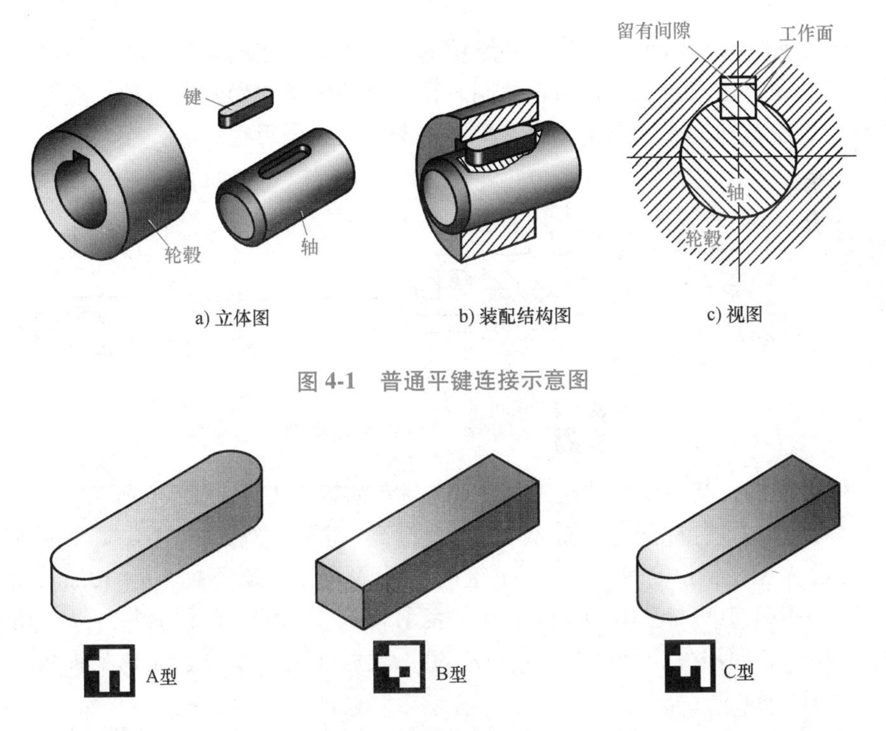

图 4-1　普通平键连接示意图

图 4-2　普通平键的端部形状

A 型普通平键的两端为圆形，适用于轴的中间位置，键在槽中的定位性较好，应用广泛；B 型普通平键的两端为方形，适用于轴的端部位置，如电动机轴端通常采用 B 型普通平键连接；C 型普通平键的一端为方形，另一端为圆形，相比之下应用较少。

（2）导向平键　图 4-3 所示为导向平键连接的结构形式。导向平键的长度比轴上轮毂的长度大，可用螺钉固定在轴上的键槽中，轮毂可沿着键在轴上自由滑动，但移动量不大。导向平键应用于轴上零件需要做轴向移动，且对中性要求不高的场合。

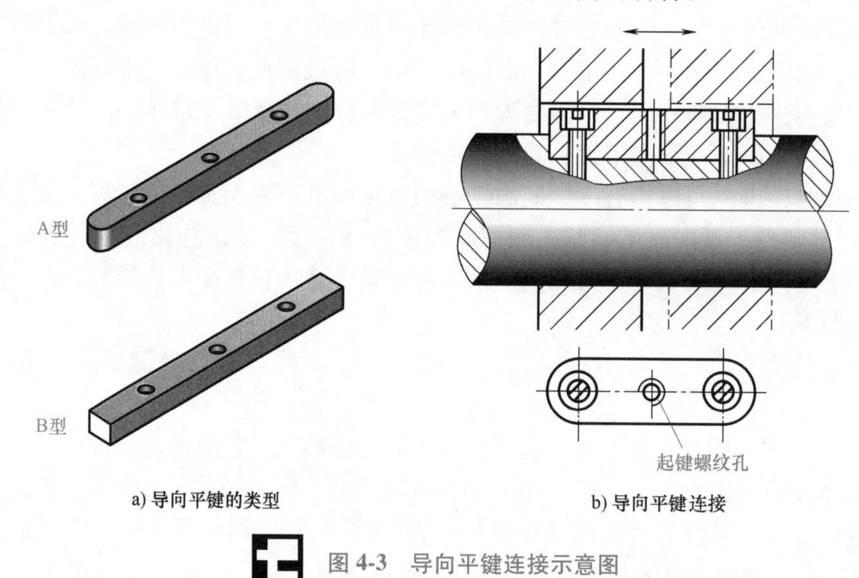

a) 导向平键的类型　　b) 导向平键连接

图 4-3　导向平键连接示意图

（3）滑键　图 4-4 所示为滑键连接的结构形式。当被连接的零件滑移的距离较大时，可采用滑键。滑键固定在轮毂上，并与轮毂同时在轴上的键槽中做轴向滑动。滑键长不受滑动距离的限制，只需在轴上加工出相应的键槽，而滑键可以做得很短。

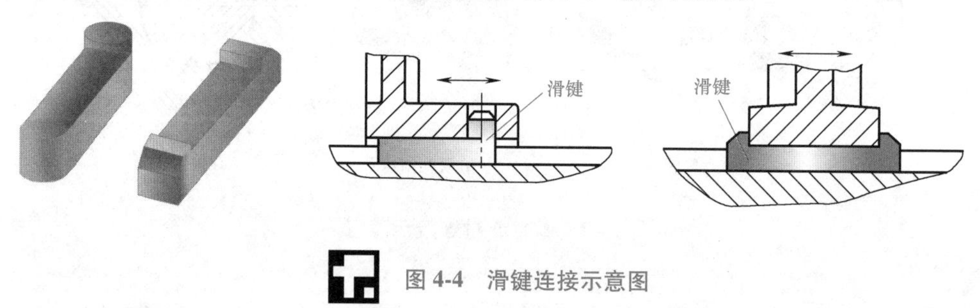

图 4-4　滑键连接示意图

平键是标准零件，其主要尺寸是键宽 b、键高 h 和键长 L，如图 4-5 所示。

平键的标记格式是：标准号　键型　键宽×键高×键长。例如，“GB/T 1096 键 18×11×180”表示普通 A 型平键（圆头），A 型平键的字母 A 可以省略不标，$b=18$mm，$h=11$mm，$L=180$mm；“GB/T 1096 键 B18×11×180”表示普通 B 型平键（方头），$b=18$mm，$h=11$mm，$L=180$mm；“GB/T 1096 键 C18×11×180”表示普通 C 型平键（单圆头），$b=18$mm，$h=11$mm，$L=180$mm。

3. 半圆键连接

图 4-6 所示为半圆键连接的结构形式。其键呈半圆形，轴上的键槽也是相应的半圆形，

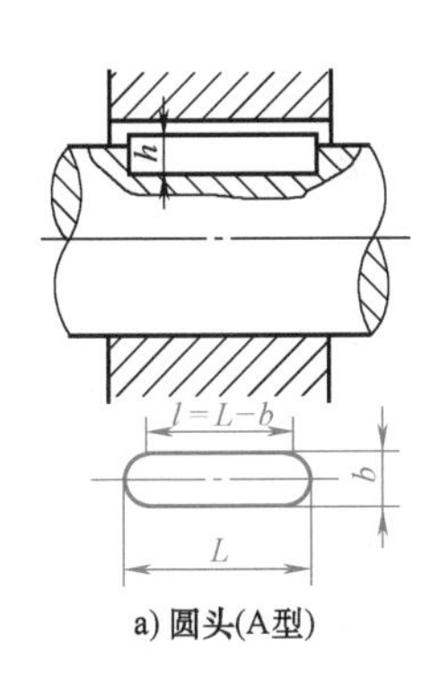

a) 圆头(A型)

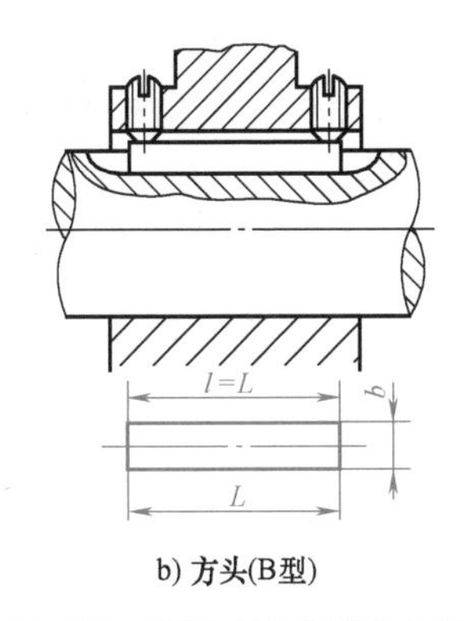

b) 方头(B型)

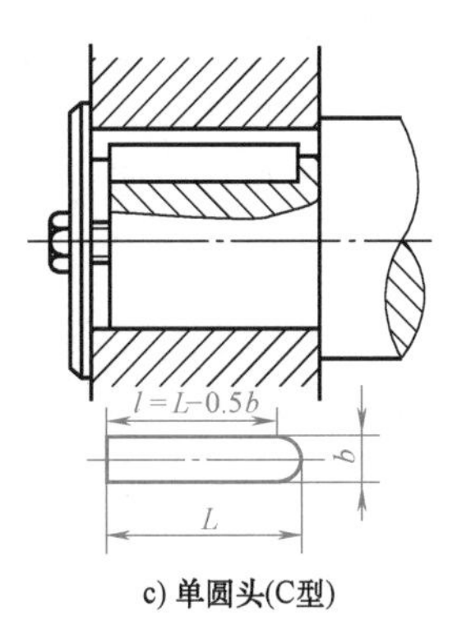

c) 单圆头(C型)

图 4-5　普通平键类型及相关尺寸

半圆键能够在键槽内自由摆动以适应轴线偏转引起的位置变化，这样可使半圆键自动适应轮毂的装配。半圆键安装比较方便，但轴上键槽的深度较大，对轴的强度有所削弱，因此半圆键连接主要应用于轻载荷轴的轴端与轮毂的连接，尤其适用于锥形轴与轮毂的连接。

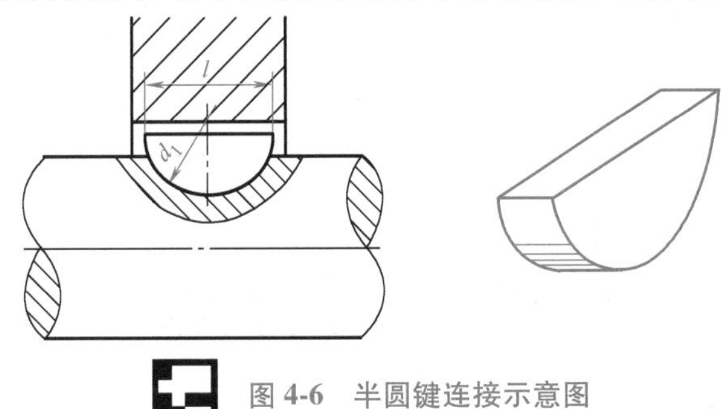

图 4-6　半圆键连接示意图

4. 花键连接

花键由沿圆周均匀分布的多个键齿构成，轴上加工出的键齿称为外花键，而孔壁上加工出的键齿则称为内花键，如图 4-7 所示。由内花键和外花键所构成的连接，称为花键连接，如图 4-8 所示。

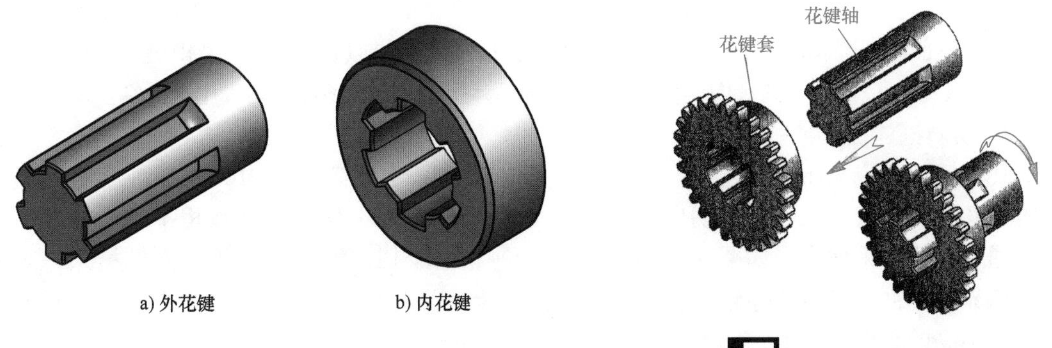

a) 外花键　　b) 内花键

图 4-7　花键

图 4-8　花键连接

花键的两个侧面是工作面，依靠键的两个侧面的挤压传递转矩。与平键连接相比，花键连接的优点：键齿多，工作面多，承载能力强；键齿分布均匀，各键齿受力也比较均匀；键齿深度较小，应力集中小，对轴和轮毂的强度削弱较小；轴上零件与轴的对中性好，导向性好。花键的缺点是加工工艺过程比较复杂，制造成本较高。因此，花键连接用于定心精度要求较高、载荷较大的场合，或者是轮毂经常做轴向滑移的场合。

目前，花键生产已经标准化，按花键齿形不同，花键可分为矩形花键和渐开线花键两种，如图 4-9 和图 4-10 所示。

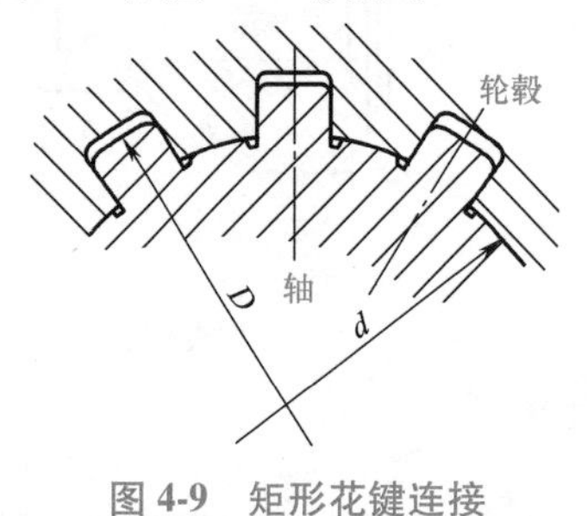

图 4-9　矩形花键连接

图 4-10　渐开线花键连接

5. 楔键连接

楔键连接属于紧键连接，可使轴上零件轴向固定，并能使零件承受不大的单向轴向力，如图 4-11 所示。楔键的上、下面为工作面，楔键的上表面制成 1∶100 的斜度。装配时，将楔键打入轴与轴上被连接件之间的键槽内，使之连接成一体，从而实现传递转矩。楔键的两侧面与键槽不接触，为非工作面，因此楔键连接的对中性较差，在冲击和变载荷的作用下容易发生松脱。楔键连接多用于承受单向轴向力、对精度要求不高的低速机械上。

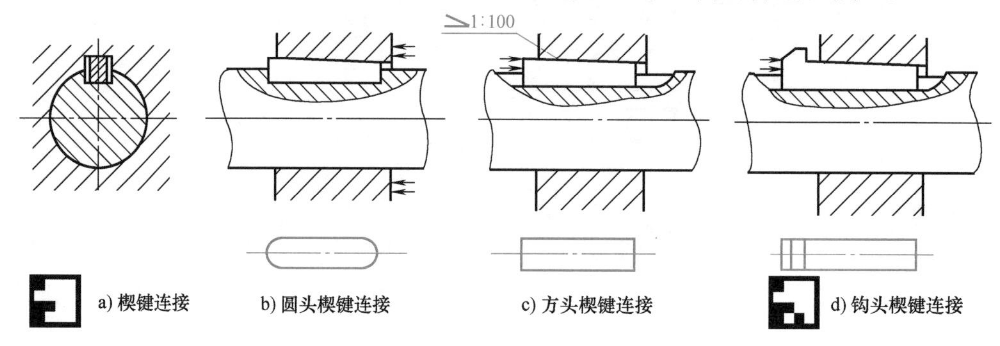

a) 楔键连接　b) 圆头楔键连接　c) 方头楔键连接　d) 钩头楔键连接

图 4-11　楔键连接示意图

楔键分普通楔键和钩头楔键，其中普通楔键包括 A 型楔键（圆头）、B 型楔键（单圆头）和 C 型楔键（方头）三种。钩头楔键用于不能从另一端将键打出的场合，钩头用于拆卸。

6. 切向键连接

切向键连接也属于紧键连接，它由两个单边普通楔键（斜度 1∶100）反装组成一组切向键，其断面合成为长方形。切向键的上下面（窄面）为工作面，且互相平行，其中一个面在通过轴线的平面内，如图 4-12 所示。装配时，两个切向键分别从轮毂两端楔入；工作时，依靠工作面的挤压传递转矩。切向键连接可传递较大的转矩，多用于载荷较大，对同轴度要求不高的重型机械上，如大型带轮、大型绞车轮等。

一对切向键可传递单向转矩，如图 4-12a 所示；如果需要传递双向转矩，应装两对互成 120°～130°的切向键，如图 4-12b 所示。

7. 平键连接的选用

选用平键连接时，通常可按下列步骤进行：

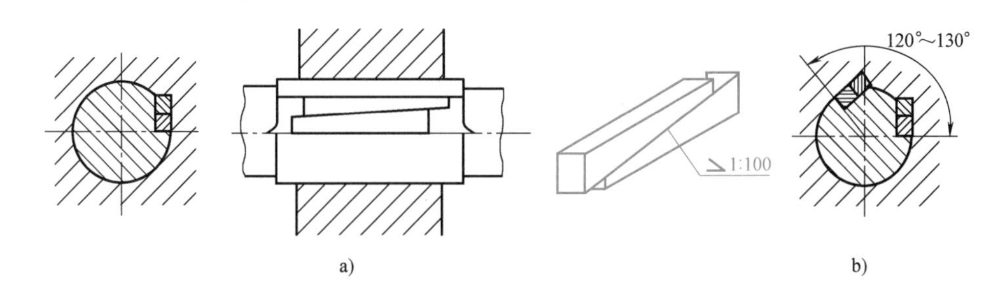

图 4-12　切向键连接示意图

1）根据键连接的工作要求和使用特点，选择键连接的类型。

2）根据轴的公称直径 d，从相应的国家标准中选择平键的截面尺寸 $b\times h$。

3）根据轮毂长度 L_1 选择键长 L。静连接时，取 $L=L_1-(5\sim10)$ mm。键长 L 应符合相应的国家标准长度系列。

4）校核平键连接的强度。校核公式为

$$R_{bc}=\frac{4T}{dhl}\leqslant[R_{bc}]$$

式中　T——传递的转矩，单位是 N·m；

d——轴的直径，单位是 mm；

h——键高，单位是 mm；

l——键的工作长度，单位是 mm；

$[R_{bc}]$——键连接的许用挤压应力，单位是 MPa。

5）合理选择键连接时轴与轮毂的公差。

二、销连接

销连接是用销将被连接件连接成一体的可拆卸连接。销连接主要用于固定零件之间的相对位置（定位销），也可用于轴与轮毂的连接或其他零件的连接（连接销），同时销还可传递不大的载荷。另外，在安全装置中，销还可充当过载剪断元件（安全销），如图 4-13 所示。

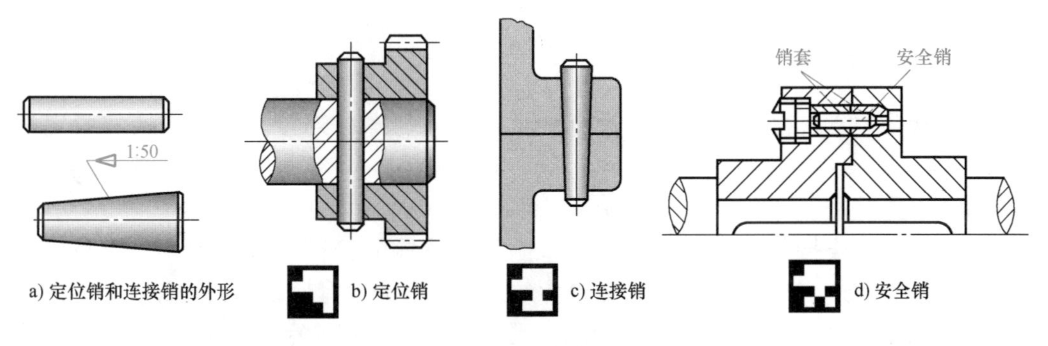

图 4-13　销连接

销按其外形进行分类，可分为圆柱销、圆锥销和异形销等，如图 4-14 所示。圆柱销依靠过盈与销孔配合，为了保证定位精度和连接的紧固性，圆柱销不宜经常装拆，圆柱销还可用作连接销和安全销，可传递不大的载荷；圆锥销具有 1∶50 的锥度，小端直径为标准值，具有良好的自锁性，定位精度比圆柱销高，主要用于定位，也可作为连接销；异形销种类很多，其中开口销工作可靠、拆卸方便，常与槽形螺母合用，锁定螺纹连接件。

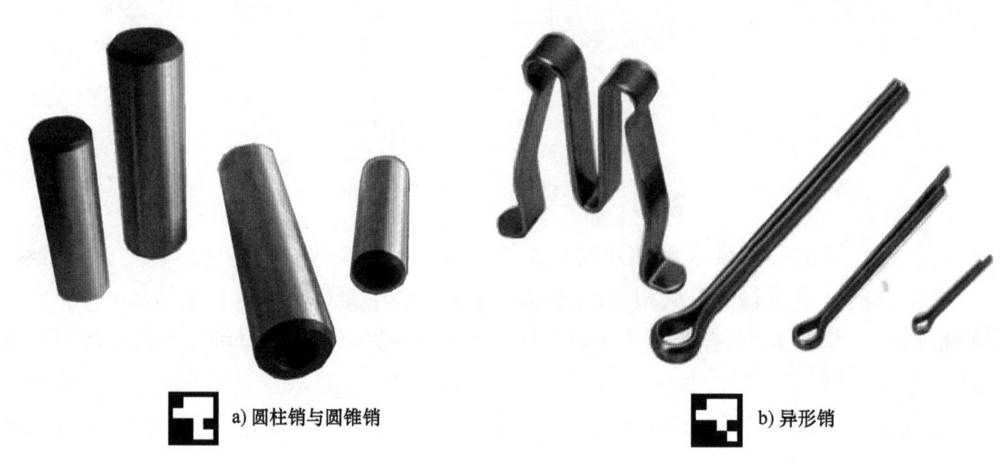

图 4-14　销

销是标准件，与圆柱销、圆锥销相配合的销孔均需铰制。使用销时，可根据工作情况和结构要求，按相应的国家标准选择销的形式和规格。销的制造材料可根据销的用途选用 35 钢、45 钢。

模块二　螺纹连接

【教——建立“类型—特点—应用”之间的关系】

螺纹连接是用螺纹连接件将两个或两个以上的零件连在一起的可拆卸连接，在日常生活和生产中经常用到。

一、螺纹连接的类型

螺纹连接分类方法很多，按用途进行分类，可分为螺栓连接、螺钉连接和紧定螺钉连接。

1. 螺栓连接

常用标准螺栓连接件有螺栓、螺母、垫圈等。螺栓的杆部为圆柱形，一端与六角形（或圆形）头部连成一体，另一端制成普通螺纹，中间段为没有螺纹的圆柱体。螺栓的头部形状多以外六角、内六角和圆头的形状为主。连接零件时，螺栓穿过被连接件的通孔，用垫圈、螺母将螺栓拧紧。普通螺栓连接的工件的内孔大于螺栓的杆径，通常工件内孔直径是螺栓杆径的 1.1 倍，这样螺栓容易穿过连接孔，如图 4-15a 所示；用螺栓连接铰制孔工件时，孔的直径与螺栓杆部的直径相等，如图 4-15b 所示。螺栓连接结构简单、拆装更换方便，适用于厚度不大且只能进行两面装配的场合。

当被连接件的厚度较大，不方便做成通孔时，可直接在被连接件上做出内螺纹，连接时去掉螺栓的头部，在螺栓的圆柱体上做出外螺纹，就成为双头螺柱。将双头螺柱的一端拧入被连接件的内螺纹中，螺栓另一端穿过被连接件的铰制孔并与孔形成过渡配合，再与螺母组合使用就形成了双头螺柱连接，如图 4-16 所示。双头螺柱连接适用于被连接件之一较厚，不宜制作通孔且需要经常拆卸，连接紧固（或紧密程度）要求较高的场合。

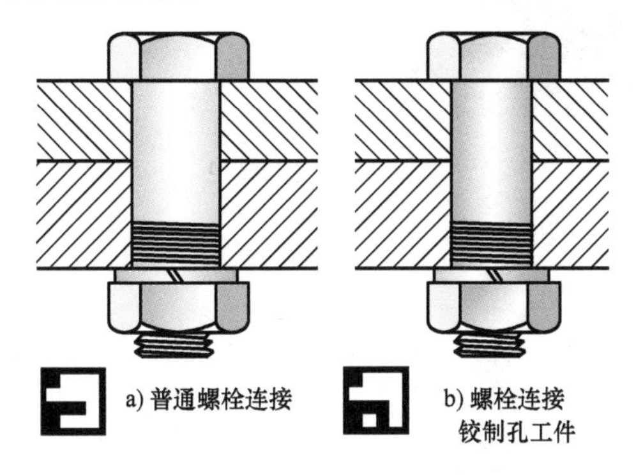

图 4-15　螺栓连接示意图

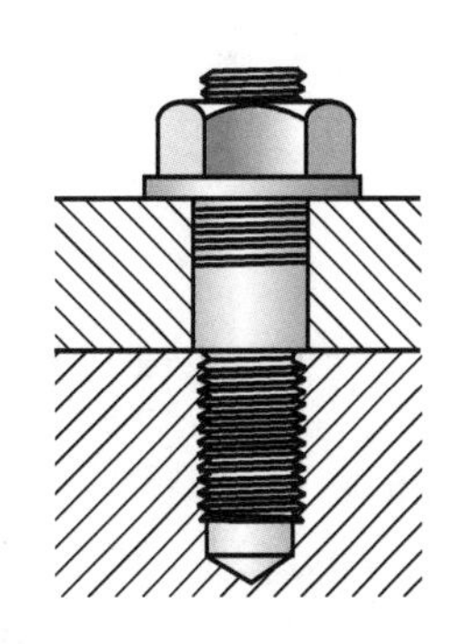

图 4-16　双头螺柱连接示意图

2. 螺钉连接

螺钉的杆部全部制成普通螺纹，连接时不必使用螺母，直接穿过被连接件，并与另一被连接件的内螺纹相连接就形成了螺钉连接，如图 4-17 所示。螺钉直径较小，但长度较长，其头部以内、外六角形居多。螺钉连接适用于被连接件之一较厚，不宜制作通孔，受力不大，不经常拆卸，且连接紧固（或紧密程度）要求不太高的场合。

3. 紧定螺钉连接

紧定螺钉旋入被连接件的螺纹孔中，并用尾部顶住另一被连接件的表面或相应的凹坑，就形成了紧定螺钉连接，如图 4-18 所示。紧定螺钉连接可固定被连接件之间的相对位置，或传递不大的力（或转矩）。紧定螺钉头部通常有一字槽，尾部有多种形状（如平端、圆柱端、锥端等），如图 4-19 所示。平端紧定螺钉适用于高硬度表面或经常拆卸处；圆柱端紧定螺钉可压入轴上的凹坑或孔中，适用于传递较大的载荷；锥端紧定螺钉用于低硬度表面或不经常拆卸处。

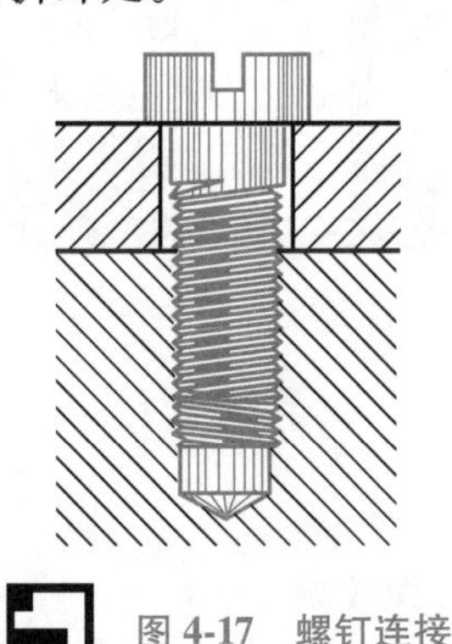

图 4-17　螺钉连接

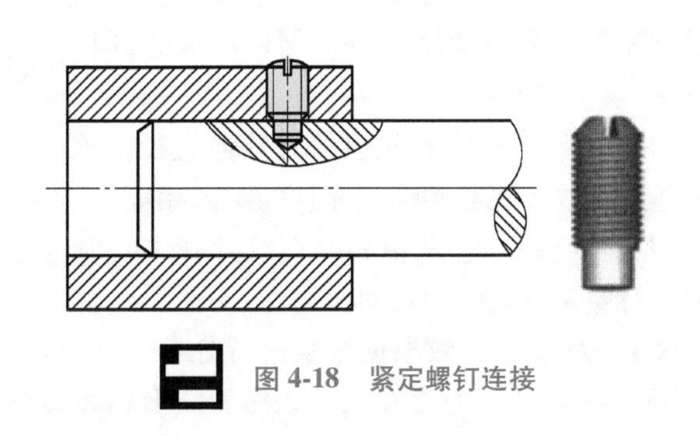

图 4-18　紧定螺钉连接

图 4-19　紧定螺钉

二、螺纹连接基础知识

1. 螺栓的各部分参数及名称

螺栓的各部分参数符号如图 4-20 所示。

（1）螺栓直径 d　它是指螺栓的公称直径，也是螺栓大径。

（2）螺栓杆径 d_s　它是指螺栓杆部没有螺纹处的直径。

（3）螺栓长度 l　它是指螺栓杆部的全长。

（4）螺纹长度 b　它是指螺栓上螺纹的长度。

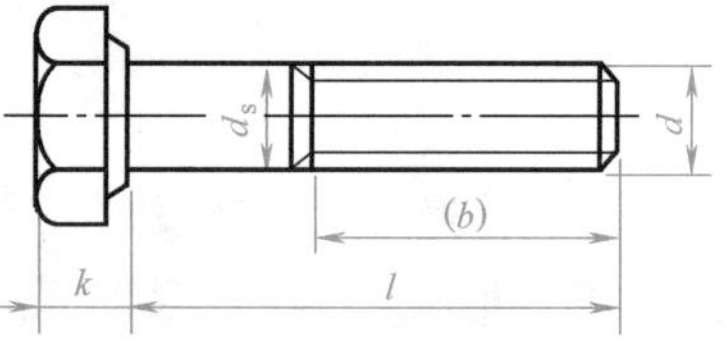

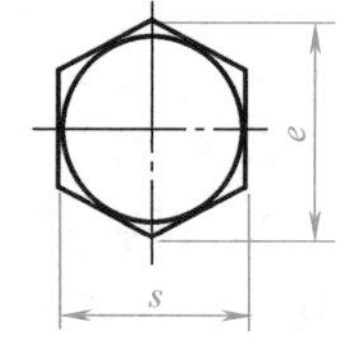

图 4-20　螺栓的各部分参数符号

（5）螺栓头高 k　它是指螺栓头部的高度。

（6）螺栓头部对角宽度 e　它是指螺栓头部外接圆的直径（角对角长度）。

（7）螺栓头部对边宽度 s　它是指螺栓头部内接圆的直径（边对边长度）。

2. 螺纹的主要参数

螺纹的主要参数如图 4-21 所示。

（1）大径 d　它是螺纹的最大直径，即与外螺纹牙顶（或内螺纹牙底）相切的假想圆柱的直径，被规定为公称直径。

（2）小径 d_1　它是螺纹的最小直径，即与外螺纹牙底（或内螺纹牙顶）相切的假想圆柱的直径。

（3）中径 d_2　它是假想的圆柱体直径，该圆柱体到螺纹牙底和到螺纹牙顶的距离相等。

（4）螺距 P　它是相邻两螺纹牙在中径圆柱面上对应两点之间的轴向距离。

图 4-21　螺纹的主要参数

（5）线数 n　螺纹根据线数进行分类，可分为单线螺纹和多线螺纹。

（6）导程 P_h　它是在同一条螺旋线上相邻两螺纹牙在中径圆柱面上对应两点间的轴向

距离。对于单线螺纹，$P_h=P$；对于多线螺纹，$P_h=nP$。

（7）螺纹升角 φ 它是在中径 d_2 的圆柱面上，螺纹线的切线与垂直于螺纹轴向平面的夹角，如图 4-22 所示。螺纹升角 φ 与导程 P_h、螺距 P 之间的关系为

$$\tan\varphi=\frac{P_h}{\pi d_2}=\frac{nP}{\pi d_2}$$

（8）牙型角 α 它是在螺纹轴向剖面内，螺纹牙型两侧边的夹角。

（9）牙侧角 β 它是在轴向剖面内，螺纹牙型的一侧边与垂直于螺纹轴线的平面的夹角。

（10）螺纹旋向 它是指螺纹线的绕行方向。根据旋向，可将螺纹分为右旋螺纹和左旋螺纹。右旋螺纹应用最广，但在一些特殊情况下需要使用左旋螺纹，如汽车左侧车轮用的螺纹、自行车左侧脚踏板用的螺纹、煤气罐与减压阀的接口螺纹等。螺纹旋向的判别方法：将螺杆竖直，如果螺旋线右高左低（向右上升），则为右旋螺纹；反之，则为左旋螺纹，如图 4-23 所示。

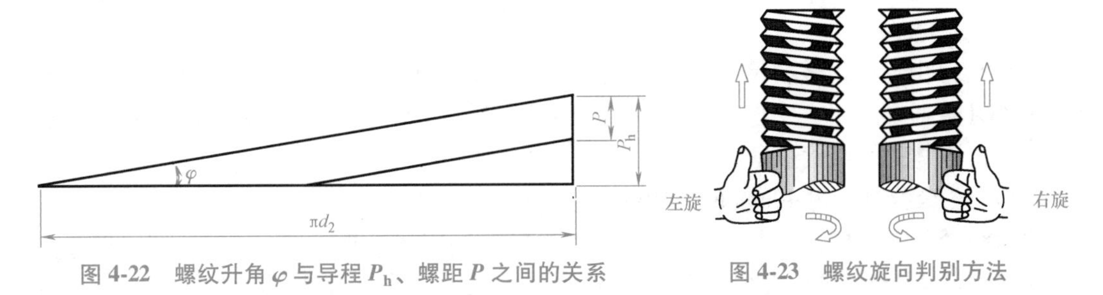

图 4-22 螺纹升角 φ 与导程 P_h、螺距 P 之间的关系　　图 4-23 螺纹旋向判别方法

3. 螺纹的牙型

螺纹根据牙型分类，可分为普通螺纹、管螺纹、矩形螺纹、梯形螺纹、锯齿形螺纹等，如图 4-24 所示。除了矩形螺纹之外，其他螺纹均已标准化。除了多数管螺纹采用英制（以每英寸牙数表示螺距）外，其他螺纹均采用米制。

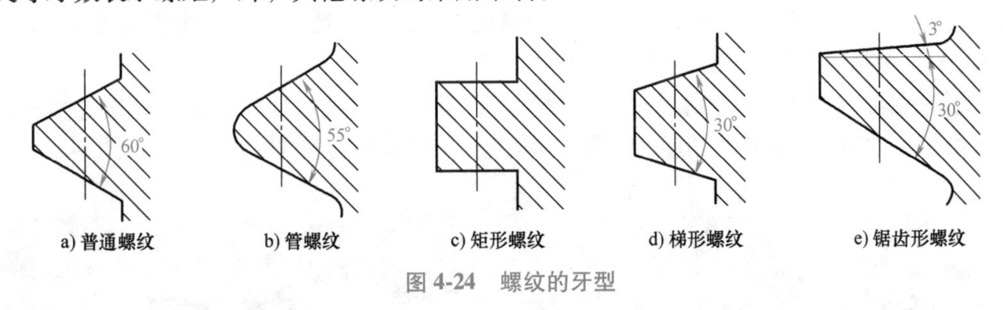

图 4-24 螺纹的牙型

（1）普通螺纹 普通螺纹的牙型为等边三角形，其牙型角 $\alpha=60°$。普通螺纹的牙根强度高、自锁性好、工艺性能好，主要用于连接。对于同一公称直径的普通螺纹，按螺距大小，可分为粗牙螺纹和细牙螺纹。粗牙螺纹通常用于一般连接；细牙螺纹自锁性好，通常用于受冲击、振动和变载荷的连接，以及细小零件、薄壁管件的连接。

（2）管螺纹 管螺纹的牙型为等腰三角形，其牙型角 $\alpha=55°$，公称直径近似为管子孔径，以英寸（in）为单位。由于管螺纹的牙型呈圆弧状，内、外螺纹旋合时，相互挤压变形

后无径向间隙，故管螺纹多用于有紧密要求以及压力不大的水、煤气、天然气、油路的管件（如旋塞、管道、阀门等）连接，以保证配合紧密。

米制圆锥管螺纹与管螺纹相似，但其螺纹是绕制在 1∶16 的圆锥面上的，牙型角 $\alpha=60°$。米制圆锥管螺纹的紧密性更好，适用于水、气、润滑管路系统的连接，以及高温、高压系统的管路连接。

（3）矩形螺纹　矩形螺纹的牙型为正方形，牙厚是螺距的一半，牙型角 $\alpha=0°$。矩形螺纹传动效率高，通常用于传动。但矩形螺纹牙根强度弱，对中精度低，螺纹磨损后形成的间隙难以修复和补偿，从而使传动精度降低，因此矩形螺纹逐步被梯形螺纹所代替。

（4）梯形螺纹　梯形螺纹的牙型为等腰梯形，其牙型角 $\alpha=30°$。梯形螺纹比三角形螺纹传动效率高，比矩形螺纹牙根强度高，其承载能力也较高，而且加工容易，对中性好，可补偿磨损间隙，是最常用的传动螺纹。

（5）锯齿形螺纹　锯齿形螺纹的牙型为不等腰三角形，其牙型角 $\alpha=33°$，工作面的牙侧角 $\beta=3°$，非工作面的牙侧角 $\beta=30°$。锯齿形螺纹综合了矩形螺纹传动效率高和梯形螺纹牙根强度高的优点，但只能用于单向受力的传动。

4. 螺纹的代号

螺纹代号由特征代号和尺寸代号组成。例如，粗牙普通螺纹用“字母 M 与公称直径”表示；细牙普通螺纹用“字母 M 与公称直径×螺距”表示。当螺纹为左旋时，在代号之后加“LH”。具体的螺纹代号举例如下：

M40——公称直径为 40mm 的粗牙普通螺纹。

M40×1.5——公称直径为 40mm、螺距为 1.5mm 的细牙普通螺纹。

M40×1.5-LH——公称直径为 40mm、螺距为 1.5mm 的左旋细牙普通螺纹。

三、常用的螺纹连接件

螺栓连接时，需要螺栓、双头螺柱、螺钉、紧定螺钉、螺母和垫圈等连接件配合使用，它们的结构形式和尺寸都已标准化。其中螺母起承受载荷的作用；垫圈起增大受力面积、保护螺母的作用。螺纹连接件分 A、B、C 三个精度等级。A 级精度最高，用于重要连接；B 级精度次之；C 级精度多用于一般的连接。

常用的螺母有六角形、圆形、方形、槽形等，其中以六角螺母和圆形螺母最为常见，如图 4-25 所示。常用垫圈有普通圆形平垫圈、弹簧垫圈、锁紧垫圈和弹性垫圈等，如图 4-26 所示。

图 4-25　各种螺母

图 4-26　各种垫圈

螺纹连接件的制造材料主要有 Q215A、Q235A、10 钢、25 钢、35 钢和 45 钢等。重要和特殊用途的螺纹连接件，可采用 15Cr 钢、15MnVBCr 钢、30CrMnSi 钢、40Cr 钢等力学性能较好的合金钢制造。此外，螺纹连接件还可采用不锈钢、铜合金等制造。

四、螺纹连接的预紧和防松

1. 螺纹连接的预紧

绝大多数的螺纹连接在装配时需要将螺母拧紧，使螺栓和被连接件受到预紧力的作用，这种螺纹连接也称为紧螺纹连接。但也有少数情况，在装配时螺纹连接不需要拧紧，这种螺纹连接称为松螺纹连接。螺栓连接中，预紧的目的是增强螺纹连接的刚性，提高紧密性和防松能力，确保连接安全可靠。一般螺母的拧紧主要靠操作工的实践经验控制；重要的紧螺纹连接，在装配时其拧紧程度要通过计算并用扭力扳手（或测力矩扳手）来控制。图 4-27 所示为扭力扳手。

图 4-27　扭力扳手

在机械装配过程中，有时使用多个螺栓进行装配，此时为了使被连接件均匀受压、贴合紧密、连接牢固，需要根据螺栓的实际分布情况，按合理的顺序（图 4-28）分步拧紧螺母，而拆卸时松动螺母的顺序则正好与装配时拧紧螺母的顺序相反。

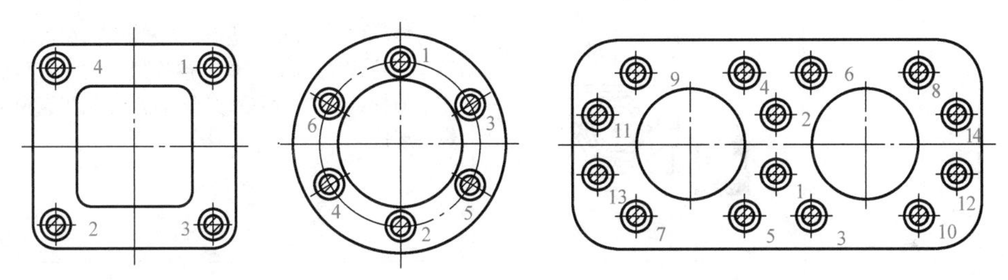

图 4-28　多个螺栓装配时拧紧螺母的顺序

2. 螺纹连接的防松措施

螺纹连接件在静载荷和常温工作条件下绝大多数能自锁，不会自行脱落。但在振动、变载荷、温差变化大的工作环境下，螺纹连接就有可能发生自松而影响正常运行，甚至发生事故。因此，为了确保螺纹连接锁紧，必须采取合理的防松措施。螺纹连接中常用的防松方法有摩擦力防松、机械防松以及其他方法防松，见表 4-1。

表 4-1　螺纹连接中常用的防松方法

类别	防松方法	简图	说明
摩擦力防松	弹簧垫圈防松		利用垫圈压平后产生的弹力使螺纹间保持压紧力和摩擦力。该方法的特点是结构简单、工作可靠、防松方便、应用较广

（续）

类别	防松方法	简图	说明
摩擦力防松	对顶螺母防松	副螺母 主螺母	利用主、副螺母的对顶作用使螺栓始终受到附加的拉力和附加的摩擦力。该方法的特点是结构简单，防松效果较好，用于低速重载场合，但应用不如弹簧垫圈普遍
机械防松	槽形螺母和开口销防松		将槽形螺母拧紧后，利用开口销穿过螺栓尾部小孔和螺母的槽，并将开口销尾部掰开与螺母侧面紧贴，依靠开口销阻止螺栓与螺母相对转动以防松动。该方法的特点是安全可靠，适用于受较大冲击、振动的高速机械中，应用较广
	止动垫圈防松		将螺母拧紧后，止动垫圈一侧被折弯，垫圈折弯处紧贴固定处，则可固定螺母与被连接件的相对位置。该方法的特点是结构简单，安全可靠，适用于高温部位的螺纹连接
	圆螺母和止动垫圈防松		将垫圈内翅插入键槽内，而外翅翻入圆螺母的沟槽中，使螺母和螺杆没有相对运动。该方法的特点是防松效果好，多用于滚动轴承的轴向固定
	串金属丝防松	不正确　正确 串联钢丝	螺钉紧固后，在螺钉头部小孔中串入钢丝，但应注意串孔方向为旋紧方向。该方法的特点是简单安全，但装拆不方便，常用于无螺母的螺钉组连接

（续）

类别	防松方法	简图	说明
其他方法防松	冲点防松	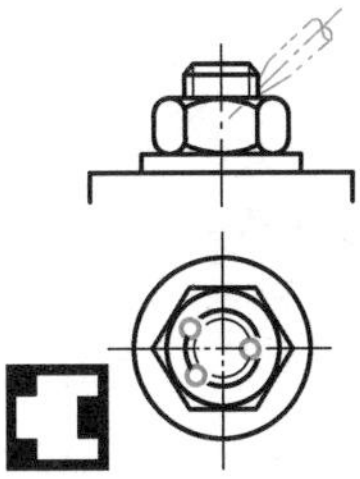	当螺母紧固后，用冲头在旋合处或端面冲点，将螺纹破坏。该方法的特点是防松效果好，常用于装配后不再拆卸的螺纹连接
	黏结法防松	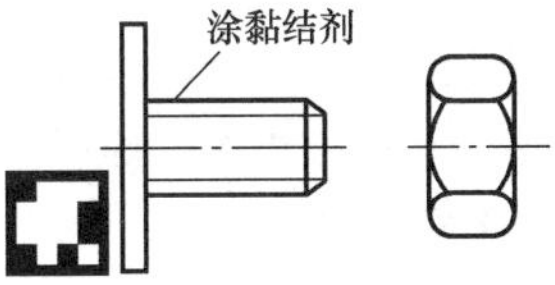 涂黏结剂	将黏结剂涂于螺纹旋合表面，螺母拧紧后黏结剂自行固化。该方法的特点是防松效果好，但不便于拆卸

模块三　弹簧

【学——善于利用分类进行学习】

一、弹簧的类型

弹簧是一种利用弹性来工作的弹性零件，广泛用于机械和电子行业中。弹簧在受载荷时能产生较大的弹性变形，将机械能（或动能）转化为变形能，而卸载后弹簧的变形消失并回复原状，同时将变形能转化为机械能（或动能）。弹簧的种类繁多，按形状进行分类，可分为螺旋弹簧、涡卷弹簧、钢板弹簧、异形弹簧等；按受力性质进行分类，可分为拉伸弹簧、压缩弹簧、扭转弹簧和弯曲弹簧，见表 4-2。普通圆柱螺旋弹簧由于制造简单，且可根据受载荷情况制成各种形式，结构简单，故应用最广。

表 4-2　弹簧的基本类型

形状	拉伸弹簧	压缩弹簧		扭转弹簧	弯曲弹簧
螺旋形	圆柱螺旋拉伸弹簧 	圆柱螺旋压缩弹簧 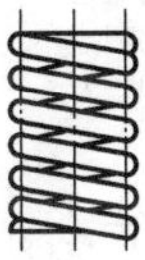	圆锥螺旋压缩弹簧 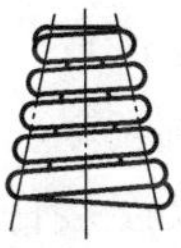	圆柱螺旋扭转弹簧 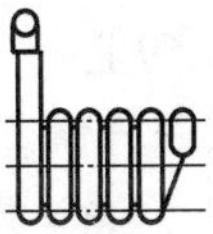	—

（续）

形状	拉伸弹簧	压缩弹簧		扭转弹簧	弯曲弹簧
其他形状	—	环形弹簧	碟形弹簧	盘弹簧（平面涡卷盘簧）	钢板弹簧

由于弹簧通常在交变载荷下工作，因此弹簧制造材料应具有高的规定总延伸强度和疲劳强度、足够的韧性与塑性以及良好的热处理性能等。常用的弹簧制造材料主要有碳素弹簧钢、合金弹簧钢、不锈弹簧钢以及铜合金、镍合金和橡胶等。

二、弹簧的功能及其应用

在机械装备中，弹簧的功能主要有缓冲吸振、控制运动、储能输能、测量载荷四个方面，其应用涉及多领域。

（1）缓冲吸振功能　为了改善某些机械或部件（如汽车、火车车厢、联轴器等）中被连接件的工作平稳性，常采用缓冲吸振弹簧，如汽车上悬架系统中的弹簧（图4-29）、蛇形弹簧联轴器上的吸振弹簧等。

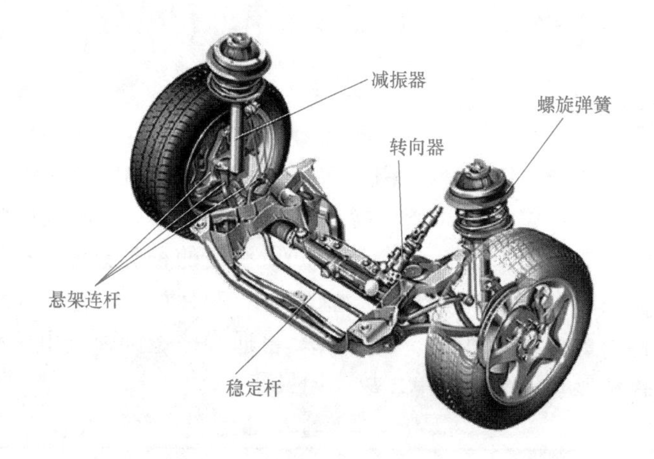

图4-29　汽车上的悬架系统

（2）控制运动功能　为了适应被连接件的工作位置变化，可选用控制运动弹簧，如离心式离合器中的控制弹簧，内燃机中控制气门的弹簧等。

（3）储能输能功能　为了给被连接件提供运动所需的动力，可选用储能输能弹簧，如机械式钟表中的发条弹簧、枪械中的弹簧等。

（4）测量载荷功能　为了测量被连接件所受力的大小，可选用测量载荷弹簧作为测力元件，如测力器、弹簧秤中的弹簧等。

模块四 联轴器与离合器

【教——建立“类型—特点—应用”之间的关系】

一、联轴器

联轴器是用来连接不同机构中的两根轴（主动轴和从动轴），使之共同旋转以传递转矩的机械部件。联轴器是机械传动中的常用部件，一般动力机大都借助联轴器与工作机相连接。在高速重载动力设备中，有些联轴器还有缓冲、减振、安全保护和提高轴系动态性能的作用。联轴器由两半部分组成，分别与主动轴和从动轴连接。采用联轴器连接的两传动轴在机器工作时不能分离，只有当机器停止运转时，才能用拆卸方法将它们分开。另外，由于制造及安装误差、承载后的变形以及温度变化等影响，会导致被联轴器连接的两轴产生相对位移或偏差。因此，设计联轴器时需要从结构上采取各种措施，使联轴器具有补偿各种偏移量的能力，否则就会在轴、联轴器、轴承之间产生附加载荷，导致工作状态恶化。

1. 联轴器的类型和特点

联轴器的类型很多，其中绝大多数已经标准化。根据联轴器对各种相对位移有无补偿能力进行分类，联轴器可分为刚性联轴器（无补偿能力）和挠性联轴器（有补偿能力）两大类。

刚性联轴器不能补偿两轴间的相对位移，无减振和缓冲能力，要求被连接两轴对中性好。挠性联轴器按是否具有弹性元件分类，又可分为无弹性元件挠性联轴器和有弹性元件挠性联轴器。无弹性元件挠性联轴器具有补偿两轴线相对位移的能力，但不能缓冲减振；有弹性元件挠性联轴器因有弹性元件，除了具有补偿两轴线相对位移的能力外，还具有缓冲和减振作用，但传递的转矩因受到弹性元件强度的限制，通常比无弹性元件挠性联轴器小。

2. 刚性联轴器

刚性联轴器结构简单、制造容易、承载能力大、制造成本低，但没有补偿轴线偏移的能力，适用于载荷平稳、转速稳定、两轴对中性良好的场合。常用刚性联轴器主要有凸缘联轴器和套筒联轴器两种。

（1）凸缘联轴器　如图 4-30 所示，它由两个带凸缘的半联轴器组成，采用键连接方式分别与两轴连在一起，然后再用螺栓将两个独立的半联轴器连成一体。凸缘联轴器结构简单，制造成本低，工作可靠，装拆方便，刚性好，可传递较大转矩，常用于对中性精度较高、载荷平稳的两轴连接（如电动机输出轴与减速器的连接）。但连接时，要求安装准确。

（2）套筒联轴器　如图 4-31 所示，它是利用键（或销）和套筒将两轴连接起来，以传递转矩的。采用销连接的套筒式联轴器可用作安全联轴器，过载时销被剪断，避免薄弱环节零件受到损坏。套筒联轴器结构简单，径向尺寸小，承受转矩较小，常用于严格对中、工作平稳、无冲击的两轴连接。

图 4-30　凸缘联轴器

图 4-31　套筒联轴器

3. 无弹性元件挠性联轴器

无弹性元件挠性联轴器依靠自身动连接的可移动功能来补偿轴线偏移，适用于载荷和转速有变化以及两轴线有偏移的场合。常用无弹性元件挠性联轴器主要有齿式联轴器、十字滑块联轴器、万向联轴器和链条联轴器等。

（1）齿式联轴器　如图 4-32 所示，它由齿数相同的两个带内齿的外套筒和两个带外齿的内轴套组成，并依靠内、外齿啮合传递转矩。齿式联轴器结构较复杂，传递转矩大，但总的质量较大，制造成本较高，齿轮啮合处需要润滑。齿式联轴器多用于高速、重载、起动频繁和经常正反转的重型机器和起重设备中。

（2）十字滑块联轴器　如图 4-33 所示，它由两个端面上开有凹槽的半联轴器和两面带有凸牙的中间滑块组成。中间滑块可在凹槽中滑动，以补偿安装及运转时两轴间的偏移。十字滑块联轴器结构简单，制造方便，主要用于低速、轴的刚度较大且无剧烈冲击的两轴连接。

图 4-32　齿式联轴器

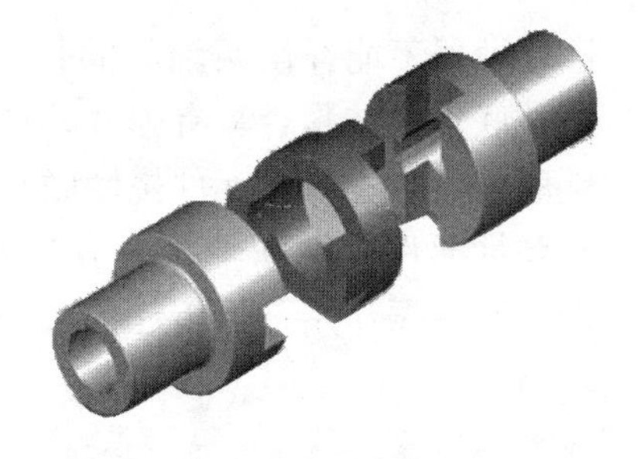

图 4-33　十字滑块联轴器

（3）万向联轴器　如图 4-34 所示，它由两个叉形接头、一个中间连接件和轴销组成。万向联轴器属于可动的连接，且允许两轴间有较大的夹角（可达 35°~45°）。万向联轴器结构紧凑、维护方便，常成对使用，广泛用于汽车、拖拉机、多头钻床中。

（4）链条联轴器　如图 4-35 所示，它由带有相同齿数的链轮半联轴器，用一条滚子链连接组成。链条联轴器结构简单，拆装方便，传动效率高，但不能承受轴向力，适合于恶劣工作环境下的两轴连接。

4. 弹性元件挠性联轴器

弹性元件挠性联轴器是依靠本身动连接的可移动功能补偿轴线偏移的，适用于载荷和转速有变化以及两轴线有偏移的场合。常用弹性元件挠性联轴器主要有弹性套柱销联轴器、弹性柱销联轴器、梅花销联轴器、轮胎式联轴器和蛇形弹簧联轴器等。

图 4-34　万向联轴器

图 4-35　链条联轴器

（1）弹性套柱销联轴器　如图 4-36 所示，弹性套柱销联轴器的构造与凸缘联轴器相似，不同之处是用带有弹性套的柱销代替了连接螺栓。通过蛹状耐油橡胶（或尼龙），可提高其弹性。弹性套柱销联轴器结构比较简单，制造容易，不用润滑，弹性套更换方便，是弹性联轴器中应用最广泛的一种联轴器，多用于经常正、反转，起动频繁，转速较高的两轴连接，如电动机与机器轴之间的连接。

（2）弹性柱销联轴器　如图 4-37 所示，它采用尼龙柱销将两个独立的半联轴器连接起来，为防止柱销滑出，两侧装有挡板。弹性柱销联轴器结构简单，制造、安装容易，维修方便，传递的转矩较大，具有吸振和补偿轴向位移的能力，多用于轴向窜动量较大，经常正、反转，起动频繁，转速较高的两轴连接。

图 4-36　弹性套柱销联轴器

图 4-37　弹性柱销联轴器

（3）梅花销联轴器　如图 4-38 所示，它主要是由两个独立的半联轴器和弹性元件（如橡胶）密切啮合并承受径向挤压来传递转矩的。当两轴线发生偏移时，通过弹性元件的弹性变形起到自动补偿作用。梅花销联轴器结构简单，安装、制造容易，补偿能力强，主要用于经常正、反转，有一定冲击载荷，起动频繁，中高转速的两轴连接。

（4）轮胎式联轴器　如图 4-39 所示，它主要由两个独立的半联轴器、橡胶轮胎和止退垫板组成，止退垫板通过螺钉将橡胶轮胎固定在半联轴器上，橡胶轮胎将运动传递给另一半联轴器，从而实现两轴一起运动。由于橡胶轮胎具有较好的减振作用，两传动轴允许有一定的径向和轴向误差。轮胎式联轴器具有良好的消振和补偿能力，主要用于经常正、反转，起动频繁，有潮湿、振动、冲击和轴向有窜动的中小载荷的两轴连接。

图 4-38　梅花销联轴器

图 4-39　轮胎式联轴器

（5）蛇形弹簧联轴器　如图 4-40 所示，它主要由两个独立的带外齿圈的半联轴器和置于齿间的一组蛇形弹簧组成，每个齿圈上有 50~100 个齿，齿间的弹簧为 1~3 层。为了便于安装，将弹簧分成 6~8 段，蛇形弹簧用外壳罩住。蛇形弹簧联轴器补偿能力强，主要用于大功率的机械传动。

5. 联轴器的装拆

安装联轴器时，需要先将半联轴器分别与轴固定，然后将两个独立的半联轴器连接在一起。连接时应保持两轴同心，尽量减小径向偏差，最后进行固定。联轴器安装好后，应运转自如，没有松紧不匀现象。拆卸联轴器时，应注意防止损伤接合面。拆卸顺序与安装顺序相反。

图 4-40　蛇形弹簧联轴器

二、离合器

离合器是传动系统中直接与发动机相连接的部件，担负动力系统和传动系统的切断和接合功能。虽然离合器也用来连接两轴，并使两轴一起转动并传递转矩，但离合器与联轴器也有不同之处，即离合器可根据工作需要，在机器运转过程中随时将两轴接合或分离。离合器主要用于机器运转过程中随时将主动件、从动件接合或分离，使机器能空载起动，起动后又能随时接通（或中断）的场合，并完成传动系统的换向、变速、调整、停止、过载保护等工作。例如，汽车中的离合器可以保证汽车平稳起步，保证换档时平顺，也可防止传动系统过载。

离合器的类型很多，根据工作原理进行分类，可将离合器分为牙嵌离合器、摩擦离合器、安全离合器和超越离合器等。不管是哪种离合器，都应接合迅速、分离彻底、动作准确、调整方便。

1. 牙嵌离合器

牙嵌离合器是利用特殊形状的牙、齿、键等相互嵌合来传递转矩的。如图 4-41 所示，牙嵌离合器由两个端面带牙的半离合器组成。主动半离合器用平键与主动轴连接，从动半离合器用导向键（或花键）与从动轴连接，并借助操作机构做轴向移动，使两个独立的半离合器端面爪牙相互嵌合或分离。为了保证两个独立的半离合器对中，主动半离合器上安装有对中环。

图 4-41　牙嵌离合器

牙嵌离合器的牙型有三角形、矩形、梯形等。三角形牙容易接合，但强度低，用于中、小转矩；矩形牙嵌入与脱开困难，牙磨损后无法补偿，常用于静态接合；梯形牙强度高，传递转矩大，易接合分离，牙磨损后能自动补偿，冲击小，应用广泛。牙嵌离合器的牙数 $z=3\sim60$。牙数多离合容易，但受载不匀，故转矩大时牙数宜少；要求接合时间短时，牙数宜多。

牙嵌离合器结构简单、外廓尺寸小，主动轴、从动轴能同步回转，传递转矩大。但牙嵌离合器在接合时冲击大，适宜在停机或转速差很小时进行接合，否则牙会因撞击而折断。

2. 摩擦离合器

摩擦离合器依靠离合器中内、外摩擦盘间的摩擦力传递转矩。在主动轴、从动轴上分别安装摩擦盘，操作环可以使摩擦盘随从动轴移动。接合时两摩擦盘压紧，主动轴上的转矩由两摩擦盘接触面间产生的摩擦力矩传递到从动轴上。摩擦离合器接合平稳，冲击与振动较小，有过载保护作用，但在离合过程中主动轴、从动轴不能同步回转，外形尺寸较大，适用于在高速下接合，且主动轴、从动轴对同步要求较低的场合。

摩擦离合器分为单盘离合器和多片离合器两种，如图 4-42 所示。单盘离合器结构简单，散热好，但尺寸较大，传递转矩较小，常用于自动控制的数控机床中；多片离合器由内、外摩擦盘交错排列组合，结构较复杂，外径尺寸较小，传递转矩大，常用于要求径向空间紧凑且较大的机械上。

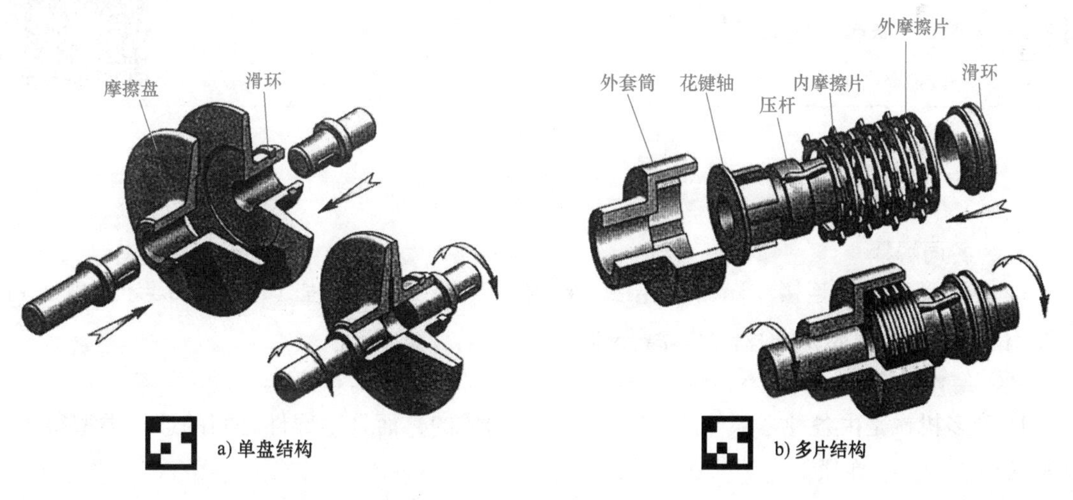

a) 单盘结构　　b) 多片结构

图 4-42　摩擦离合器

3. 安全离合器

安全离合器的工作原理：在离合器中设置有弹簧机构（如钢珠），当扭力超过弹簧力时就打滑，调整弹簧力的大小可以限制扭力的大小。安全离合器在过载时可自动脱开，保护重要零件，当载荷恢复正常时，可自动接合并传递转矩。安全离合器通常有三种形式：嵌合式安全离合器、摩擦式安全离合器和破断式安全离合器。当传递的转矩超过设计值时，上述三种安全离合器分别会分开连接件、使连接件打滑和使连接断开，从而可防止机器中的重要零件损坏。

4. 超越离合器 

超越离合器又称单向超越离合器或自由轮离合器。与其他离合器的区别是，超越离合器无须控制机构，依靠单向锁止原理来发挥固定或连接作用。其力矩的传递是单方向的，连接和固定完全由与之相连接元件的受力方向所决定。当与之相连接元件的受力方向与锁止方向相同时，该元件即被固定或连接，而当受力方向与锁止方向相反时，该元件即被释放或脱离连接。即在主动轴与从动轴之间，只能使从动轴做一个方向的回转运动，具有反方向空转功能。

拓展知识

弹簧发展史

弹簧是一种利用弹性来工作的机械零件，其应用的历史可以追溯到青铜时代。古代的弓和弩实际上就是弹簧。从严格意义上来说，弹簧的发明家应该是英国科学家罗伯特·虎克（Robert Hooke），虽然那时螺旋压缩弹簧已经出现并广泛使用，但虎克提出了“胡克定律”——弹簧的伸长量与其所受的力的大小成正比，正是根据这一原理，使用螺旋压缩弹簧的弹簧秤问世。不久，根据这一原理制作的专供钟表使用的弹簧也被虎克本人发明出来。而符合“胡克定律”的弹簧才是真正意义上的弹簧。碟形弹簧是用金属板料或锻压坯料制成的锥形截面的垫圈式弹簧。

【拓展知识——联轴器的应用】 

【练——温故知新】

一、名词解释

1. 键连接　2. 销连接　3. 螺纹连接　4. 螺距（P）　5. 导程（P_h）　6. 牙型角（α）　7. 牙侧角（β）　8. 联轴器　9. 离合器

二、填空题

1. 许多机械是由各种零部件按一定方式连接而成的，而且零部件之间的连接类型很多，如键连接、______连接、______连接等。

2. 总体来说，机械连接可分为______连接和______连接两大类。

3. 动连接的零件之间有相对______，如各种运动副连接和弹性连接等；静连接的零件之间没有相对______，如键连接、花键连接、销连接等。

4. 按连接零件安装后能否拆卸进行分类，连接又可分为______拆卸连接和______拆卸连接。

5. 键的功能是______两个被连接件，并传递______和动力。

6. 键连接根据键在连接时的松紧状态进行分类，可分为______键连接和______键连接两大类。

7. 松键连接包括______键连接、半圆键连接和______键连接；紧键连接包括______键连接和切向键连接。

8. 平键主要有______平键、______平键和滑键三种。

9. 普通平键按其端部形状进行分类，可分为______头键（A 型）、______头键（B 型）和单圆头键（C 型）三种。

10. 平键是标准零件，其主要尺寸是键______（b）、键______（h）键长（L）。

11. 由______花键和______花键所构成的连接，称为花键连接。

12. 花键生产已经标准化，按花键齿形不同，花键可分为_______花键和_______花键两种。

13. 销按其外形进行分类，可分为______销、______销和异形销等。

14. 螺纹连接按用途进行分类，可分为______连接、______连接和紧定螺钉连接。

15. 螺纹根据线数进行分类，可分为______线螺纹和______线螺纹。

16. 根据螺纹的旋向，可将螺纹分为______旋螺纹和______旋螺纹。

17. 螺纹旋向的判别方法是：将螺杆直竖，如果螺旋线右高左低（向右上升），则为______旋螺纹；反之，则为______旋螺纹。

18. 根据牙型分类，螺纹可分为普通螺纹、______螺纹、______螺纹、梯形螺纹、锯齿形螺纹等。

19. 普通螺纹的牙型为等边三角形，其牙型角 α=______；管螺纹的牙型为等腰三角形，其牙型角 α=______；梯形螺纹的牙型为等腰梯形，其牙型角 α=______。

20. 螺纹代号由______代号和______代号组成。

21. 常用的螺母有六角形、______形、______形、槽形等，其中以六角螺母和圆形螺母最为常见。

22. 螺纹连接中常用的防松措施有______防松、______防松以及其他方法防松等。

23. 按弹簧的受力性质进行分类，弹簧可分为______弹簧、______弹簧、扭转弹簧和弯曲弹簧。

24. 在机械制造中，弹簧的功能主要有缓冲______、控制______、储能输能、测量载荷四个方面。

25. 根据联轴器对各种相对位移有无补偿能力进行分类，联轴器可分为______联轴器（无补偿能力）和______联轴器（有补偿能力）两大类。

26. 常用刚性联轴器主要有______联轴器和______联轴器。

27. 离合器的类型很多，根据其工作原理进行分类，可将离合器分为______离合器、摩擦离合器、______离合器和超越离合器等。

三、单项选择题

1. 常用的松键连接有______________。

A. 平键和半圆键　B. 普通平键和普通楔键　C. 滑键和切向键　D. 导向平键和钩头楔键

2. 普通平键连接是依靠______________传递转矩的。

A. 上表面　　　B. 下表面　　　C. 两侧面

3. 普通平键有三种形式，其中______平键多用于轴的端部。

A. 双圆头（A 型）　B. 平头键（B 型）　C. 单圆头键（C 型）

4. 锥形轴与轮毂的连接宜采用______连接。

A. 半圆键　B. 楔键　C. 花键　D. 平键

5. 普通螺纹的公称直径是______。

A. 螺纹大径　B. 螺纹中径　C. 螺纹小径

6. 适用于连接的螺纹是______。

A. 梯形螺纹　B. 矩形螺纹　C. 普通螺纹　D. 锯齿形螺纹

7. 为了提高螺纹连接的自锁性，可采用______。

A. 细牙螺纹　B. 增大螺纹升角　C. 采用多头螺纹

8. 下列防止螺纹连接松动的方法中，属于摩擦防松的方法是采用______。

A. 开口销　B. 双螺母　C. 黏结剂　D. 止动垫圈

9. 如果被连接件之一的厚度较大，不宜制作通孔且需要经常拆卸，通常采用______连接。

A. 螺栓　B. 双头螺柱　C. 螺钉

10. 如果被连接件的厚度不大，并能从两面进行装配，通常可采用______连接。

A. 螺栓　B. 双头螺柱　C. 螺钉

11. 连接载荷平稳、不发生相对位移、运转稳定且对中性较好的两轴，可选用______联轴器。

A. 滑块　B. 万向　C. 凸缘

12. 连接距离较大且有角度变化的两轴，可选用______联轴器。

A. 万向　B. 滑块　C. 凸缘　D. 套筒

13. 起重机、轧钢机等重型机械中，可选用______联轴器。

A. 万向　B. 滑块　C. 齿式

14. 在运转中实现两轴的分离与接合时，可选用______。

A. 联轴器　B. 摩擦离合器

四、判断题（认为正确的请在括号内打“√”；反之，打“×”）

1. 可拆卸连接在拆卸时不破坏零件，连接件可重复使用。（　）

2. 键不是标准件。（　）

3. 花键连接用于定心精度要求较高、载荷较大的场合，或者是轮毂经常做轴向滑移的场合。（　）

4. 楔键的上、下面为非工作面，楔键的上表面制成 1 : 100 的斜度。（　）

5. 销连接主要用于固定零件之间的相对位置。（　）

6. 螺距 P 是相邻两螺纹牙在中径圆柱面上对应两点之间的轴向距离。（　）

7. 两个相互配合的螺纹，其旋向应相同。（　）

8. M40 表示公称直径为 40mm 的细牙普通螺纹。（　）

9. 在螺纹连接中，用弹簧垫圈防松属于机械防松。（　）

10. 重要的紧螺纹连接，在装配时其拧紧程度要通过计算并用扭力扳手（或测力矩扳手）来控制。（　）

11. 采用联轴器连接的两传动轴在机器工作时可以分离。（　）

12. 刚性联轴器不能补偿两轴间的相对位移，无减振缓冲能力，要求两轴对中性要好。 （ ）

13. 万向联轴器允许被连接两轴存在较大的角度。 （ ）

14. 要求某机器的两轴在任何转速下都能接合或分离时，应选用牙嵌离合器。 （ ）

五、简答题

1. 与平键连接相比，花键连接的优点有哪些？
2. 如何选用平键？
3. 在销连接中，圆柱销和圆锥销各有何特点？
4. 导程 P_h 与螺距 P、线数 n 之间有何关系？
5. 米制圆锥管螺纹有何特点？
6. 梯形螺纹有何特点？
7. 螺栓连接中，预紧的目的是什么？
8. 什么是弹簧垫圈防松？有何特点？
9. 联轴器与离合器有何区别？

【思——学会将知识系统化，知其所以然】

主题名称	重点说明	提示说明
键连接	键连接通过键实现轴和轴上零件间的周向固定以传递运动和转矩	键连接根据键在连接时的松紧状态进行分类，可分为松键连接和紧键连接两大类。键是标准件
销连接	销连接是用销将被连接件连接成一体的可拆卸连接	销按其外形进行分类，可分为圆柱销、圆锥销和异形销等。销是标准件，与圆柱销、圆锥销相配合的销孔均需铰制
螺纹连接	螺纹连接是用螺纹连接件将两个或两个以上的零件连在一起的可拆卸连接	螺纹连接按用途进行分类，可分为螺栓连接、螺钉连接和紧定螺钉连接
弹簧	弹簧是一种利用弹性来工作的弹性零件	弹簧按受力性质进行分类，可分为拉伸弹簧、压缩弹簧、扭转弹簧和弯曲弹簧
联轴器	联轴器是用来连接不同机构中的两根轴（主动轴和从动轴）使之共同旋转以传递转矩的机械部件	联轴器是机械传动中的常用部件，一般动力机大都借助于联轴器与工作机相连接。联轴器由两半部分组成，分别与主动轴和从动轴连接。采用联轴器连接的两传动轴在机器工作时不能分离，只有当机器停止运转时，才能用拆卸的方法将它们分开
离合器	离合器是传动系统中直接与发动机相连接的部件，它担负动力系统和传动系统的切断和接合功能	离合器可根据工作需要，在机器运转过程中随时将两轴接合或分离。离合器主要用于机器运转过程中，随时将主动件、从动件接合或分离，使机器能空载起动，起动后又能随时接通（或中断）的场合，并完成传动系统的换向、变速、调整、停止、过载保护等工作

【做——课外调研活动】

1. 同学之间分组合作，深入社会进行观察，针对某一特定的机械（或机器），分析其涉及的相关连接类型和特点，然后相互交流探讨。

2. 根据学校实习室的条件，试一试如何安装（或拆卸）键连接、销连接、螺纹连接等。
3. 根据学校实习室的条件，试一试如何安装（或拆卸）联轴器和离合器。

【评——学习情况评价】

复述本单元的主要学习内容	
对本单元的学习情况进行准确评价	
本单元没有理解的内容有哪些	
如何解决没有理解的内容	

注：学习情况评价包括少部分理解、约一半理解、大部分理解和全部理解四个层次。请根据自身的学习情况进行准确和客观的评价。

【拓——知识与技能拓展】

1. 同学们深入生活或企业，分析普通平键、花键用在哪些设备中？大家分工协作，采用表格形式列出普通平键、花键的应用场合。

2. 同学们深入生活或企业，分析圆柱销、圆锥销用在哪些设备中？大家分工协作，采用表格形式列出圆柱销、圆锥销的应用场合。

3. 同学们深入生活或企业，分析联轴器、离合器用在哪些设备中？大家分工协作，采用表格形式列出联轴器、离合器的应用场合。

【实训任务书】
实训活动4：曲柄滑块机构认识实训

单元五 常用机构

学习目标

1. 熟知平面机构的组成及相关基本概念。
2. 熟知铰链四杆机构和滑块四杆机构的类型、基本特性和应用等。
3. 熟知凸轮机构的类型、结构、运动特点、应用以及相关知识。
4. 熟知棘轮机构和槽轮机构的类型、结构、运动特点、应用以及相关知识。
5. 围绕知识点，树立职业素养，合理融入中华科技发展史教育内容，合理融入专业精神、职业精神、工匠精神、劳模精神、航天精神和创新精神教育内容，进行科学精神、学会学习、实践创新3个核心素养的培养，引导学生养成严谨规范的职业素养和工程素养。

各种各样的机械设备都是按照设计需要将各种机构（或零件）组合在一起，来完成特定的工作的。机械设备不仅需要传动系统，还需要能够变换运动形式的特定机构。机械设备中常用的机构有平面四杆机构、凸轮机构和多种间歇运动机构等。

模块一 平面机构的组成

【教——合理发挥多媒体技术的辅助手段】

一、平面机构概述

机构是指两个或两个以上的构件通过活动连接以实现规定运动的构件组合。或者说，机构是具有确定的相对运动的构件的组合体，是用来传递运动和力的构件系统。机构不能代替人的劳动做功或进行能量转换，主要用于传递或转变运动的形式。机器一般由机构组成。机构按其运动空间进行分类，可分为平面机构和空间机构。其中平面机构是指机构中所有构件都在同一平面或相互平行平面内运动的机构。

二、构件

构件是组成机构的基本的运动单元，多数构件是由若干零件固定连接而组成的刚性组合，如齿轮构件（图5-1）就是由轴、键和齿轮连接组成的。

机构中的构件分为固定件（机架）、原动件和从动件三类。固定件（机架）是机器中相对不动的构件，它支承着其他可动构件，如内燃机气缸体（图5-2）；原动件是机构中接受外部给定运动规律的可动构件，如内燃机的活塞；从动件是机构中随原动件运动的可动构件，如内燃机的连杆、曲轴等。

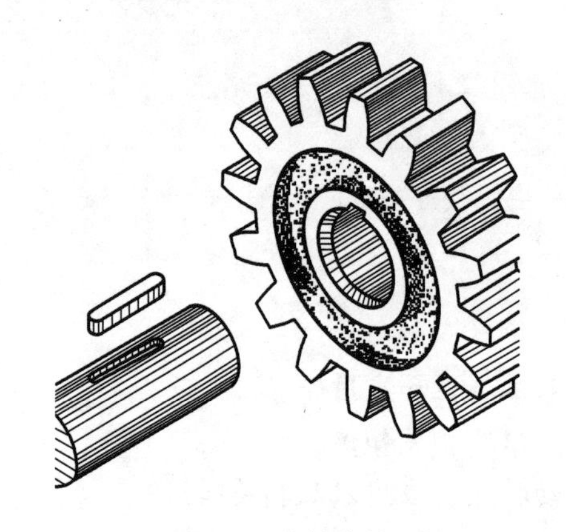

图5-1　齿轮构件

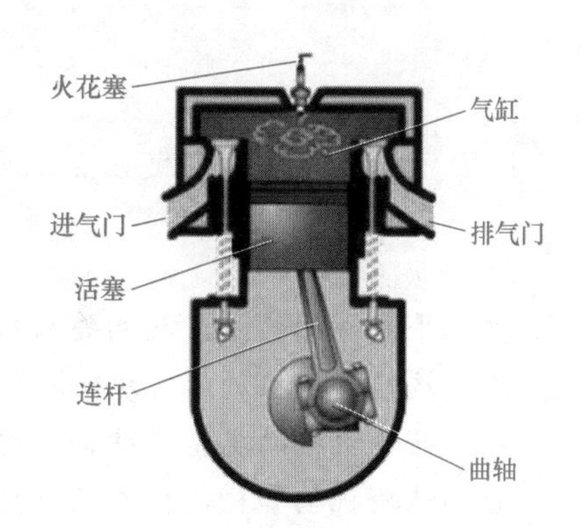

图5-2　内燃机气缸体结构图

在机构运动简图中，构件可用直线（或小方块）表示。例如，图5-3a、b、c、d所示为一个构件在两处形成的运动副，图5-3e、f所示为一个构件在三处形成了运动副。构件的结构形式与其受力状况、运动特点及相对尺寸等有关。

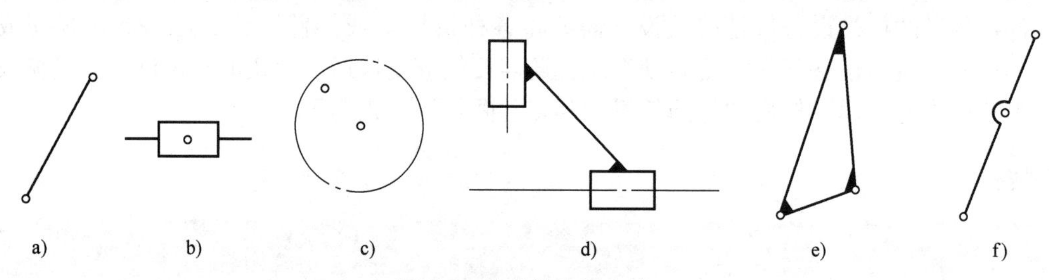

图5-3　构件的表示方法

1. 具有转动副的构件

当构件中转动副的间距较大时，通常将构件制成杆状，而且杆状构件应尽量制成直杆；如果要求构件与机械的其他部分在运动时不发生干涉（如碰撞），可将构件制成特殊的形状。图5-4所示为具有转动副的不同形状和横截面的杆状构件。

对于绕定轴转动的构件，常将构件制成盘状。有时在盘状构件上安装轴销，以便与其他构件组成另一转动副。当两个转动副间距很小，难以设置相距很近的轴销（或轴孔）时，可将另一转动副尺寸扩大而制成偏心轮，如图5-5所示。当构件承受较大载荷，采用偏心轮结构庞大时，则可以采用曲轴结构，如图5-6所示。偏心轮和曲轴常用于回转运动与直线运动相互变换的机构中。

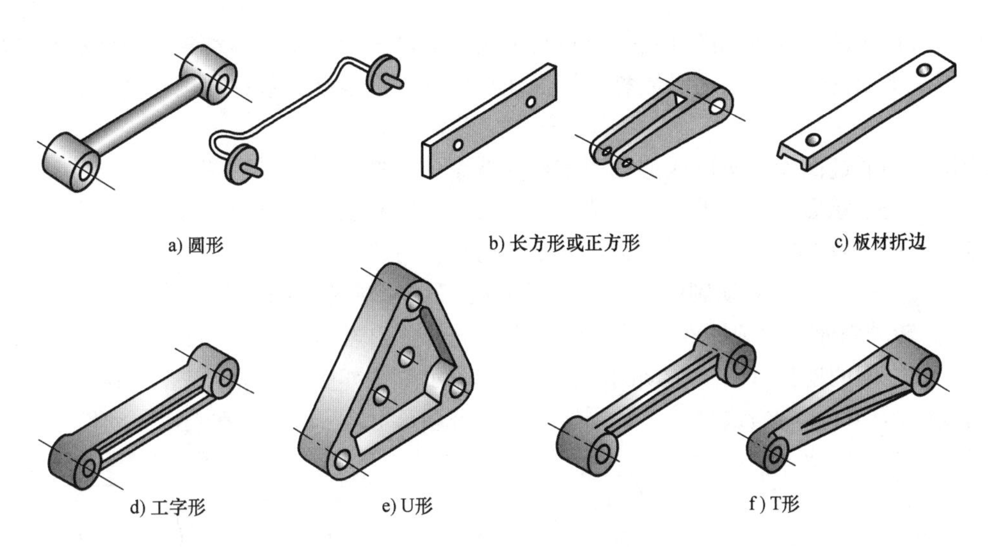

图 5-4　具有转动副的不同形状和横截面的杆状构件

2. 具有移动副和转动副的构件

如图 5-2 所示内燃机，燃烧气体的膨胀压力推动活塞下移，并通过连杆使曲轴旋转而做功。内燃机中的活塞与气缸体组成移动副，活塞与连杆组成转动副，其中活塞通常统称为滑块。

图 5-5　偏心轮

图 5-6　曲轴与连杆

3. 具有两个移动副的构件

具有两个移动副的构件不多见，其中最常见的构件是十字滑块联轴器的中间滑块，如图 5-7 所示。

三、运动副

机构中构件之间是相互连接的，并且构件之间可以相对运动，如内燃机中的活塞与气缸可以相对运动，连杆与曲轴可以相对转动。在机构中，每个构件都以一定的方式与其他构件接触，二者之间形成一种可动连接，从而使相互接触的构件的相对运动受到限制。构件与构件之间既保持直接接触和制约，又保持确定的相对运动的可动连接，称为运动副。

图 5-7　十字滑块联轴器中间滑块

根据机构中两构件接触的几何特征进行分类，运动副分为平面运动副和空间运动副。两构件在同一平面内所组成的运动副称为平面运动副。平面运动副包括低副和高副。

1. 低副

构件之间通过面接触所形成的运动副称为低副，常见的平面低副有转动副、移动副和螺旋副。低副的接触面一般为平面，承载时压强较小，容易制造和维修，承载能力大，但低副磨损较大，传动效率较低，不能传递较复杂的运动。

（1）转动副　组成运动副的两构件在接触处仅做相对转动的运动副称为转动副（或称为铰链）。转动副通常由圆柱面与圆柱孔组成。例如，内燃机的活塞与连杆、连杆与曲轴、曲轴与机架之间的连接都属于转动副。转动副的表示方法如图 5-8 所示，图中圆圈表示转动副，直线表示构件，带斜线部分表示固定构件（或机架），三角形通常表示原动件。

图 5-8　转动副的表示方法

（2）移动副　组成运动副的两构件在接触处仅做相对移动的运动副称为移动副。移动副一般由滑块与导槽组成，如内燃机的活塞与气缸之间的连接就属于移动副。移动副的表示方法如图 5-9 所示，图中方块表示滑块，直线表示构件，带斜线部分表示固定构件（或机架）。

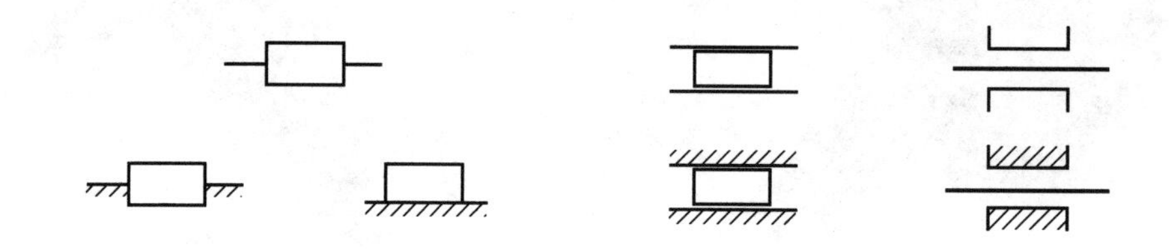

图 5-9　移动副的表示方法

（3）螺旋副　组成运动副的两构件在接触处仅做螺旋面转动的运动副称为螺旋副。螺旋副通常由丝杠与螺母组成，构成螺旋副的两构件的运动为空间的螺旋曲面，不属于平面运动副范畴。螺旋副的表示方法如图 5-10 所示，图中方块表示螺母，直线与螺纹线表示丝杠，带斜线部分表示固定螺母（或固定丝杠）。利用螺旋副可传递动力和运动，可使主动件的回转运动转换为从动件的直线运动。

2. 高副

两构件之间通过点（或线）接触形成的运动副称为高副。例如，齿轮的啮合（齿轮副）、凸轮与从动件的接触（凸轮副）、滚动轮与轨道的接触等都属于高副。高副可用两构件直接接触处的轮廓表示，如图 5-11 所示。由于高副是以点或线相接触的，其接触部分的压强较高，因此易磨损，寿命短，制造和维修较困难，但高副可传递较复杂的运动。

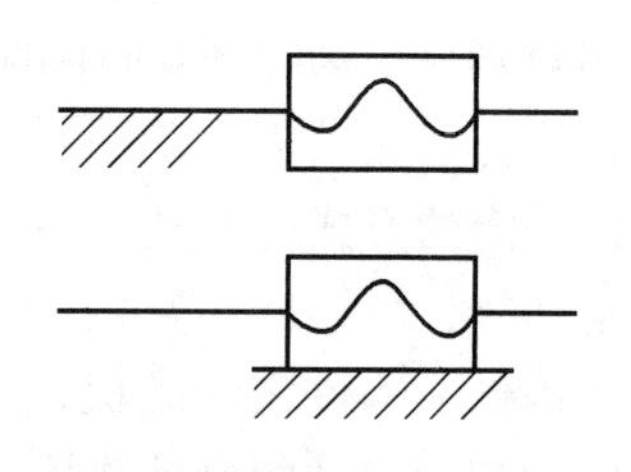

图 5-10　螺旋副的表示方法

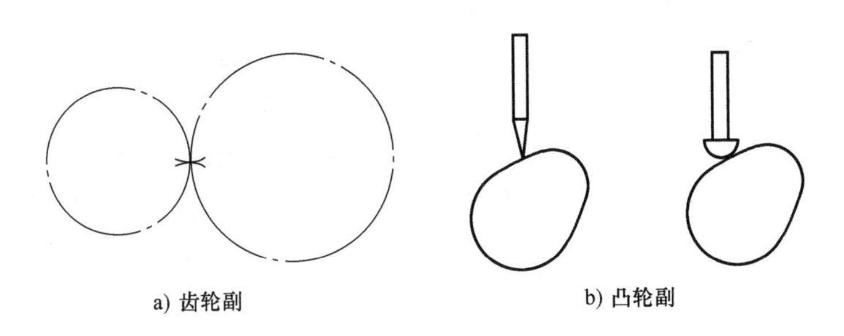
a) 齿轮副　　b) 凸轮副

图 5-11　高副的表示方法

四、平面机构运动副简图

在实际机构中，虽然构件的外形和构造是多种多样的，但机构的相对运动仅与运动副的数目、类型、相对位置及某些尺寸有关，而与构件的截面尺寸、组成构件的零件数目、运动副的具体结构等无关。因此在分析机构运动时，可不考虑与运动无关的因素，仅采用线条（或简单符号）表示构件。

机构运动简图是采用简单符号表示运动副的类型，按一定比例确定运动副的相对位置以及与运动有关的尺寸，用来表示机构各构件运动关系的图形。只为了表示机构的结构和运动情况，而不严格按比例绘制的简图，通常称为机构示意图。常见机构运动简图见表 5-1。

表 5-1　常见机构运动简图

表示符号				
运动副类型	凸轮机构	定滑轮	齿轮齿条传动	带传动 1
表示符号				
运动副类型	曲柄滑块机构	直杆的支点	内齿轮传动	带传动 2
表示符号				
运动副类型	斜块机构	弯杆的支点	锥齿轮传动	螺旋传动

五、绘制平面机构运动简图

针对某一机构，绘制其机构运动简图的步骤如下：

1）观察机构的运动情况，找出原动件、从动件和机架。

2）根据相连两构件之间的相对运动性质和接触情况，确定各个运动副的类型。

3）根据机构实际尺寸和图样大小，确定合适的长度比例尺（实际长度/图示长度）。按照各运动副间的距离和相对位置（如回转中心、中心线），采用规定的符号将各个运动副表示出来。

4）用线条将同一构件上的运动副连接起来，就完成了机构运动简图。

【例 5.1】 图 5-12 所示为单缸内燃机结构图，已知 $L_{AB}=75\text{mm}$，$L_{BC}=300\text{mm}$，试绘制单缸内燃机的机构运动简图。

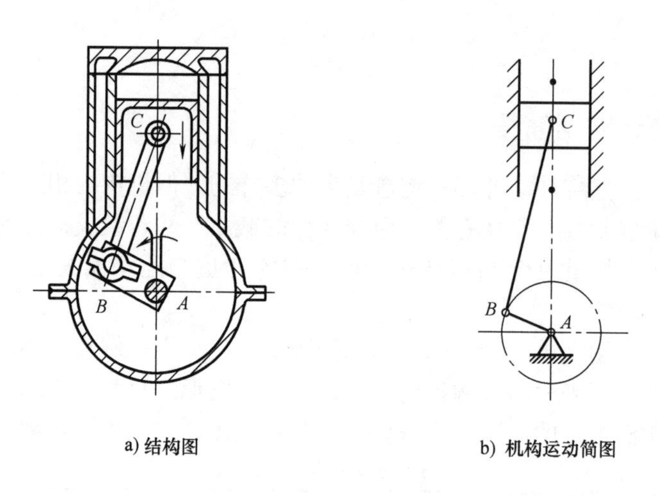

图 5-12　单缸内燃机结构图和机构运动简图

解：1）在内燃机中，活塞是原动件，曲轴是从动件。活塞的往复直线运动经连杆变换为曲轴的旋转运动。

2）活塞与缸体（机架）组成移动副，活塞与连杆在 C 点组成转动副；曲轴与缸体在 A 点组成转动副，曲轴与连杆在 B 点组成转动副。

3）选择合适的比例尺，按规定绘制机构运动简图，如图 5-12b 所示。

模块二

平面四杆机构

【教——发挥多媒体技术的仿真功能】

平面连杆机构是由多个构件在同一平面或相互平行的平面内组合而成的，也称为低副机构。平面连杆机构中的构件大部分呈长杆形状，习惯上将此类构件称为杆件，杆件与杆件之间用转动副或移动副连接而成。平面连杆机构可以实现预期的运动规律，可以将主动杆的连续匀速转动转变成从动杆的变速转动、移动或摆动。在平面连杆机构中，由于低副为面接触，故传递运动时具有压强小、磨损小、易于润滑、便于制造等优点，因此平面连杆机构广泛应用于各种机器设备和仪器仪表中。但平面连杆机构也存在惯性力难以平衡、高速运转时振动大等缺点。最简单的平面连杆机构是由四个构件用低副连接而成的平面四杆机构。平面四杆机构应用广泛，是组成多杆机构的基础。根据平面四杆机构有无移动副进行分类，平面四杆机构可分为铰链四杆机构和滑块四杆机构两大类。

一、铰链四杆机构

如果平面四杆机构中的运动副都是转动副时，此类机构称为铰链四杆机构。如图 5-13 所示，在铰链四杆机构中，四个杆件经过 4 个铰链（即转动副）连接即形成铰链四杆机构。其中固定不动的构件称为机架；在与机架相连的两个连架杆中，能相对机架做 360°旋转的连架杆称为曲柄；相对机架做小于 360°范围内往复摆动的连架杆称为摇杆；连接两个连架杆的构件称为连杆。两连架杆均可作为原动件。

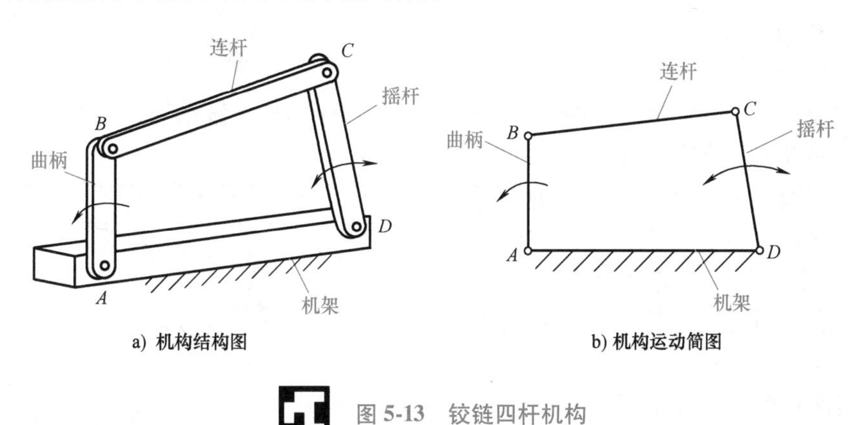

a) 机构结构图　　b) 机构运动简图

图 5-13　铰链四杆机构

1. 铰链四杆机构的类型

铰链四杆机构根据两连架杆的运动形式进行分类，可分为曲柄摇杆机构、双曲柄机构和双摇杆机构三种基本形式，如图 5-14 所示。

a) 曲柄摇杆机构　　b) 双曲柄机构　　c) 双摇杆机构

图 5-14　铰链四杆机构的三种基本形式

（1）曲柄摇杆机构　如果铰链四杆机构中的两连架杆中有一个为曲柄，另一个为摇杆，则该机构为曲柄摇杆机构。如图 5-14a 所示，当曲柄做连续等速转动时，摇杆将在一定角度内做变速的往复摇动。当曲柄为原动件时，曲柄摇杆机构可将曲柄的连续等速圆周转动转变为摇杆的往复摆动，如图 5-15 所示颚式破碎机机构；当摇杆为原动件时，曲柄摇杆机构的功能是将摇杆的往复摆动转变为曲柄的连续圆周转动，如图 5-16 所示缝纫机踏板机构。在实际应用中，多数曲柄是原动件，摇杆为从动件。

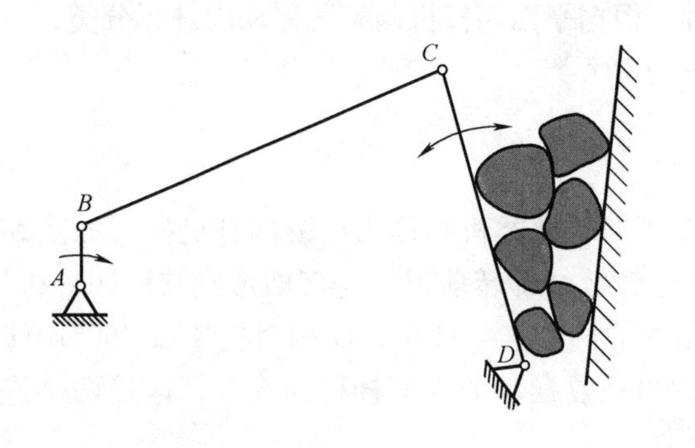

图 5-15　颚式破碎机机构

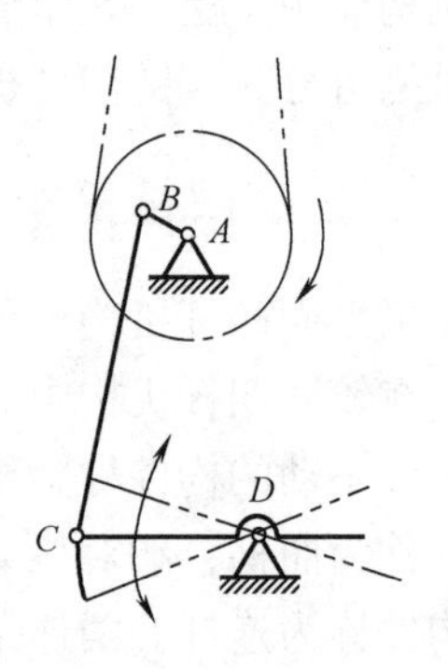

图 5-16　缝纫机踏板机构

（2）双曲柄机构　如果铰链四杆机构中的两连架杆都是能做整周转动的曲柄，则该机构称为双曲柄机构。如图 5-14b 所示，当其中一个曲柄做连续等速整周转动时，另一个从动曲柄通常也做整周转动。双曲柄机构在机械设备上的应用也很广泛，如图 5-17 所示的惯性筛就是利用双曲柄机构工作的。

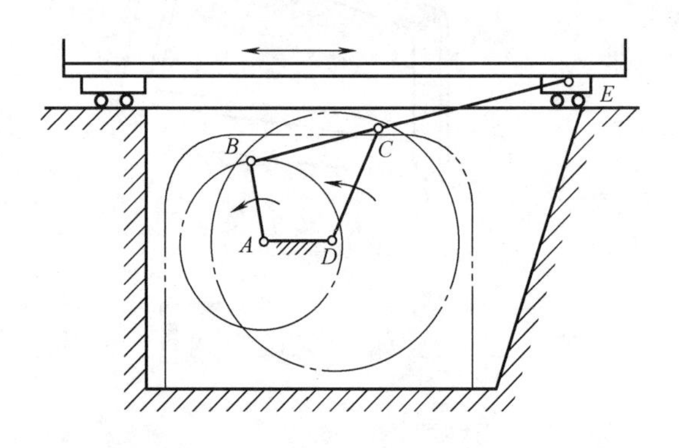

图 5-17　惯性筛中的双曲柄机构

如果两曲柄的长度不相等，则从动曲柄只能做变速转动；如果两曲柄的长度相等且平行，则称该双曲柄机构为平行双曲柄机构，其从动曲柄也做匀速转动。如图 5-18a 所示的平行双曲柄机构，杆 *BC* 在该机构的运动中做平动，当双曲柄的转向相同时，双曲柄的角速度相等，该机构又可称为同向双曲柄机构；当双曲柄的转向相反时，双曲柄的角速度不相等，该机构可称为反向双曲柄机构，如图 5-18b 所示。

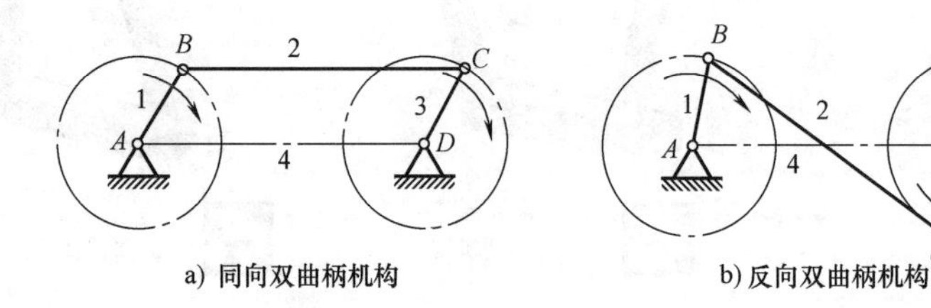

图 5-18　平行双曲柄机构运动简图

1、3—曲柄　2—连杆　4—机架

同向双曲柄机构可用于机车车轮联动机构（图 5-19a）中，也可用于汽车车窗刮水器（图 5-19b）中；反向双曲柄机构可用于公共汽车双开门的开启和关闭机构中，如图 5-20 所示。

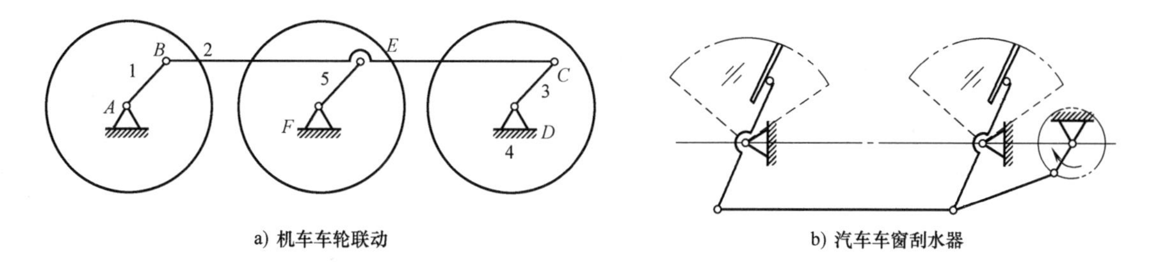

a) 机车车轮联动　　b) 汽车车窗刮水器

图 5-19 同向双曲柄机构运动简图

（3）双摇杆机构　如果铰链四杆机构中的两连架杆都是摇杆，则该机构称为双摇杆机构。如图 5-14c 所示，双摇杆机构中不存在曲柄。双摇杆机构在机械设备上的应用也很广泛，如图 5-21 所示的电风扇摇头机构就是利用双摇杆机构工作的，图中杆 *AB*、杆 *CD* 只能绕点 *A* 和点 *D* 摇动，杆 *AB* 与电动机轴连成一体，电动机轴随摇杆 *AB* 做一定角度的摇动。图 5-22 所示的鹤式起重机也是应用双摇杆机构的实例，当摇杆 *AB* 摆动时，另一摇杆 *CD* 也随之摆动，可使悬挂在 *E* 点的重物能沿接近水平的方向移动。

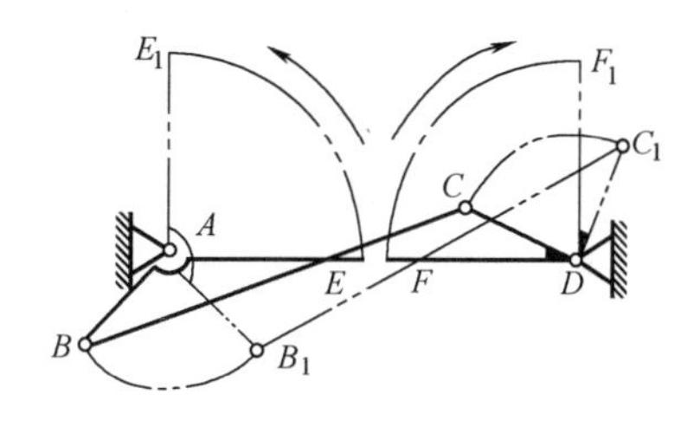

图 5-20 公共汽车双开门机构运动简图

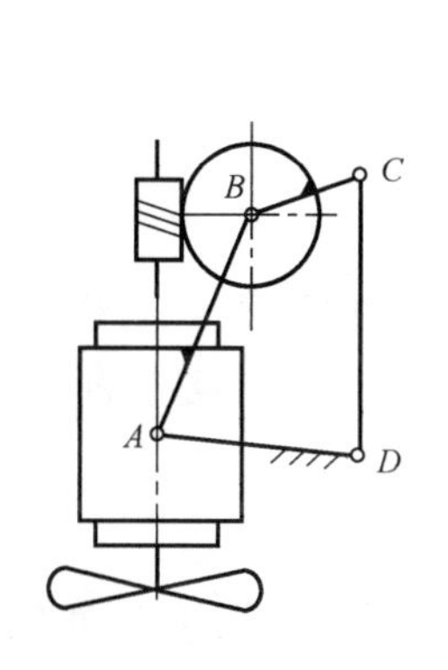

图 5-21 电风扇摇头机构运动简图

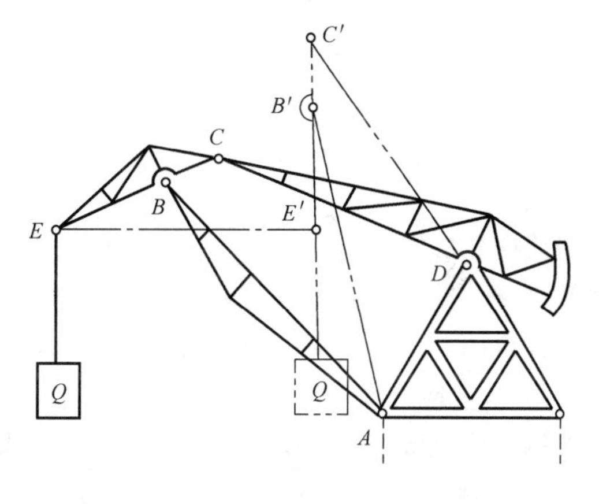

图 5-22 鹤式起重机机构运动简图

2. 铰链四杆机构的类型判定

在铰链四杆机构中是否存在曲柄，取决于机构中各杆件长度之间的关系。

1）如果铰链四杆机构中最长杆与最短杆长度之和，小于或等于其余两杆长度之和（杆长和条件），则该机构可能存在曲柄，但还要看选取哪一个杆件作为机架，才能确定是否存在曲柄。如果以最短杆作为连架杆，以最短杆的相邻杆为机架，而且最短杆为曲柄，则该机构一定是曲柄摇杆机构，如图 5-23 所示；如果以最短杆作为机架，则相邻两杆均为曲柄，该机构一定是双曲柄机构，如图 5-24 所示；如果以最短杆作为连杆，最短杆的对面杆作为机架，则该机构为双摇杆机构，如图 5-25 所示。

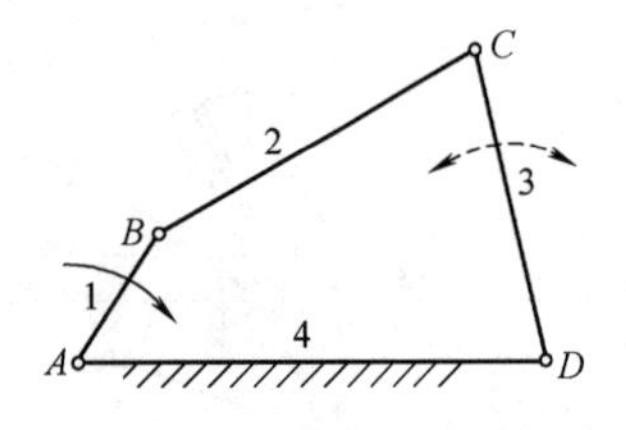

图 5-23　曲柄摇杆机构

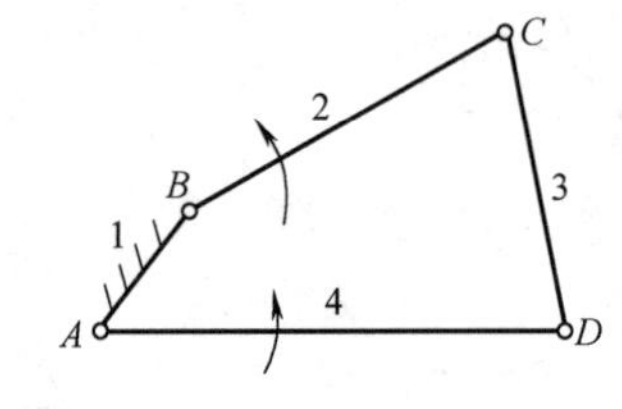

图 5-24　双曲柄机构

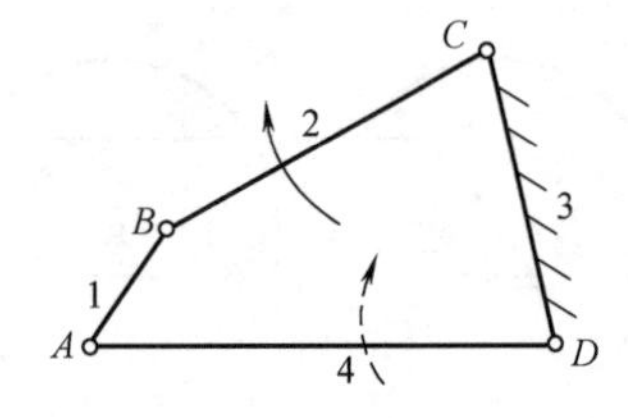

图 5-25　双摇杆机构

2）如果铰链四杆机构中最长杆与最短杆长度之和，大于其他两杆长度之和，则不论取哪个杆件作为机架，该机构均无曲柄存在，只能是双摇杆机构。

【例 5.2】　如图 5-26 所示，已知杆件的尺寸，如果分别以杆 AB、BC、CD、DA 为机架，分析该机构应属于铰链四杆机构中的哪类基本形式。

解：杆 AB 为最短杆，杆 BC 为最长杆，因为 $l_{AB}+l_{BC}=800\text{mm}+1300\text{mm}=2100\text{mm}<l_{CD}+l_{AD}=1000\text{mm}+1200\text{mm}=2200\text{mm}$，满足杆长和条件。

1）如果以杆 AB 为机架，因 AB 为最短杆，两连架杆均为曲柄，此时该机构为双曲柄机构。

2）如果以杆 BC 或 AD 为机架，因最短杆 AB 为连架杆，且为曲柄，所以得到曲柄摇杆机构。

3）如果以杆 CD 为机架，因最短杆 AB 为连杆，不能满足最短杆条件，机构无曲柄，此时该机构为双摇杆机构。

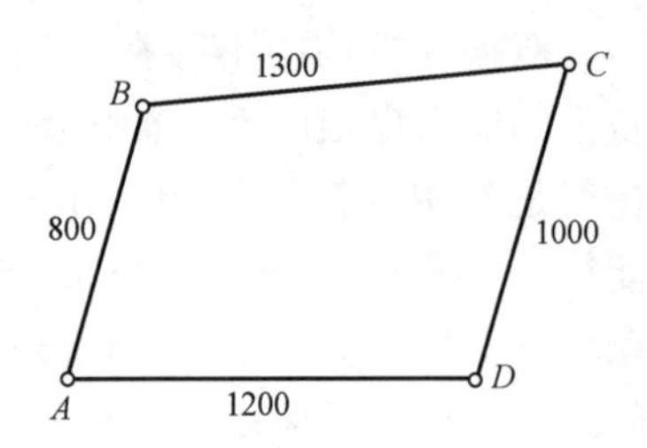

图 5-26　铰链四杆机构类型的判定

二、滑块四杆机构

滑块四杆机构是指含有移动副的四杆机构，简称滑块机构。滑块四杆机构按机构含有的滑块数进行分类，可分为单滑块机构和双滑块机构。常用滑块四杆机构主要有曲柄滑块机构、导杆机构、摇杆滑块机构、曲柄摇块机构等。

1. 曲柄滑块机构

曲柄滑块机构是由曲柄、连杆、滑块和机架组成的机构。如图 5-27a 所示，如果曲柄滑块机构中的滑块移动中心线通过曲柄转动中心，则该机构称为对心曲柄滑块机构；如图 5-27b 所示，如果曲柄滑块机构中的滑块移动中心线不通过曲柄转动中心，并与曲柄转动中心有偏心距 e，则该机构称为偏置曲柄滑块机构。

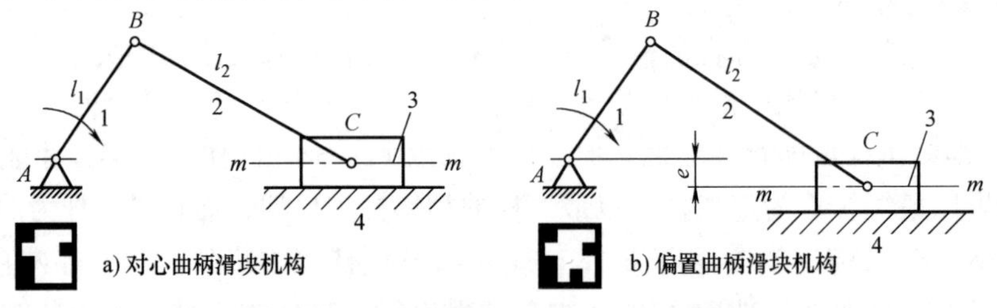

图 5-27　对心与偏置曲柄滑块机构运动简图

1—曲柄　2—连杆　3—滑块　4—机架

曲柄滑块机构的功能是：将主动滑块的往复直线运动，经连杆转变为从动曲柄的连续转动，它广泛应用于内燃机中。另外，在曲柄滑块机构中，也可将主动曲柄的连续转动，经连杆转变为从动滑块的往复直线运动，它广泛应用于压力机、往复式气体压缩机、往复式液压泵、自动送料机（图 5-28）、手动冲孔钳（图 5-29）等机械中。

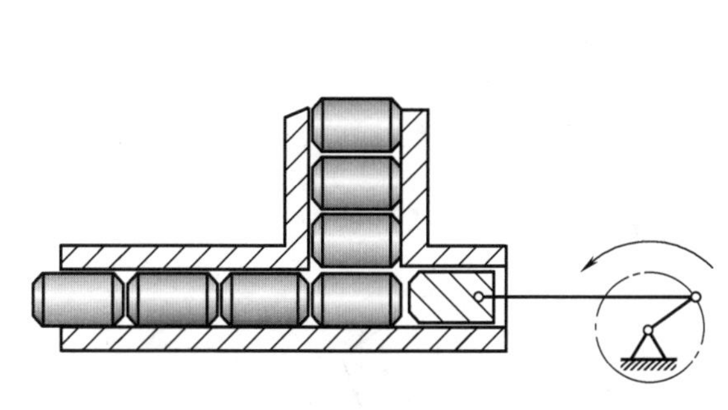

图 5-28　自动送料机机构运动简图

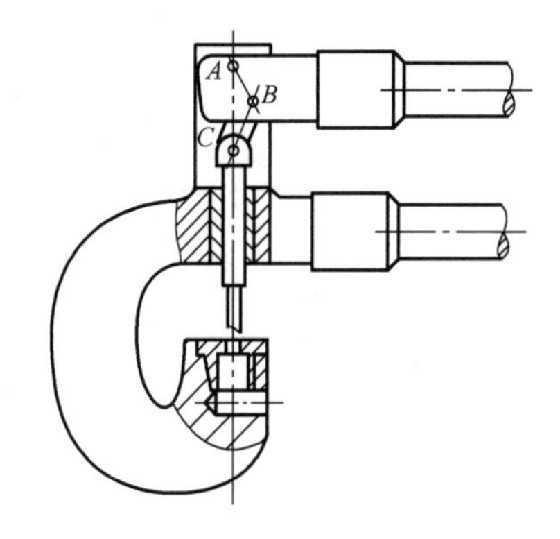

图 5-29　手动冲孔钳机构运动简图

2. 导杆机构

导杆机构是指连架杆中至少有一个构件为导杆的平面四杆机构，包括曲柄转动导杆机构和曲柄摆动导杆机构。如图 5-30 所示，在曲柄滑块机构中，如果 $l_1 \leqslant l_2$，将杆 1 作为机架，杆 2 作为原动件，则当杆 2 做圆周转动时，杆 3（滑块）沿连架杆（又称为导杆）移动并做平面运动，杆 4 将做整周回转运动，该机构称为曲柄转动导杆机构。曲柄转动导杆机构的功能是：将曲柄的匀速圆周运动转变为导杆的变角速度运动。简易刨床的主运动机构就利用了曲柄转动导杆机构，如图 5-31 所示。

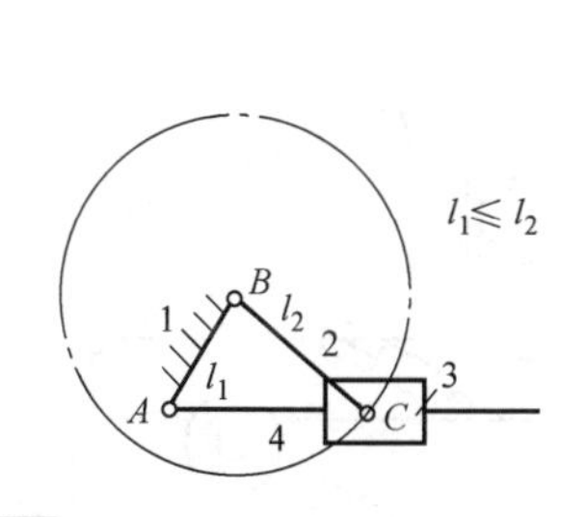

图 5-30　曲柄转动导杆机构

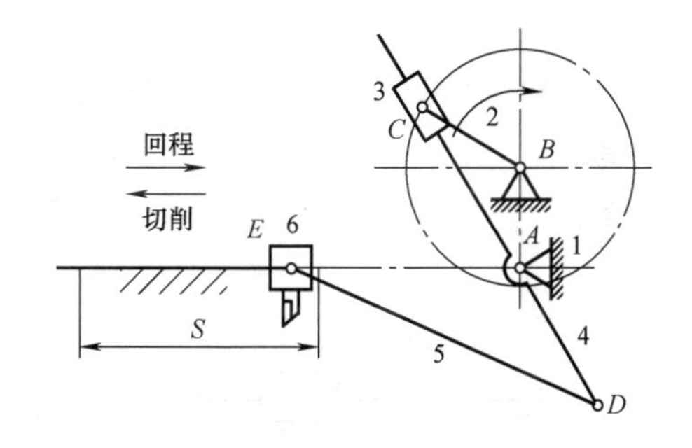

图 5-31　简易刨床的主运动机构运动简图

如图 5-32 所示，在曲柄滑块机构中，如果 $l_1 > l_2$，将杆 1 作为机架，杆 2 作为原动件，则当杆 2 做圆周转动时，杆 3（滑块）沿连架杆（又称为导杆）移动并做平面运动，杆 4 将做往复摆动，该机构称为曲柄摆动导杆机构。曲柄摆动导杆机构的功能是：将曲柄的圆周运动转变为导杆的往复摆动。插床、牛头刨床的主运动机构就利用了曲柄摆动导杆机构，如图 5-33 所示。

3. 摇杆滑块机构

如图 5-34 所示，在曲柄滑块机构中，如果仅将滑块作为机架，杆 *BC* 作为绕铰链 *C* 摆动的摇杆，杆 *AC* 在滑块中做往复移动，则该机构就称为摇杆滑块机构（或称定块机构）。摇杆滑块机构的功能是：将连杆的往复摆动转变为导杆的往复移动。手压抽水机机构就利用了摇杆滑块机构，如图 5-35 所示。

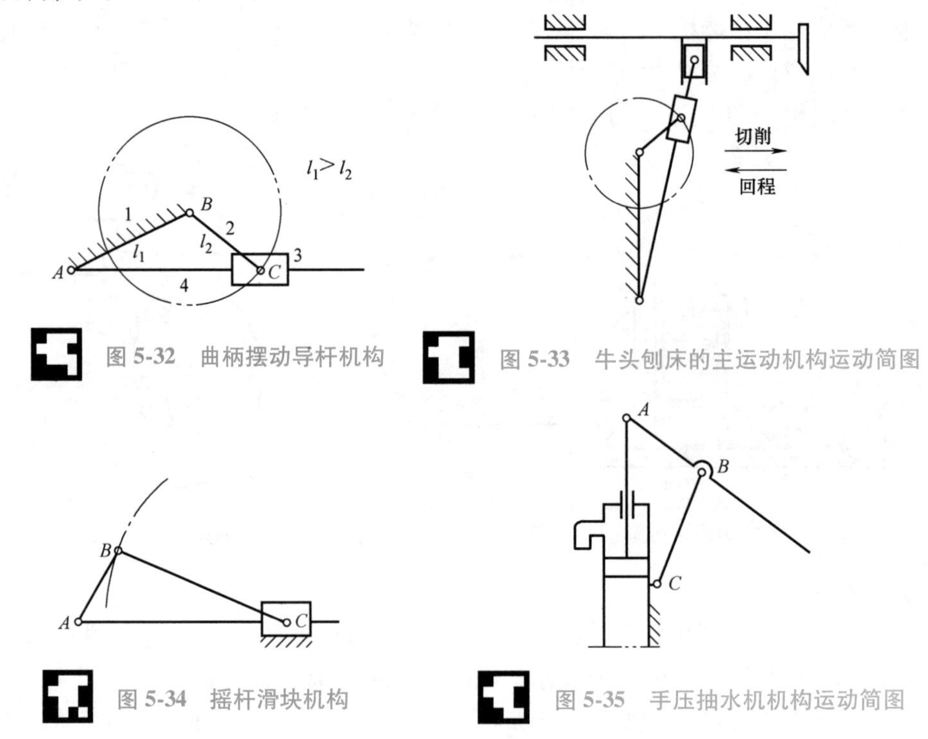

图 5-32　曲柄摆动导杆机构

图 5-33　牛头刨床的主运动机构运动简图

图 5-34　摇杆滑块机构

图 5-35　手压抽水机机构运动简图

4. 曲柄摇块机构

如图 5-36 所示，在曲柄滑块机构中，如果将杆 *BC* 作为机架，曲柄 *AB* 做整周转动，滑块只能绕铰链 *C* 摆动，杆 *AC* 在滑块中做往复摆动，则该机构就称为曲柄摇块机构（或称摇块机构）。曲柄摇块机构的功能：将曲柄的整周转动（或往复摆动）转变为滑块的往复摆动。自卸汽车的翻斗机构就利用了曲柄摇块机构，如图 5-37 所示。

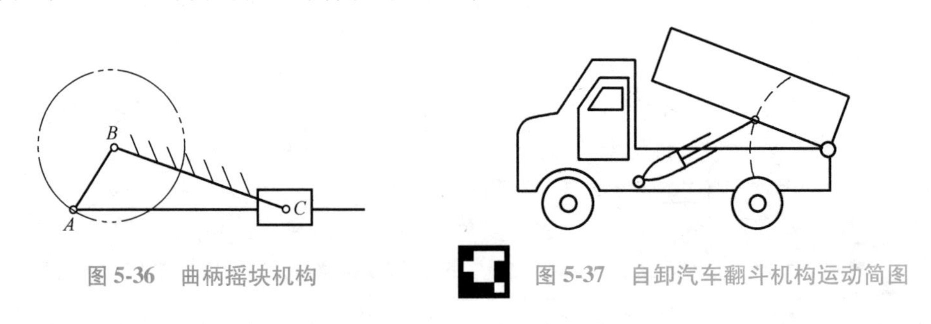

图 5-36　曲柄摇块机构

图 5-37　自卸汽车翻斗机构运动简图

三、平面四杆机构的基本特性

1. 急回特性

如图 5-38 所示的曲柄摇杆机构，当曲柄做匀速转动时，摇杆来回摆动的速度不相等，即摇杆摆动回来的速度快，摆动过去的速度慢，这种摇杆快速摆回的特性称为急回特性。在往复式工作的机械（如插床、插齿机、刨床、搓丝机等）中，常利用机构的急回特性来缩短空行程的时间，以提高生产率。

从图 5-38 可以看出：如果曲柄 *AB* 为主动件，并以匀角速度做顺时针方向转动时，摇杆

CD 为从动件，其向右摆动为工作行程，向左摆动为返回行程。当曲柄转至 AB_1 位置时，连杆位于 B_1C_1 位置，与曲柄重叠共线，摇杆处于左极限位置 C_1D；当曲柄由 AB_1 位置转过（$180°+\theta$）到达 AB_2 位置时，连杆位于 B_2C_2 位置，与曲柄的延长线共线，摇杆则向右摆动 ψ 角，到达右极限位置 C_2D，完成了工作行程。完成工作行程所用的时间 $t_1=(180°+\theta)/\omega$。曲柄由 AB_2 位置继续转过（$180°-\theta$）回到 AB_1 位置时，摇杆则向左摆动 ψ 角，到达左极限位置 C_1D，完成了返回行程。完成返回行程所用的时间 $t_2=(180°-\theta)/\omega$。因为转角（$180°+\theta$）>（$180°-\theta$），则 $t_1>t_2$，所以，摇杆返回速度快于工作速度。机构的这种返回行程速度比工作行程速度快的特性，就称为机构的急回特性。

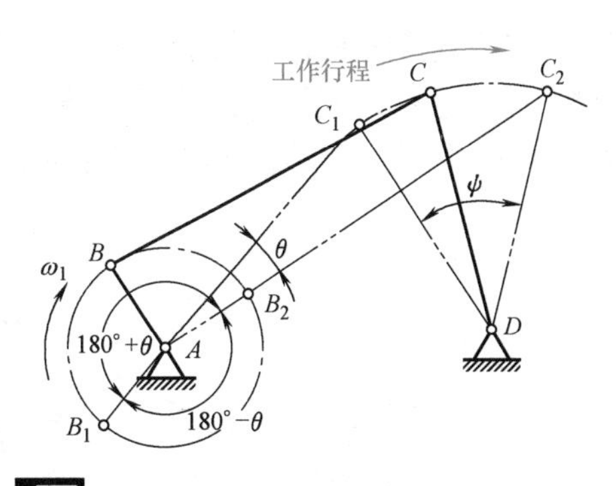

图 5-38　曲柄摇杆机构急回特性分析

机构的急回特性程度，可用行程速度变化系数 K 表示，即

$$K=\frac{180°+\theta}{180°-\theta}$$

从公式可以看出，行程速度变化系数 K 与 θ 有关。θ 是从动件摇杆处于两极限位置时，相应的曲柄位置线所夹的锐角，称为极位夹角。$\theta>0°$，则 $K>1$，机构具有急回特性；$\theta=0°$，则 $K=1$，机构无急回特性。θ 越大，机构急回特性越明显，但机构的传动平稳性下降。通常 $K=1.2\sim2.0$。

2. 压力角与传动角

在图 5-39 所示的曲柄摇杆机构中，主动件曲柄 AB 经连杆 BC 传递到从动件摇杆 CD 上，摇杆上 C 点受到的力 F 与 C 点的运动速度 v_c 之间所夹的锐角 α，称为机构在该位置的压力角。压力角 α 的余角 γ 称为传动角。压力角 α 和传动角 γ 在机构运动过程中是变化的。

在生产过程中，不仅要求机构能够实现预定的运动规律，还要求传动性能良好，传动效率高。显然，压力角 α 越小或传动角 γ 越大，对机构的传动越有利；压力角 α 越大或传动角 γ 越小，会使转动副中的压力增大，磨损加剧，降低机构的传动效率。因此，压力角 α 不能太大或传动角 γ 不能太小，通常规定工作行程中的最小传动角 $\gamma_{min}\geqslant50°$。对于行程速度变化系数 $K>1$ 的机构，工作行程中的最小传动角 γ_{min} 通常出现在摇杆处于右极限位置，即工作行程终点。

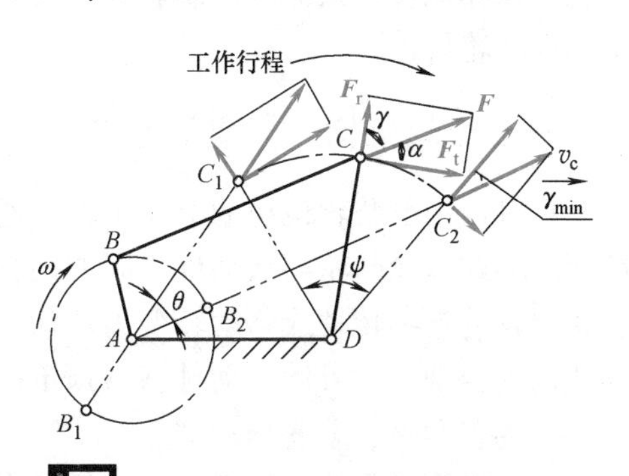

图 5-39　曲柄摇杆机构压力角与传动角分析

3. 死点位置

在图 5-40 所示的曲柄摇杆机构中，如果主动件是摇杆，曲柄是从动件，当摇杆在左、右两个极限位置时，连杆与曲柄共线（B_1AC_1、AB_2C_2 在一条直线上），通过连杆施加于曲柄的作用力正好经过曲柄的转动中心，连杆对曲柄 A 点的推动力矩为零，无法使曲柄转动，出现顶死现象，此时整个机构处于静止状态。机构中出现死点现象的位置称为死点位置。死点位置常使机构从动件无法运动或出现运动不确定现象。

为了使曲柄摇杆机构顺利地通过死点位置，可以在曲柄上安装飞轮，利用飞轮的转动惯性闯过死点位置，或采用错位的方法来渡过死点位置。但事物是一分为二的，有利也有弊。有时机械工程中也可以利用死点位置来满足工程上的一些特殊工作要求。例如，飞机的起落架（图 5-41）、折叠式家具的固定、机床夹具的锁紧等，就是利用死点位置获得可靠的工作状态。

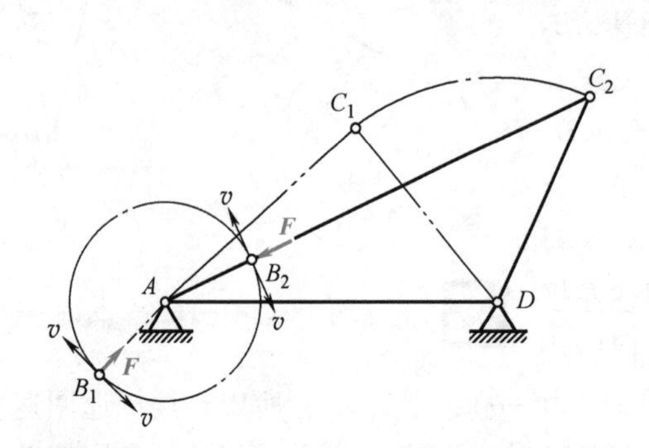

图 5-40　曲柄摇杆机构的死点位置分析

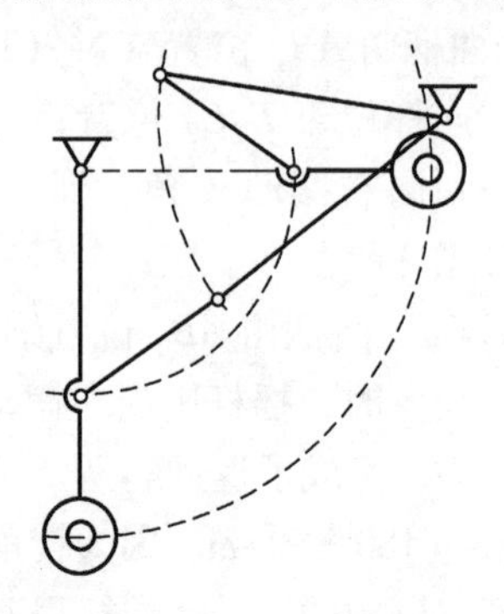

图 5-41　飞机起落架机构运动简图

模块三

凸轮机构

【教——建立“类型—特点—应用”之间的关系】

凸轮机构是指由凸起（或凹槽）轮廓形状的凸轮、从动件和机架所组成的高副机构。凸轮机构在机械、仪器和控制装置中应用广泛，如内燃机中的配气机构、机械手、绕线机等中均有凸轮机构。

一、凸轮机构的类型和应用

在机械中，凸轮机构的类型很多，通常按凸轮的外部形状、从动件的端部形状、从动件的运动形式以及凸轮与从动件之间的锁合方式进行分类。凸轮机构主要用于转变运动形式，可将凸轮的连续转动或移动转变为从动件的连续或间歇的往复移动或摆动。只要凸轮的轮廓曲线设计合理，就可使从动件获得预定的运动规律。

1. 按凸轮的外部形状分类

凸轮机构按凸轮的外部形状进行分类，可分为盘形凸轮机构、移动凸轮机构、圆柱凸轮机构等。

（1）盘形凸轮机构　盘形凸轮机构是凸轮机构的常见形式，属于平面凸轮机构。其中盘形凸轮（图 5-42）是一个绕固定轴转动且径向尺寸有规律变化的盘形构件，其轮廓曲线位于凸轮的外边缘，通常盘形凸轮轮廓上各点到转动中心的距离是不相等的。当凸轮做匀速转动时，从动件随凸轮轮廓径向的变化而上下移动。盘形凸轮结构简单，应用广泛。由于盘形凸轮的径向尺寸变化受到传动的压力角限制，从动件的行程不能太大，因此盘形凸轮机构多用于行程较短的场合，如手摇式补鞋机、家用塑钢窗的锁紧凸轮机构、绕线机的引线机构等。图 5-43 所示为汽车内燃机配气凸轮机构。

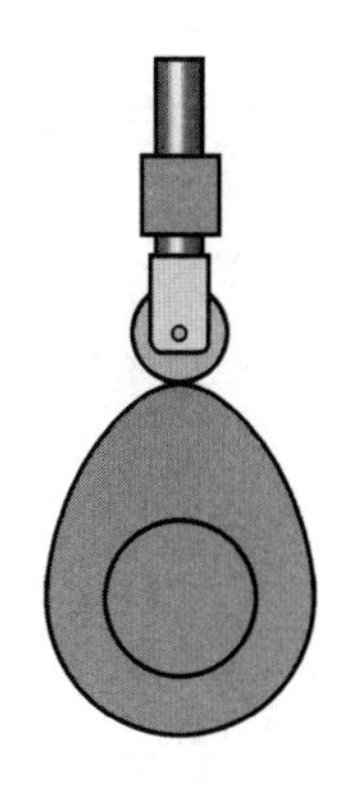

图 5-42　盘形凸轮机构

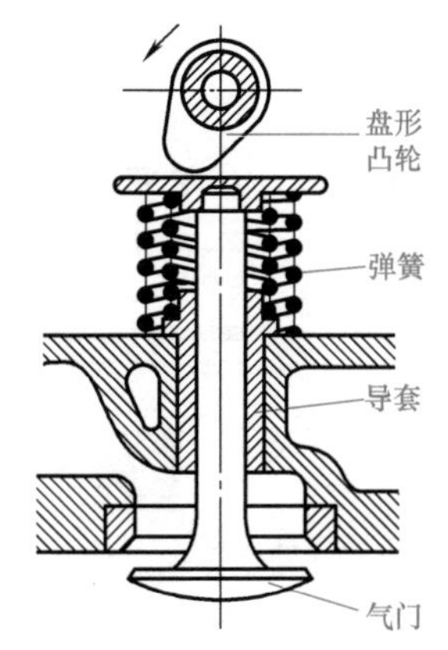

图 5-43　汽车内燃机配气凸轮机构

（2）移动凸轮机构　如图 5-44 所示，移动凸轮的外形呈板状，又称为板状凸轮。移动凸轮机构也属于平面凸轮机构，当移动凸轮相对于机架沿直线左右运动时，从动件将沿竖直方向上下移动。实际上，移动凸轮是由盘形凸轮演变而来，即将盘形凸轮从中心展开而得到的。与盘形凸轮机构相比，移动凸轮机构的从动件位移可以比盘形凸轮机构大些。

在机械中，移动凸轮机构也有较广的应用，如图 5-45 所示的靠模车削加工机构就是典型的移动凸轮机构。车削加工过程中，移动凸轮作为靠模板，在机架上固定，工件做回转运动，刀架（从动件）依靠滚子在移动凸轮的轮廓曲线驱动下做横向进给，从而连续地车削出与靠模板轮廓曲线一致的工件。此外，电子配钥匙机械也是利用移动凸轮机构工作的。

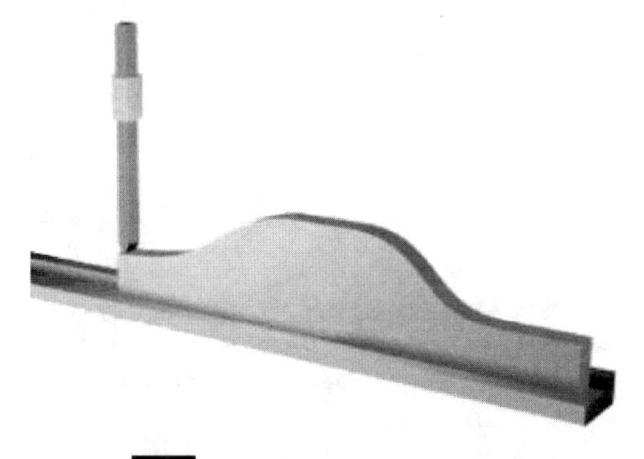

图 5-44　移动凸轮机构

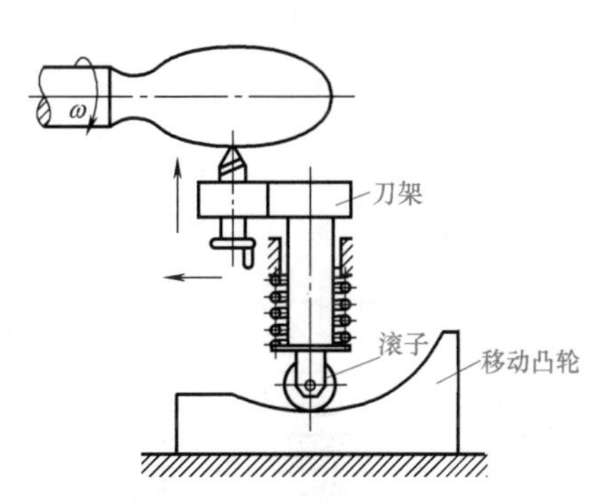

图 5-45　靠模车削加工机构

（3）圆柱凸轮机构　如图 5-46 所示，圆柱凸轮是在圆柱面上开槽（或在圆柱端面上制出轮廓曲线）制成的，也可看成是将移动凸轮卷曲在圆柱体上形成的。圆柱凸轮与从动件之间的相对运动是空间运动，因此圆柱凸轮机构属于空间凸轮机构。

图 5-47 所示为机床自动进给机构，当圆柱凸轮匀速转动时，其上的沟槽经滚子带动，迫使扇形齿轮（从动件）按一定的运动规律往复摆动，然后通过齿轮齿条机构，控制刀架左右移动，从而完成进刀、退刀和停歇等动作。

2. 按从动件的端部形状及从动件的运动形式分类

凸轮机构按从动件的端部形状及从动件的运动形式进行分类，可分为尖顶从动件凸轮机构、滚子从动件凸轮机构、平底从动件凸轮机构、曲面从动件凸轮机构等，见表 5-2。

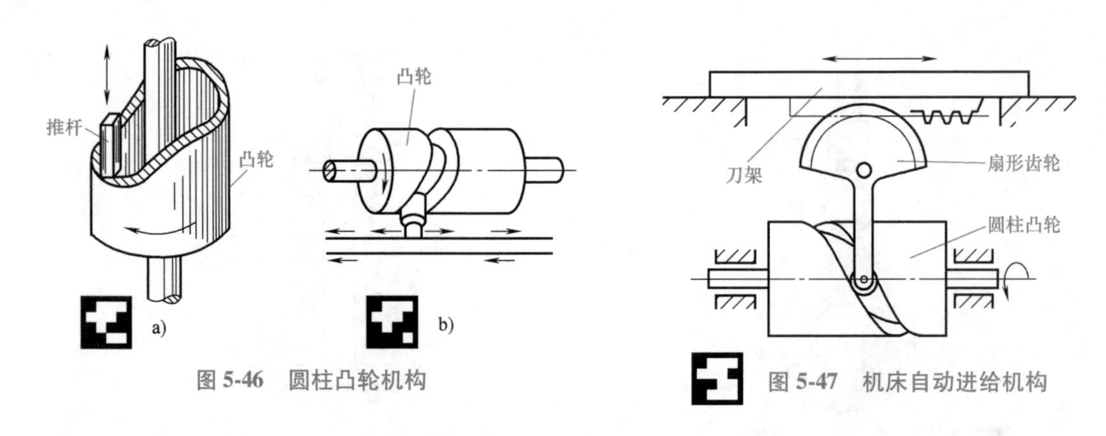

图 5-46　圆柱凸轮机构

图 5-47　机床自动进给机构

表 5-2　凸轮机构中各类从动件的主要特点

接触形式	运动形式		主要结构特点
	直动从动件	摆动从动件	
尖顶从动件	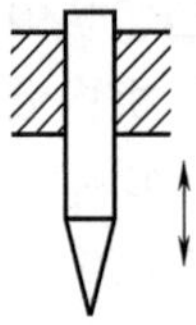	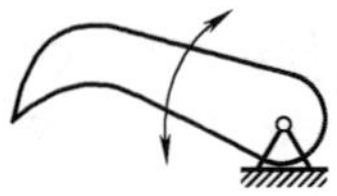	从动件的顶部为尖形，与盘形凸轮形成尖点接触，结构简单、紧凑，可准确地实现所需运动，但从动件尖端易磨损，只适合载荷小、低速和动作灵敏的场合，如仪表等机械
滚子从动件	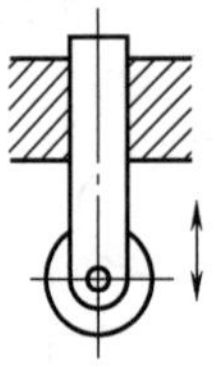	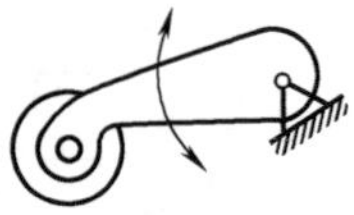	从动件的顶端装有滚子，与盘形凸轮之间形成滚动接触，摩擦力小，转动灵活，不易磨损，承载能力较大，应用较广，可用于传递较大的动力，但不适合于高速场合
平底从动件	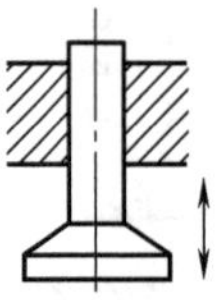	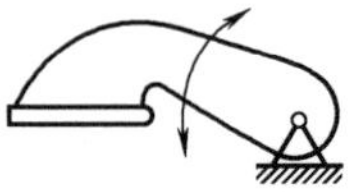	从动件的顶端做成较大的平底，与盘形凸轮之间形成平底接触，润滑性能较好，磨损小，适合高速场合，如汽车内燃机的进气门杆端部与凸轮的接触就是采用平底结构
曲面从动件	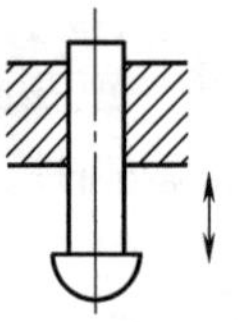	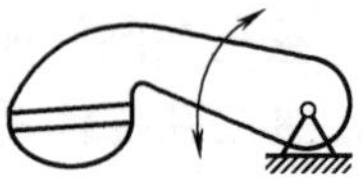	结构特点介于滚子从动件和平底从动件之间

3. 按凸轮与从动件之间的锁合方式分类

锁合是使凸轮与从动件始终保持接触状态。凸轮机构按凸轮与从动件之间的锁合方式进行分类，可分为力锁合凸轮机构和形锁合凸轮机构。其中力锁合凸轮机构主要是利用重力、弹簧力以及其他外力进行锁合；形锁合凸轮机构主要依靠凸轮凹槽两侧的轮廓曲线或从动件的特殊构造进行锁合。

二、凸轮机构的结构和制造材料

1. 凸轮的结构

按凸轮的大小分类，凸轮结构主要有整体式凸轮轴和组合式凸轮两大类。

（1）整体式凸轮轴　当凸轮的轮廓与轴的直径相差不大时，通常将凸轮和轴制成一体而形成凸轮轴，如图 5-48 所示。整体式凸轮轴结构紧凑，所占空间较小，可减小机器的体积。

图 5-48　整体式凸轮轴

（2）组合式凸轮　当凸轮的轮廓与轴的直径相差较大时，可将凸轮和轴分别制成零件，然后再用紧固件连接在一起，连接方式主要有螺栓连接（图 5-49）、销连接（图 5-50）、镶块连接等。

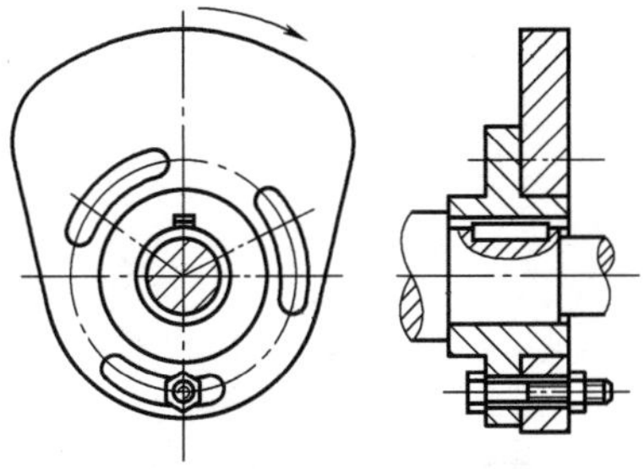

图 5-49　凸轮螺栓连接

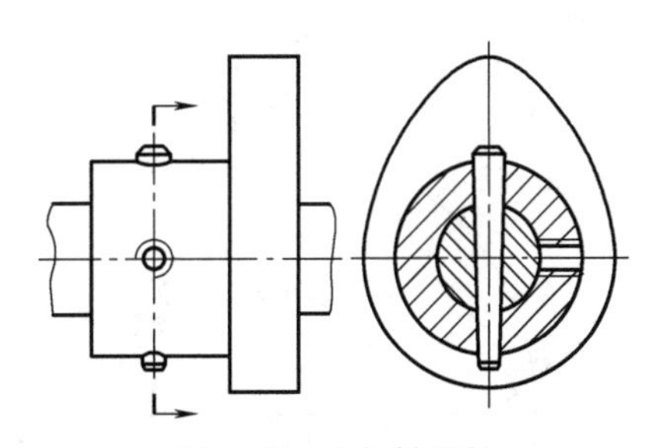

图 5-50　凸轮销连接

凸轮与轴采用螺栓连接时，凸轮与轴的相对位置可通过螺栓进行调整；凸轮与轴采用销连接时，凸轮与轴的相对位置不能进行调整，但连接简单；采用镶块连接时，可在鼓轮上做出许多螺纹孔，供镶块灵活地选用和固定，这种凸轮可按使用要求变换从动件的运动形式。

2. 凸轮和滚子的制造材料

凸轮和滚子的工作表面要有足够的硬度、耐磨性和接触强度，对于有冲击载荷作用的凸轮机构还要使凸轮的心部具有较好的韧性。通常凸轮和滚子的制造材料主要是调质钢（如 45 钢、40Cr 钢、38CrMoAl 等）、渗碳钢（如 20Cr 钢、20CrMnTi 钢等）以及灰铸铁（如 HT250、HT300 等）、球墨铸铁（如 QT800-2、QT900-2 等）。凸轮材料的选择依据是运动速度和承载大小，不管采用何种材料制造凸轮，通常都需要对凸轮进行合理的热处理才能满足使用要求。

三、凸轮机构的特点

凸轮机构结构简单、紧凑，动作精确可靠，容易实现预定的运动规律。但由于凸轮与从动件之间是高副接触，又不易润滑，因此凸轮和从动件容易磨损。另外，凸轮轮廓线比较复杂，不易加工，凸轮机构传递的力不易太大，而且受凸轮尺寸的限制，从动件的行程也较小。

四、凸轮机构运动分析

在凸轮机构中，从动件的运动是由凸轮的轮廓曲线决定的。具有特定轮廓曲线的凸轮可驱动从动件按特定的规律运动；反之，从动件的不同运动规律，需要凸轮具有相应的轮廓曲线来满足。设计凸轮机构时，通常是根据工作要求选择从动件的运动规律，然后再根据从动件的运动规律设计凸轮的轮廓曲线。

1. 从动件的运动曲线

从动件的运动规律是指从动件的位移 s 随时间 t 变化的规律。当凸轮做匀速转动时，其转角 δ 与时间 t 成正比（$\delta=\omega t$），所以从动件的运动规律也可以用从动件的位移 s、速度 v、加速度 a 随凸轮转角 δ 而变化的规律来描述，即 $s=s(\delta)$，$v=v(\delta)$，$a=a(\delta)$。通常将从动件的位移 s、速度 v、加速度 a 随 δ 而变化的直角坐标曲线称为从动件的运动线图，它可直观地反映从动件的运动规律。图 5-51 所示为对心尖顶移动盘形凸轮机构及其从动件位移曲线图，位移 h 表示从动件升高的最大距离。

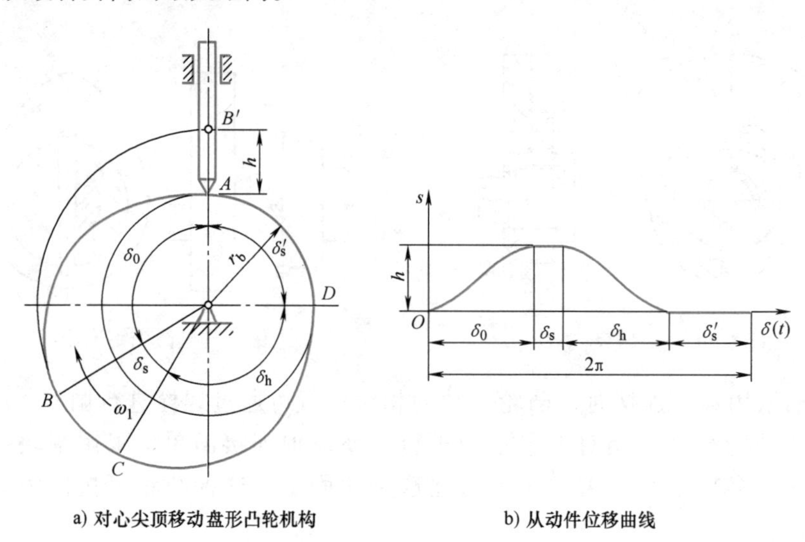

a) 对心尖顶移动盘形凸轮机构　　b) 从动件位移曲线

图 5-51　对心尖顶移动盘形凸轮机构及其从动件位移曲线图

2. 盘形凸轮的运动分析

以凸轮轮廓的最小半径 r_b 为半径所作的圆称为凸轮的基圆，r_b 为基圆半径。从动件在图中处于即将上升的起始位置，其尖顶与凸轮在 A 点接触。当凸轮以匀角速度顺时针方向转动时，凸轮轮廓 AB 段逐步推动从动件按预定运动规律上升到最高位置 B，这个过程称为推程，从动件移动的距离 h 称为升程，对应的凸轮转角 δ_0 称为升程角。

当凸轮继续转过 δ_s 角时，凸轮轮廓 BC 段直径保持不变，从动件停留在最远处不动，相应的凸轮转角 δ_s 称为远休止角；当凸轮继续转过 δ_h 角时，凸轮轮廓 CD 段直径逐渐减小，从动件在重力或弹簧的作用下，紧紧与凸轮轮廓接触，并按预定运动规律逐步回到起始位置 A，这个过程称为回程，相应的凸轮转角 δ_h 称为回程角。

当凸轮继续转过 δ'_s 角时，凸轮轮廓 DA 段直径保持不变，从动件停留在起始位置不动，相应的凸轮转角 δ'_s 称为近休止角。当凸轮继续转动时，从动件又重复上述运动规律。

3. 凸轮机构的传力特性

图 5-52 所示为对心尖顶移动从动件盘形凸轮机构在某一位置的受力情况，如果不考虑摩擦，凸轮给予从动件的推力 F 应沿着接触点 A 的公法线 nn 方向，它与从动件在该点的速度 v 的方向所夹的锐角 α 称为凸轮在 A 点的压力角。凸轮机构在工作过程中，从动件与凸轮轮廓上各点接触时，因为其所受的推力 F 的方向是变化的，因此凸轮轮廓上各点的压力角大小也是变化的。

推力 F 可以分解为沿从动件速度方向的分力 F_1 和垂直于速度方向的分力 F_2，且有

$$F_1=F\cos\alpha \text{（推动从动件运动的有效分力）}$$

$$F_2=F\sin\alpha \text{（增大摩擦力的有害分力）}$$

显然，压力角 α 越小，F_1 越大，传力性能越好；反之，压力角 α 越大，F_1 越小，导路中的侧压力越大，摩擦阻力越大，凸轮转动越困难。当压力角 α 增大到一定程度，有效分力不足以克服摩擦阻力时，无论凸轮对从动件的推力有多大，从动件都不能运动，这种现象称为自锁。

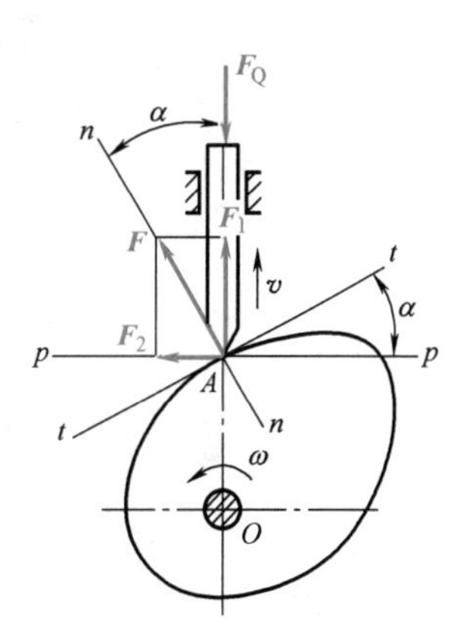

图 5-52　压力角与凸轮机构的传力特性

从上面的分析可以看出，为了改善凸轮机构的传力特性，提高其传动效率，希望压力角 α 越小越好。但是，压力角越小，则凸轮基圆半径越大，从而使凸轮机构尺寸增大。因此，从使凸轮机构尺寸紧凑的角度考虑，希望凸轮机构的压力角越大越好。在机械中，通常希望凸轮机构既有较好的传力特性，又具有紧凑的结构尺寸。

凸轮机构压力角的选择原则：在传力许可的条件下，尽量取较大的压力角。为了使凸轮机构能够顺利地工作，规定了压力角的许用值 $[\alpha]$，而且要求 $\alpha\leqslant[\alpha]$。根据实践经验，凸轮机构在推程中的许用压力角：对于移动从动件，$[\alpha]\leqslant30°$；对于摆动从动件，$[\alpha]\leqslant45°$。凸轮机构在回程时，传力已不是主要问题，而主要考虑的是减小凸轮尺寸，因此许用压力角 $[\alpha]$ 为 70°~80°。

4. 盘形凸轮机构的轮廓线绘制

以对心尖顶移动从动件盘形凸轮机构为例，绘制凸轮轮廓曲线。假设凸轮机构从动件的运动规律是：从动件升程时是匀速运动，升程角是 δ_0，升程是 h，远休止角是 δ_s；从动件回程时是等加速等减速运动，回程角是 δ_h，近休止角是 δ'_s，如图 5-53 所示。

1）确定凸轮的回转方向和基圆半径。假设凸轮顺时针方向转动，基圆半径是 r_b。

2）选取合理的长度比例尺（仅对纵坐标长度有用，与横坐标长度无关），作出从动件位移曲线图，如图 5-53b 所示。

3）在从动件位移曲线上，对应于升程角 δ_0 和回程角 δ_h 的区域，将两区域分成若干等份，过各等分点作垂直线，分别与从动件位移曲线相交于 1′、2′、3′……则线段 11′、22′、33′等就是从动件对应于凸轮各转角时的位移。

4）用相同的长度比例，以 O 点为圆心、r_b 为半径作基圆，如图 5-53a 所示，基圆与从动件导路的交点 B_0 就是从动件尖顶的初始位置。

5）从 OB_0 开始，沿 $-\omega$ 方向依次量取角度 δ_0、δ_s、δ_h、δ'_s，并将它们各分成与从动件位移曲线相同的等份，获得基圆上的各等分点 B'_1、B'_2、B'_3……连接 OB'_1、OB'_2、OB'_3……

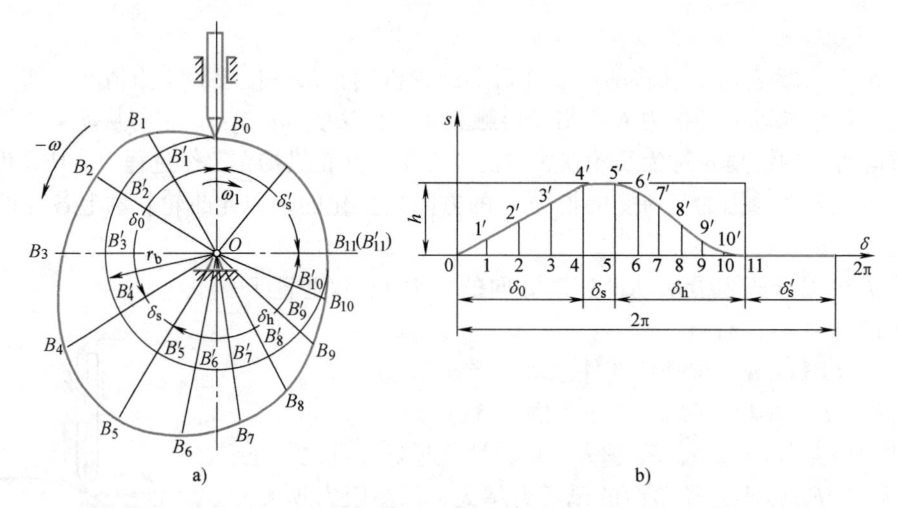

图 5-53　对心尖顶移动从动件盘形凸轮机构凸轮轮廓曲线的绘制

并延长，就可获得各径向线。

6）在各径向线上分别量取 $B'_1B_1=11'$、$B'_2B_2=22'$、$B'_3B_3=33'$……就可获得 B_1、B_2、B_3 等点，将 B_0、B_1、B_2、B_3……各点连接成光滑曲线，即可获得所要的凸轮轮廓曲线。

模块四　间歇运动机构

【教——建立“类型—特点—应用”之间的关系】

通常绝大多数的机器输出的运动是连续的，而有些机器的工作部分却需要做周期性地时动、时停的间歇运动，如牛头刨床工作台上的工件做断续进给，数控机床的自动换刀装置、生产线上的产品输出等运动都是不连续性的。能够将主动件的连续匀速转动转变为从动件的周期性间歇运动的机构，称为间歇运动机构。间歇运动机构有多种，其中应用最多的是棘轮机构和槽轮机构。

一、棘轮机构

棘轮机构是由棘轮和棘爪组成的一种单向间歇运动机构。棘轮机构可将主动件的连续转动或往复运动转变成从动件的单向步进运动（或间歇运动）。

1. 棘轮机构的组成

棘轮机构由棘轮、工作棘爪、止逆棘爪、摇杆和机架等组成，如图 5-54 所示。在棘轮机构中，主动件是工作棘爪（铰接在连杆机构的摇杆上），当摇杆逆时针方向摆动时，装在摇杆上的工作棘爪插入棘轮的齿槽中，推动棘轮转过一定角度；当摇杆顺时针方向摆动时，止逆棘爪阻止棘轮转动，棘爪在棘齿背上滑过，此时棘轮停歇不动。因此，在摇杆做往复摆动的过程中，棘轮做单向的时停、时动的间歇运动。

2. 棘轮机构的类型及应用

棘轮机构的类型较多，根据棘轮机构的工作原理进行分类，可分为齿啮式棘轮机构和摩擦式棘轮机构；根据棘轮机构的结构特点进行分类，可分为外接式棘轮机构和内接式棘轮机构。棘轮机构广泛应用于各种机床、起重机和自动机的间歇进给机构、转位机构中，也常用于千斤顶上。在自行车中棘轮机构用于单向驱动，在手动绞车中棘轮机构常用来防止逆转。棘轮机构工作时常伴有噪声和振动，因此，它的工作频率不能过高。

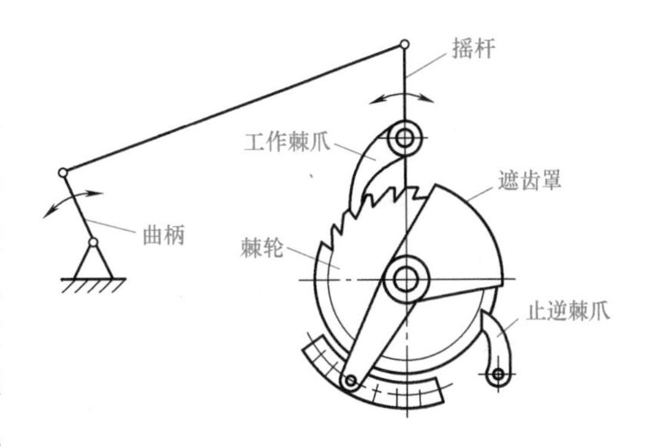

图 5-54　外接式齿啮棘轮机构

（1）齿啮式棘轮机构　它是依靠棘爪的尖齿与棘轮的凹齿之间的啮合来传递运动的。齿啮式棘轮机构和摩擦式棘轮机构的从动件转动的角度大小是由主动棘爪摇过的角度决定的。齿啮式棘轮机构和摩擦式棘轮机构分为外接式棘轮机构和内接式棘轮机构两种。

外接式齿啮棘轮机构的结构尺寸较大，一般以棘爪为主动件，棘轮为从动件。内接式齿啮棘轮机构的结构比较紧凑，一般以棘轮为主动件，棘爪为从动件，并具有从动件转动可超越主动件转动的运动特性。例如，自行车的后轴链轮装置就是内接式齿啮棘轮机构，棘爪安装在自行车后轴上，链轮的外圈是链轮齿，内圈是棘轮，如图 5-55 所示。当链条带动飞轮逆时针转动时，链轮内的棘轮推动棘爪与车轮一起转动；当链条不动时，链轮内的棘爪与车轮一起滑过棘轮，依靠惯性作用可继续向前转动。此时，后轴与链轮脱开，从而实现从动件（棘爪）转速超过主动件（棘轮）转速的超越作用。

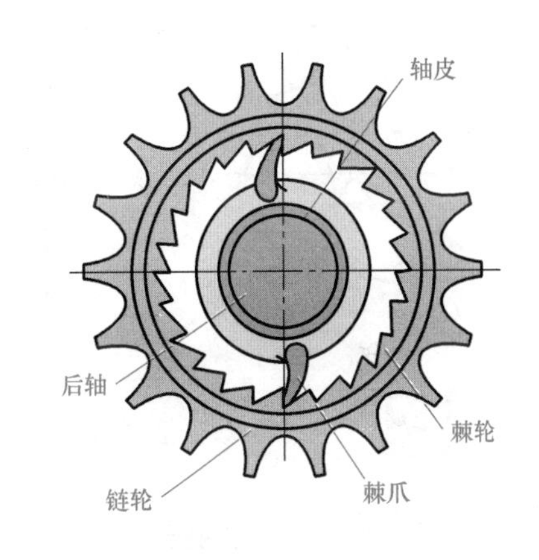

图 5-55　自行车后轴链轮结构

齿啮式棘轮机构的特点是结构简单紧凑，制造方便，运行可靠；转角准确，并可在一定范围内有级调节。但其噪声大、冲击大、磨损大，不适合高速运转场合，常用于低速、轻载的间歇传动机构。

（2）摩擦式棘轮机构　如图 5-56 所示，摩擦式棘轮机构的棘爪与棘轮之间是依靠摩擦楔块（或滚子）的挤压力传递运动的，其运动特点是可实现无级调整转角，运动过程平稳无噪声，但会出现打滑现象，使得转角精度降低。摩擦式棘轮机构主要用于低速、轻载的间歇传动机构。

3. 棘轮机构转角的调节

棘轮机构的转角需要根据工作要求随时调整，棘轮转角的调节方法有两种：一是通过调节曲柄摇杆机构中曲柄的长度来改变摇杆的摆角，从而改变棘轮的转角；二是利用遮板调节棘轮的转角。

（1）改变摇杆摆角调节棘轮转角　如图 5-57 所示，棘爪的摇动角度取决于曲柄摇杆机构中摇杆的摆动角度，通过改变曲柄的长度，就能调整摇杆的摆动角度，从而达到改变棘轮转角的目的。

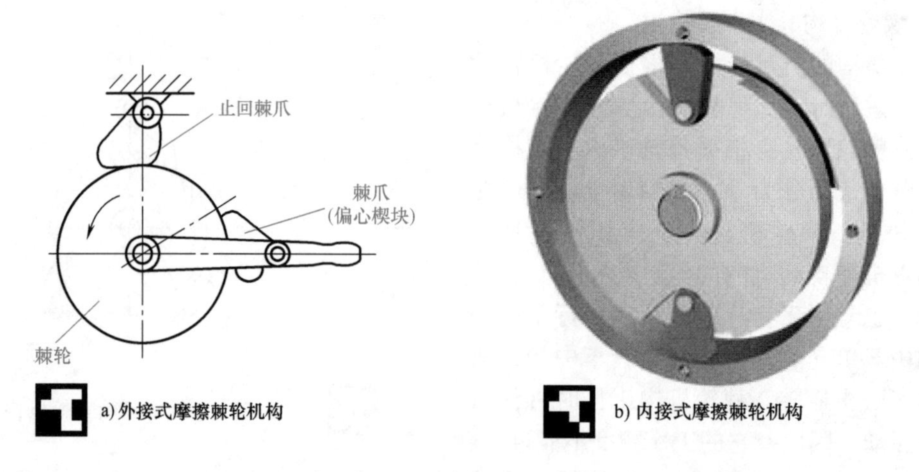

a) 外接式摩擦棘轮机构　　b) 内接式摩擦棘轮机构

图 5-56　摩擦式棘轮机构

（2）利用棘轮遮盖板调节棘轮转角　如图 5-58 所示，棘轮的外圆周上有一遮盖板，当摇杆的摆动角度不变时，遮盖板缺口处露出的棘轮齿数越多，棘轮转过的相应角度也越大；反之，棘轮转过的角度越小。该方法可用于牛头刨床工作台进给机构的进给量调整。

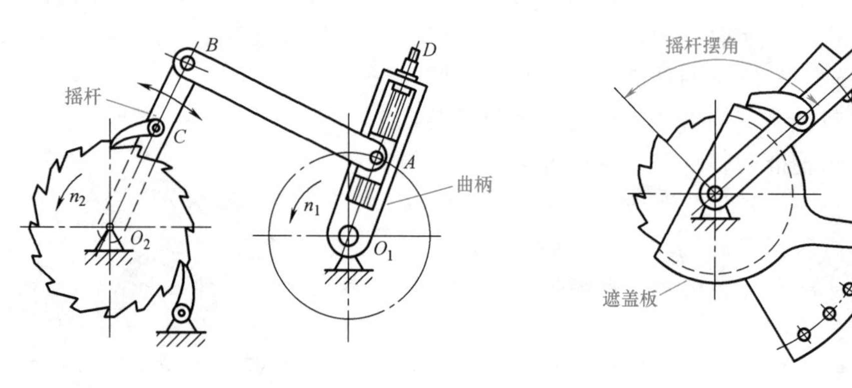

图 5-57　改变摇杆摆角调节棘轮转角

图 5-58　利用棘轮遮盖板调节棘轮转角

4. 棘轮转动方向的调整

棘轮机构中，棘轮的转动方向不一定是单向固定不动的，有时也可根据需要实现双向来回转动，图 5-59 所示的可变向棘轮机构就能满足棘轮的双向转动。随着摇杆的往复摆动，当棘爪在实线位置时，棘轮沿逆时针方向做间歇转动；当棘爪翻转到虚线位置时，棘轮沿顺时针方向做间歇转动。通常将可变向棘轮机构中的棘爪爪端设计成对称结构，棘轮一般采用对称齿形。

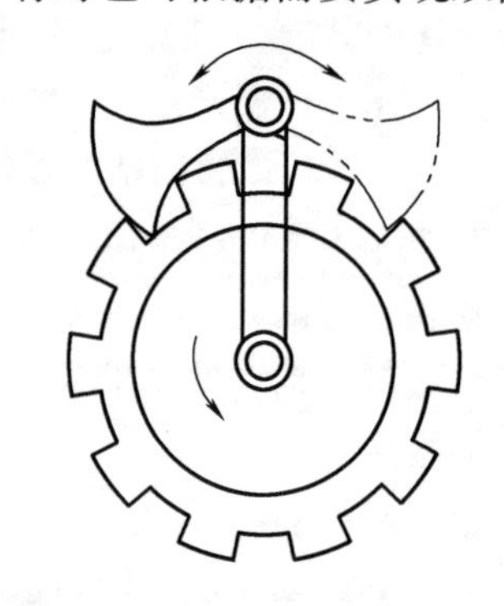

图 5-59　可变向棘轮机构

二、槽轮机构

槽轮机构是由机架、带有径向槽的槽轮和圆柱销组成的单向间歇运动机构，又称马尔他机构。它常被用来将主动件的连续转动转变成从动件的带有停歇的单向周期性转动。

1. 槽轮机构的组成

图 5-60 所示为单圆柱销外啮合槽轮机构，它由带圆柱销的拨盘、带径向槽的槽轮和机架组成。如果主动件拨盘做匀速逆时针方向转动，当拨盘上的圆柱销未进入槽轮的径向槽时，拨盘上的凸圆弧转入槽轮的凹圆弧中，槽轮因受凹凸两圆弧锁合，故静止不动；当拨盘上的圆柱销 A 进入槽轮的径向槽时，锁止弧被松开，槽轮被圆柱销 A 拨动并顺时针方向转动一定角度；当圆柱销开始脱离径向槽时，拨盘上的凸圆弧又开始将槽轮锁住，槽轮又静止不动；当拨盘继续转动时，圆柱销 A 又进入槽轮的径向槽中时，槽轮再次顺时针方向转动一定角度。上述过程重复出现，最终实现拨盘连续转动，槽轮间歇转动。

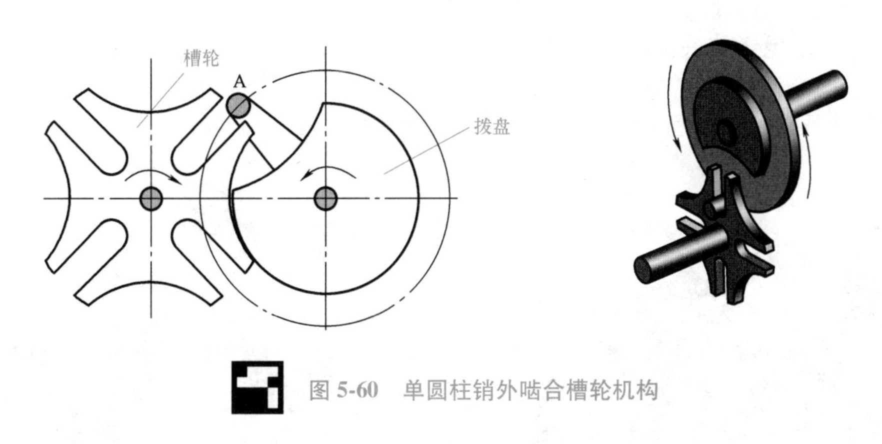

图 5-60　单圆柱销外啮合槽轮机构

2. 槽轮机构的类型

根据槽轮与拨盘的转动方向进行分类，槽轮机构可分为外槽轮机构和内槽轮机构。其中外槽轮机构的主动拨盘与从动槽轮的转动方向相反；内槽轮机构的主动拨盘与从动槽轮的转动方向相同。根据拨盘上圆柱销的数目进行分类，槽轮机构可分为单圆柱销槽轮机构、双圆柱销槽轮机构和多圆柱销槽轮机构等。

3. 槽轮机构的运动特点

单圆柱销外啮合槽轮机构的运动特点是：拨盘每转一周，槽轮只做一次与拨盘转动方向相反的转动。双圆柱销外啮合槽轮机构的拨盘上有两个圆柱销（图 5-61），其运动特点是：拨盘每转一周，槽轮可做两次与拨盘转动方向相反的转动。如果是内啮合槽轮机构（图 5-62），拨盘与槽轮具有相同的转动方向，同时机构更加紧凑。

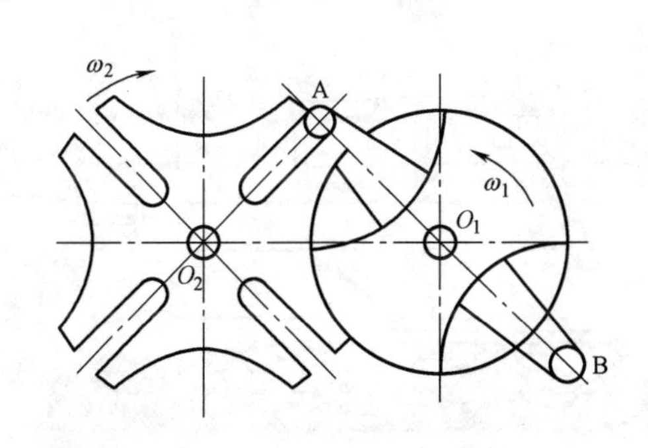

图 5-61　双圆柱销外啮合槽轮机构

图 5-62　内啮合槽轮机构

槽轮机构具有结构简单、制造方便、转位迅速、运转平稳、机械效率高等优点，广泛应用于自动机械或仪器仪表中，如六角车床转塔、电影放映机、自动摄像机等。但当槽轮的槽数确定后，每次转角就被固定下来，不能随意调整。要改变槽轮的转角，必须更换具有相应槽数的槽轮。由于槽轮的槽数一般取 4、6、8 个，因此槽轮机构不宜应用于转角太小的传动机构。槽轮机构的定位精度不高，主要应用于对转速要求不高的转位或分度机构。

图 5-63 所示为六角车床刀架转位槽轮机构，刀架上装有 6 种刀具，与刀架连接在一起的槽轮上开设有 6 个径向槽，拨盘上装有 1 个圆柱销。当拨盘每转一周时，圆柱销进入槽轮（即刀架）一次，驱动槽轮转过 60°，将下一工序的刀具转到相应的工作位置，从而完成刀具的自动更换。

图 5-64 所示电影放映机的卷片机构是利用槽轮机构制成的。当拨盘转动一周时，槽轮转过 1/4 周，胶片移动一个画面，并停留一定时间。拨盘连续转动，槽轮带动胶片重复间歇运动，利用人眼的视觉暂留特性，可使人感觉看到的是连续的画面。

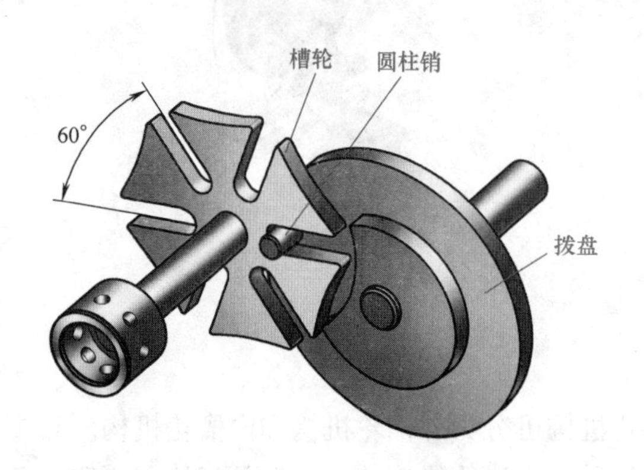

图 5-63　六角车床刀架转位槽轮机构

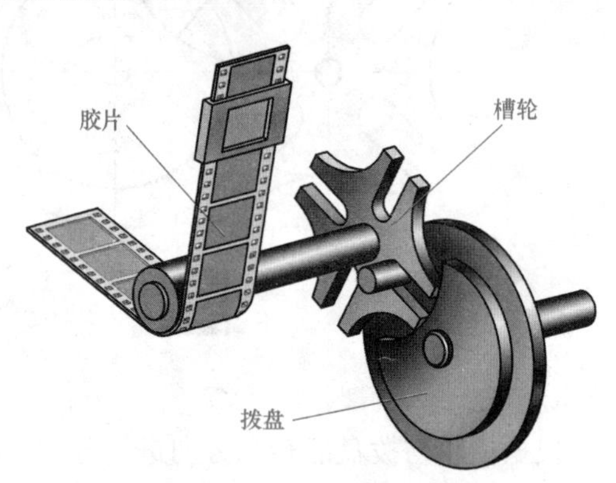

图 5-64　电影放映机的卷片机构

拓展知识

中国古代在凸轮机构方面的应用

中国人很早就发明了水碓机械，并用来舂米。在中国古代的魏末晋初时期，杜预在总结了中国劳动人民利用水碓机械加工粮食的经验基础上，发明了连机水碓机械。水碓机械是应用凸轮机构的典型代表。在明朝宋应星所著的《天工开物》中，也有连机水碓机械（图 5-65）的记载。连机水碓机械装有一个长转轴，转轴上安装了立式水轮和彼此错开的若干组拨板，拨板用来推动碓杆。连机水碓的动力是水力，是依靠立式水轮上的若干板叶传递动力的。当一个拨板转下时，下压碓杆的一端，使碓杆的另一端升起，碓杆的另一端装一块圆锥形石头，下面的

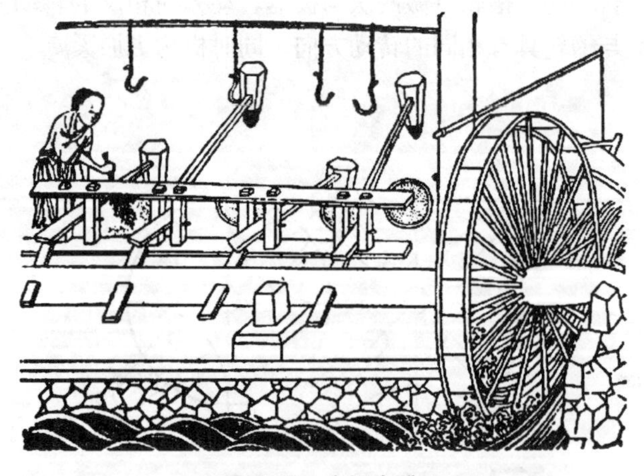

图 5-65　连机水碓

石臼里放上准备加工的稻谷。当拨板转过后，由于碓杆的自重，随即下降，舂米一次。由于一个立式水轮可以同时带动多个碓杆进行舂米作业，因此，极大地提高了舂米效率。纵使时代在变迁，连机水碓机械传承至今，依旧历久不废，直到20世纪20年代才逐渐被柴油机碾米机所替代。

据《后汉书·杜诗传》记载，南阳太守杜诗注重冶铁生产，兴修水利，发明了水排。水排是用水作为动力的机械，它是根据水碓机械中的凸轮传动原理，通过曲柄摇杆、绳、轮和鼓风器等的连接而组成的，也是中国古代最早的具有动力机、传动机构和工作机的机械，它对鼓风机的推广应用起到了促进作用。

另外，在中国古代的记里鼓车、水运浑象、水力天文仪器等机械中，也应用了复杂的凸轮机构。

【练——温故知新】

一、名词解释

1. 运动副　2. 低副　3. 转动副　4. 移动副　5. 螺旋副　6. 高副　7. 平面连杆机构　8. 铰链四杆机构　9. 曲柄摇杆机构　10. 双曲柄机构　11. 双摇杆机构　12. 滑块机构　13. 曲柄滑块机构　14. 凸轮机构　15. 间歇运动机构　16. 棘轮机构　17. 槽轮机构

二、填空题

1. 机构按其运动空间进行分类，可分为______机构和______机构。

2. 机构中的构件分为固定件（机架）、______动件和______动件三类。

3. 平面运动副包括______副和______副。

4. 根据有无移动副进行分类，平面四杆机构可分为______四杆机构和______四杆机构两大类。

5. 在铰链四杆机构中，根据两连架杆的运动形式进行分类，可分为____________机构、________机构和双摇杆机构三种基本形式。

6. 常用滑块四杆机构主要有______滑块机构、______机构、摇杆滑块机构、曲柄摇块机构等。

7. 导杆机构包括________导杆机构和________导杆机构。

8. 摇杆滑块机构是将连杆的往复______转变为导杆的往复移动。

9. 曲柄摇块机构是将曲柄的整周转动（或往复摆动）转变为滑块的往复______。

10. 死点位置常使机构从动件无法______或出现运动不确定现象。

11. 按凸轮的外部形状进行分类，凸轮机构可分为______凸轮机构、______凸轮机构、圆柱凸轮机构等。

12. 按从动件的端部形状及从动件的运动形式进行分类，凸轮机构可分为__________从动件凸轮机构、__________从动件凸轮机构、平底从动件凸轮机构、曲面从动件凸轮机构等。

13. 按凸轮的大小分类，凸轮结构主要有______式凸轮轴和______式凸轮两大类。

14. 棘轮机构由______、工作______、止逆棘爪、摇杆和机架等组成。

15. 根据棘轮机构的工作原理进行分类，可分为______式棘轮机构和______式棘轮机构。

16. 根据棘轮机构的结构特点进行分类，可分为______式棘轮机构和______式棘轮机构。

17. 单圆柱销外啮合槽轮机构由带圆柱销的______、带径向槽的______和机架组成。

18. 根据槽轮与拨盘的转动方向进行分类，槽轮机构可分为______槽轮机构和______槽轮机构。

三、单项选择题

1. 两构件通过____________接触组成的运动副称为低副。

A. 点　　B. 线　　C. 面

2. 下面运动副中，属于高副的是____________。

A. 螺旋副　　B. 转动副　　C. 移动副　　D. 齿轮副

3. 在曲柄摇杆机构中，能够做整周转动的连架杆称为____________；只能在一定角度内摆动的构件是____________。

A. 曲柄　　B. 连杆　　C. 机架　　D. 摇杆

4. 能够将整周转动变成往复摆动的铰链四杆机构是____________机构。

A. 双曲柄　　B. 双摇杆　　C. 曲柄摇杆

5. 曲柄滑块机构有死点存在时，其主动件是____________。

A. 曲柄　　B. 滑块　　C. 曲柄与滑块均可

6. 在曲柄摆动导杆机构中，如果曲柄为原动件且做等速转动，其从动导杆做__________。

A. 往复摆动　　B. 往复移动

7. 为了使曲柄摇杆机构顺利地通过死点位置，可以在曲柄上安装__________来增大惯性。

A. 齿轮　　B. 飞轮

8. 杆长不等的铰链四杆机构，如果以最短杆为机架，则为____________。

A. 双曲柄机构　　B. 双摇杆机构

9. 铰链四杆机构 $ABCD$ 各杆的长度分别是 $L_{AB}=40mm$，$L_{BC}=90mm$，$L_{CD}=55mm$，$L_{AD}=100mm$。如果取 L_{AB} 杆为机架，则该机构是__________。

A. 双摇杆机构　　B. 双曲柄机构　　C. 曲柄摇杆机构

10. 图 5-66 所示为汽车前轮转向架，$ABCD$ 是等腰梯形，它属于__________。

A. 双摇杆机构　　B. 双曲柄机构　　C. 曲柄摇杆机构

11. 铰链四杆机构中，如果最短杆与最长杆长度之和小于其余两杆长度之和，为了获得曲柄摇杆机构，其机架可选用____________。

A. 最短杆　　B. 最短杆的相邻杆

C. 最短杆的相对杆

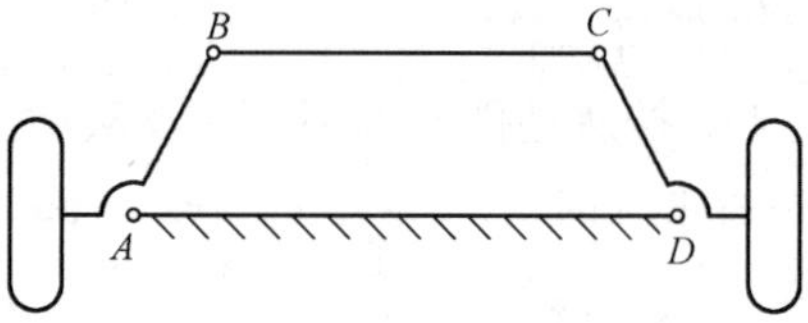

图 5-66　汽车前轮转向架

12. 在曲柄摇杆机构中，当行程速度变化系数__________时，曲柄摇杆机构才具有急回特性。

A. $K=0$　　B. $K=1$　　C. $K>0$　　D. $K>1$

13. 对于四槽双圆柱销外啮合槽轮机构，拨盘每回转一周，槽轮转过____________。

A. 45°　　B. 90°　　C. 180°　　D. 270°

14. 图 5-67 所示为自卸车，其翻斗机构 *ABCD* 属于______________。

A. 双曲柄机构　　B. 双摇杆机构

C. 曲柄摇杆机构　　D. 曲柄转动导杆机构

15. 图 5-68 所示为汽车前风窗刮水器，其机构 *ABCD* 属于______________。

A. 曲柄摇杆机构　　B. 双摇杆机构

C. 双曲柄机构　　D. 曲柄摆动导杆机构

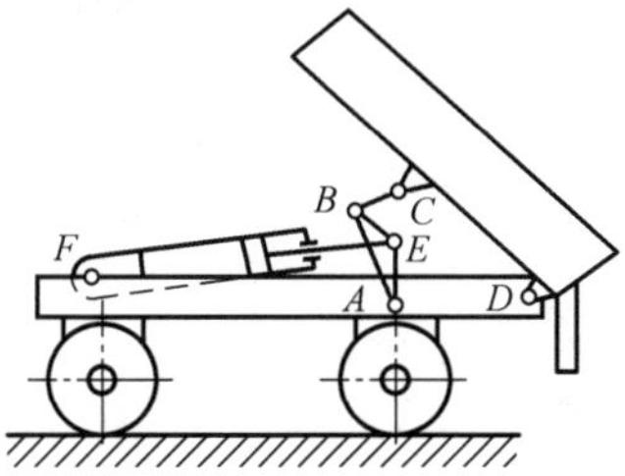

图 5-67　自卸车

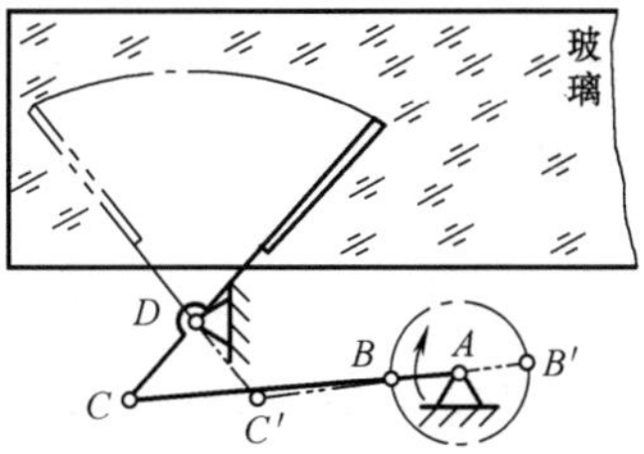

图 5-68　汽车前风窗刮水器

16. 凸轮机构中，凸轮与从动件组成______________。

A. 转动副　　B. 移动副　　C. 高副

17. 盘形凸轮与机架组成______________。

A. 转动副　　B. 移动副　　C. 高副

18. 凸轮机构中耐磨损又可承受较大载荷的从动件是______________从动件。

A. 尖顶　　B. 滚子　　C. 平底

19. 在凸轮机构中，从动件的预期运动规律是由______________决定的。

A. 从动件的形状　　B. 凸轮的转速　　C. 凸轮的轮廓曲线形状

20. 棘轮机构可将主动件的连续转动或往复运动转变成从动件的______________。

A. 连续动件　　B. 间歇运动

四、判断题（认为正确的请在括号内打“√”；反之，打“×”）

1. 构件之间通过面接触所形成的运动副称为低副。（　　）

2. 在高副中，由于构件之间是点（或线）的接触，在承受载荷时单位面积上的压力较小。（　　）

3. 铰链四杆机构是由平面低副组成的四杆机构。（　　）

4. 铰链四杆机构中能够做整周圆周运动的构件是曲柄。（　　）

5. 曲柄摇杆机构中的曲柄一定是主动件。（　　）

6. 在曲柄长度不等的双曲柄机构中，主动曲柄做等速转动时，从动件做变速转动。（　　）

7. 在铰链四杆机构中，传动角 γ 越大，机构的传动性能越好。（　　）

8. 在铰链四杆机构中，如果最短杆与最长杆长度之和小于或等于其他两杆之和，且最短杆为连架杆时，机构中只有一个曲柄。（　　）

9. 曲柄摇杆机构中，当摇杆为主动件时，曲柄和连杆共线两次时所夹的锐角称为极位夹角。（　　）

10. 在曲柄摇杆机构中，当摇杆为主动件时，曲柄和连杆共线两次时，机构出现死点位置。（　）

11. 在曲柄摇杆机构中，当曲柄为主动件时，只要机构的极位夹角 $\theta>0°$，则机构必然具有急回特性。（　）

12. 在铰链四杆机构中，如果存在曲柄，则曲柄一定是最短杆。（　）

13. 曲柄滑块机构常用于内燃机中。（　）

14. 压力角 α 是从动件上受到的主动力方向与受力点的速度方向所夹的锐角。（　）

15. 压力角 α 越大，有效动力就越大，机构动力传递性越好，传动效率越高。（　）

16. 凸轮机构中，从动件与凸轮的接触是高副。（　）

17. 凸轮机构中，从动件的行程不能太大，因此凸轮机构主要用于行程较短的场合。（　）

18. 棘轮机构中棘轮的转角大小可通过调节曲柄的长度来改变。（　）

19. 槽轮的转角与槽轮的槽数有关，与拨盘上的圆柱销数无关。（　）

五、简答题

1. 低副与高副各有何特点？
2. 绘制平面机构运动简图的步骤有哪些？
3. 铰链四杆机构成为双摇杆机构的基本条件是什么？
4. 曲柄滑块机构有何功能？可用于哪些场合？
5. 曲柄摇块机构有何功能？可用于哪些场合？
6. 如何使曲柄摇杆机构顺利通过死点？死点位置有哪些有益的应用？
7. 凸轮机构的特点是什么？
8. 棘轮转角的调节方法有哪些？
9. 槽轮机构的运动特点有哪些？

六、综合分析题

1. 图5-69所示铰链四杆机构的构件长度：$L_{BC}=50mm$，$L_{CD}=35mm$，$L_{AD}=40mm$。如果要使该铰链四杆机构成为曲柄摇杆机构，那么，曲柄 AB 的长度 L_{AB} 可取值的范围是多少？

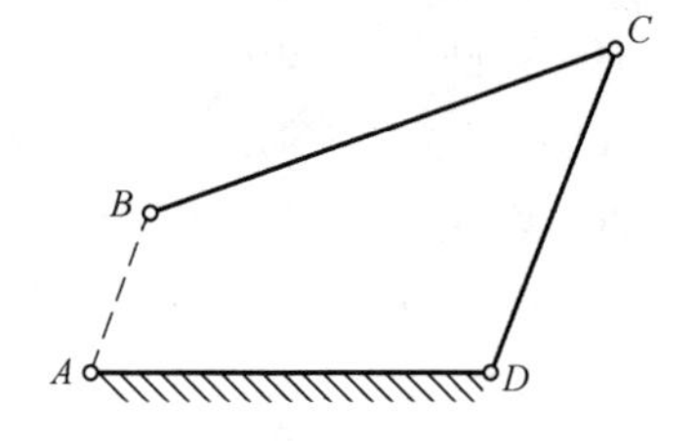

图5-69　铰链四杆机构

2. 根据图5-70所示的尺寸，分析判断铰链四杆机构的类型。

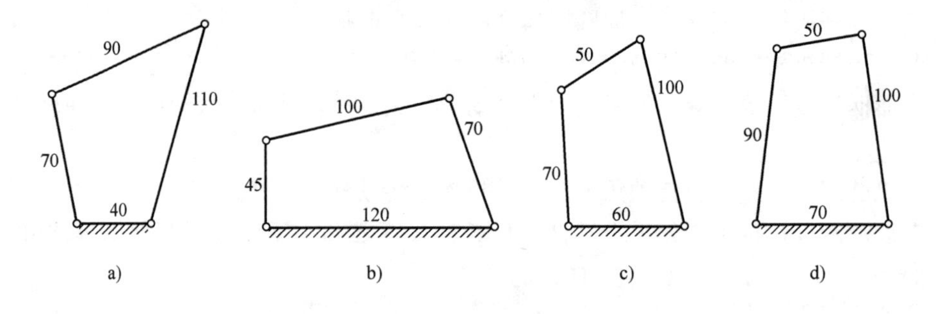

图5-70　铰链四杆机构类型判断

【思——学会将知识系统化，知其所以然】

主题名称	重点说明	提示说明
运动副	构件与构件之间既保持直接接触和制约，又保持确定的相对运动的可动连接称为运动副	根据机构中两构件接触的几何特征进行分类，运动副分为平面运动副和空间运动副。两构件在同一平面内所组成的运动副称为平面运动副。平面运动副包括低副和高副
低副	构件之间通过面接触所形成的运动副称为低副，常见的平面低副有转动副、移动副和螺旋副	低副的接触面一般为平面，承载时压强较小，容易制造和维修，承载能力大，但低副磨损较大，传动效率较低，不能传递较复杂的运动
高副	两构件之间通过点（或线）接触形成的运动副称为高副	例如，齿轮的啮合（齿轮副）、凸轮与从动件的接触（凸轮副）、滚动轮与轨道的接触等都属于高副。由于高副是以点或线相接触，其接触部分的压强较高，因此易磨损，寿命短，制造和维修较困难，但高副可传递较复杂的运动
平面四杆机构	最简单的平面连杆机构是由四个构件用低副连接而成的平面四杆机构	根据平面四杆机构有无移动副进行分类，平面四杆机构可分为铰链四杆机构和滑块四杆机构两大类
铰链四杆机构	如果平面四杆机构中的运动副都是转动副，此类机构称为铰链四杆机构	铰链四杆机构根据两连架杆的运动形式进行分类，可分为曲柄摇杆机构、双曲柄机构和双摇杆机构三种基本形式
滑块四杆机构	滑块四杆机构是指含有移动副的四杆机构，简称滑块机构	滑块四杆机构按机构含有的滑块数目进行分类，可分为单滑块机构和双滑块机构。常用的滑块四杆机构主要有曲柄滑块机构、导杆机构、摇杆滑块机构、曲柄摇块机构等
凸轮机构	凸轮机构是指由凸起（或凹槽）轮廓形状的凸轮、从动件和机架所组成的高副机构	凸轮机构按凸轮的外部形状进行分类，可分为盘形凸轮机构、移动凸轮机构、圆柱凸轮机构等。凸轮结构主要有整体式凸轮轴和组合式凸轮两大类
棘轮机构	棘轮机构是由棘轮和棘爪组成的一种单向间歇运动机构	棘轮机构由棘轮、工作棘爪、止逆棘爪、摇杆以及机架等组成。棘轮机构可将主动件的连续转动或往复运动转换成从动件的单向步进运动（或间歇运动）
槽轮机构	槽轮机构是由机架、带有径向槽的槽轮和圆柱销组成的单向间歇运动机构，又称马尔他机构	槽轮机构由带圆柱销的拨盘、带径向槽的槽轮以及机架组成。槽轮机构常被用来将主动件的连续转动转换成从动件的带有停歇的单向周期性转动

【做——课外调研活动】

同学之间分组合作，深入社会进行观察，针对某一特定的机械（或机器），分析其涉及的相关机构类型、特点和应用场合，然后相互交流探讨，尝试画出机构运动简图并进行拆装。

【评——学习情况评价】

复述本单元的主要学习内容	
对本单元的学习情况进行准确评价	
本单元没有理解的内容有哪些	
如何解决没有理解的内容	

注：学习情况评价包括少部分理解、约一半理解、大部分理解和全部理解四个层次。请根据自身的学习情况进行准确和客观的评价。

【拓——知识与技能拓展】

同学们深入生活或企业，分析双曲柄机构、凸轮机构、棘轮机构、槽轮机构用在哪些设备中？大家分工协作，采用表格形式列出它们的应用场合。

【实训任务书】

实训活动 5：凸轮机构认识实训

单元六 机械传动

学习目标

1. 熟知带传动的组成、工作原理、特点、类型、结构、传动比、应用及相关基本概念。
2. 熟知链传动的组成、工作原理、特点、类型、结构、传动比、应用及相关基本概念。
3. 熟知齿轮传动的组成、工作原理、特点、类型、结构、传动比、应用及相关基本概念。
4. 熟知蜗杆传动的组成、工作原理、特点、类型、结构、传动比、应用及相关基本概念。
5. 熟知齿轮系的类型、特点、传动比、应用及相关基本概念。
6. 熟知减速器的类型、特点、应用、结构、标准等。
7. 围绕知识点（如齿轮系），培养核心素养、职业素养和工程素养，合理融入爱国主义教育、集体主义精神、中国制造、中国科技发展史教育等内容，合理融入专业精神、职业精神、工匠精神、劳模精神、航天精神和创新精神教育内容，进行科学精神、学会学习、实践创新3个核心素养的培养，引导学生养成严谨规范的职业素养和工程素养。

机械传动是指利用机构传递运动或动力的传动方式。机械传动可将机器动力部件的连续转动，经过变速和变向使执行部件具有工程要求的速度和方向。常见的机械传动有带传动、链传动、齿轮传动和蜗杆传动等。机械传动广泛应用于汽车、飞机、机床、机械装备以及日用机械等方面。

模块一 带传动

【教——善于进行师生互动】

带传动是利用带轮与传动带之间的摩擦力（或带轮与传动带之间的啮合）来传递运动和转矩的一种机械传动。

一、带传动的原理和组成

带传动原理是利用带轮与传动带之间的摩擦力或带轮与传动带之间的啮合来传递运动和转矩。带传动通常由主动带轮、从动带轮和紧套在两带轮上的传动带组成。带传动是一种应用广泛的机械传动，如家用洗衣机、金属切削机床、汽车、纺织机、建筑机械等都应用了带传动。

二、带传动的特点

带传动具有的主要特点是：带传动柔和，带具有弹性，可起缓冲、吸振作用，传动过程平稳，噪声小；发生过载时，传动带会在带轮上打滑，可防止零件损坏，起到安全保护作用；结构简单、造价低廉、不需要润滑，安装和维护方便，多用于两轴相距较远的机械传动；传动带存在弹性滑动现象，不能保证精确的传动比，传动带的使用寿命短，外廓尺寸较大；带传动不适合大功率的传动机械。

三、带传动的类型和应用

带传动按带的截面形状进行分类，可分为平带传动、V 带传动、同步带传动，如图 6-1 所示和圆带传动等。带传动按工作原理进行分类，可分为同步带传动和摩擦式带传动两大类。除了同步带传动之外，其他带传动都属于摩擦式带传动。摩擦式带传动应用最广泛，它是依靠紧套在带轮上的传动带与带轮接触面间产生的摩擦力来传递运动和动力的。当主动带轮转动时，通过传动带带动从动带轮转动，从而将主动带轮的运动和动力传递给从动带轮，并改变从动带轮的转速和转矩。摩擦式带传动过载时会打滑，可以防止薄弱零件的损坏，起到安全防护作用，但摩擦式带传动不能保证准确的传动比。

a) 平带传动　b) V带传动　c) 同步带传动

图 6-1　带传动

1. 平带传动

平带传动是依靠带的内侧表面与带轮外圆之间的摩擦力传递动力的，如图 6-1a 所示。平带是标准件，平带的截面为扁平矩形，带的内侧表面为工作平面。对于平带传动来说，平带的结构较为简单，带轮制造容易，它主要适用于两轴平行、转向相同、距离较远的机械传动。但在相同条件下，平带传动所能传递的功率较低。

2. V 带传动

V 带传动是依靠带的两侧面与带轮的轮槽之间产生的摩擦力来传递动力的，如图 6-1b 所示。V 带是标准件，V 带的截面为等腰梯形，两侧面为工作平面，两侧面之间的夹角是 40°。对于 V 带传动来说，在相同的初拉力情况下，V 带传动结构紧凑，传递的功率是平带的 3 倍。因此，V 带传动广泛应用于各种机械传动中。

3. 同步带传动

同步带传动是通过同步带上的齿形与带轮上的齿形相啮合实现运动和动力的传递的，如图 6-1c 所示。同步带传动除了保持摩擦式带传动的优点之外，还具有传递功率大，传动比准确等优点，因此，多用于要求传动平稳、传动精度较高的机械传动，如数控机床、机床电动机、纺织机、录像机、放映机等精密机械都采用同步带传动。

图 6-2　圆带

4. 圆带传动

圆带传动是由圆带和带轮组成的摩擦传动。对于圆带传动来说，其结构简单，圆带的截面为圆形（图 6-2），传递的动力较小，通常用于小功率轻型机械传动，如缝纫机、牙科医疗器械、仪器等机械设备中都可采用圆带传动。

四、V 带的结构与标准

1. V 带的结构

V 带根据其结构分为包边 V 带和切边 V 带（如普通切边 V 带、有齿切边 V 带和底胶夹布切边 V 带）两种。V 带通常由顶布（胶帆布）、顶胶、缓冲胶、抗拉体、底胶、底布（底胶夹布）等组成。V 带是无接头的环形带，其断面结构如图 6-3 所示。顶胶和底胶的主要材料是橡胶；抗拉体为绳芯结构，在 V 带中起承载作用，绳芯 V 带的柔韧性好，抗弯曲强度高，适用于带轮较小、转速较高和载荷较小的机械传动。

图 6-3　V 带的断面结构

提示：现行国家标准中已删除帘布芯 V 带及其结构图，由切边 V 带及其结构图替换。

2. V 带的标准

普通 V 带是指带的两侧面所夹角的锐角是 40°，相对高度 $h/b_p=0.7$ 的 V 带。

V 带是标准件，按其截面尺寸由小到大进行分类，普通 V 带分为 Y、Z、A、B、C、D、E 型共 7 种型号，其中 E 型 V 带的截面积最大。V 带截面尺寸越大，其传递的功率越大，生产中使用最多的是 A、B、C 3 种型号的 V 带。例如，家用波轮洗衣机选用 Z 型带，带长 400mm。Y、Z 型 V 带主要用于办公设备和洗衣机等家用电器。

V 带在绕过带轮时会产生弯曲，其外层受拉力作用而伸长，内层受压力作用而缩短，在伸长与缩短之间必定有一层带的长度不变的中性层。中性层面称为节面，节面的宽度称为节宽，用 b_p 表示。V 带在中性层面上的周线长度称为基准长度，用 L_d 表示。我国普通 V 带截面尺寸系列见表 6-1。

V 带常用基准长度 L_d（mm）有 500、625、700、780、920、1080、1100、1250、1430、1640、1750、2050、2200、2500、2700、2870、3200、3520、4060、4600、5040……但不是每一种型号都有这些基准长度，需要时可查阅相关技术手册。

普通 V 带的标记由带型（型号）、基准长度和标准编号组成。例如，B2200 GB/T 1171 表示 B 型 V 带，基准长度 L_d 是 2200mm。在每一根 V 带的顶面都压印有带的标记，包括商标、代号、制造日期等。

表 6-1　我国普通 V 带截面尺寸系列（摘自 GB/T 11544—2012）

V 带截面图	带形	节宽 b_p/mm	顶宽 b/mm	高度 h/mm	楔角 α
	普通 V 带				
	Y	5.3	6.0	4.0	40°
	Z	8.5	10.0	6.0	
	A	11.0	13.0	8.0	
	B	14.0	17.0	11.0	
	C	19.0	22.0	14.0	
	D	27.0	32.0	19.0	
	E	32.0	38.0	23.0	

五、V 带轮的结构

V 带轮通常由轮缘、轮辐和轮毂三部分组成，如图 6-4 所示。标准 V 带轮按结构尺寸分类有多种基本形式，各基本形式中又有不同的结构，以适应不同机器的整体结构要求。V 带轮的结构取决于带轮基准直径 d_d 的大小。

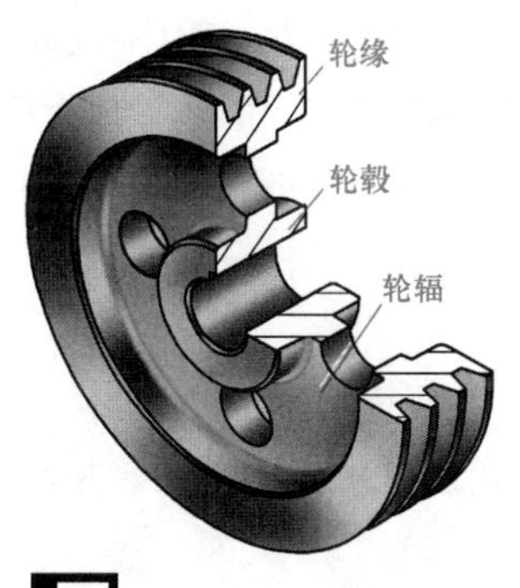

图 6-4　V 带轮结构

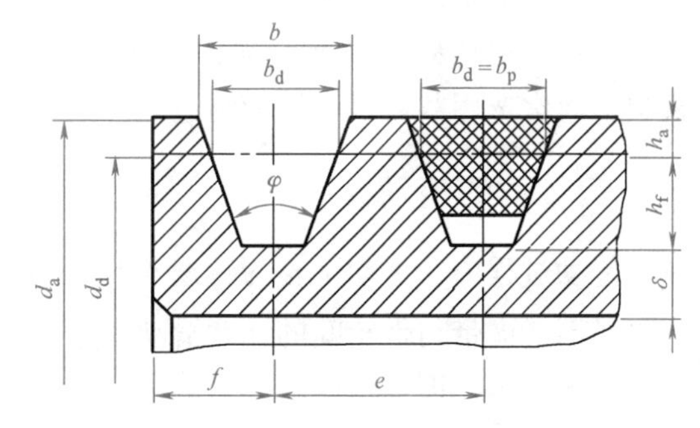

图 6-5　V 带轮的轮槽断面结构

1. 轮缘

轮缘上有轮槽（图 6-5），轮槽的槽形应与 V 带的型号一致。与 V 带中性层处在同一位置的轮槽宽度称为基准宽度 b_d。基准宽度处的带轮直径称为基准直径 d_d。在工作过程中，V 带会发生弯曲，导致 V 带的上层面受拉，下层面受压，从而使 V 带两工作面（侧面）的夹角从 40°减小到不足 40°。为了使变形后的 V 带仍然能够与带轮充分地贴合，V 带轮的楔角 φ 应按 V 带的型号和带轮直径的不同做成 32°、34°、36°和 38°四种。

2. 轮辐

轮辐是连接轮缘和轮毂的部分。根据带轮的基准直径不同，轮辐的结构可制成实心式、腹板式（孔板式）和椭圆轮辐式三种，如图6-6所示。为了方便加工、安装和减轻带轮的重量，尺寸较大的腹板式轮辐常加工成带有均匀分布的4~8个圆孔的结构。椭圆轮辐式带轮的辐条断面常做成椭圆形，称为椭圆轮辐。

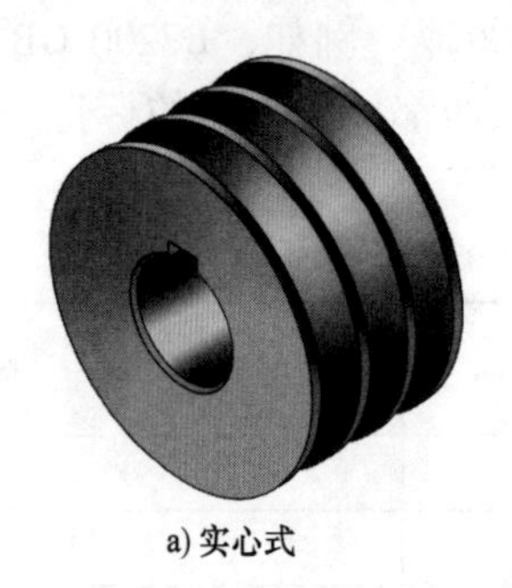
a) 实心式

b) 腹板式

c) 椭圆轮辐式

图6-6　V带轮的轮辐结构类型

1）当 d_d<150mm 时，可将轮辐制成实心式。

2）当 d_d=150~450mm 时，可将轮辐制成腹板式。

3）当 d_d>450mm 时，可将轮辐制成椭圆轮辐式。

3. 轮毂

轮毂是V带轮与轴相配合的部分，轮毂的内径要与轴径一致，常选用过渡配合，以保证孔与轴的同心度要求。轮毂的长度和外径可根据经验公式计算。

六、V带轮的制造材料

V带轮常用的制造材料主要有灰铸铁、铸钢（或钢）、铝合金和工程塑料。低速（或小功率）传动时，V带轮制造材料可选用工程塑料、铝合金或钢板冲压，如家用洗衣机、家用电器等选用工程塑料制造V带轮，台式钻床可选用铝合金制造塔形V带轮。对于中型、重型机械，通常选用灰铸铁或铸钢制造。

七、带传动的传动比

在带传动过程中，主动带轮的转速与从动带轮的转速之比称为带传动的传动比，用 i_{12} 表示。如果不考虑带与带轮间的弹性滑动因素，传动比计算公式也可用主动带轮、从动带轮的基准直径来表示，即

$$i_{12}=\frac{n_1}{n_2}=\frac{d_{d2}}{d_{d1}}$$

式中　n_1、n_2——主动带轮和从动带轮的转速，单位为 r/min；

d_{d1}、d_{d2}——主动带轮和从动带轮的基准直径，单位为 mm。

【例6.1】　某台机器的电动机转速是1440r/min，主动带轮的基准直径是125mm，从动带轮的转速是804r/min，求从动带轮的基准直径是多少？

解：由传动比计算公式得

$$i_{12}=\frac{n_1}{n_2}=\frac{d_{d2}}{d_{d1}}=\frac{1440}{804}=1.79$$

$$d_{d2}=i_{12}d_{d1}=1.79\times125\text{mm}=223.75\text{mm}$$

取标准值，得 $d_{d2}=224\text{mm}$。

八、V带传动的主要参数及其选用

在V带传动过程中，涉及的传动参数主要有：带轮包角 α、传动比 i_{12}、V带的线速度、V带轮基准直径 d_d（如 d_{d1}、d_{d2}）、中心距 a、V带的根数等。

1. 带轮包角 α

带轮包角 α 是指带与带轮接触面的弧长所对应的中心角，如图6-7所示。带轮包角 α 越小，摩擦力就越小，通常要求V带轮的包角 $\alpha\geqslant120°$。在验算带传动过程中，仅要求验算小带轮的包角 α_1 即可，因为大带轮的包角比小带轮大。如果验算结果 $\alpha_1<120°$，可以通过增大中心距的方法解决，或者是设置张紧轮（图6-8）来增大小带轮的包角 α_1。总之，小带轮的包角 α_1 越大，带与带轮的接触弧就越长，带的传动能力就越大。

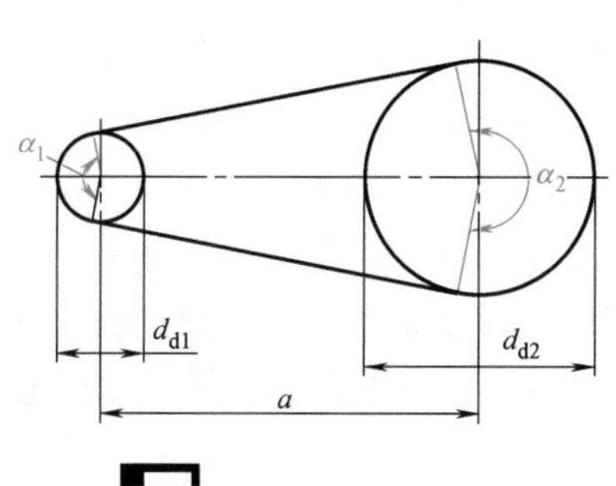

图6-7 带轮包角

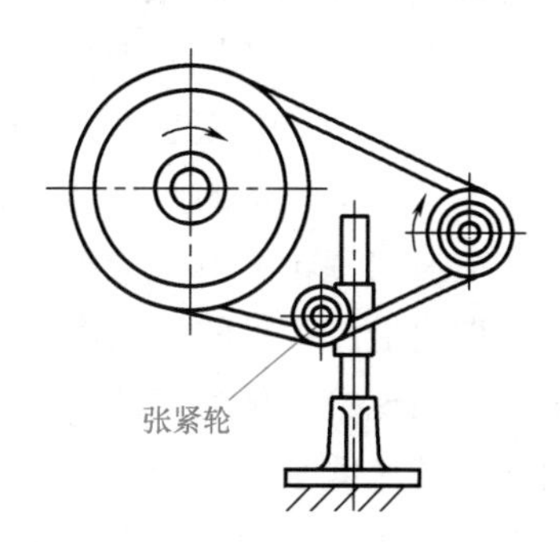

图6-8 张紧轮调整带的张力和包角

2. 传动比 i_{12}

在主动带轮与从动带轮的中心距不变的情况下，带传动比越大，两带轮的直径相差越大，小带轮上的包角就越小，带的传动能力就会下降。通常V带传动的传动比 $i_{12}\leqslant7$，一般控制在2~7。

3. V带的线速度

V带的线速度通常控制在5~30m/s，最佳的线速度是10~20m/s。在传递功率不变的前提下，虽然提高V带的线速度可以减少带的根数，但带速过高，离心力过大，摩擦力降低，反而会降低传动能力，也会影响带的使用寿命。

4. V带轮基准直径 d_d

V带轮基准直径 d_d 主要指主动带轮的基准直径 d_{d1} 和从动带轮的基准直径 d_{d2}。V带轮基准直径越大，传动装置的结构尺寸就越大；V带轮基准直径越小，传动装置的结构就越紧凑。但小带轮直径太小，会使V带在带轮上弯曲加剧，导致V带所受的弯曲应力加大，从而影响V带的使用寿命。因此，采用V带传动时，带轮有最小基准直径 d_{dmin} 要求（表6-2）。

表6-2 普通V带传动时带轮的最小基准直径 d_{dmin} （单位：mm）

普通V带型号	Y	Z	A	B	C	D	E
带轮基准宽度 b_d	5.30	8.50	11	14	19	27	32
带轮最小基准直径 d_{dmin}	20	50	75	125	200	355	500

5. 中心距 a

带传动中，两带轮轴线之间的距离称为中心距。带传动中，如果两带轮的中心距越大，传动结构会越大，传动时还会引起 V 带颤动；如果两带轮的中心距越小，小带轮上的包角越小，将使摩擦力减小，也会降低有效拉力。另外，中心距太小，由于单位时间内带在带轮上挠曲的次数增多，V 带容易疲劳，也会缩短 V 带的使用寿命。在 V 带传动中，通常要求 $0.7(d_{d1}+d_{d2})\leqslant a\leqslant 2(d_{d1}+d_{d2})$。

6. V 带的根数

V 带的根数越多，传动的功率越大，但 V 带的根数多会影响每根 V 带受力的均匀性。在 V 带传动过程中，通常应将 V 带的根数控制在 10 根以内，一般控制在 2~5 根。

九、带传动的弹性滑动和打滑

1. 带传动的弹性滑动现象

在带传动过程中，带是有弹性的，受力后会发生伸长变形，因拉力不同带的伸长量不同，如图 6-9 所示。带在紧边的伸长量要比在松边的伸长量大，而且在主动带轮上由紧边到松边，拉力逐渐减小，带的伸长量也会逐渐减小，这样就导致带在主动带轮上产生向后相对滑动现象；在从动带轮上由松边到紧边，拉力逐渐增大，带的伸长量会逐渐增大，这样就导致带在从动带轮上滞后带的线速度。由于带的弹性变形的变化所引起的带在带轮的局部区域产生微小滑动的现象，称为带的弹性滑动。弹性滑动在带传动中是不可避免的，它会导致从动带轮的圆周转速低于主动带轮的圆周转速，两者相差 1.5%左右。另外，弹性滑动不仅会引起带的磨损，还会使带传动不能保证准确的传动比。

2. 带传动的打滑现象

带传动是依靠摩擦力来传递动力的，在带传动过程中，带的滑动量将随着所传递的有效力的增大而增大，当有效圆周力（或载荷）达到并超过带与带轮间的摩擦力时，带将在带轮上剧烈滑动，从动带轮转速会急剧下降或停止转动，这种现象称为打滑。打滑现象一般出现在小带轮上。打滑时，小带轮（主动带轮）仍然继续转动，但带不能正常传动，从动带轮的转速急剧下降，带在带轮上摩擦发热，产生剧烈磨损。为了保证带传动正常工作，应避免发生打滑现象。

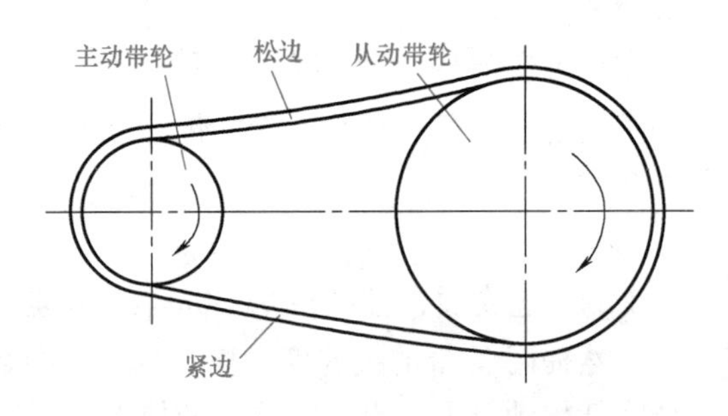

图 6-9　带传动中的弹性滑动现象

温馨提示

弹性滑动和打滑是两个截然不同的概念。打滑是指因过载或带松弛引起的带在带轮上的全面滑动，这是可以避免的；而弹性滑动是由带的松边和紧边的拉力差引起的局部区域的微小滑动，只要传递圆周力，弹性滑动现象就不可避免。

十、带传动的安装、张紧和维护

1. 带传动的安装事项

1）安装带传动前，应检查带与带轮的型号是否一致，多根 V 带的实际长度应当将偏差控制在规定的范围内。

2）安装带传动时，两带轮的轴线应当保持平行，两带轮的端面应在同一平面内，主动带轮与从动带轮的轮槽要对正。

3）安装 V 带时，应先将中心距缩小后再将 V 带套入带轮上，然后逐渐调整中心距，直至带张紧。正确的检查方法是：用大拇指在每条带中部施加 20N 左右的垂直压力，带下沉 10~15mm 为宜，如图 6-10 所示。

4）V 带断面在轮槽中应有正确的位置，V 带外缘应与带轮外缘平齐，如图 6-11 所示。如果 V 带高出太多，会减少 V 带与轮槽的接触面积；如果 V 带陷得太深，则不能达到设计的传动能力。

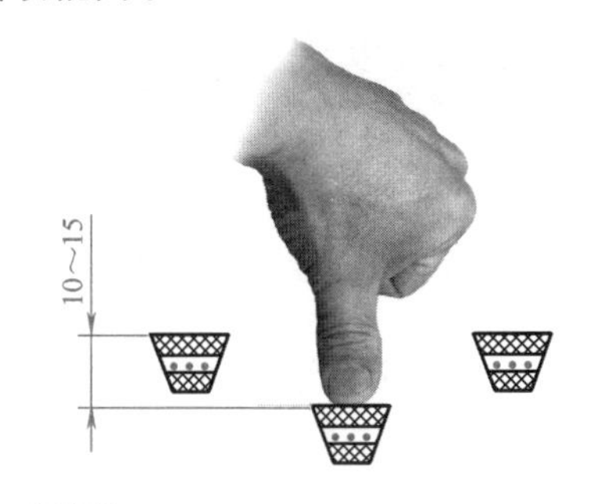

图 6-10　V 带张紧程度检查

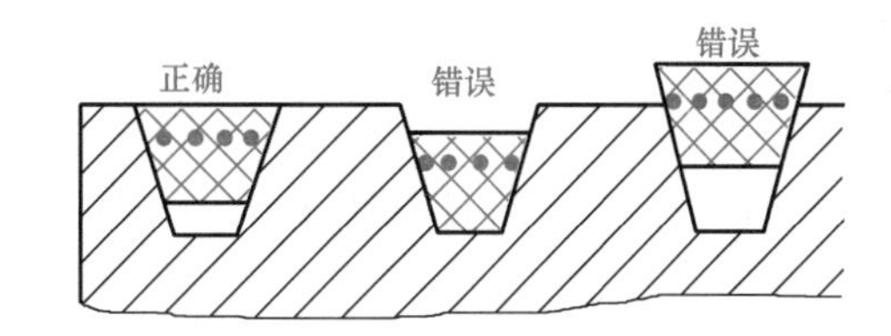

图 6-11　V 带在带轮轮槽中的位置

2. 带传动的张紧

带在工作一段时间后会产生变形而松弛，从而影响带传动正常工作。为了保证带有一定的张紧力，必须定期对带进行张紧。常用的带传动张紧方法有移动法、摆动法和安装张紧轮法。

移动法是通过改变两带轮的中心距来调整带的张力，如图 6-12a 所示。移动法应用较多，也比较简单；摆动法是通过调整螺栓或螺母，增大两带轮的中心距来达到带的张紧的目的，如图 6-12b 所示。摆动法与移动法的调整原理基本一样。摆动法在机床上应用较多；安

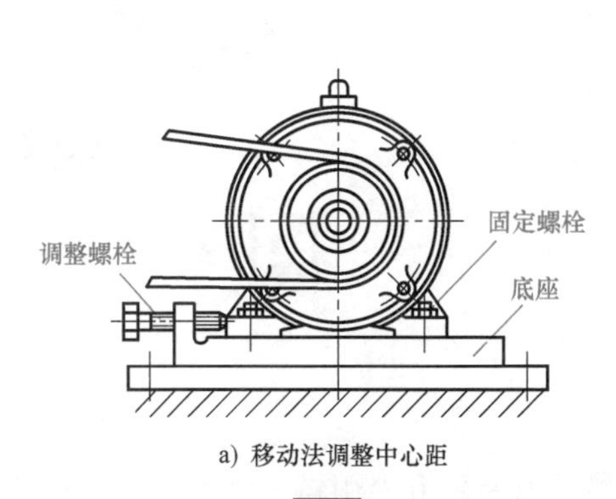

a) 移动法调整中心距

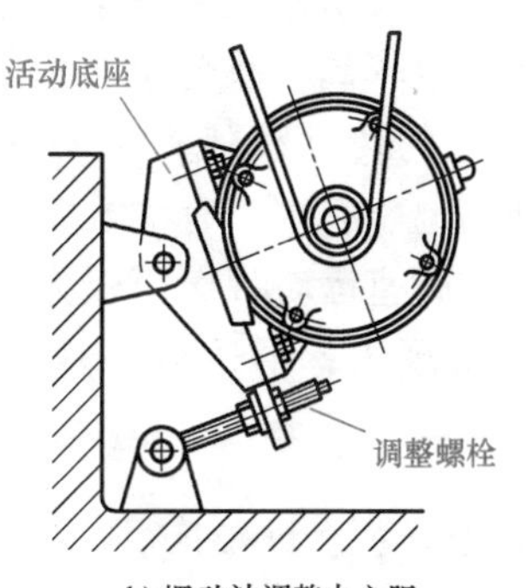

b) 摆动法调整中心距

图 6-12　调整带传动的中心距

装张紧轮法是通过安装张紧轮来调整传动带的张力。张紧轮应当放在靠近大带轮一侧，避免小带轮的包角变小，如图 6-13 所示。

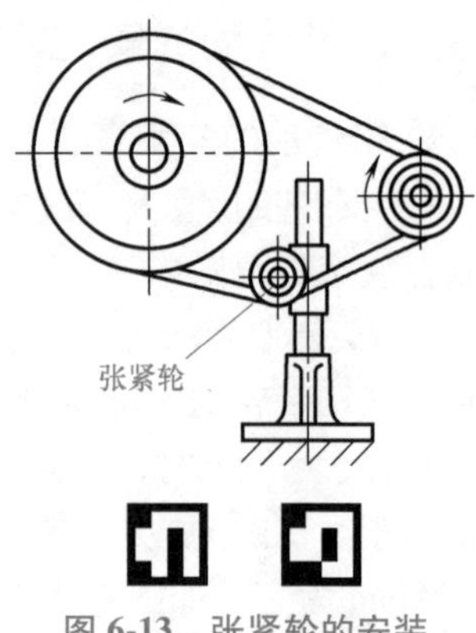

图 6-13　张紧轮的安装

3. 带传动的维护事项

带传动装置必须安装防护罩，不允许传动件外露。由于传动带是橡胶产品，应避免传动带与酸、碱、油等化学物质接触，传动带的工作温度不应超过 60℃，也不宜在阳光下暴晒。传动带的使用寿命较短，如果发现传动带出现裂纹、变长，应及时更换；及时调整带的张力，保证带传动正常工作；带轮在轴端应有固定装置，以防带轮脱轴；切忌在有易燃易爆气体环境中（如煤矿井下）使用带传动，以免发生危险。

模块二　链传动

【教——做一名导师和顾问】

链传动是通过链条将具有特殊齿形的主动链轮的运动和动力传递到具有特殊齿形的从动链轮的一种传动方式。

一、链传动的原理和组成

链传动原理是利用链轮轮齿和链条之间的啮合来传递运动和动力，如图 6-14 所示。链传动由主动链轮、从动链轮和传动链组成。链传动广泛应用于起重机械、运输机械、金属切削机床、农业机械以及建筑工程机械中。

二、链传动的特点

与带传动相比，链传动的特点是：平均传动比准确，没有弹性滑动和打滑现象；链传动承载能力较大，传动效率高，适合于两轴平行、距离较远、低速重载的传动机械；由钢材制成的链条、链轮可在高温、有水、有油、多灰尘的恶劣环境中工作；在高速运动时噪声较大，链条磨损后容易发生脱落现象；不适合急速反向的传动机械。

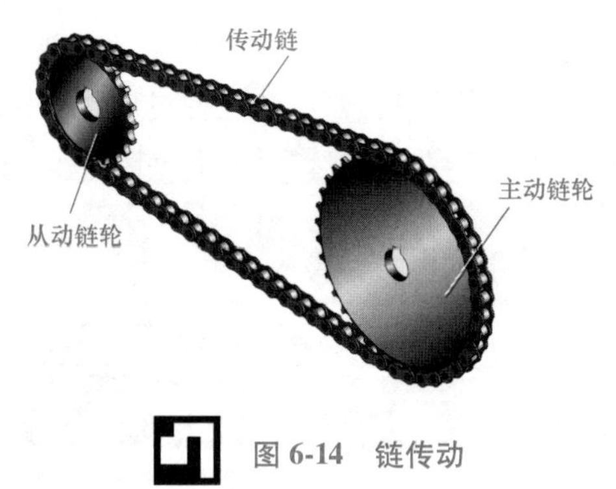

图 6-14　链传动

三、链传动的类型和应用

链传动按用途进行分类，可分为传动链、起重链和牵引链三大类。其中传动链主要用于一般机械中传递运动和动力，如自行车、摩托车等机械，也可用于输送物料等机械中；起重链主要用于各种起重机械中，如港口用的集装箱起重机械和叉车提升装置等，用于传递动力，起牵引、悬挂物体的作用；牵引链主要用于运输机械中的牵引输送带，如矿山的各种牵引输送机、自动扶梯的牵引链、自动生产线的运输带、机械化装卸设备等。链条按结构进行分类，可分为滚子链和齿形链，其中最常用的是滚子链。

四、链条的结构

1. 滚子链的结构

滚子链是由若干内链节和外链节依次铰接而成。单排滚子链由内链板、外链板、销轴、套筒、滚子组成，如图 6-15 所示。内链节由内链板、套筒和滚子组成，内链板与套筒采用过盈配合，套筒与滚子之间采用间隙配合，滚子可绕套筒自由转动。外链节由外链板和销轴组成，采用过盈配合。内链节和外链节之间采用套筒和销轴连接起来，并采用间隙配合，套筒可以绕销轴转动。链传动时，滚子与链轮轮齿之间形成滚动摩擦，可减小磨损，提高传动效率。

双排滚子链的结构如图 6-16 所示，它主要用于传递较大功率、较大载荷的传动机械中。

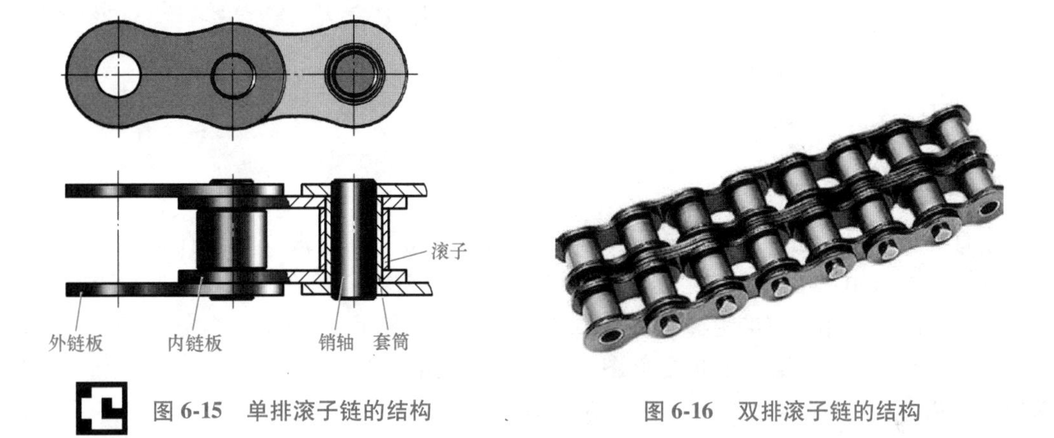

图 6-15　单排滚子链的结构　　图 6-16　双排滚子链的结构

链条的各个零件由碳素钢或合金钢制造，要进行热处理以提高其强度和耐磨性。

单排滚子链的接头有开口销、弹性锁片和过渡链节三种形式，如图 6-17 所示。当链节数为偶数时，内、外链板可选用开口销或弹性锁片连接；当链节数为奇数时，内、外链板必须采用过渡链节连接。值得注意的是：过渡链节的弯板在工作时容易产生附加弯曲应力，对传动不利，因此，应避免采用奇数链节的闭合链。

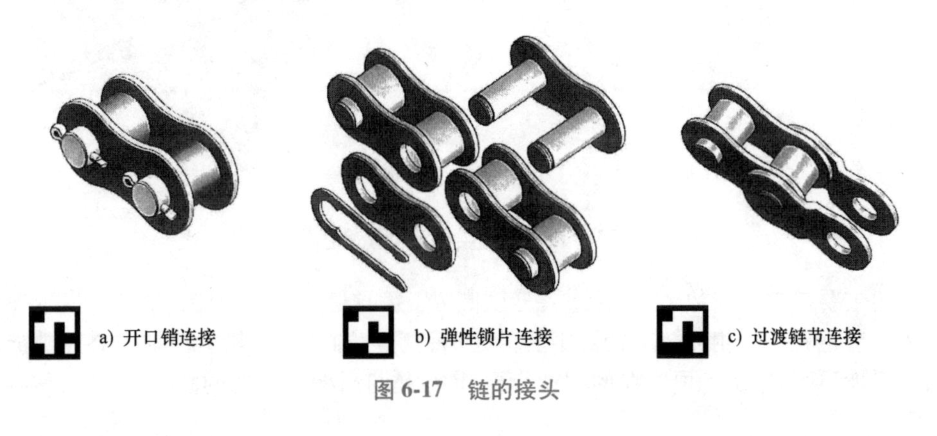

a) 开口销连接　　b) 弹性锁片连接　　c) 过渡链节连接

图 6-17　链的接头

目前滚子链已经标准化，通常由专业工厂生产，其标记是：链号-排数×链节数　标准编号。例如，20A-2×80　GB/T 1243—2006，表示链号是20A，链是节距为31.75mm的A系列、双排、80节的滚子链。

链条上相邻销轴的轴间距称为节距p，节距越大，链的结构尺寸越大，链的承载能力也越大，但链的稳定性会变差。常用链号与节距见表6-3。

表6-3　滚子链常用链号与节距　（单位：mm）

链号	10A	12A	16A	20A	24A
节距p	15.875	19.05	25.40	31.75	38.10

2. 齿形链的结构

齿形链由齿形链板、导板、套筒和销轴等组成，如图6-18所示。套筒和销轴之间为间隙配合。传动时，链板的齿与链轮的齿相互啮合。齿形链的特点是传动平稳，传动速度高（≤30m/s），承受冲击性能好，噪声小（又称无声链），但结构复杂，装拆较难，质量较大，摩擦力较大，链容易磨损且制造成本较高。

图6-18　齿形链

五、链轮的结构

小直径链轮可采用整体式结构，中等直径的链轮可采用辐板式（或孔板式）结构，大直径的链轮可采用轮辐式结构（或组合式结构、焊接结构），组合式结构的链轮在轮齿磨损后可更换齿圈。应用较多的链轮端面是双圆弧齿形，如图6-19所示。当链轮采用标准齿形且用标准刀具加工时，在链轮的零件图上不必画出链轮的端面齿形，只需标注上链轮的主要参数和“齿形按GB/T 10855—2016制造”即可。

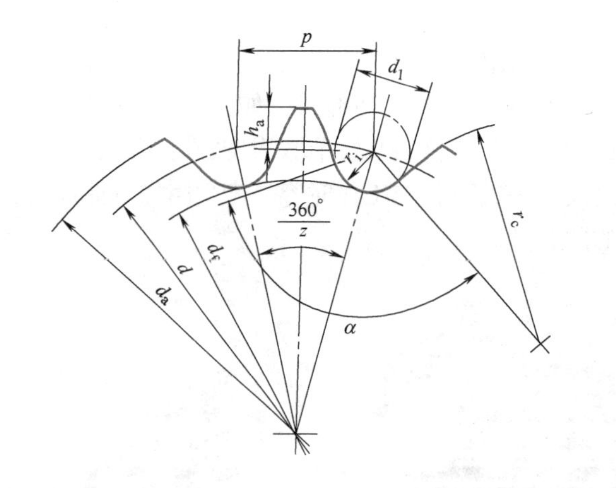

图6-19　链轮结构尺寸示意图

链轮的主要参数有齿数z、节距p、分度圆d、齿顶圆d_a、齿根圆d_f等。齿数z是链轮上的齿数；节距p是两相邻链节铰链中心的距离；分度圆d是链轮上销轴中心处被链条节距等分的圆；齿顶圆d_a是齿顶所在的圆；齿根圆d_f是与齿槽底相切的圆。

六、链轮的制造材料

链轮的轮齿需要具有足够的疲劳强度、耐磨性和抗冲击性能，链轮制造材料通常采用20Cr等低碳合金钢制造，然后采用渗碳淬火加低温回火处理；或者采用中碳钢或中碳合金钢（如45钢、40Cr钢等）制造，然后经表面淬火，使链轮轮齿表面具有高硬度、高耐磨性，心部具有良好的韧性。

七、链传动的传动比

在链传动过程中，绕在链轮上的链条会折成正多边形，如图6-20所示。正多边形的边长就是链条的节长，链轮的边数就是链轮的齿数。多边形的边长上各点的运动速度并不相等，所以链传动的传动比是指平均链速的传动比。链传动的传动比 i_{12} 是主动链轮的转速 n_1 与从动链轮的转速 n_2 之比，也是从动链轮的齿数 z_2 与主动链轮 z_1 的齿数之比，即

$$i_{12}=\frac{n_1}{n_2}=\frac{z_2}{z_1}$$

式中　n_1、n_2——主动链轮和从动链轮的转速，单位为r/min；

　　　z_1、z_2——主动链轮和从动链轮的齿数。

【例6.2】　某自行车的大链轮齿数是46齿，小链轮齿数是18齿，自行车的车轮直径是660mm，求大链轮转动一圈时，自行车前进了多少m?

解：由传动比计算公式得

$$i_{12}=\frac{n_1}{n_2}=\frac{z_2}{z_1}=\frac{18}{46}=\frac{9}{23}$$

小链轮的转速是

$$n_2=\frac{n_1}{i_{12}}=\frac{23}{9}n_1=2.56$$

当大链轮转动一圈时，小链轮则转动2.56圈，车轮也转动2.56圈，则自行车前进的距离 S 为

$$S=\pi d n_2=\frac{3.14\times660\times2.56}{1000}\text{m}=5.3\text{m}$$

八、链传动的主要参数及其选用

在链传动过程中，涉及的传动参数主要有链轮齿数（z_1、z_2）、链节距 p、中心距 a、传动比 i_{12} 等。

1. 链轮齿数（z_1、z_2）

链轮齿数较少时，会增加链传动时运动的不均匀性，使链条铰链磨损加快，也降低链轮使用寿命；链轮齿数较多时，会使链轮尺寸和重量增大，在链轮磨损后容易引起脱链，也降低链轮的使用寿命。因此，链轮齿数通常控制在17~120之间。总体来说，在链传动中，小链轮的齿数不宜过少，大链轮的齿数也不宜过多。另外，链条的节数多为偶数，因此，链轮的齿数最好为奇数，以使链条磨损均匀。

2. 链节距 p

链节距越大，链的各个元件尺寸也越大，链的传动能力越强，但动载荷和噪声会增加，使传动平稳性变差。因此，对于重载链传动，应尽量选用小节距多排链。多排链相当于几个普通单排链之间用长销轴连接而成，排数越多，越难使各排链受力均匀，故排数不宜过多，一般采用双排链和三排链。

3. 中心距 a

两链轮轴线之间的距离称为中心距。中心距过小，小链轮上的包角变小，同时啮合的齿数也会减少，承载能力下降，会使链磨损加快，降低使用寿命；中心距过大，由于链条自重而产生的下垂度会增大，会引起链条松边发生颤动，造成传动不均匀性增大。链传动中，通常将中心距控制在 $a=(30\sim50)p$，最大中心距控制在 $a_{max}\leqslant 80p$。

4. 传动比 i_{12}

滚子链传动比通常小于 6，推荐传动比 $i_{12}=2\sim3.5$。因为传动比过大会造成链轮轮齿磨损加快，链容易跳齿，也会使传动装置尺寸加大。

九、链传动过程中的失效形式

在链传动过程中，由于链条的结构比链轮复杂，链条的强度也不如链轮高，所以链传动的失效形式主要是链条失效。常见的链条失效形式主要有链条的疲劳断裂、滚子和套筒的疲劳点蚀、销轴和套筒的胶合、链条的脱落和链条的过载拉断等。销轴和套筒的胶合是指当套筒转速很高、载荷很大时，套筒与销轴间由于摩擦产生高温条件而发生的黏附现象。

十、链传动的安装、张紧和维护

1. 链传动的安装事项

安装链传动时，两链轮轴应平行，并保证两链轮的回转平面应在同一铅垂面内；两链轮的轴心连线最好是水平线或与水平面的夹角小于 45°。尽量避免链轮轴垂直布置，以防链节磨损后链条伸长造成链条与链轮脱落。安装链轮时，可采用锤击法或压入法将链轮压入轴的固定位置，拧紧紧固螺钉；检查链轮装配后的轴向圆跳动和径向圆跳动；将链套在链轮上，再将链的接头引到便于安装的位置，用链拉紧工具将链的首尾对齐，最后用尖嘴钳将接头零件中的圆柱销组件、挡板及弹性锁片装配到位；凡离地面高度不足 2m 的链传动，必须安装防护罩；在通道上方时，链传动的下方必须有防护挡板，以防链条断裂时落下伤人。

2. 链传动的张紧

链传动时，应使紧边在上、松边在下，采用调整中心距（或加用张紧轮）的方法可防止链条的垂度过大，如图 6-20 所示。除上述两个方法外，还可用去掉 1~2 个链节的方法调整链条的松紧度。

3. 链传动的维护事项

链传动时需要进行良好的润滑，润滑可以减少链条和链轮的磨损，延长链传动的使用寿命。使用的润滑油要有较大的运动黏度和良好的油性，通常选用 L-AN32、L-AN46、L-AN68 等全损耗系统用油。链传动的润滑方法由链速和链号来确定，常用的润滑方法有人工润滑、滴油润滑、油浴润滑、飞溅润滑和喷油润滑。人工润滑适用于链条速度小于 2m/s 的链传

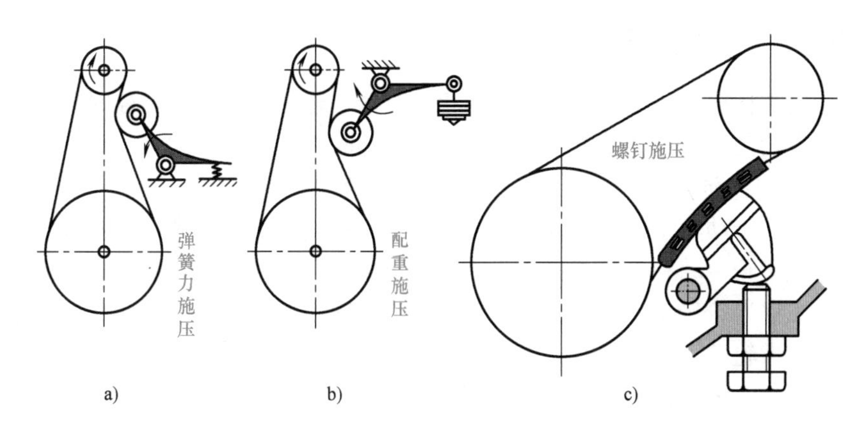

图 6-20　张紧轮调整链条松紧度的方法

动，每班 1 次，定期在链条松边的内、外链板间隙中注油；滴油润滑要求 5~20 滴/min；油浴润滑需要将链条浸入油中，浸入深度为 6~12mm；飞溅润滑适用于链条速度为 3m/s 的链传动，链条浸油深度为 12~25mm；喷油润滑适用于链条速度大于 8m/s 的链传动。对于不便使用润滑油的场合，可使用润滑脂，但应定期涂抹，定期清洗链轮和链条。

模块三　齿轮传动

【教——激发兴趣，注重启发】

齿轮传动是由主动齿轮、从动齿轮和机架组成的高副传动。对于外啮合齿轮，当主动齿轮顺时针方向转动时，依靠轮齿之间的相互啮合，使从动齿轮逆时针方向转动，可将动力和运动传递给从动齿轮。改变主动齿轮、从动齿轮的齿数和主动齿轮的转向，从动齿轮可获得不同的转速和转向。齿轮传动是现代机械中应用最广的一种机械传动，广泛应用于机床、汽车、精密仪器、玩具、家用电器、工程机械、冶金机械等领域。

一、齿轮传动的特点

1）齿轮传动的瞬时传动比准确、恒定，传动比范围大，可用于减速或增速。

2）齿轮传动运行可靠，传动平稳，结构紧凑，使用寿命长，传动效率高。一对高精度的渐开线圆柱齿轮，传动效率可达 99%以上。齿轮传动无过载保护作用，精度不高的齿轮传动时易产生噪声、振动和冲击，污染环境。

3）齿轮传动可实现两轴平行、交叉、交错等形式的传动，适用的传动功率、速度和尺寸范围大。传递的功率可以从很小到上万千瓦；传递的速度最高可达 300m/s；齿轮直径可以从 1mm 到二十多米。

4）齿轮传动适宜于近距离传动。

5）齿轮需要专用设备制造，制造工艺复杂，加工制造成本较高。

二、齿轮传动的类型及应用

齿轮传动的类型很多，根据齿轮轴线的相互位置、轮齿的齿向和啮合情况进行分类，可分为平行轴间齿轮传动、相交轴间齿轮传动和交错轴间齿轮传动三大类。

1. 平行轴间齿轮传动

平行轴间齿轮传动用于两平行轴之间的传动。平行轴间齿轮传动包括外啮合圆柱齿轮传动、内啮合圆柱齿轮传动和齿轮齿条传动，如图 6-21 所示。其中外啮合圆柱齿轮传动又包括外啮合直齿圆柱齿轮传动、外啮合斜齿圆柱齿轮传动和外啮合人字齿圆柱齿轮传动。当齿轮的齿数越多，齿轮的直径越大时，齿轮的圆周曲线越来越平直，直至成为一条直线，这时齿轮就变成了齿条。齿条的中心在无穷远处。

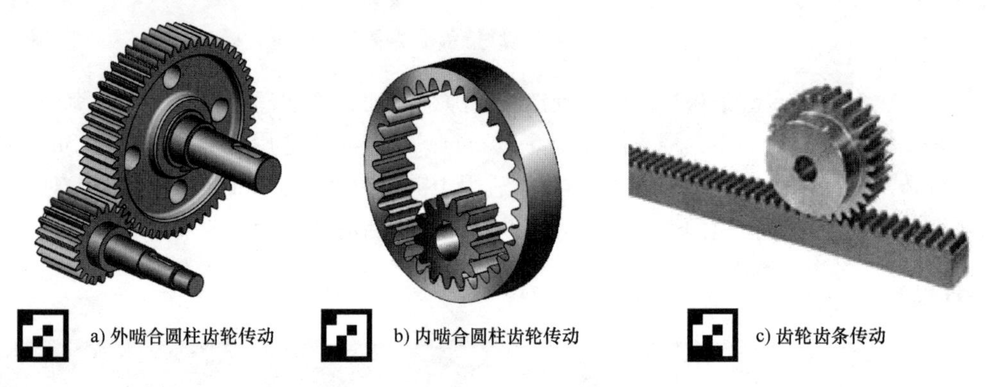

a) 外啮合圆柱齿轮传动　b) 内啮合圆柱齿轮传动　c) 齿轮齿条传动

图 6-21　平行轴间齿轮传动类型

外啮合直齿圆柱齿轮传动应用于两齿轮旋转方向相反，制造简便，工作时无轴向力，中低速、中小载荷的机械传动，尤其适用于变速箱的换档齿轮；外啮合斜齿圆柱齿轮传动应用于两齿轮旋转方向相反，传动比较平稳，工作时有轴向力，常需采用向心推力轴承或推力轴承，结构紧凑，高速大功率的机械传动；外啮合人字齿圆柱齿轮传动应用于两齿轮旋转方向相反，轴向力可抵消，大功率的重型机械传动，但人字齿圆柱齿轮的加工要求较高；内啮合齿轮传动的主动齿轮与从动齿轮的转动方向相同，中心距小，结构紧凑，常用于行星轮系中，但内啮合齿轮加工制造较难；齿轮齿条传动可以实现转动与移动之间运动形式的互相转换，常应用于车床溜板箱与床身、龙门刨床工作台与床身之间的运动转换机构中。

2. 相交轴间齿轮传动

相交轴间齿轮传动用于两相交轴（夹角是 90°）之间的传动。相交轴间齿轮传动包括直齿锥齿轮传动（图 6-22）、斜齿锥齿轮传动、曲线齿锥齿轮传动（图 6-23）。

直齿锥齿轮传动的两轴线相交，制造和安装简便，但不能磨齿，传动平稳性较差，承载能力较低，适用于低速（<5m/s）、低载荷的机械传动；斜齿锥齿轮传动的两轴线相交，只限于单件或小批量生产，通常用于代替曲线齿锥齿轮加工机床切削范围以外的曲线齿锥齿轮传动；曲线齿锥齿轮传动的两轴线相交，工作平稳，承载能力高，适用于轴向力较大且与齿轮转向有关，速度较高及载荷较大的机械传动。但曲线齿锥齿轮需要专用机床加工。

3. 交错轴间齿轮传动

交错轴间齿轮传动用于两相错轴之间的传动。交错轴间齿轮传动包括交错轴斜齿轮传动

（图 6-24）和准双曲面齿轮传动（图 6-25）。

图 6-22　直齿锥齿轮传动

图 6-23　曲线齿锥齿轮传动

交错轴斜齿轮传动的两轴线交错，两齿轮点接触，沿齿向有相对滑动，传动效率较低，适用于载荷较小、速度较低的机械传动；准双曲面齿轮传动的两轴线交错，沿齿向有相对滑动，准双曲面齿轮需要专用机床加工。准双曲面齿轮传动适用于汽车等要求降低重心的传动装置。

图 6-24　交错轴斜齿轮传动

图 6-25　准双曲面齿轮传动

三、渐开线齿轮

1. 渐开线齿形

能够保证恒定传动比的齿轮齿廓曲线有渐开线、摆线和圆弧曲线，其中应用最广的是渐开线齿廓。如图 6-26 所示，当一直线在圆周上做纯滚动时，该直线上任一点的轨迹称为该圆的渐开线，这个圆称为基圆；该直线称为渐开线发生线。两条反向的渐开线可形成渐开线齿轮的齿廓。

渐开线齿形的特点是：发生线在基圆上滚过的线段长等于基圆上被滚过的弧长；渐开线上任一点的法线必切于基圆，越接近基圆，曲率半径越小；渐开线的形状取决于基圆的大小，当基圆半径无穷大时，渐开线趋于一直线，基圆内无渐开线；渐开线上各点的压力角不相等，越接近基圆，压力角越小，基圆上的压力角为 0°。国家标准规定齿轮分度圆上的压力角为 20°。

2. 渐开线齿轮各部分的名称

图 6-27 所示是标准直齿圆柱外齿轮的部分轮齿，轮齿上每个凸起的部分称为轮齿，相邻两轮齿之间的空间称为齿槽，齿轮各部分的名称和表示符号如图 6-27 所示。

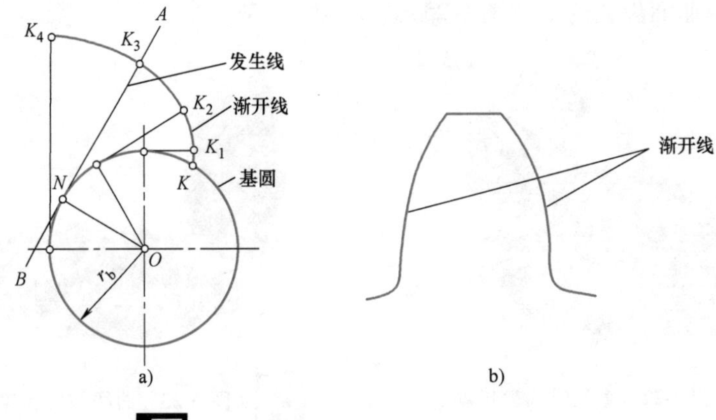

图 6-26 渐开线的形成和渐开线齿廓

(1) 分度圆 齿轮上作为齿轮尺寸基准的圆称为分度圆，其直径用 d 表示。分度圆是计算、制造、测量齿轮尺寸的基准。对于标准渐开线圆柱齿轮，分度圆上的齿厚和齿槽宽相等。

(2) 齿顶圆 在圆柱齿轮上，其齿顶所在的圆称为齿顶圆，其直径用 d_a 表示。

(3) 齿根圆 在圆柱齿轮上，其齿槽底所在的圆称为齿根圆，其直径用 d_f 表示。

(4) 齿宽 齿轮有齿部位沿分度圆圆柱面的直线方向量度的宽度称为齿宽，用 b 表示。

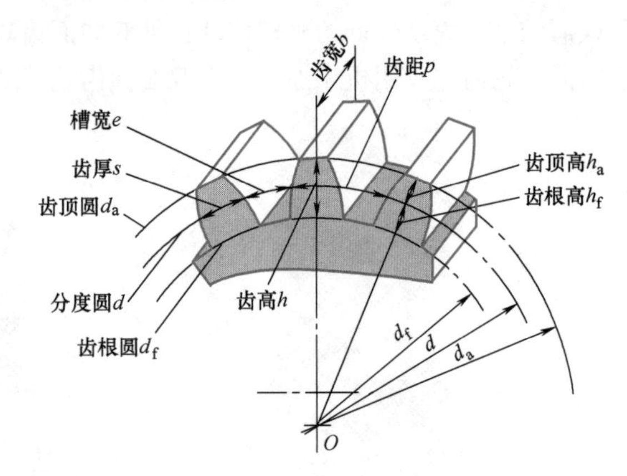

图 6-27 标准直齿圆柱外齿轮各部分名称及其符号

(5) 齿厚 在圆柱齿轮上，一个齿的两侧端面齿廓之间的分度圆弧长称为齿厚，用 s 表示。

(6) 槽宽 在圆柱齿轮上，两相邻轮齿之间的空间称为齿槽，一个齿槽的两侧齿廓之间的分度圆弧长称为槽宽，用 e 表示。

(7) 齿距 在分度圆周上相邻两齿同侧齿廓之间的弧长称为该圆上的齿距，用 p 表示。

(8) 齿顶高 分度圆与齿顶圆之间的径向距离称为齿顶高，用 h_a 表示。

(9) 齿根高 分度圆与齿根圆之间的径向距离称为齿根高，用 h_f 表示。

(10) 齿高 齿顶圆与齿根圆之间的径向距离称为齿高，用 h 表示。$h=h_a+h_f$。

(11) 齿顶间隙 一个齿轮的齿顶与另一个齿轮的齿根在连心线上的径向距离称为齿顶间隙，用 c 表示。齿顶间隙不仅可以避免齿顶与齿槽底部相接触，还能贮存润滑油以改善润滑条件。

(12) 中心距 a 一对啮合齿轮两轴线之间的最短距离称为中心距。当一对标准直齿圆柱齿轮的分度圆相切时称为标准安装。标准安装的中心距称为标准中心距，用符号 a 表示。

3. 标准直齿圆柱外齿轮的基本参数

标准直齿圆柱外齿轮的基本参数是齿轮各部分几何尺寸计算的依据，主要有齿数 z、模数 m、压力角 α、齿顶高系数 h_a^* 和顶隙系数 c^* 等。

(1) 齿数 z 形状相同，沿圆周方向均匀分布的轮齿个数称为齿数。齿数不仅影响齿轮的几何尺寸，还影响齿廓的形状。直齿圆柱外齿轮的最少齿数 $z_{min}=17$，一般情况下在20齿以上。

（2）模数 m　齿轮模数 m 是分度圆上的齿距 p 与无理数 π 之比，单位是mm，即

$$m=p/\pi \text{ 或 } p=m\pi$$

齿轮模数 m 越大，齿距 p 越大，轮齿也越大，齿轮的承载能力越强；反之，齿距 p 越小，轮齿越小，齿轮的承载能力也越弱。由于 $\pi d=pz$，因此，可得分度圆直径 $d=mz$。模数是决定齿轮齿形大小的一个基本参数。为了方便齿轮设计、制造及检测，我国规定了标准模数系列，参考GB/T 1357—2008《通用机械和重型机械用圆柱齿轮　模数》，见表6-4。

表6-4　标准模数系列　（单位：mm）

第一系列	1,1.25,1.5,2,2.5,3,4,5,6,8,10,12,16,20,25,32,40,50
第二系列	1.125,1.375,1.75,2.25,2.75,3.5,4.5,5.5,(6.5),7,9,11,14,18,22,28,36,45

注：优先选用第一系列，括号内的数字尽可能不用。

（3）压力角 α　渐开线上任一点法向压力的方向线（即渐开线在该点的法线）和该点速度方向之间的夹角称为该点的压力角。

在端平面上，过端面齿廓与分度圆交点处的径向直线与齿廓在该点处的切线所夹的锐角称为压力角，用 α 表示。齿轮压力角 α 是指渐开线齿廓在分度圆上的压力角，压力角 α 已经标准化，我国规定齿轮的标准压力角 $\alpha=20°$。

（4）齿顶高系数 h_a^*　齿顶高可用模数的倍数表示，这个倍数就是齿顶高系数，用 h_a^* 表示。标准规定，正常齿制 $h_a^*=1$，短齿制 $h_a^*=0.8$。

（5）顶隙系数 c^*　齿顶间隙也是模数的倍数，这个倍数就是顶隙系数，用 c^* 表示。标准规定，正常齿制 $c^*=0.25$，短齿制 $c^*=0.3$。

四、齿轮的结构

圆柱齿轮的结构由轮毂、轮辐和轮缘三部分组成。圆柱齿轮轮辐的结构按齿顶圆的大小进行分类，可分为齿轮轴、实心齿轮、腹板式齿轮和轮辐式齿轮4种形式。

1. 齿轮轴

齿轮与轴融为一体的零件称为齿轮轴。对于直径较小的钢制圆柱齿轮，当齿顶圆直径不大或直径与相配轴直径相差很小（齿顶圆直径 $d_a<2d$，d 为轴径）时，可将齿轮与轴制成一体，如图6-28a所示。此外，当齿根圆至键槽底部的距离小于（2~2.5）m 时，也应将齿轮和轴制成一体。

2. 实心齿轮

对于齿顶圆直径 $d_a\leq200$mm的中、小尺寸的钢制齿轮，通常采用锻造成形方式将齿轮制成实心结构，如图6-28b所示。

3. 腹板式齿轮

对于齿顶圆直径 $d_a=200\sim500$mm的较大尺寸的齿轮，为了减轻质量和节约材料，通常采用锻造成形方式将齿轮制成腹板式结构（或孔板式结构），如图6-28c所示。

4. 轮辐式齿轮

对于齿顶圆直径 $d_a>500$mm的较大尺寸的齿轮，由于受锻造设备的限制，通常采用铸铁（或铸钢）利用铸造成形方式将齿轮制成轮辐式结构，如图6-28d所示。

图 6-28　圆柱齿轮的 4 种结构形式

五、齿轮的制造材料

齿轮常用的制造材料主要有钢、铸钢、铸铁、非铁金属和非金属材料。对于采用金属材料制造的齿轮，根据性能要求和工艺要求，通常还需要进行热处理以改善其使用性能。

1. 钢制齿轮

钢制齿轮主要是指采用优质碳素钢和合金结构钢制造的齿轮。钢制齿轮的成形方法主要是锻造，其内部组织致密，强度高，韧性好。钢制齿轮的直径一般小于 500mm。钢制齿轮包括软齿面齿轮和硬齿面齿轮两大类。

软齿面齿轮是指齿轮工作表面的硬度≤350HBW 的齿轮。软齿面齿轮通常选用中碳钢（如 45 钢、40 钢、35 钢等）或合金结构钢（如 35SiMn 钢、40Cr 钢等）制造，可在调质处理（或正火）后进行切齿加工，它适用于中小功率、精度要求不高的一般机械传动。

硬齿面齿轮是指齿轮工作表面的硬度>350HBW 的齿轮。硬齿面齿轮通常选用合金渗碳钢（20Cr 钢、20CrMnTi 钢等）或合金结构钢（如 35SiMn 钢、40Cr 钢等）制造，在切齿加工后进行渗碳和淬火（或表面淬火和低温回火），然后进行精加工（如磨齿、研磨等），它适用于精度高、重载荷、高速运转的机械传动。

2. 铸钢齿轮

当齿轮的直径大于 500mm 时，其结构比较复杂，力学性能要求较高，又不易进行锻造，可采用铸钢（如 ZG270-500、ZG310-570 等）制造。但铸钢齿轮的力学性能不如钢制锻造齿轮好。

3. 铸铁齿轮

当齿轮的直径大于 500mm 时，其结构比较复杂，力学性能要求不高，又不易进行锻造时，可采用铸铁（如 HT250、QT900-2、KTZ550-04 等）制造。但铸铁齿轮的力学性能不如铸钢齿轮好。铸铁齿轮适用于低速、载荷不大的机械传动。

4. 非铁金属齿轮

当齿轮要求质量轻、耐腐蚀，有一定的强度、硬度和韧性时，可选用非铁金属制造，如铝合金齿轮、青铜齿轮、黄铜齿轮、钛合金齿轮等。非铁金属齿轮适用于耐腐蚀、中低速、轻载荷的机械传动。

5. 非金属齿轮

当齿轮要求质量轻、噪声小时，可选用非金属制造齿轮，如办公机械中的打印机、复印件等其中的齿轮，常选用尼龙、聚碳酸酯、酚醛塑料等制造。非金属齿轮适用于高速、轻载荷和低噪声的机械传动。

六、齿轮传动的传动比

在一对齿轮传动中，主动齿轮转速 n_1 与从动齿轮 n_2 之比称为齿轮传动的传动比，用符号 i_{12} 表示。由于相啮合齿轮的传动关系是一齿对一齿，单位时间内主动齿轮转过的齿数 n_1z_1 与从动齿轮转过的齿数 n_2z_2 相等，即 $n_1z_1=n_2z_2$，因此，齿轮传动的传动比可表示为

$$i_{12}=\frac{n_1}{n_2}=\frac{z_2}{z_1}$$

式中　z_1、z_2——分别表示主动齿轮、从动齿轮的齿数。

七、外啮合标准直齿圆柱齿轮的几何尺寸计算

标准齿轮是指分度圆上的齿厚 s 等于槽宽 e，且模数 m、压力角 α、齿顶高系数 h_a^* 和顶隙系数 c^* 为标准值的齿轮。正常齿制中 $h_a^*=1$，$c^*=0.25$。外啮合标准直齿圆柱齿轮各部分几何尺寸的计算公式见表 6-5。

表 6-5　外啮合标准直齿圆柱齿轮各部分几何尺寸的计算公式

名称	符号	计算公式	名称	符号	计算公式
齿距	p	$p=m\pi$	齿顶间隙	c	$c=c^*m=0.25m$
基圆齿距	p_b	$p_b=p\cos\alpha$	分度圆直径	d	$d=zm$
齿厚	s	$s=p/2=\pi m/2$	齿顶圆直径	d_a	$d_a=d+2h_a=m(z+2)$
槽宽	e	$e=p/2=\pi m/2$	齿根圆直径	d_f	$d_f=d-2h_f=m(z-2.5)$
齿顶高	h_a	$h_a=h_a^*m=m$	基圆直径	d_b	$d_b=d\cos\alpha$
齿根高	h_f	$h_f=(h_a^*+c^*)m=1.25m$	齿宽	b	$b=(6\sim8)m$
齿高	h	$h=h_a+h_f=2.25m$	中心距	a	$a=\frac{d_1+d_2}{2}=\frac{m(z_1+z_2)}{2}$

【例 6.3】　有一标准直齿圆柱齿轮，其模数 $m=2\text{mm}$，齿数 $z=30$，计算齿轮各部分几何尺寸。

解：由表 6-5 中计算公式得

$$p=m\pi=2\times3.14\text{mm}=6.28\text{mm}$$

$$s=p/2=6.28\text{mm}/2=3.14\text{mm}$$

$$e=p/2=6.28\text{mm}/2=3.14\text{mm}$$

$$h_a=h_a^*m=m=2\text{mm}$$

$$h_f=(h_a^*+c^*)m=1.25m=1.25\times2\text{mm}=2.5\text{mm}$$
$$h=h_a+h_f=2.25m=2.25\times2\text{mm}=4.5\text{mm}$$
$$d=zm=30\times2\text{mm}=60\text{mm}$$
$$d_a=d+2h_a=m(z+2)=2\times(30+2)\text{mm}=64\text{mm}$$
$$d_f=d-2h_f=m(z-2.5)=2\times(30-2.5)\text{mm}=55\text{mm}$$

八、直齿圆柱齿轮正确啮合的条件

一对直齿圆柱齿轮能够连续顺利地传动，需要各对轮齿依次正确啮合且互不干涉。虽然渐开线齿廓可以实现恒定传动比，但并不意味着任意参数的一对齿轮都能实现啮合传动。一对渐开线直齿圆柱齿轮正确啮合的条件是：两齿轮的模数必须相等，即 $m_1=m_2=m$；两齿轮分度圆上的压力角 α 必须相等，且等于标准值，$\alpha_1=\alpha_2=\alpha$。如果是一对斜齿圆柱齿轮，则还需要两齿轮的螺旋角大小相等，但螺旋方向相反。

九、齿轮的切削加工方法

齿轮轮齿的加工方法很多，主要有切削加工法、铸造法、模锻法、热轧法、冲压法、粉末冶金法和3D打印法等，其中切削加工法应用最多。按齿轮齿形成形原理进行分类，齿轮切削加工法可分为仿形法和展成法两种。

1. 仿形法

仿形法（又称为成形法）加工齿轮是在普通铣床上进行，利用与齿轮齿廓形状相同的成形铣刀进行铣削加工。常用的成形铣刀有盘形齿轮铣刀（图 6-29）和指形齿轮铣刀（图 6-30）。仿形法加工的齿轮精度较低（一般为 9 级），生产率低，常用于齿轮修配和大模数齿轮的单件生产中。

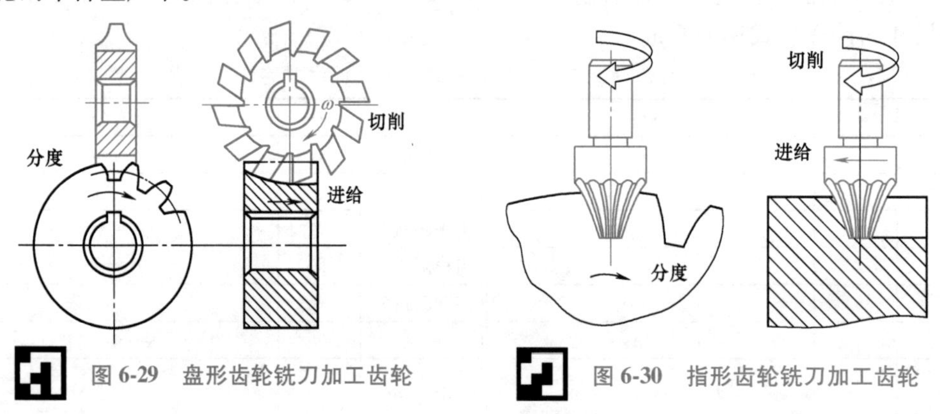

图 6-29　盘形齿轮铣刀加工齿轮　　图 6-30　指形齿轮铣刀加工齿轮

2. 展成法

展成法（又称范成法）加工齿轮是利用切削刀具与齿轮坯之间强制地按一对齿轮进行啮合运动，并在啮合运动过程中实现刀具对齿轮坯进行切削加工的齿轮加工方法。展成法加工齿轮主要有插齿法和滚齿法，如图 6-31 所示。

展成法加工齿轮的精度高（可达 7、8 级），渐开线的形状准确，生产率高。由于展成法加工齿轮相当于一对齿轮的啮合运动，所以只要刀具和被加工齿轮的模数 m 和压力角 α 相同，不管被加工齿轮的齿数是多少，都可以用同一把刀具来加工，因此，齿轮通常都是采用展成法加工。

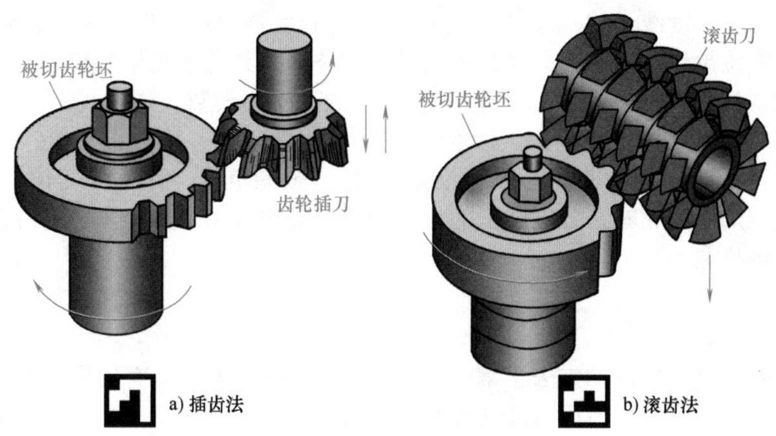

图 6-31　插齿法和滚齿法

十、根切现象和最少齿数

用展成法加工标准齿轮时，如果齿轮的齿数太少，轮齿根部的渐开线齿廓会被部分切去，这种现象称为根切，如图 6-32 所示。轮齿被根切后，齿根的强度会被削弱，传动精度会降低，传动的平稳性会变差，因此，应避免根切现象。根切现象与齿轮的齿数有关，理论计算表明，正常齿制渐开线标准齿轮不发生根切现象的条件是被加工齿轮的齿数不小于 17 齿，即 $z_{min} \geqslant 17$。当 $z<17$ 时，如果不允许发生根切现象，则可采用变位修正法加工齿轮。

十一、变位齿轮

用齿条型刀具加工齿轮时，如果不采用标准安装，而是将刀具远离（或靠近）齿轮坯回转中心，则刀具的分度线不再与被加工齿轮的分度圆相切。变位修正法是采用改变刀具与被加工齿轮相对位置来加工齿轮的方法。变位齿轮是采用变位修正法加工的齿轮。

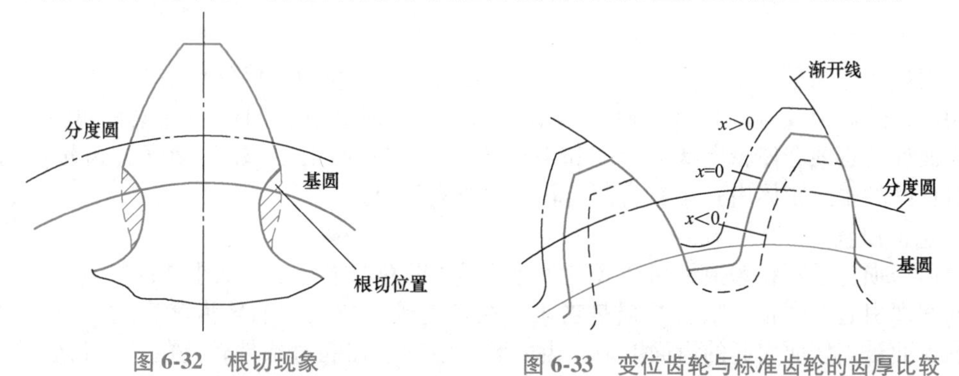

图 6-32　根切现象　　　　图 6-33　变位齿轮与标准齿轮的齿厚比较

非标准渐开线齿形的齿轮是通过改变标准刀具对齿轮坯的径向位置（或改变标准刀具的齿槽宽）切制出的齿轮。径向变位是切制轮齿时改变标准刀具对齿轮坯的径向位置的变位方法。切向变位是改变标准刀具的齿槽宽的变位方法。最常用的变位方法是径向变位，切向变位一般用于锥齿轮的变位。

用展成法加工齿轮时，如果齿条形刀具的中线与齿轮坯的分度圆相切并做纯滚动时，加工出来的齿轮称为标准齿轮。如果齿条形刀具的中线不与齿轮坯的分度圆相切，而是与刀具中线平行的另一条分度线（机床节线）与齿轮坯的分度圆相切并做纯滚动，则加工出来的齿轮称为径向变位齿轮。加工径向变位齿轮时，齿条形刀具的中线相对被加工齿轮分度圆移动的距离称为变位量，用 xm 表示，x 称为变位系数，m 为模数。通常规定，刀具中线相对齿轮坯轮中心变远时（即中心距大于标准中心距），x 取正值，称为正变位；刀具中线相对齿轮坯轮中心变近时（即中心距小于标准中心距），x 取负值，称为负变位。如图 6-33 所示，采用正变位加工齿轮时，分度圆上的齿厚大于齿槽宽；采用负变位加工齿轮时，分度圆上的齿厚小于齿槽宽。

十二、齿轮的失效形式

齿轮的失效是指齿轮传动失去正常的工作能力。齿轮失效主要有轮齿折断、齿面疲劳点蚀、齿面磨损、齿面胶合和齿面塑性变形 5 种形式。

1. 轮齿折断

齿轮在传动过程中，轮齿承受很大的载荷，齿根部会产生弯曲应力。在循环载荷的循环作用下，当弯曲应力超过材料的疲劳强度时，在齿根部会产生疲劳裂纹，如图 6-34a 所示。随着疲劳裂纹的扩大，最终会导致整个齿根折断，这种折断称为疲劳折断，如图 6-34b 所示。轮齿受到短时过载或冲击作用而引起的突然折断，称为过载折断，如图 6-34c 所示。过载折断常出现在没有良好润滑条件的开式齿轮传动（即齿轮暴露在空气中，不能保证良好的润滑状态）中。

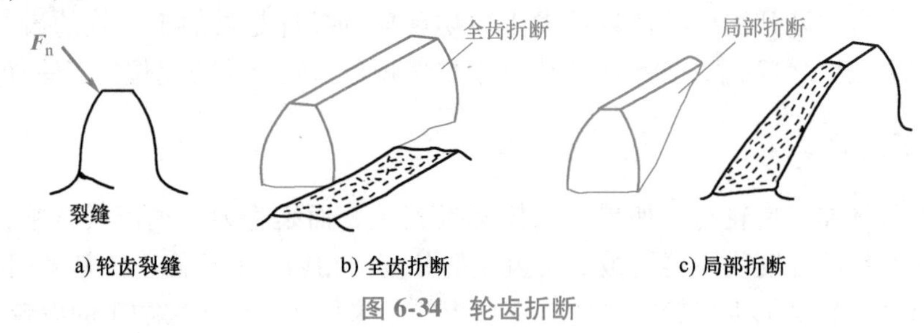

图 6-34　轮齿折断

2. 齿面疲劳点蚀

齿面疲劳点蚀是齿轮在传动过程中，齿面在交变接触应力的反复作用下，会出现微小的疲劳裂纹，随后裂纹逐渐扩展，使齿面金属剥落而形成麻点状凹坑的现象，如图 6-35a 所示。齿面疲劳点蚀会使轮齿啮合精度和平稳性下降，它是闭式齿轮传动（即齿轮传动安装在润滑良好的密封箱体内）中软齿面齿轮的主要失效形式。

3. 齿面磨损

齿面磨损包括磨粒磨损和啮合磨损两种情形。磨粒磨损是由于灰尘、沙粒或金属屑等进入齿面间而引起的磨损；啮合磨损是当表面粗糙的硬齿与较软的轮齿啮合时，由于相对滑动，软齿面被划伤而引起的齿面磨损。齿面磨损常发生在润滑条件较差的开式齿轮传动中，如图 6-35b 所示。

4. 齿面胶合

齿面胶合是齿轮传动过程中，在高速重载作用下，相互啮合的金属齿面由于表面压力和温度过高容易造成齿面粘着，随着齿面的相对运动，较硬的齿面将较软的齿面撕成沟纹的现象，如图 6-35c 所示。

5. 齿面塑性变形

齿面塑性变形是指齿轮的齿面硬度不高，在低速重载、冲击载荷或频繁起动时，轮齿表面在切向摩擦力的相互作用下，主动齿轮的表面被拉出凹槽变形，从动齿轮的表面被挤压出凸棱，破坏了正常齿形的现象，如图 6-35d 所示。

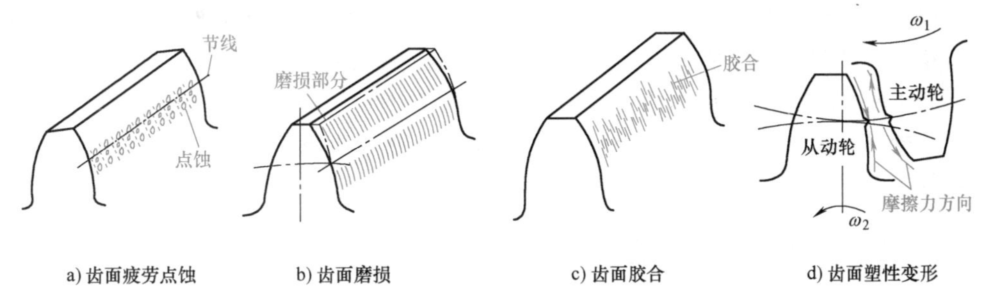

图 6-35　齿面的疲劳点蚀、磨损、胶合及塑性变形

十三、齿轮传动的精度

国家标准 GB/T 10095. 1—2022《圆柱齿轮 ISO 齿面公差分级制　第 1 部分：齿面偏差的定义和允许值》中规定，单个齿轮精度分为 11 级，从 1~11 级精度依次降低。常用中级精度 6、7、8 级。一对齿轮传动的精度由 4 个方面组成：第Ⅰ公差组（运动精度）、第Ⅱ公差组（平稳性精度）、第Ⅲ公差组（接触精度）、齿轮副的侧隙。

运动精度是指齿轮转动一周的转角的最大误差值不超过允许的范围，用于表示传递运动的准确性。运动精度可用百分表检查齿轮转动的径向圆跳动值和轴向圆跳动值是否超过允许的误差。

平稳性精度是指齿轮瞬时传动比的变化限制在一定的范围内，它表示传递运动的平稳性。

接触精度是指齿轮传动的轮齿接触表面大且均匀，以及接触斑点占整个齿面的比例（如接触斑点超过 60%）。接触斑点的位置和大小一般用涂色法检查，在大齿轮啮合表面均匀涂上薄薄的一层显示剂，转动主动齿轮，齿轮的啮合表面上会印出接触痕迹，根据接触痕迹的大小来判断齿轮的接触精度的高低。通常齿轮传动的接触斑点在齿廓宽度上不少于 40%~70%，在齿廓高度上不少于 30%~50%。图 6-36 所示是齿轮接触斑点的不同位置和大小。

a) 正确啮合

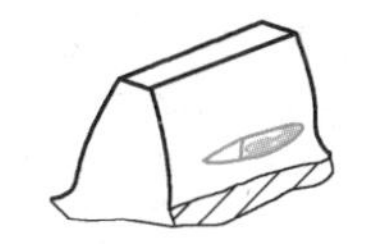
b) 中心距过小

c) 中心距过大

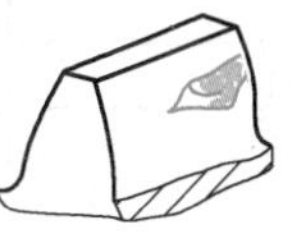
d) 两轴线不平行

图 6-36　齿轮接触斑点的不同位置和大小

齿轮副的侧隙是指齿轮非工作面在齿廓法线方向上的间隙（图 6-37），间隙用于储存润滑油和防止卡死。齿轮副的侧隙采用上、下极限偏差来表示，如上极限偏差表示为“F”、下极限偏差表示为“L”。

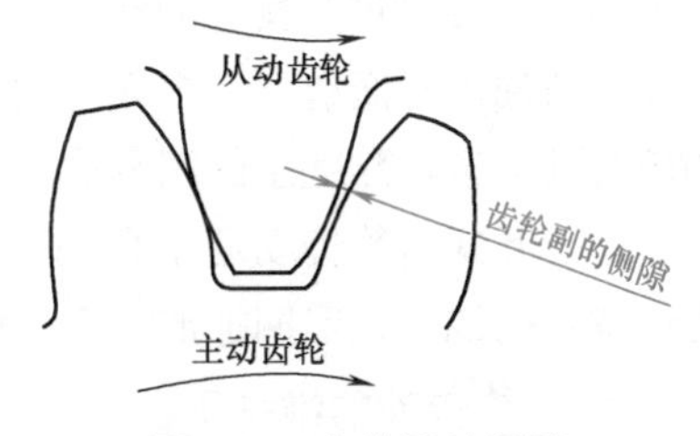

图 6-37　齿轮副的侧隙

齿轮加工是一次切削完成的，其运动精度、平稳性精度、接触精度之间不会相差很大，通常运动精度略低于平稳性精度和接触精度，但一般相差不会超过 2 级。常

用的齿轮加工机床的加工精度在6~9级之间。另外，不同用途和不同工作条件的齿轮传动对上述四项要求的侧重点是不同的。例如，仪表及机床的分度机构的齿轮传动，主要要求传递运动的精确性；汽车和拖拉机变速齿轮传动的侧重点是要求工作平稳性，以降低噪声；低速重载齿轮传动的侧重点是要求齿面接触精度，以保证齿面接触良好。

常见的齿轮传动精度标记方法是“8-7-7FL GB/T 10095.2—2023”，表示该对齿轮的精度要求是：运动精度为8级、平稳性精度为7级、接触精度为7级、齿轮副的侧隙为FL。标记中的数值越小，齿轮的精度等级越高。

十四、齿轮传动的装配、检测、润滑和维护事项

1. 齿轮传动的装配

齿轮装配工序包括两步：第一步，先将齿轮、键等零件安装到轴上，其固定和定位都应符合技术要求；第二步，再将齿轮轴部件装入箱体内。齿轮在轴上空套或滑移，与轴形成间隙配合，其装配精度主要取决于零件本身的制造精度；齿轮在轴上固定时，其与轴形成过渡配合或较小的过盈配合。如果过盈量较小时，可用手工工具敲击压紧；过盈量较大时可用压力机压装。压装时要避免齿轮在轴上出现偏心、歪斜和端面未贴紧轴肩等安装误差。

2. 齿轮传动的检测

为了保证齿轮传动符合技术要求，齿轮传动机构在安装过程中要进行运动精度检测、接触精度检测、齿轮副的侧隙检测等。其中运动精度检测包括径向圆跳动检测和轴向圆跳动检测两项，可用百分表进行检测（图6-38）；接触精度检测可采用涂色法检查，如果色迹处于齿宽中部，且接触面积较大，说明齿轮接触良好。如果接触面积过小（或接触部位不合理），都会使载荷分布不匀。通常可通过调整轴承座位置，以及修理齿面等方法解决；齿轮副的侧隙检测常用压铅丝法或打表法来检测。压铅丝法是沿齿宽方向在齿面两端平行放置2~4条软铅丝，转动齿轮挤压铅丝，铅丝被挤压后，其最薄处的铅丝厚度即为齿轮副的侧隙值，如图6-39所示。

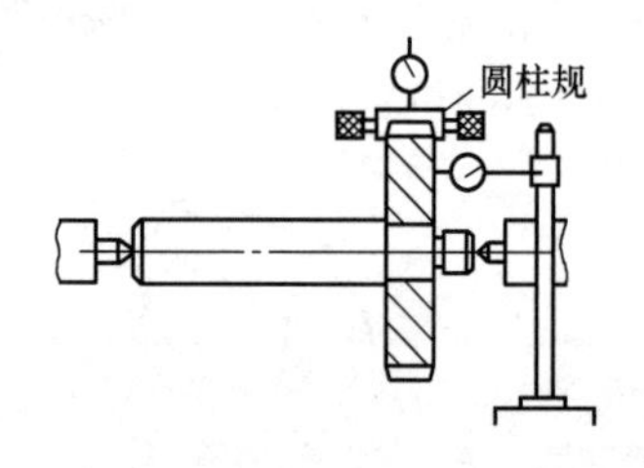

图6-38　检查齿轮的跳动量

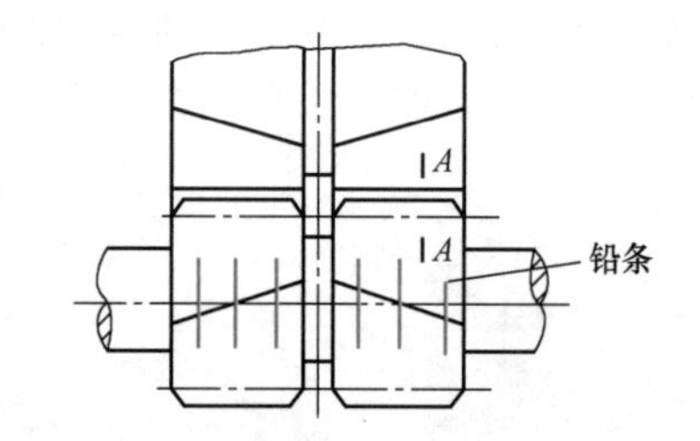

图6-39　压铅丝法检验齿轮副的侧隙

3. 齿轮传动的润滑

对齿轮传动进行良好的润滑，可以提高其承载能力，延长使用寿命。齿轮传动绝大多数是使用润滑油进行润滑。其中载荷大、低速的齿轮传动可选用黏度大的润滑油；载荷小、高速的齿轮传动可选用黏度小的润滑油。对于自动润滑系统，应注意油路是否畅通，润滑机构是否灵活。对于开式齿轮传动通常采用人工定期加润滑油。加润滑油时，应按机器规定的润滑油牌号、规定的油量，定期加油。不得使用混杂不洁的润滑油，油箱内的脏油要定期更换。

4. 齿轮传动的维护事项

1）按维护规程要求，定时、定质、定量给齿轮传动加润滑油。

2）要经常检查润滑系统，注意观察齿轮传动的工作状况，始终保持齿轮传动润滑正常。

3）经常通过看、摸、听等方式，监视齿轮传动有无超常规温度、异常响声、振动等不正常现象。如果发现齿轮传动出现异常现象，应及时解决，禁止齿轮传动“带病工作”。

4）对于开式齿轮传动系统应装防护罩，防止灰尘、切屑等杂物侵入齿面，加速齿面磨损。

5）齿轮传动切勿超载，否则容易引起齿牙折断或降低齿轮的使用寿命。

6）装配或调整齿轮时须注意手指不要放在两轮之间，否则齿轮转动时容易夹伤手指。

模块四 蜗杆传动

【教——贯彻“做中学，做中教”】

蜗杆传动是在空间交错的两轴间传递运动和动力的一种传动，两轴线间的夹角可为任意值，常用的是90°。

一、蜗杆传动的组成和特点

蜗杆传动由蜗杆、蜗轮和机架组成，常用于传递空间两交错轴间的运动和动力。通常蜗杆是主动件，蜗轮是从动件，蜗杆与蜗轮的交错角通常是90°。蜗杆传动是减速传动，蜗杆转动一周，蜗轮仅转过一个齿。

蜗杆传动的主要特点是：传动比大，一般为28~80；传动平稳，噪声小，结构紧凑，体积小；蜗杆传动具有自锁功能，即只能蜗杆带动蜗轮，反之则不能传动；蜗轮与蜗杆齿面的滑动速度大，摩擦发热严重，传动效率较低，仅为0.7~0.9，一般用于中小功率的传动场合。蜗轮常用青铜制作，制造成本较高。

二、蜗杆传动的类型及应用

蜗杆传动有许多类型，根据蜗杆分度曲面形状进行分类，蜗杆传动可分为圆柱蜗杆传动（图6-40）、圆弧面蜗杆传动（图6-41）和锥面蜗杆传动。圆柱蜗杆传动又有普通圆柱蜗杆传动和圆弧圆柱蜗杆传动之分，而普通圆柱蜗杆传动按蜗杆齿形进行分类，又分为阿基米德蜗杆（ZA蜗杆）传动、渐开线蜗杆（ZI蜗杆）传动、法向直廓蜗杆传动（ZN蜗杆）、圆弧圆柱蜗杆（ZC蜗杆）传动和锥面包络蜗杆（ZK蜗杆）传动等，其中应用最广的是阿基米德蜗杆传动。

蜗杆传动广泛应用于各种机械及仪器仪表设备中，适用于传动比大、传递功率不大（一般不超过50kW）的机械传动，如蜗杆减速器、卷扬机传动系统、滚齿机传动系统中都采用蜗杆传动。其中圆柱蜗杆传动结构简单，应用最广；圆弧面蜗杆传动同时啮合的齿数多，承载能力大，但加工复杂，一般在大功率机械传动中使用。

三、蜗杆传动的结构

在蜗杆传动中，蜗杆与轴通常做成一体，称为蜗杆轴。最常用的蜗杆是阿基米德蜗杆，阿基米德蜗杆在其轴向剖面内的齿形是直线，在横截面内的齿形是阿基米德螺旋线，如图6-42所示。

图 6-40　圆柱蜗杆传动

图 6-41　圆弧面蜗杆传动

图 6-42　阿基米德蜗杆结构

阿基米德蜗杆按螺旋方向分类，可分为右旋蜗杆和左旋蜗杆，通常多用右旋蜗杆。蜗杆的头数 $z_1=1\sim6$，蜗杆有单头、双头和多头之分。单头蜗杆主要用于传动比较大的机械传动，要求自锁的蜗杆传动必须采用单头蜗杆；多头蜗杆主要用于传动比不大和要求传动效率较高的机械传动。

蜗轮的外形类似于带有内凹圆弧的圆柱齿轮。蜗轮的结构有整体式蜗轮（图 6-43a）和组合式蜗轮两种。其中组合式蜗轮由齿圈和蜗轮芯两部分组成，齿圈可选用青铜制造，蜗轮芯可选用铸铁或钢制造。齿圈与蜗轮芯采用过盈配合，为了增加配合的可靠性，沿接合缝还

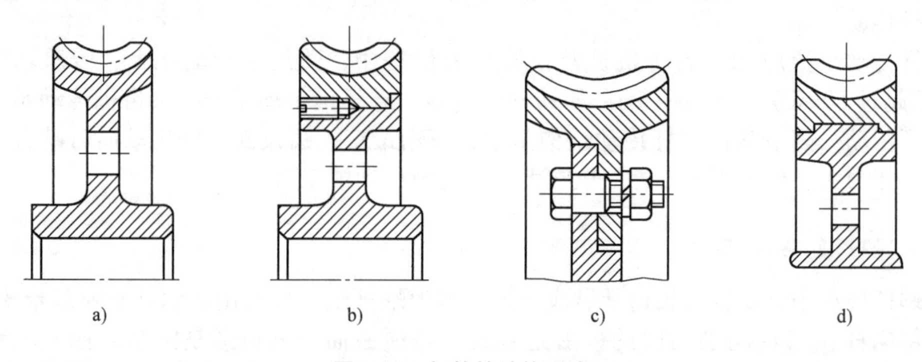

图 6-43　蜗轮的结构形式

要拧上紧定螺钉（图 6-43b）。如果齿圈直径较大时，可以采用铰制孔用螺栓连接（图 6-43c）。另外，齿圈还可以采用镶铸方式进行组合（图 6-43d）。

四、蜗杆传动的基本参数和几何尺寸

在蜗杆传动中，涉及的传动参数主要有：蜗杆与蜗轮的模数 m、蜗杆分度圆直径 d_1、蜗杆与蜗轮的压力角 α、蜗杆升角（或为导程角）γ_1、蜗轮螺旋角 β_2、蜗杆直径系数 q、蜗杆齿顶高系数 h_a^*、蜗杆顶隙系数 c^*、中心距 a、蜗杆头数 z_1、蜗轮齿数 z_2、传动比 i_{12} 以及蜗杆传动的旋转方向。为了分析蜗杆传动的基本参数，取经过蜗杆的轴线并与蜗轮的轴线相垂直的剖面作为主平面来研究，如 6-44 所示。在主平面内，蜗杆的形状相当于齿条，蜗轮相当于渐开线齿轮。

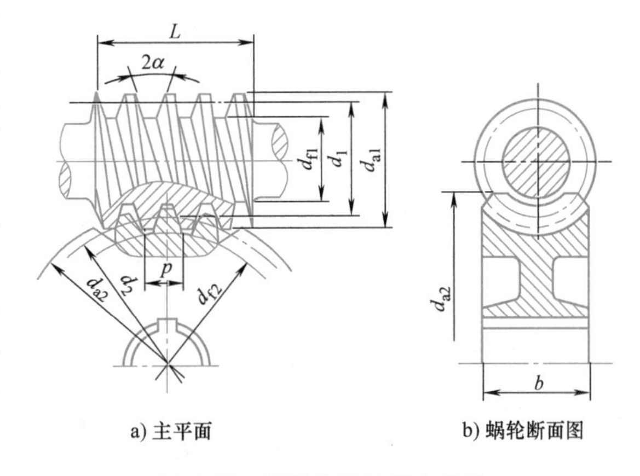

图 6-44 蜗杆传动的基本参数

1. 蜗杆与蜗轮的模数 m

蜗杆的模数是指轴面模数，用 m_{x1} 表示；蜗轮的模数是指端面模数，用 m_{t2} 表示。$m_{x1}=m_{t2}$。

2. 蜗杆分度圆直径 d_1

由于蜗轮是用相当于蜗杆的滚刀切制的，为了限制蜗轮滚刀的数量，国家标准已将蜗杆分度圆直径 d_1 规定为标准值，并与标准模数 m 相匹配。蜗杆的分度圆直径不仅与模数 m 有关，而且还与蜗杆头数 z_1 和升角 γ_1 有关。部分蜗杆分度圆直径 d_1 与标准模数 m 匹配的标准系列见表 6-6。

表 6-6 部分蜗杆分度圆直径 d_1 与标准模数 m 匹配的标准系列

模数 m/mm	分度圆直径 d_1/mm	蜗杆头数 z_1	模数 m/mm	分度圆直径 d_1/mm	蜗杆头数 z_1
3.15	35.5	1、2、4、6	5	50	1、2、4、6
	56	1		90	1
4	40	1、2、4、6	6.3	63	1、2、4、6
	71	1		112	1

3. 蜗杆与蜗轮的压力角 α

蜗杆的压力角是指轴向压力角，用 α_{x1} 表示；蜗轮的压力角是指端面压力角，用 α_{t2} 表示。$\alpha_{x1}=\alpha_{t2}=20°$。

4. 蜗杆升角 γ_1 和蜗轮螺旋角 β_2

蜗杆升角（又称为导程角）是指蜗杆的分度圆螺旋线的切线与端平面之间的夹角，用 γ_1 表示，如图 6-45 所示。蜗杆升角 γ_1 的大小直接影响蜗杆的传动效率。蜗杆升角 γ_1 大则传动效率高，但自锁性差；蜗杆升角 γ_1 小则传动效率低，但自锁性好。

蜗轮的螺旋角是指蜗轮的分度圆轮齿的旋向与轴线间的夹角，用 β_2 表示。$\gamma_1=\beta_2$。

5. 蜗杆直径系数 q

蜗杆直径系数是蜗杆的分度圆直径 d_1 与轴向模数 m 的比值，用符号 q 表示。常用蜗杆

的直径系数 q 的取值是：18、16、12.5、11.2、10、9、8。计算时可参考相关标准资料。

6. 蜗杆齿顶高系数 h_a^* 和蜗杆顶隙系数 c^*

蜗杆齿顶高系数 $h_a^*=1$；蜗杆顶隙系数 $c^*=0.2$。

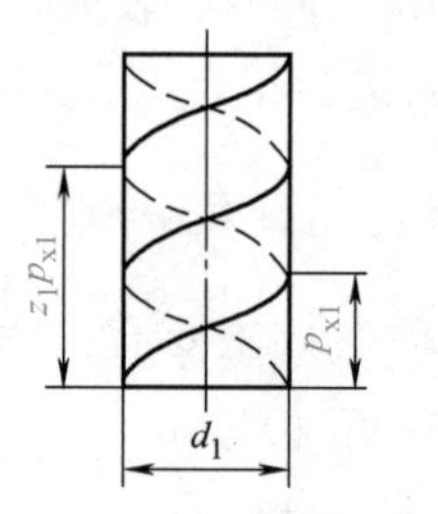

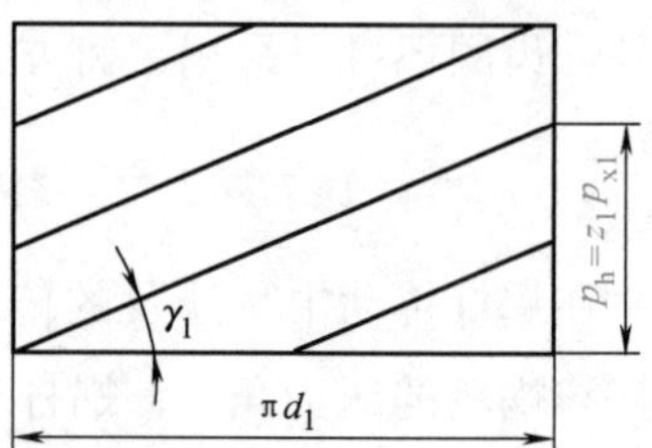

图 6-45　蜗杆升角与齿距 p_{x1}

7. 中心距 a

对于普通圆柱蜗杆传动，其中心距 a 的尾数应为 0 或 5；标准蜗杆减速器的中心距 a（单位：mm）应取标准值，如 40、50、63、80、100、125、160、(180)、200、(225)、250、(280)、315、(355)、400、(450)、500，其中带括号的数字应尽可能不用。

8. 蜗杆头数 z_1 和蜗轮齿数 z_2

蜗杆头数 z_1 的选择与传动比、传动效率及制造的难易程度等有关。对于传动比大或要求自锁性好的蜗杆传动，常取 $z_1=1$；为了提高传动效率，z_1 可取较大值，但加工难度增加，故 z_1 常取 1、2、4、6。

蜗轮齿数 z_2 通常是在 27～80 范围内选择。当 $z_2<27$ 时，加工蜗轮时会产生根切现象；当 $z_2>80$ 后，会使蜗轮尺寸过大及蜗杆轴的刚度下降。z_1、z_2 的推荐值可参照表 6-7。

表 6-7　各种传动比时 z_1、z_2 的推荐值

传动比 i_{12}	5～6	7～8	9～13	14～24	25～27	28～40	>40
z_1	6	4	3～4	2～3	2～3	1～2	1
z_2	30～36	28～32	27～52	28～72	50～81	28～80	>40

9. 传动比 i_{12}

蜗杆传动的传动比是蜗杆转速 n_1 与蜗轮转速 n_2 之比，或者是蜗轮的齿数 z_2 与蜗杆头数 z_1 之比。蜗杆传动比 i_{12} 的计算公式为

$$i_{12}=\frac{n_1}{n_2}=\frac{z_2}{z_1}$$

通常传动比 $i_{12}=10\sim40$，最大可达 80。如果蜗杆传动仅用于传递运动（如分度运动），其传动比可达 1000。

10. 蜗杆传动的旋转方向

蜗杆、蜗轮的旋向按右手法则判定，如图 6-46 所示。手心对着自己，四个手指顺着蜗杆（或蜗轮）的轴线方向摆正，如果齿向与右手拇指指向一致，则该蜗杆（或蜗轮）为右旋。反之，该蜗杆（或蜗轮）为左旋。

蜗杆传动时，蜗轮的旋转方向可用左、右手法则判定，如图 6-47 所示。当蜗杆右旋时用右手法则判定，当蜗杆左旋时用左手法则判定。蜗轮旋转方向判定的具体做法是：手握住蜗杆轴向，四指弯曲的方向代表蜗杆旋转方向，大拇指所指的反方向就是蜗轮的回转方向。

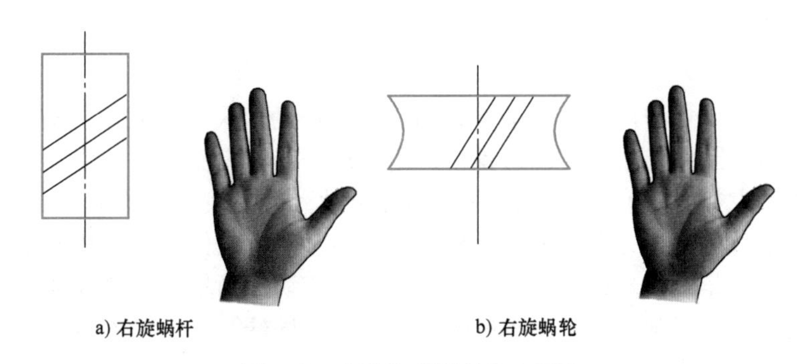

a) 右旋蜗杆　　b) 右旋蜗轮

图 6-46　蜗杆和蜗轮的旋向判定

五、蜗杆传动正确啮合条件

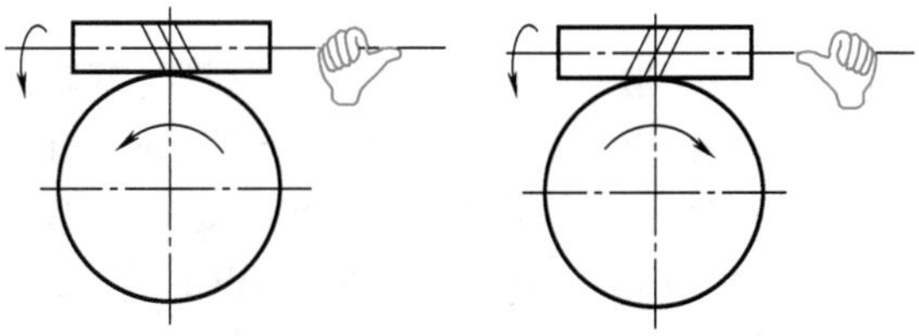

在蜗杆传动中，蜗杆与蜗轮正确啮合时必须同时满足蜗杆的轴向模数与蜗轮的端面模数相等、蜗杆的轴向压力角与蜗轮的端面压力角相等、蜗杆的升角与蜗轮的螺旋角相等，且均为标准值。即

$$\alpha_{x1}=\alpha_{t2}=\alpha;m_{x1}=m_{t2}=m;\gamma_1=\beta_2$$

a) 右旋蜗杆传动　　b) 左旋蜗杆传动

图 6-47　蜗轮旋转方向的判定

六、蜗杆传动的几何尺寸计算

在蜗杆传动中，如果蜗杆的主要参数确定后，其几何尺寸可按表 6-8 所列公式进行相关计算。

表 6-8　阿基米德蜗杆传动几何尺寸计算公式

几何尺寸名称	符号	计算公式		补充说明
		蜗杆	蜗轮	
模数	m	$m_{x1}=m_{t2}=m$		
中心距	a	$a=(d_1+d_2)/2$		
齿顶高	h_a	$h_{a1}=h_a^* m_{x1}=m_{x1}$	$h_{a2}=h_a^* m_{t2}=m_{t2}$	$h_a^*=1$
齿根高	h_f	$h_{f1}=(h_a^*+c^*)m_{x1}$	$h_{f2}=(h_a^*+c^*)m_{t2}$	$c^*=0.2$
齿高	h	$h_1=h_{a1}+h_{f1}$	$h_2=h_{a2}+h_{f2}$	
分度圆直径	d	$d_1=m_{x1}q$	$d_2=m_{t2}z_2$	
蜗杆齿顶圆直径	d_{a1}	$d_{a1}=d_1+2h_{a1}$		
蜗轮喉圆直径	d_{a2}		$d_{a2}=d_2+2h_{a2}$	
齿根圆直径	d_f	$d_{f1}=d_1-2h_{f1}$	$d_{f2}=d_2-2h_{f2}$	
蜗杆分度圆升角	γ_1	$\tan\gamma_1=z_1 m_{x1}/d_1$		
蜗轮分度圆螺旋角	β_2		$\beta_2=\gamma_1$	
齿距	p	$p_{x1}=p_{t2}=\pi m$		

七、蜗杆传动的失效形式

蜗杆传动的失效形式与齿轮传动基本相同。蜗杆传动的失效形式主要有齿面疲劳点蚀、胶合、磨损及轮齿折断。在蜗杆传动过程中，由于蜗杆传动齿面间存在较大的滑动速度，因此，摩擦损耗大，发热量大。对于一般开式蜗杆传动，最易发生的失效形式是由于润滑不良、润滑油不洁造成的磨损；对于闭式蜗杆传动，由于润滑条件较好，其失效形式主要是胶合和疲劳点蚀；无论是开式蜗杆传动，还是闭式蜗杆传动，当蜗杆传动过载时，均会发生轮齿折断现象。另外，由于蜗轮制造材料的强度通常低于蜗杆制造材料的强度，因此，蜗杆传动的失效现象大多数发生在蜗轮轮齿上。

八、蜗杆与蜗轮的制造材料

根据蜗杆传动的失效形式可知，蜗杆、蜗轮的制造材料除了应满足强度要求外，还应具备良好的减摩性和耐磨性。另外，为了防止蜗杆与蜗轮发生胶合，蜗杆与蜗轮应选择两种不同的材料进行制造。蜗杆通常选择调质钢（如 45 钢、40Cr 钢、40CrNi 钢、40MnB 钢等）和渗碳钢（如 20 钢、20CrMnTi 钢、20Cr 钢、20CrNi 钢等）制造，并进行调质处理或表面淬火处理，以提高齿面的硬度和耐磨性。蜗轮主要选用铸造青铜进行制造，如选用铸造铝青铜 ZCuAl10Fe3、铸造锡青铜 ZCuSn10P1、ZCuSn5Pb5Zn 等制造蜗轮。对于尺寸较大的蜗轮，可选用两种不同的材料按组合结构进行制造，如蜗轮齿圈采用青铜制造，蜗轮芯采用铸铁（或钢）制造，以降低蜗轮的制造成本。对于不重要的低速轻载蜗杆传动，蜗轮可选用铸铁（如 HT150、HT200 等）进行整体制造。

九、蜗杆传动的拆装

由于蜗杆传动的齿面嵌入蜗轮的凹弧齿面中，因此，安装蜗杆传动时应先装入蜗轮，再装入蜗杆，最后装入蜗杆两端的滚动轴承。在安装滚动轴承过程中，滚动轴承的安装一定要到位，才能防止蜗杆在传动过程中出现窜动现象。拆卸蜗杆传动装置时，其拆装顺序正好与安装顺序相反。

十、蜗杆传动的维护

蜗杆传动维护措施基本上与齿轮传动相同，但因为蜗杆传动中的齿面间存在较大的滑动速度，故摩擦损耗大、发热量大、齿面温度较高，为了保证蜗杆传动正常工作，除正常的维护措施外，应特别注意蜗杆传动的散热和润滑。

1. 蜗杆传动的散热

在闭式蜗杆传动中，如果不能及时散热，会使传动装置及润滑油的温度不断升高，导致润滑条件恶化，最终会使齿面产生胶合现象。通常蜗杆传动箱体的平衡温度 $t<75\sim85℃$，如果蜗杆传动箱体超过此温度范围时，应采取措施提高蜗杆传动箱体的散热能力。通常可采取如下措施对蜗杆传动箱体进行散热：

1）增加散热面积。例如，在蜗杆传动箱体上铸出或焊上散热片，如图 6-48 所示。

2）在蜗杆轴端装置风扇进行人工通风，如图 6-49 所示。

3）在蜗杆传动箱体油池中安装蛇形冷却管，如图 6-50 所示。

4）采用压力喷油循环润滑和冷却，如图 6-51 所示。

图 6-48　蜗杆传动箱体上的散热片

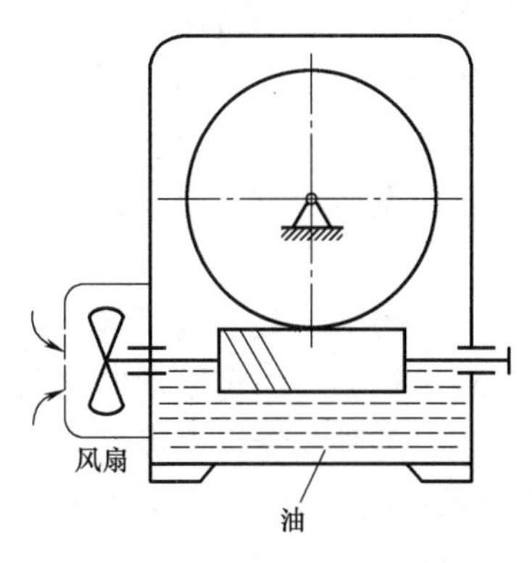

图 6-49　蜗杆传动箱体风扇冷却

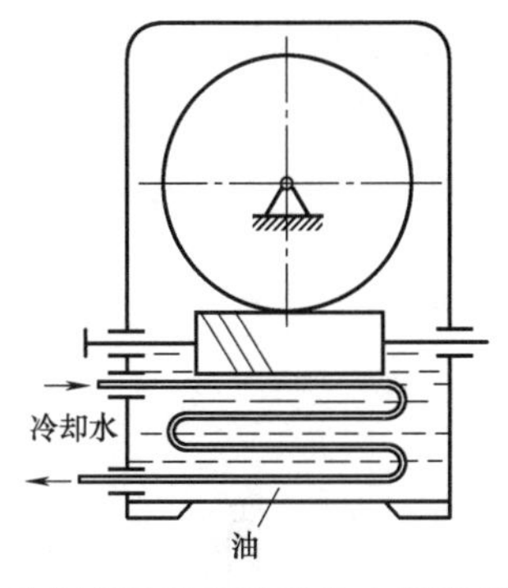

图 6-50　在蜗杆传动箱体油池中安装蛇形冷却管

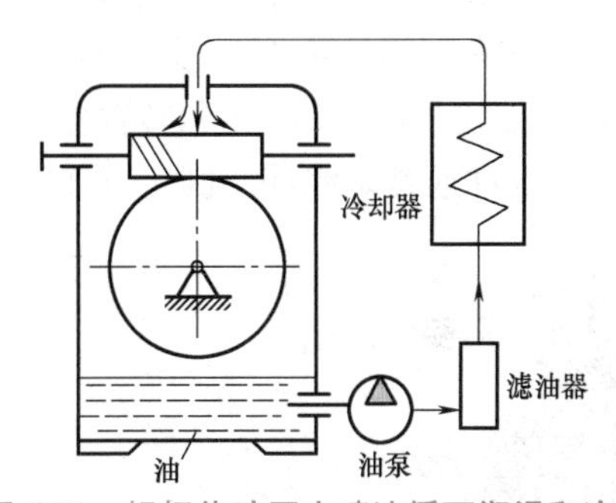

图 6-51　蜗杆传动压力喷油循环润滑和冷却

2. 蜗杆传动的润滑

润滑对蜗杆传动非常重要。由于蜗杆传动摩擦产生的热量较大，因此，蜗杆传动过程中要具有良好的润滑条件。润滑的主要目的在于减摩和散热，提高蜗杆传动效率，防止齿面发生胶合和磨损。蜗杆传动的润滑方式主要有油池润滑和喷油润滑。蜗杆传动润滑油的牌号和润滑方式的选择见表 6-9。

表 6-9　蜗杆传动润滑油的牌号和润滑方式的选择

滑动速度/(m/min)	≤2	2~5	5~10	>10
润滑油牌号	680	460	320	220
润滑方式	油浴润滑		油浴或喷油润滑	喷油润滑

模块五　齿轮系与减速器

【教——善于将复杂的知识简单化】

一、齿轮系

齿轮系（简称轮系）是由一系列相互啮合的齿轮组成的传动装置。在机械传动中，仅由一对齿轮啮合传动是最简单的齿轮传动，而在绝大多数的机械设备中，常常是将一系列相互啮合的齿轮组成传动系统，以实现从主动轴到从动轴之间的变速、变向、运动分解及合成等功能。

1. 齿轮系的类型及应用

齿轮系根据传动时各齿轮轴线在空间的相对位置是否固定进行分类，可分为定轴轮系和周转轮系。

（1）定轴轮系　定轴轮系是指在轮系运转时，所有齿轮（包括蜗杆、蜗轮）的几何轴线位置相对于机架均固定不动的轮系。定轴轮系主要应用于车床主轴箱、汽车变速器、起重设备、钟表、各种仪器仪表等机械中，可使机械获得多种转速，并能实现变速和换向功能。图 6-52 所示是两级圆柱齿轮组成的定轴轮系。

（2）周转轮系　周转轮系是指在轮系运转时，至少有一个齿轮的几何轴线绕另一个齿轮的固定轴线回转的轮系。如图 6-53 所示，小齿轮 2 的轴线绕大齿轮 1 的轴线做圆周运动，其位置是不断变化的。几何轴线做圆周运动的齿轮称为行星轮（如齿轮 2）；与其啮合的齿轮称为中心轮（如齿轮 1）；支承行星轮的构件称为行星架，也称为系杆（或转臂）。在周转轮系中，一般都以中心轮和转臂作为运动的输入和输出构件，它们是周转轮系中的基本构件。基本构件通常是绕同一固定轴线回转的。

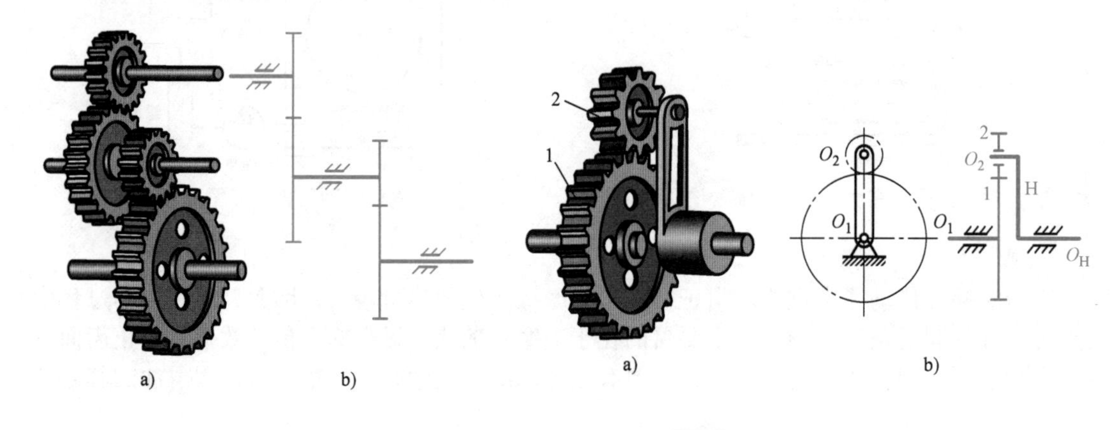

图 6-52　两级圆柱齿轮组成的定轴轮系

图 6-53　周转轮系

周转轮系包括差动轮系和行星轮系等。差动轮系是指具有两个或两个以上自由度的周转轮系。在差动轮系中，具有对应的两个或两个以上的原动件，原动件可以由齿轮或系杆组成；或者说在差动轮系中，是由两个或两个以上的原动件决定了轮系中执行件的确定运动，执行件可以为齿轮或系杆。一般的差动轮系的自由度是 2 个，即只需要 2 个原动件整个差动轮系就具有确定的运动。差动轮系可进行运动合成，广泛应用于机床、计算机构及补偿调整装置中；行星轮系是指凡具有一个自由度的周转轮系。在行星轮系中，为了使各构件具有确定的相对运动，只需要 1 个主动构件。

2. 齿轮系的传动特点

1）齿轮系可获得很大的传动比。两轴之间的传动比较大时，如果仅用一对齿轮传动，则两个齿轮的齿数差一定很大，从而导致小齿轮磨损加快，大齿轮齿数太多，使得齿轮传动结构增大。因此，一对齿轮的传动比不能过大（一般 $i_{12}=3\sim5$，$i_{max}\leqslant8$）。而采用齿轮系，尤其是周转轮系（如行星轮系）则可获得很大的传动比。

2）齿轮系可做远距离传动。

3）齿轮系可实现变速和变向要求。在定轴轮系中，如果主动轴的转速一定，而从动轴需要几种不同的转速时，通常采用变换两轴间啮合齿轮的方法来解决。例如，在金属切削机床、汽车变速器（图 6-54）等机械中采用齿轮系，就可满足输出轴多种转速的需要。

图 6-54　汽车变速器

4）齿轮系可实现合成运动（或分解运动）。例如，周转轮系中的差动轮系就可实现合成运动（或分解运动）；汽车后桥差速器（图 6-55）就是分解运动的齿轮系。在汽车转弯时，它可以将发动机传递的运动以不同的速度分别传递给左右两个车轮，以维持车轮与地面间的纯滚动，避免车轮与地面间的滑动摩擦而导致车轮轮胎发生过度磨损。

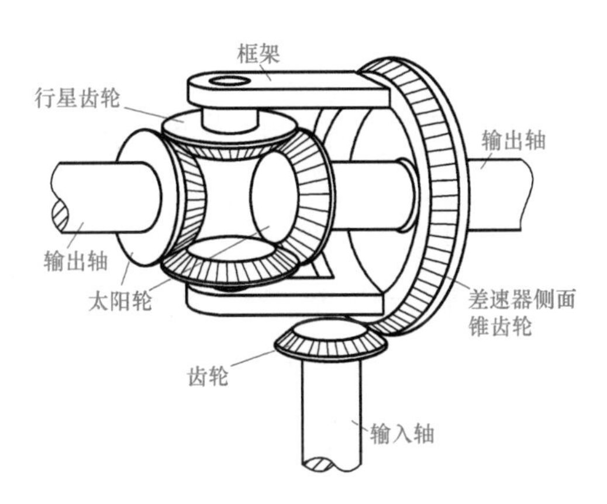

图 6-55　汽车后桥差速器

3. 齿轮与轴的连接方式

根据齿轮与轴连接方式的不同，齿轮可分为固定齿轮、滑移齿轮、空套齿轮三种类型，见表 6-10。

表 6-10　齿轮与轴的连接方式

齿轮与轴的连接方式	固定齿轮	滑移齿轮	空套齿轮
示意图			
特点说明	齿轮在轴上径向固定和轴向固定	齿轮与轴径向固定，而轴向没有固定，齿轮可沿轴线方向滑动	齿轮空套在轴上，径向和轴向均不固定，齿轮既可沿轴线方向移动，也可绕轴线转动

4. 平行轴定轴轮系传动比的计算

齿轮系传动比是指齿轮系中首位齿轮与末位齿轮的转速之比，用符号 i_{1n} 表示，其右下角标表示对应的两齿轮。例如，i_{15} 表示齿轮 1 与齿轮 5 的转速之比。通常齿轮系传动比的计算包括两个内容：一是计算传动比的大小，二是确定从动齿轮的转动方向。

图 6-56 所示是某一定轴轮系，齿轮轴Ⅰ为动力输入轴，齿轮轴Ⅴ为动力输出轴。齿轮轴Ⅰ的转速是 n_1，齿轮轴Ⅴ的转速是 n_5，齿轮轴Ⅰ与齿轮轴Ⅴ的传动比就是主动齿轮 1 与从动齿轮 5 的传动比，并称为该定轴轮系的总传动比 i_{15}。

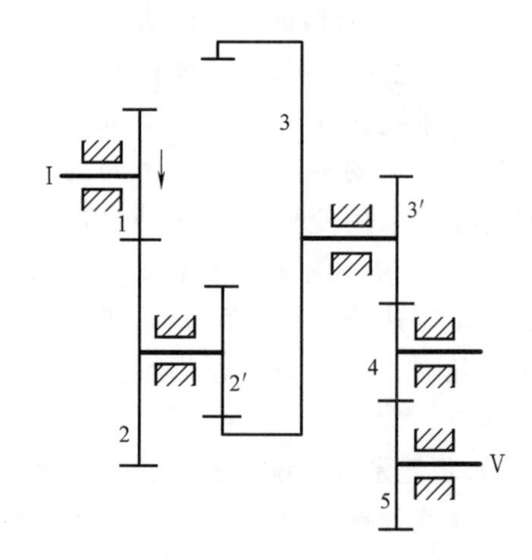

图 6-56　定轴轮系传动比分析图

该定轴轮系的总传动比计算如下

$$i_{15}=\frac{n_1}{n_5}=\frac{n_1n_2n_3n_4}{n_2n_3n_4n_5}$$

由于 $n_2=n'_2, n_3=n'_3$，而且 $i_{12}=\frac{n_1}{n_2}=(-1)\frac{z_2}{z_1}$，

$i_{23}=\frac{n_2}{n_3}=\frac{z_3}{z'_2}, i_{34}=\frac{n_3}{n_4}=(-1)\frac{z_4}{z'_3}, i_{45}=\frac{n_4}{n_5}=(-1)\frac{z_5}{z_4}$，由此可得

$$i_{15}=i_{12}i_{23}i_{34}i_{45}=\left(\frac{-z_2}{z_1}\right)\left(\frac{z_3}{z'_2}\right)\left(\frac{-z_4}{z'_3}\right)\left(\frac{-z_5}{z_4}\right)=(-1)^3\frac{z_2z_3z_5}{z_1z'_2z'_3}$$

上述计算公式表明，该定轴轮系传动比等于轮系中各级齿轮传动比的连乘积，其数值是定轴轮系中所有从动齿轮齿数的连乘积与所有主动齿轮齿数的连乘积之比。同时可以看出，定轴轮系传动比的大小与其中的惰轮（z_4）的齿数无关。惰轮既是主动齿轮又是从动齿轮，惰轮的作用是改变了传动装置的转向，也有利于加大齿轮轴之间的距离，因此，惰轮又称为过桥齿轮。

由此可见，由 k 个齿轮组成的定轴轮系的总传动比 i_{1k} 是

$$i_{1k}=\frac{n_1}{n_k}=(-1)^m\frac{\text{所有从动齿轮齿数的连乘积}}{\text{所有主动齿轮齿数的连乘积}}$$

式中　m——定轴轮系中外啮合齿轮的对数。

5. 定轴轮系中从动齿轮的转向

定轴轮系传动比中的正负号由外啮合齿轮的对数 m 决定。如果 m 为奇数，i_{1k} 为负号，说明首位齿轮与末尾齿轮的转向相反；如果 m 为偶数，i_{1k} 为正号，说明首位齿轮与末尾齿轮的转向相同。另外，定轴轮系中各齿轮的转向也可用箭头在图中逐对标出，如图 6-57 所示。

对于圆柱齿轮外啮合传动，箭头的指向代表可见侧齿的移动方向，主动齿轮、从动齿轮的转向相反，两箭头指向相反，如图 6-57a 所示；对于圆柱齿轮内啮合传动，箭头的指向代表可见侧齿的移动方向，主动齿轮、从动齿轮的转向相同，两箭头指向相同，如图 6-57b 所示；对于一对相交轴锥齿轮传动，代表齿轮转向的箭头同时指向啮合点或者同时背离啮合

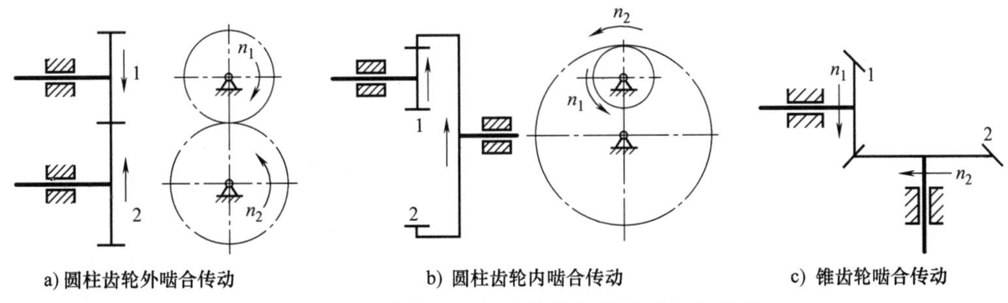

图 6-57　定轴轮系中各齿轮转向的箭头标示方法

点，如图 6-57c 所示。

对于定轴轮系中含有的蜗轮蜗杆的运动方向，只能通过主动带轮的左、右手定则来确定，即四指弯曲方向代表蜗杆的转向，大拇指所指方向的反方向代表蜗轮在啮合处的速度方向，然后采用画箭头的方法将蜗杆和蜗轮的运动方向表示出来。

【例 6.4】　如图 6-58 所示，有一定轴轮系，已知 $z_1=15$，$z_2=25$，$z'_2=z_4=14$，$z_3=24$，$z'_4=20$，$z_5=24$，$z_6=40$，$z_7=2$，$z_8=60$。如果 $n_1=$ 800r/min，其转向如图所示，计算该定轴轮系的传动比 i_{18}、蜗轮 8 的转速和转向。

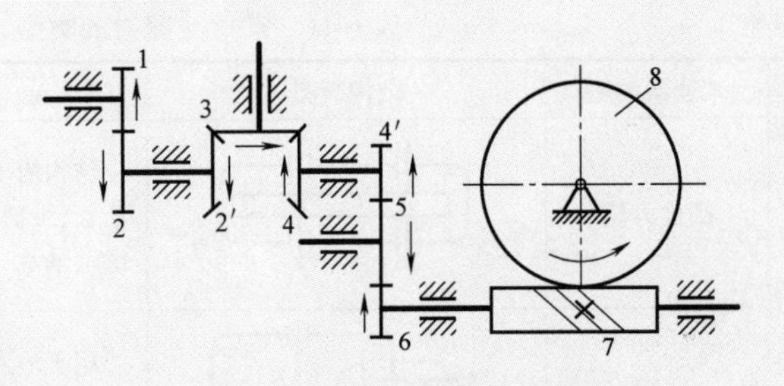

图 6-58　非平行轴的定轴轮系

解：

$$i_{18}=\frac{n_1}{n_8}=\frac{\text{所有从动齿轮齿数的连乘积}}{\text{所有主动齿轮齿数的连乘积}}=\frac{z_2z_3z_4z_5z_6z_8}{z_1z'_2z_3z'_4z_5z_7}=\frac{25\times24\times14\times24\times40\times60}{15\times14\times24\times20\times24\times2}=100$$

$$n_8=\frac{n_1}{i_{18}}=\frac{800}{100}\text{r/min}=8\text{r/min}$$

因为首位齿轮轴与末位齿轮轴不平行，故传动比不加正负号，各齿轮的转向采用画箭头的方法确定，蜗轮 8 的转向是逆时针方向，如图 6-58 所示。

二、减速器

减速器是由封闭在箱体内的齿轮传动（或蜗杆传动）所组成，是常用于原动机和工作机（或执行机构）之间执行减速功能的封闭式传动装置。减速器是一种相对精密的机械，使用它的目的是降低转速、增大转矩或改变转动方向。由于减速器传递运动准确可靠，结构紧凑，润滑条件良好，效率高，寿命长，且使用维修方便，故得到广泛应用。

1. 减速器的类型、特点及应用

减速器按齿轮的形状进行分类，可分为圆柱齿轮减速器和锥齿轮减速器；减速器按传动的级数进行分类，可分为一级减速器（图 6-59）和多级减速器（图 6-60）；减速器按传动的结构形式进行分类，可分为展开式减速器、同轴式减速器和分流式减速器等；减速器按传动和结构的特点进行分类，可分为齿轮减速器、蜗杆减速器、行星齿轮减速器、摆线针轮减速器和谐波齿轮减速器。常用减速器的类型、特点及应用见表 6-11。

图 6-59　一级减速器

图 6-60　多级减速器

表 6-11　常用减速器的类型、特点及应用

级数	减速器类型	结构简图	特点及应用
一级减速器	圆柱齿轮		结构简单，传动比小（$i \leqslant 8$），传动效率高，功率较大，使用寿命长，维护方便。轴的支承部分通常选用滚动轴承，也可采用滑动轴承
	锥齿轮		用于输入轴与输出轴垂直相交的传动；通常当传动比 $i \leqslant (1 \sim 6)$ 时采用。但锥齿轮加工较难，安装复杂，只有在必要时选用
	下置式蜗杆		转动平稳、无噪声、传动比大，传递的功率相对较大。由于蜗杆在蜗轮的下面，润滑方便，而且润滑和冷却效果较好，但蜗杆速度较大时，油的搅动损失较大，一般用于蜗杆圆周速度 $v \leqslant 4\text{m/s}$ 的场合
	上置式蜗杆		转动平稳、无噪声、传动比大，传递的功率相对较小，油的搅动损失较小，拆装方便，蜗杆的圆周速度可高些，通常用于蜗杆圆周速度 $v > 4\text{m/s}$ 的场合。但由于蜗杆在上面，润滑和冷却效果相对较差
二级减速器	圆柱齿轮展开式		结构比一级减速器更合理、更紧凑，由于齿轮布置相对于轴承位置不对称，因此，要求轴应具有较高的刚度。它主要用于载荷稳定、传动比较大的场合。高速级传动常用圆柱斜齿轮。低速级传动常用斜齿或圆柱直齿轮
	锥齿轮、圆柱齿轮		用于传动比较大（$i = 6 \sim 35$）的场合，但锥齿轮加工较难，安装复杂，只有在必要时选用。其中锥齿轮可以是直齿或弧齿，圆柱齿轮可以是直齿或斜齿

2. 减速器的结构

减速器的结构因其类型和用途不同而异。但无论何种类型的减速器，其结构都是由箱体、轴、齿轮、轴承及相关附件（如视孔盖、通气器、油标尺等）组成。典型的一级圆柱齿轮减速器的结构如图 6-61 所示。

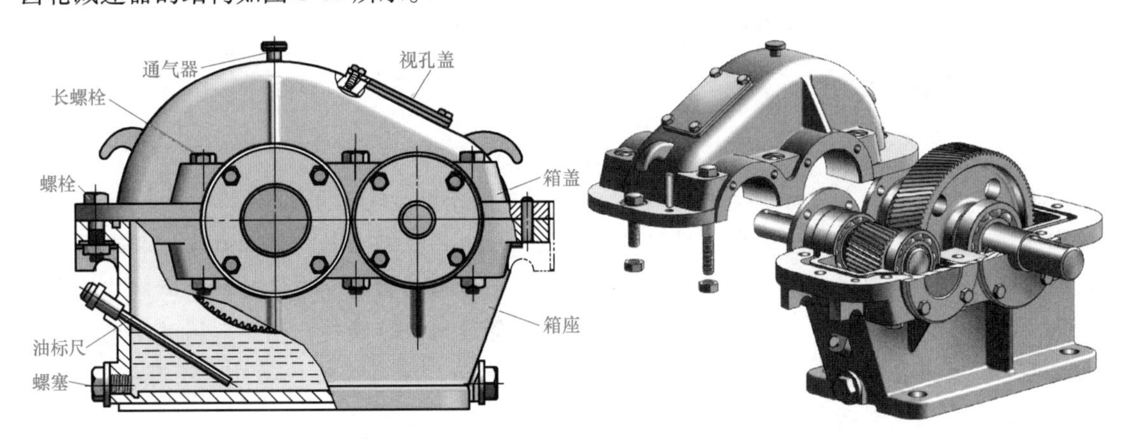

图 6-61　一级圆柱齿轮减速器的结构

减速器一般由多级齿轮传动组合而成，其传动组合形式有：直齿圆柱齿轮传动与直齿圆柱齿轮传动组合，斜齿圆柱齿轮传动与斜齿圆柱齿轮传动组合，锥齿轮传动与圆柱齿轮传动组合，斜齿圆柱齿轮传动与蜗杆传动组合等。在轮齿的齿廓上，除了渐开线齿轮外，还有圆弧齿、摆线齿等。在齿面硬度上，减速器齿轮采用了硬齿面，提高了传动能力和使用寿命。

3. 减速器的标准

目前，常用减速器的生产已经标准化和规格化，并由专门化生产厂商制造，而且多数减速器是闭式齿轮传动，具有良好的润滑条件和传动效率（可达 98%以上），而且使用寿命较长，因此，用户可根据实际需要，尽可能选用标准减速器。常用减速器的标牌及含义如下

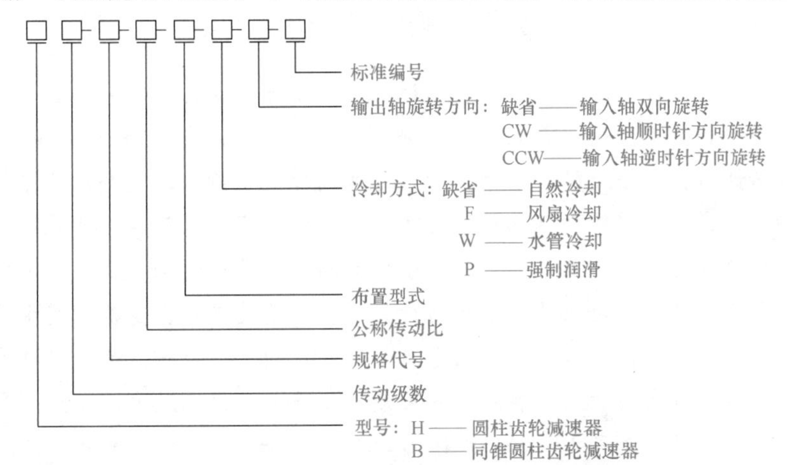

例如，符合 JB/T 8853—2015 的规定、两级传动、10 号规格、公称传动比为 11.2、第Ⅰ种布置型式、风扇冷却、输入轴双向旋转的圆柱齿轮减速器，其标记是：H2-10-11.2-I-F-JB/T 8853—2015。

国家标准规定，减速器的中心距尾数是 0 和 5，常用的中心距（mm）是：100、125、160、200、250……减速器的传动比是：1.25、1.4、1.6、1.8、2、2.24、2.5、2.8、3.15、3.55……传动比常选用小数 1.25、2.24、3.15、3.55 等，其目的是为了使两啮合齿轮的齿数互为质数，最好有一个齿轮的齿数为质数，可保证两啮合齿轮中的每一个轮齿都能交替地与另一个齿轮的轮齿进行啮合，以延长齿轮的使用寿命。

拓展知识

齿轮发展史

据我国大量的出土文物和史书记载，证明我国是应用齿轮最早的国家之一。1956 年在河北邯郸武安市午汲古城遗址中，发现了直径约 80mm 的铁质齿轮（图 6-62），经研究确为战国末期到西汉时期间的制品，它也是我国发现的最古老的齿轮。东汉时期张衡制作的水运浑象，以漏水为动力，通过齿轮系统，使浑象每日等速地绕轴旋转一周。三国时期出现的记里鼓车，已有一套减速齿轮系统，马钧所制成的指南车，除有齿轮传动外，还有离合装置，说明齿轮系已发展到相当程度。

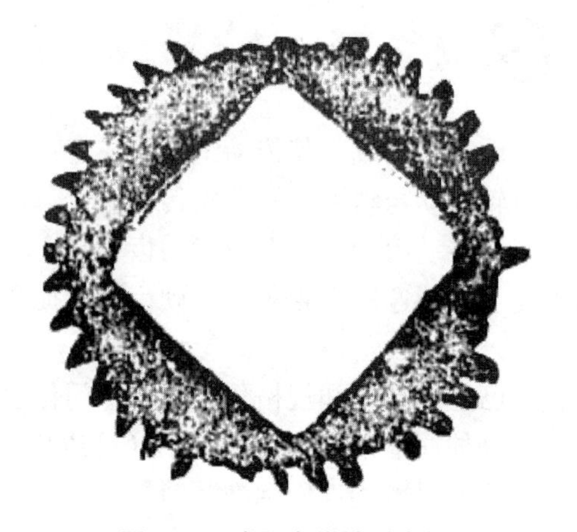

图 6-62 我国古代铁质齿轮

在西方，据历史记载和流传至今的实物证实，古埃及、古巴比伦早在公元前 400 年至公元前 200 年，就开始使用齿轮。希腊哲学家亚里士多德在他所著《机械问题》中，就阐述了使用青铜或铸铁齿轮传递旋转运动的问题，这是国外关于齿轮的最早文献记载。希腊学者阿基米德，特别记载了蜗杆传动卷扬机。公元前 1 世纪，罗马建筑师维特鲁维亚斯叙述了装有齿轮传动的水力磨粉机，这是具体记载了最早的动力传递用齿轮。公元前 150 年左右，亚历山大的克特西比乌斯将齿轮机构用于水力计时器，这是关于将齿轮机构用于传递运动的最早记载。当然，所有上述齿轮都是木工用手工制造的。到了中世纪，齿轮与机械式钟表相结合，德国人将机械式钟表用于天文观测，在此期间，随着水力、风力、畜力的利用，出现了传递动力的相当大的齿轮。到 17 世纪后叶，人们就已开始进行齿形理论研究，其目的是为了保证齿轮正确传递运动。到 18 世纪欧洲工业革命后，齿轮传动的应用日益广泛，促进了齿轮技术的快速发展，先是发展摆线齿轮，而后是发展渐开线齿轮。一直到 20 世纪初，渐开线齿轮才在应用中占了优势。

【练——温故知新】

一、名词解释

1. 机械传动　2. 带传动　3. 带轮包角　4. 链传动　5. 齿轮传动　6. 分度圆　7. 齿距　8. 压力角　9. 变位齿轮　10. 齿轮系　11. 定轴轮系　12. 周转轮系　13. 传动比

二、填空题

1. 常见的机械传动有________传动、________传动、齿轮传动和蜗杆传动。

2. 带传动按带的截面形状进行分类，可分为________带传动、________带传动、同步带传动和圆带传动等。

3. V 带截面尺寸越大，其传递的功率越________，生产中使用最多的是 A、B、C 三种型号 V 带。

4. V 带轮通常由________、________和轮毂三部分组成。

5. 带轮包角 α 越________，摩擦力就越小，通常要求带轮的包角 $\alpha \geq$________。

6. 带传动比越大，在主动带轮与从动带轮的中心距不变的情况下，两带轮的直径差越________，小带轮上的包角就越________，带的传动能力就会下降。

7. 带传动中，如果两带轮中心距越________，传动结构会越________，传动时还会引起 V 带颤动。

8. 常用的带传动张紧方法有：________法、________法和安装张紧轮法。

9. 链传动由________链轮、________链轮和传动链组成。

10. 链条按结构进行分类，可分为________链和________链，其中最常用的是________链。

11. 在链传动中，小链轮的齿数不宜过________，大链轮的齿数也不宜过________。

12. 齿轮传动的类型很多，根据齿轮轴线的相互位置、轮齿的齿向和啮合情况进行分类，可分为__________轴间齿轮传动、__________轴间齿轮传动和交错轴间齿轮传动 3 大类。

13. 平行轴间齿轮传动包括________啮合圆柱齿轮传动、________啮合圆柱齿轮传动、齿轮齿条传动。

14. 相交轴间齿轮传动包括________齿锥齿轮传动、________齿锥齿轮传动、曲线齿锥齿轮传动。

15. 渐开线上各点的压力角不相等，越接近基圆，压力角越________，基圆上的压力角为 0°。国家标准规定齿轮分度圆上的压力角为________。

16. 模数 m 越大，齿距 p 越________，轮齿也越________，齿轮的承载能力越强。

17. 钢制齿轮包括________齿面齿轮和________齿面齿轮两大类。

18. 仿形法（又称为成形法）加工齿轮是在普通________床上，利用与齿廓形状相同的成形________刀进行铣削加工。

19. 展成法加工齿轮主要有________齿和________齿。

20. 采用正变位加工齿轮时，分度圆上的齿厚________齿槽宽；采用负变位加工齿轮时，分度圆上的齿厚________齿槽宽。

21. 齿轮失效主要有轮齿________、齿面疲劳点蚀、齿面________、齿面胶合、齿面塑性变形五种形式。

22. 齿轮精度分为11级，从1~11级依次________。常用中级精度6、7、8级。

23. 阿基米德蜗杆按螺旋方向分类，可分为________旋蜗杆和________旋蜗杆，通常多用________旋蜗杆。

24. 单头蜗杆主要用于传动比________的机械传动，要求自锁的蜗杆传动必须采用________蜗杆。

25. 蜗轮的结构有________式蜗轮和________式蜗轮两种。

26. 齿轮系根据传动时各齿轮轴线在空间的相对位置是否固定进行分类，可分为________轮系和________轮系。

27. 周转轮系包括________轮系和________轮系等。

28. 减速器根据传动的级数进行分类，可分为________级减速器和________级减速器。

三、单项选择题

1. ________传动具有传动比准确的特点。

A. 平带　　B. V带　　C. 同步带

2. 在相同条件下，V带的横截面尺寸________，其传递的功率________。

A. 越小　　B. 越大

3. 带传动的打滑现象一般出现在________上。

A. 小带轮　　B. 大带轮

4. 对于带传动，通常要求小带轮上的包角α________。

A. 小于120°　　B. 大于120°

5. 如果带传动的传动比是5，从动带轮的直径是500mm，则主动带轮的直径是________。

A. 100　　B. 250　　C. 500

6. 总体来说，小链轮的齿数不宜________，大链轮的齿数也不宜________。

A. 过少　　B. 过多

7. 链条的节数多为________。

A. 偶数　　B. 奇数

8. 链轮的齿数最好为________，以使链条磨损均匀。

A. 奇数　　B. 偶数

9. 滚子链中，套筒与滚子采用________配合，滚子可绕套筒自由转动。

A. 间隙　　B. 过盈　　C. 过渡

10. 链传动的两链轮旋转平面应在同一________。

A. 水平平面内　　B. 倾斜平面内　　C. 铅垂平面内

11. 采用一对直齿圆柱齿轮来传递两平行轴之间的运动时，如果要求两轴转向相反，应采用________传动。

A. 内啮合　　B. 外啮合

12. 在圆柱齿轮的齿廓曲线中，最常见的齿廓曲线是________。

A. 圆弧齿廓　　B. 摆线齿廓　　C. 渐开线齿廓

13. 渐开线齿轮的压力角 α 已经标准化，中国规定渐开线齿轮的标准压力角 α 是________。

A. 15°　　B. 20°　　C. 25°

14. 分度圆上的齿距 p 与无理数 π 之比，称为________。

A. 传动比　　B. 模数　　C. 齿数

15. 一对正常齿制的标准圆柱齿轮传动，$m=4\text{mm}$，$z_1=22$，$z_2=80$，其标准中心距 a 是________。

A. 408mm　　B. 204mm　　C. 102mm

16. 在机械传动中，如果要求传动比准确，并要求能实现变速、变向传动，可选用________。

A. 带传动　　B. 链传动　　C. 齿轮系传动

17. 齿轮系中，________的转速之比称为齿轮系传动比。

A. 末轮与首轮　　B. 首轮与末轮

18. 定轴轮系的传动比大小与齿轮系中惰轮的齿数________。

A. 有关　　B. 无关

19. 在定轴轮系中，如果外啮合齿轮的对数 m 是奇数，说明首位齿轮与末尾齿轮的转向________。

A. 相同　　B. 相反

四、判断题（正确的在括号内打“√”；反之，打“×”）

1. V 带的横截面是等腰梯形，下面是工作面。（　　）
2. V 带型号中，横截面尺寸最小的是 Z 型。（　　）
3. 带传动不能保证传动比准确不变的原因是易发生打滑现象。（　　）
4. 为了保证带传动具有一定的传动能力，通常要求小带轮的包角 $\alpha \geqslant 120°$。（　　）
5. 张紧轮应当放在靠近大带轮一侧，避免小带轮的包角变小。（　　）
6. 通常滚子链选用偶数节是为了避免使用过渡链节。（　　）
7. 与带传动相比，链传动的平均传动比准确，没有弹性滑动和打滑现象。（　　）
8. 滚子链中，套筒与滚子之间采用间隙配合，滚子可绕套筒自由转动。（　　）
9. 在一对内啮合齿轮传动中，其主动齿轮与从动齿轮的转动方向不相同。（　　）
10. 对于标准渐开线圆柱齿轮，分度圆上的齿厚和齿槽宽相等。（　　）
11. 模数是决定齿轮齿形大小的一个基本参数，它是无单位的。（　　）
12. 硬齿面齿轮是指齿轮工作表面的硬度>350HBW 的齿轮。（　　）
13. 一对标准渐开线圆柱齿轮外啮合时，其中心距等于两齿轮分度圆半径之和。（　　）
14. 正常齿制渐开线标准齿轮不发生根切现象的条件是被加工齿轮的齿数不小于 17 齿。（　　）
15. 蜗杆传动具有自锁功能，只能是蜗杆带动蜗轮，反之则不能传动。（　　）
16. 蜗杆升角 γ_1 小则传动效率低，但自锁性差。（　　）
17. 在蜗杆传动中，蜗杆的头数越多，传动效率越低。（　　）

18. 蜗杆传动的失效现象大多数发生在蜗轮轮齿上。(　　)

19. 在定轴轮系中，每个齿轮的几何轴线位置是不固定的。(　　)

20. 定轴轮系的传动比等于轮系中各级齿轮传动比的连乘积。(　　)

21. 在齿轮系中惰轮既是主动齿轮又是从动齿轮，惰轮的作用是改变了传动装置的转向。(　　)

22. 减速器是原动机和工作机（或执行机构）之间作为减速的封闭式传动装置。(　　)

五、简答题

1. 简述带传动的特点。

2. 在带传动中，弹性滑动和打滑有何区别?

3. 简述带传动的维护事项。

4. 简述链传动的工作原理。

5. 与带传动相比，链传动有何特点?

6. 齿形链有何特点?

7. 简述齿轮传动的特点。

8. 渐开线齿形具有什么特点?

9. 一对渐开线直齿圆柱齿轮正确啮合的条件是什么?

10. 齿轮的装配工序有哪些?

11. 简述齿轮传动的维护事项。

12. 简述蜗杆传动的特点。

13. 在蜗杆传动中，蜗轮的旋转方向如何判断?

14. 在蜗杆传动中，蜗杆与蜗轮正确啮合的条件是什么?

15. 如何进行蜗杆传动的装拆?

六、综合分析题

1. 图6-63所示是定轴轮系，已知 $z_1=25$，$z_2=50$，$z_3=22$，$z_4=66$，$z_5=22$，$z_6=22$，$z_7=50$，求传动比 i_{17}。如果 n_1 的转向如图中所示，求齿轮7的转向。

2. 图6-64所示是定轴轮系，已知 $z_1=16$，$z_2=32$，$z_3=20$，$z_4=40$，$z_5=4$，$z_6=40$，如果 $n_1=800\text{r/min}$，求蜗轮转速 n_6 以及鼓轮上重物的运动方向。

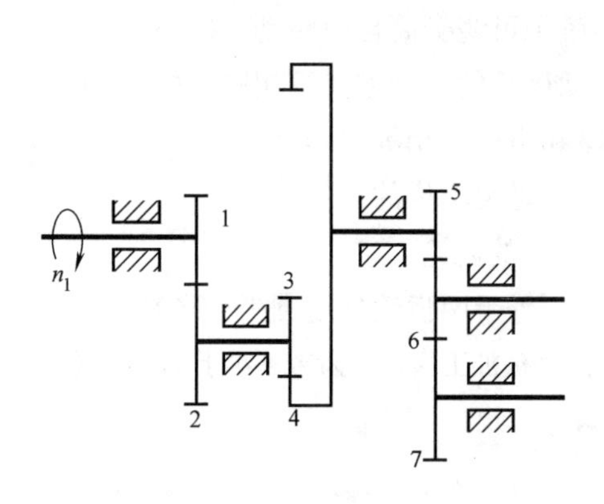

图6-63　综合分析题1图

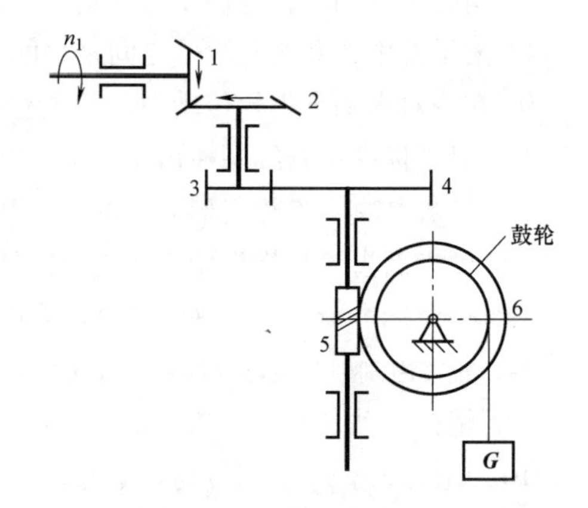

图6-64　综合分析题2图

【思——学会将知识系统化，知其所以然】

主题名称	重点说明	提示说明
带传动	带传动是利用带轮与传动带之间的摩擦力（或带轮与传动带之间的啮合）来传递运动和转矩的一类机械传动	带传动通常由主动带轮、从动带轮和紧套在两带轮上的传动带组成。带传动按带的截面形状进行分类，可分为平带传动、V带传动、同步带传动和圆带传动等
链传动	链传动是通过链条将具有特殊齿形的主动链轮的运动和动力传递给具有特殊齿形的从动链轮的一种传动方式	链传动由主动链轮、从动链轮和传动链组成。链传动按用途进行分类，可分为传动链、起重链和牵引链三大类
齿轮传动	齿轮传动是由主动齿轮、从动齿轮和机架组成的高副传动	齿轮传动的类型很多，根据齿轮轴线的相互位置、轮齿的齿向和啮合情况进行分类，可分为平行轴间齿轮传动、相交轴间齿轮传动和交错轴间齿轮传动三大类
	一对渐开线直齿圆柱齿轮的正确啮合条件是：两齿轮的模数必须相等；两齿轮分度圆上的压力角必须相等，且等于标准值。如果是一对斜齿圆柱齿轮，则还需要两齿轮的螺旋角大小相等，但螺旋方向相反	齿轮轮齿的加工方法很多，主要有切削加工法、铸造法、模锻法、热轧法、冲压法、粉末冶金法、增材制造（3D打印）法等
蜗杆传动	蜗杆传动是在空间交错的两轴间传递运动和动力的一种传动	蜗杆传动由蜗杆、蜗轮和机架组成。通常蜗杆是主动件，蜗轮是从动件，蜗杆与蜗轮的交错角通常是90°。蜗杆传动是减速传动，蜗杆转动一周，蜗轮仅转过一个齿
	蜗轮旋转方向判定的具体做法是：手握住蜗杆轴向，四指弯曲的方向代表蜗杆旋转方向，大拇指所指的反方向就是蜗轮的回转方向	在蜗杆传动中，蜗杆与蜗轮正确啮合时，必须同时满足蜗杆的轴向模数与蜗轮的端面模数相等、蜗杆的轴向压力角与蜗轮的端面压力角相等、蜗杆的升角与蜗轮的螺旋角相等，且均为标准值
齿轮系	齿轮系（简称轮系）是由一系列相互啮合的齿轮组成的传动装置	齿轮系根据传动时各齿轮轴线在空间的相对位置是否固定进行分类，可分为定轴轮系和周转轮系
减速器	减速器是由封闭在箱体内的齿轮传动（或蜗杆传动）所组成的，是常用于在原动机和工作机（或执行机构）之间减速的封闭式传动装置	减速器由箱体、轴、齿轮、轴承及相关附件（如视孔盖、通气器、油标尺等）组成。减速器按传动的级数进行分类，可分为一级减速器和多级减速器

【做——课外调研活动】

同学之间分组合作，深入社会进行观察，针对某一特定的机械（或机器，如减速器），分析其涉及的相关机械传动类型、特点和应用场合等，然后相互交流探讨，并尝试如何拆装。

【评——学习情况评价】

复述本单元的主要学习内容	
对本单元的学习情况进行准确评价	
本单元没有理解的内容有哪些	
如何解决没有理解的内容	

注：学习情况评价包括少部分理解、约一半理解、大部分理解和全部理解四个层次。请根据自身的学习情况进行准确和客观的评价。

【拓——知识与技能拓展】

同学们深入生活或企业，分析链传动、蜗杆传动用在哪些设备中？大家分工协作，采用表格形式列出链传动、蜗杆传动的应用场合。

【实训任务书】

实训活动6：齿轮传动结构认识实训

单元七　支承零部件

学习目标

1. 熟知轴的分类、结构、应用及相关基本概念（如心轴、转轴、传动轴等）。
2. 熟知滑动轴承的类型、结构、特性和应用等。
3. 熟知滚动轴承的类型、结构、特点、应用以及选用原则。
4. 围绕知识点（如轴），培养核心素养、职业素养和工程素养，合理融入集体主义精神、中国制造、中国梦、中国科技发展史教育等内容，合理融入专业精神、职业精神、工匠精神、劳模精神、航天精神和创新精神教育内容，进行科学精神、学会学习、实践创新3个核心素养的培养，引导学生养成严谨规范的职业素养和工程素养。

支承零部件主要包括轴和轴承，它们是组成机器不可缺少的重要零部件。轴是支承回转传动件（如齿轮、蜗杆、带轮、链轮等）的重要零件，轴上被支承的部位称为轴颈，轴的功用是支承回转零部件，并使回转零部件具有确定的位置，传递运动和转矩。轴承是支承轴颈的支座，轴承的功用是保持轴的旋转精度，减少轴与支承件之间的摩擦磨损。

模块一　轴

【学——学习是人生的出发点】

一、轴的分类和应用

1. 轴按形状分类

轴按其形状进行分类，可分为直轴、曲轴和软轴（或挠性轴、钢丝软轴）三类。

（1）直轴　直轴的轴线为一直线。直轴按其外形进行分类，可分为光轴、阶梯轴和空心轴三类。光轴的各截面直径相同，它加工方便，但不易定位，如图 7-1a 所示；阶梯轴的各段截面直径不相等，可以很容易对轴上零件进行定位，也便于装拆，常用于一般机械中，如图 7-1b 所示；空心轴的中心是空的，其主要目的是减轻轴的重量、增加刚度，如图 7-1c 所示，此外还可以利用轴的空心来输送润滑油、切削液等，也便于放置待加工的棒料。例如，车床的主轴就是典型的空心轴。

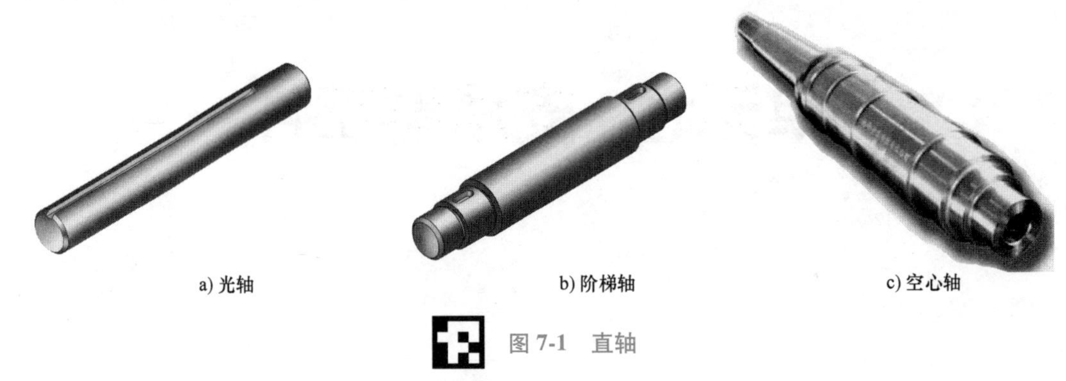

图 7-1　直轴

（2）曲轴　如图 7-2 所示，曲轴是指将回转运动转变为往复直线运动（或将往复直线运动转变为回转运动）的轴。曲轴兼有转轴和曲柄的双重功能，可实现运动转换和动力传递，主要用于内燃机以及曲柄压力机中。

（3）软轴　软轴包括挠性轴、钢丝软轴等，通常由几层紧贴在一起的钢丝构成，可将转矩（扭转及旋转）灵活地传递到任意位置的轴。软轴可以将旋转运动和不大的转矩灵活地传到任何位置，但它不能承受弯矩，多用于转矩不大、以传递旋转运动为主的简单传动装置中。图 7-3 所示是软轴砂轮机。

图 7-2　曲轴

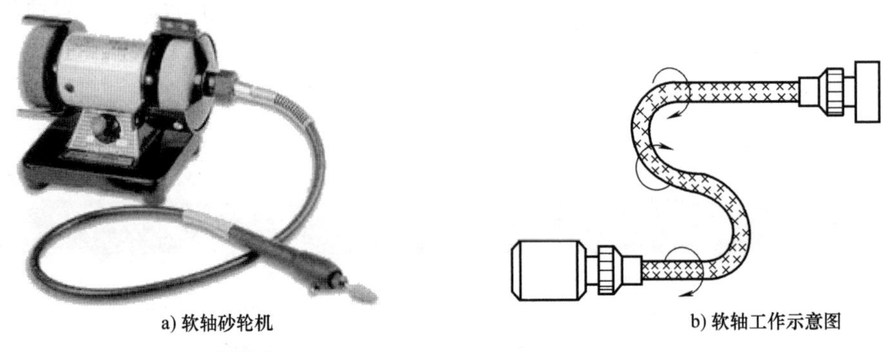

图 7-3　软轴砂轮机与软轴工作示意图

2. 轴按承受的载荷分类

轴按其承受的载荷进行分类，可分为心轴、转轴和传动轴三类。

（1）心轴　心轴是指工作时仅承受弯矩作用而不传递转矩的轴，如铁道车辆的轮轴（图 7-4）、自行车的前轴、后轴（图 7-5）等。

（2）转轴　转轴是指工作时既承受弯矩又承受转矩的轴，大部分轴都属于转轴，如减速器的蜗杆和齿轮轴（图 7-6）等。

（3）传动轴　传动轴是指工作时仅传递转矩，不承受弯矩（或承受很小的弯矩）的轴，如载重汽车底盘的传动轴（图 7-7）、汽车转向盘的传动轴等。

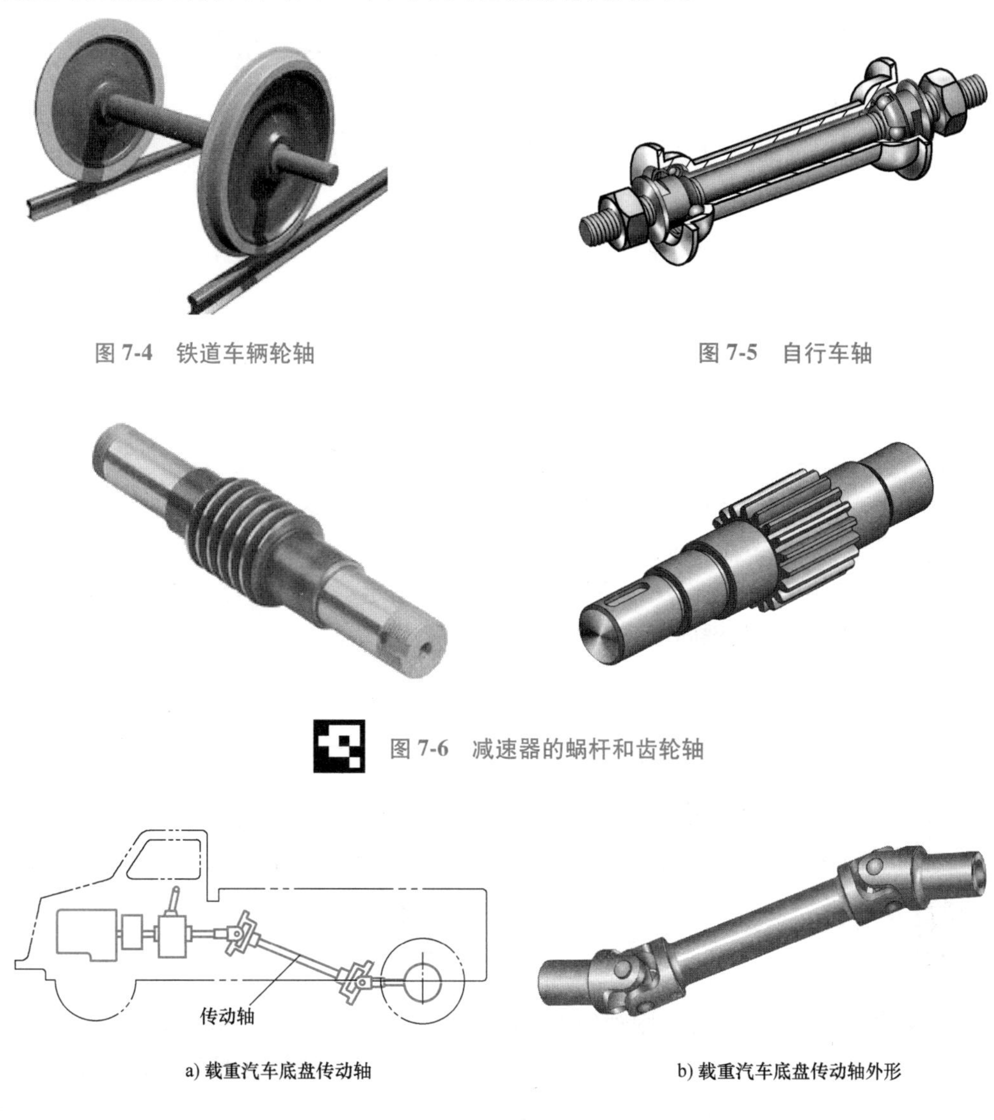

图 7-4　铁道车辆轮轴

图 7-5　自行车轴

图 7-6　减速器的蜗杆和齿轮轴

a) 载重汽车底盘传动轴

b) 载重汽车底盘传动轴外形

图 7-7　载重汽车底盘传动轴和外形

二、轴的结构

轴在生活、生产中随处可见，它是支承回转零部件的重要零件，也是机械运动的主要部件。以典型的阶梯轴（图 7-8）为例，轴的结构主要包括轴颈、轴头、轴身三部分。其中轴颈是轴上与被支承轴承配合的部分；轴头是安装联轴器、齿轮等传动零件的部分；轴身是连接轴颈和轴头的部分；轴环是指直径最大的用于定位的轴段；轴肩是指截面尺寸变化处。此外，还有轴肩的过渡圆角、轴端的倒角、与键连接处的键槽等结构。

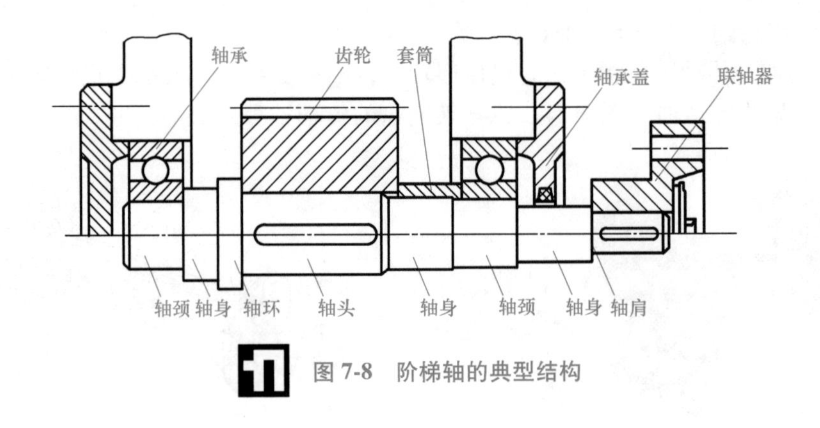

图 7-8　阶梯轴的典型结构

三、轴的结构要求

轴的结构应满足如下要求：

1）轴的受力要合理，有利于提高轴的强度和刚度。

2）安装在轴上的零件要能够牢固而可靠地相对固定（如轴向固定、周向固定）。轴上零件的轴向固定方法有轴肩固定、轴环固定、套筒固定（图 7-9）、双圆螺母固定（图 7-10）、弹性挡圈固定、轴端压板固定、紧定螺钉固定、销固定等；轴上零件的周向固定方法有普通平键固定、花键固定、销固定等。

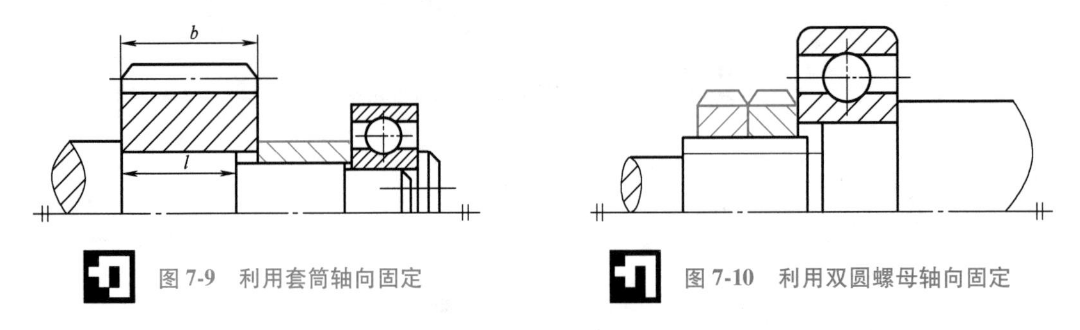

图 7-9　利用套筒轴向固定

图 7-10　利用双圆螺母轴向固定

3）如果轴上安装标准零件，则轴的直径尺寸及相关尺寸应符合相应的标准或规范。例如，轴上的各个键槽应开在同一素线位置上，各圆角、倒角、砂轮越程槽及退刀槽等尺寸应尽可能统一，如图 7-11 所示。

4）轴的结构应便于加工，便于装拆、固定和调整。例如，对于阶梯轴一般设计成两头小、中间大的形状，以便于零件从两端装拆。此外，为了便于装配，轴端应有倒角。轴肩高度不能妨碍零件拆卸，如轴肩的直径应小于滚动轴承内圈的外径，以便于滚动轴承的拆卸。

5）轴的形状应力求简单，阶梯轴的级数应尽可能少，各段直径不能相差太大。

6）尽量避免轴的各段剖面产生突变，防止产生局部应力集中现象。

四、轴的制造材料

轴在工作过程中承受的应力多为交变应力，其失效形式主要是疲劳断裂，因此，轴的制造材料除了具有足够的强度外，还应具备足够的塑性、韧性、耐磨性、耐蚀性和疲

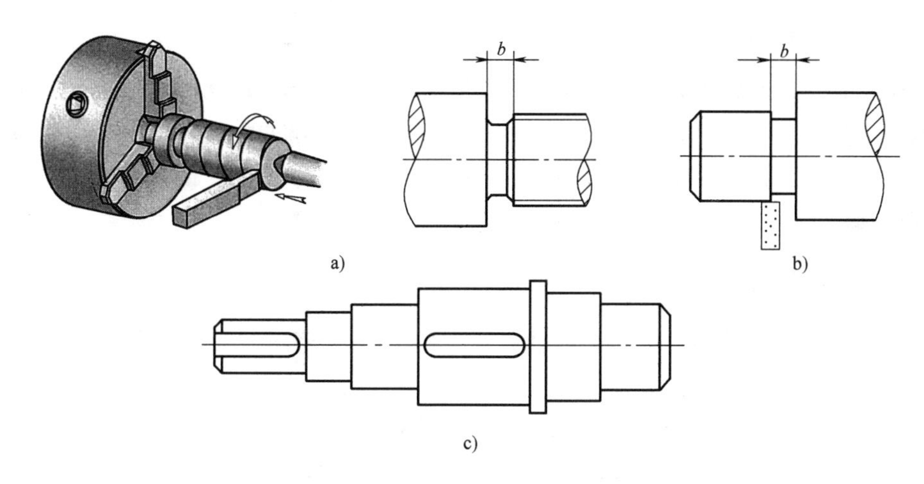

图 7-11　轴上砂轮越程槽、退刀槽、键槽的合理布置

劳强度，对应力集中现象的敏感性要小。目前，制造轴的主要材料有非合金钢、合金钢、铸铁。

制造轴的非合金钢主要是碳素结构钢和优质碳素结构钢，它们的价格相对低廉，对应力集中现象的敏感性较低，可以通过热处理（如调质、正火）提高其耐磨性和疲劳强度。对于重要的轴可以选用优质中碳钢（如 35 钢、40 钢、45 钢等）制造，其中以 45 钢的应用最多；对于受力较小或不重要的轴，可以选用 Q235 系列和 Q275 系列进行制造。

合金钢的强度比非合金钢高，热处理性能也较好，但合金钢对应力集中现象的敏感性较高，价格也相对较高。对于要求高强度、高耐磨性、尺寸较小或有其他特殊性能（如耐高温、耐腐蚀）要求的轴，可以选用合金钢制造。对于要求较高耐磨性的轴，可选用 20Cr 钢、20CrMnTi 钢等低碳合金钢进行制造，并通过渗碳和淬火改善其力学性能；对于要求较高综合性能的轴，可选用 40Cr 钢、35SiMn 钢、40MnB 钢、40CrNi 钢等中碳合金钢进行制造，并通过调质和表面淬火改善其力学性能。

对于轴的外形比较复杂的轴，如曲轴和凸轮轴等，可以选用高强度铸铁和球墨铸铁制造，这些铸铁不仅具有良好的工艺性能和较低的应力集中敏感性，而且价格低廉、吸振性好、耐磨性好。

模块二　滑动轴承

【教——尽可能贯彻理实一体化理念】

轴承是用来支承轴或轴上回转零件的部件。根据轴承工作时摩擦性质的不同，轴承分为滑动轴承和滚动轴承两大类。滚动轴承一般由专业的轴承企业制造，应用广泛。但在高速、重载、高精度、冲击较大、结构要求剖分的轴承中，则大多数使用滑动轴承。

一、滑动轴承的类型

滑动轴承是工作时轴承和轴颈的支承面间形成直接或间接滑动摩擦的轴承。滑动轴承根据承受载荷方向的不同，可分为向心滑动轴承和推力滑动轴承两大类。其中向心滑动轴承只能承受径向载荷，它又分为整体式滑动轴承和剖分式滑动轴承两类。推力滑动轴承主要用来承受轴向载荷。

二、滑动轴承的结构、特点和应用

滑动轴承通常由轴承座、轴瓦（或轴套）、润滑装置和密封装置等组成。

1. 整体式滑动轴承的结构

图7-12所示是典型的整体式向心滑动轴承，它由轴承座、轴瓦（或称轴套）以及与机架连接的螺栓组成。轴承座孔内压入用减摩材料（如铜合金等）制成的轴瓦，为了润滑，在轴承座的顶部设置油杯螺纹孔，轴瓦上设有进油孔，并在轴瓦内表面开设轴向油沟以分配润滑油。

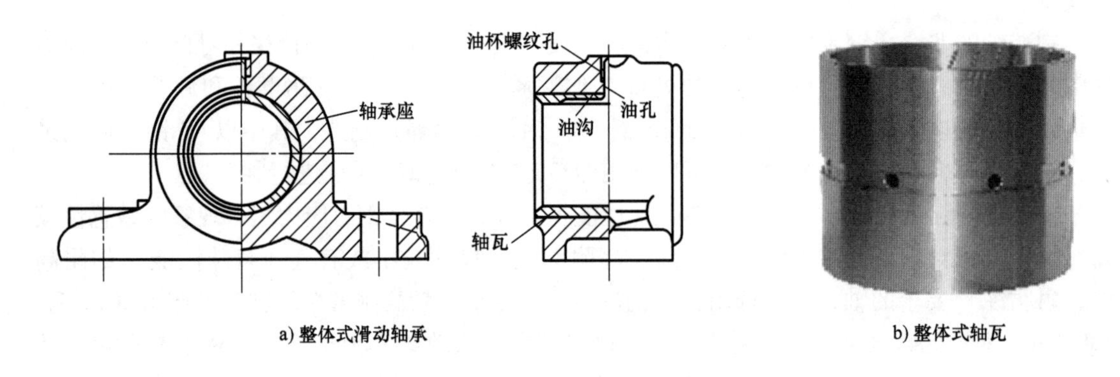

a) 整体式滑动轴承　　b) 整体式轴瓦

图7-12　整体式向心滑动轴承

整体式滑动轴承的特点是结构较为简单，制造成本低，但拆装时轴或轴承需要做轴向移动。轴承磨损后，轴与滑动轴承之间的径向间隙无法调整。轴颈只能从端部装入轴承中，这对粗重的轴或具有中间轴颈的轴则不便安装，甚至无法安装。整体式滑动轴承适用于轻载、低速、有冲击以及间歇工作的机械传动，如绞车、手动起重机等。

2. 剖分式滑动轴承的结构

图7-13所示是典型的剖分式向心滑动轴承，它由轴承座、轴承盖、剖分轴瓦（上瓦、下瓦）及轴承座、轴承盖连接螺栓等组成。剖分式滑动轴承的特点是剖分面应与载荷方向近于垂直，多数滑动轴承剖分面是水平的，也有斜的。轴承盖与轴承座的剖分面常做成阶梯形，以便定位和防止剖分式滑动轴承工作时错动。剖分式滑动轴承装拆方便，轴瓦与轴的间隙可以调整。轴瓦磨损后的轴承间隙可以通过减小剖分面处的金属垫片或将剖面刮掉一层金属的办法来调整，同时再合理刮配轴瓦，以保证传动精确。剖分式滑动轴承应用广泛，主要用于重载、高速、有冲击的机械传动，如汽轮机、水轮机、曲轴轴承、精密磨床等。

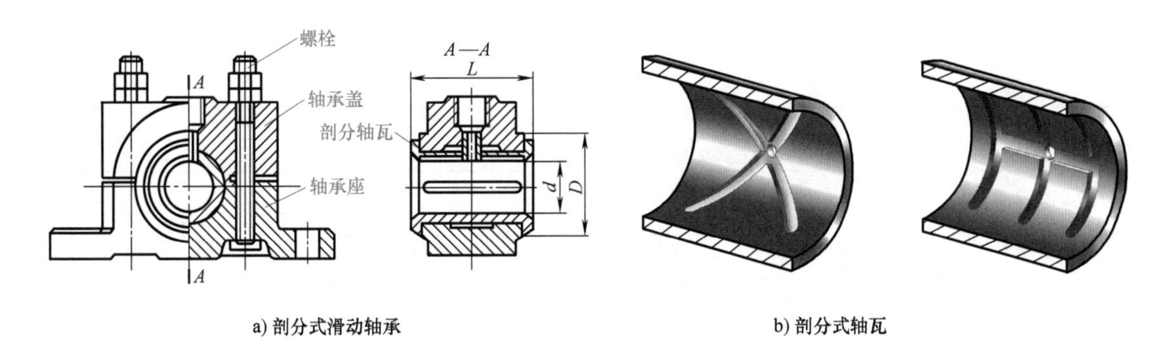

a) 剖分式滑动轴承　　b) 剖分式轴瓦

图 7-13 剖分式向心滑动轴承

3. 推力滑动轴承的结构

推力滑动轴承是承受轴向推力并限制轴作轴向移动的滑动轴承，又称为止推滑动轴承，以立式轴端推力滑动轴承（图 7-14）为例，它通常由轴承座、衬套、径向轴瓦和止推轴瓦组成，轴承座上设有油孔。止推瓦底部制成球面，可以自动复位，避免偏载；销用来防止轴瓦转动；轴瓦用于固定轴的径向位置，同时也可承受一定的径向载荷。润滑油依靠压力从底部注入，并从上部油管流出。推力滑动轴承通常采取环状支承面。

对于推力滑动轴承来说，如果轴与轴瓦之间的两摩擦表面完全被润滑剂流体膜完全隔开，则推力滑动轴承适用于高中速运行。如果轴与轴瓦之间的两摩擦表面不能完全被润滑剂流体膜隔开，则推力滑动轴承适用于低速运行。

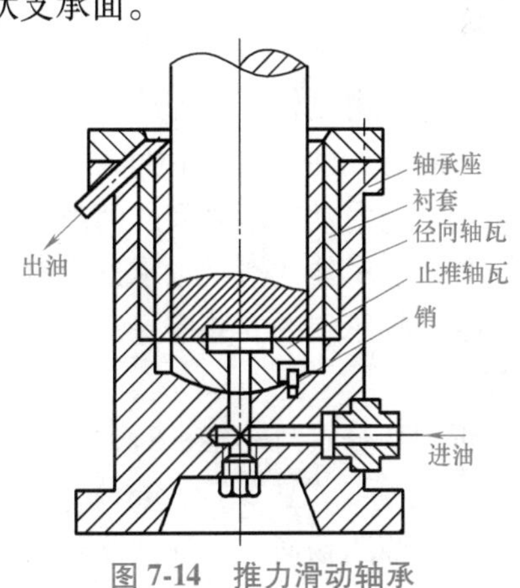

图 7-14 推力滑动轴承

三、轴瓦的结构

轴瓦是滑动轴承中的重要零件，它的结构是否合理对于滑动轴承的使用性能影响很大。轴瓦应具有一定的强度和刚度，在滑动轴承中定位可靠，便于注入润滑剂，容易散热，并且装拆、调整方便。另外，为了节约贵重金属，常在轴瓦内表面浇注一层滑动轴承合金作为减摩材料，以改善轴瓦接触表面的摩擦状况，提高滑动轴承的承载能力，这层滑动轴承合金称为轴承衬。

常用的轴瓦分为整体式轴瓦和剖分式轴瓦两种结构。整体式轴瓦一般在轴套上开设油孔和油沟以便润滑，但粉末冶金材料制成的轴套一般不带油沟。因为由粉末冶金材料制成的轴瓦具有多孔组织，在工作前已经浸泡了润滑油，工作时由于热膨胀作用，孔隙中的润滑油被挤压到轴瓦工作表面进行润滑，因此，此类轴瓦可自润滑，可不必加润滑油。

剖分式轴瓦由上、下两半瓦组成。上轴瓦开有油孔和油沟，轴瓦上的油孔用来供应润滑油，油沟的作用是使润滑油均匀分布，并且油沟（或油孔）开设在非承载区。

四、滑动轴承的失效形式

滑动轴承的失效形式主要有磨粒磨损、刮伤、胶合（咬粘）、疲劳剥落、腐蚀等，具体产生过程见表 7-1。

表 7-1　滑动轴承的失效形式

失效形式	失效产生过程说明
磨粒磨损	由于硬质颗粒进入轴承与轴的间隙中，并产生研磨作用，最终导致轴承表面磨损
刮伤	轴表面硬廓峰顶刮伤轴承内表面
胶合(咬粘)	滑动轴承在运行过程中，由于温度升高，在压力作用下，导致油膜破裂，最终导致焊合
疲劳剥落	滑动轴承在运行过程中，由于载荷反复作用，最终导致疲劳裂纹产生、扩展及剥落现象
腐蚀	滑动轴承在运行过程中，由于润滑剂氧化，产生酸性物质，逐渐产生腐蚀轴承和轴现象

五、滑动轴承的制造材料

滑动轴承的制造材料主要包括两部分，第一部分是轴承座及轴承盖的制造材料，通常是铸铁；第二部分是轴瓦（或轴承衬）的制造材料，通常是滑动轴承合金（如锡基巴氏合金、铅基巴氏合金、铜基滑动轴承合金、铝基滑动轴承合金）、粉末冶金材料、非金属材料（如石墨、塑料、橡胶）以及铸铁等。其中重要的轴瓦通常采用锡基巴氏合金、铅基巴氏合金进行制造。

六、滑动轴承的装拆和维护

1. 滑动轴承的装拆

整体式滑动轴承装配前，需要对轴和轴承进行试装，达到转动灵活、准确和平稳后才能正式安装。在注入足够的润滑剂后，方可开车试运行；剖分式滑动轴承试装时，可用调整垫片微调轴与滑动轴承之间的间隙。也可对轴瓦作必要的刮削检查，保证轴瓦的接触斑点达到规定要求。整体式滑动轴承试装时，须注意轴瓦压入时要防止偏斜，并用紧定螺钉固定。

滑动轴承组的安装应保证各滑动轴承的中心线在同一直线上。常用吊线法或光学准直仪来找正。

拆卸剖分式滑动轴承时，应先拆卸轴承盖，移出轴后再拆卸轴承座。

2. 滑动轴承维护的注意事项

注意油路畅通，保证油路与油槽接通；注意清洁，修刮调试过程中凡能出现油污件时，每次修刮后都要清洗涂油；轴承运行过程中要经常检查润滑、发热、振动等问题。如果有发热（通常在 60℃以下为正常）、干摩擦、冒烟、卡死以及异常振动、声响等现象，要及时进行检查、分析，查明原因，采取合理措施解决；轴瓦使用一段时间后，如果达到失效状态，要及时报废和更新。

模块三　滚动轴承

【教——创设个性化学习平台和互动交流平台】

滚动轴承是将运转的轴与轴座之间的滑动摩擦变为滚动摩擦，从而减少摩擦损失的一种精密的机械元件。滚动轴承具有摩擦因数小、易起动、适用范围广、已经标准化、润滑和维护方便等优点，应用范围很广。

一、滚动轴承的结构

如图 7-15 所示，滚动轴承一般由内圈、外圈、滚动体和保持架组成。内圈的作用是与轴相配合并与轴颈一起转动；外圈的作用是与轴承座相配合，装在机座或轴承孔内，固定不动，起支承作用。内圈和外圈内都有滚道，当内圈和外圈相对旋转时，滚动体将沿着滚道滚动。保持架的作用是将滚动体沿滚道均匀地隔开，防止滚动体脱落，引导滚动体旋转并起润滑作用。

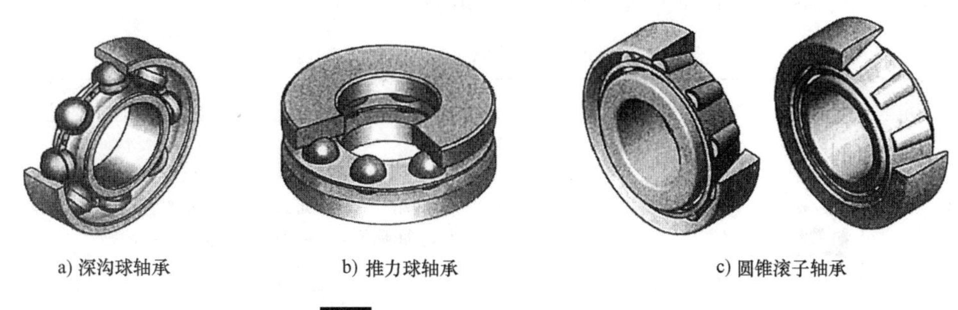

a) 深沟球轴承　b) 推力球轴承　c) 圆锥滚子轴承

图 7-15　滚动轴承的结构

滚动轴承常见的滚动体有球、短圆柱滚子、长圆柱滚子、球面滚子、圆锥滚子、螺旋滚子、滚针等多种，如图 7-16 所示。

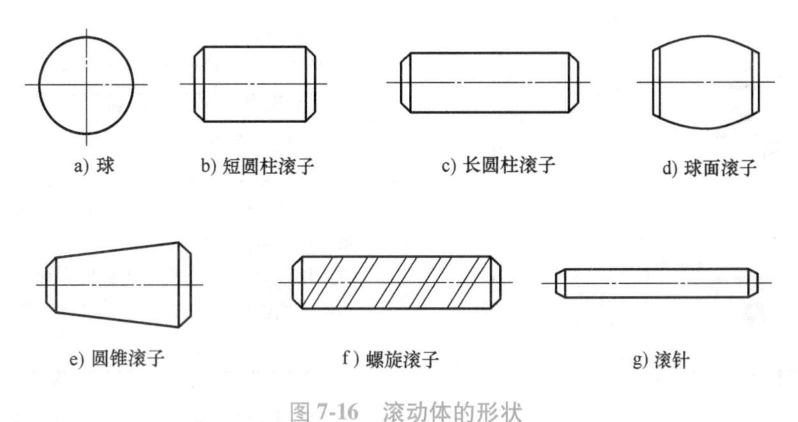

a) 球　b) 短圆柱滚子　c) 长圆柱滚子　d) 球面滚子　e) 圆锥滚子　f) 螺旋滚子　g) 滚针

图 7-16　滚动体的形状

二、滚动轴承的特点

与滑动轴承相比，滚动轴承具有摩擦阻力小，轴向尺寸小，径向间隙小，起动灵敏、传动效率高、润滑简便、易于互换、使用与维护方便、工作可靠、起动性能好，在中等速度下承载能力较强等优点，其应用广泛。滚动轴承的缺点是抗冲击能力差，易产生振动，高速运转时容易出现噪声，工作寿命不及滑动轴承。目前，滚动轴承的生产已经标准化，并由专业厂家大批量生产。

三、滚动轴承的类型

滚动轴承的分类方法很多，按滚动轴承所能承受的载荷方向或公称接触角进行分类，可分为向心滚动轴承和推力滚动轴承，其中向心滚动轴承主要用于承受径向载荷的机械传动，推力滚动轴承主要用于承受轴向载荷的机械传动；按滚动轴承中滚动体的种类进行分类，可分为球轴承和滚子轴承，其中球轴承的滚动体为球，滚子轴承的滚动体为滚子，滚子轴承按滚子的种类进行分类，又可分为圆柱滚子轴承和圆锥滚子轴承；按滚动轴承工作时能否进行调心进行分类，可分为调心轴承和非调心轴承（或称为刚性轴承），其中调心轴承的滚道是球面形，可适应两滚道轴心线间的角偏差及角运动的轴承，非调心轴承是可阻止滚道间轴心线角偏移的轴承。常用滚动轴承的类型、特性和应用见表 7-2。

表 7-2　常用滚动轴承的类型、特性和应用

滚动轴承类型	表示简图	类型代号	特性和应用
调心球轴承		1 型	主要承受径向载荷，也可承受较小的双向轴向载荷；外圈滚道是球面，具有自动调心性能，适用于多支点和弯曲刚度较小的轴，以及难以对中的轴
调心滚子轴承		2 型	主要承受径向载荷，也可承受较小的双向轴向载荷；承载能力比调心球轴承大；具有自动调心性能，适用于其他种类轴承不能胜任的重载机械，如大功率减速器、吊车车轮、轧钢机等
圆锥滚子轴承		3 型	可承受较大的径向载荷和轴向载荷，内圈、外圈可分离，轴承游隙可在安装时调整，通常成对使用，对称安装；承载能力大，适用于斜齿轮轴、锥齿轮轴和蜗杆减速器轴，以及机床主轴的支承等
双列深沟球轴承		4 型	主要承受径向载荷，也可承受较小的双向轴向载荷；承载能力较深沟球轴承大，但承受冲击能力较差；在不宜采用推力轴承时，可以代替推力轴承承受轴向载荷，适用于刚性较大的轴，常用于机床齿轮轴、小功率电动机等
推力球轴承		5 型	只能承受单向轴向载荷，而且载荷作用线必须与轴承轴线重合，不允许有角偏差，适用于轴向载荷大而且转速较低的轴，常用于起重机吊钩、蜗杆轴和立式车床主轴的支承等
深沟球轴承		6 型	主要承受径向载荷，也可承受较小的双向轴向载荷；摩擦阻力小，极限转速高，结构简单，应用广泛；承受冲击能力较差；在不宜采用推力轴承时，可以代替推力轴承承受轴向载荷，适用于刚性较大的轴，常用于机床齿轮轴、小功率电动机以及普通民用设备等

（续）

滚动轴承类型	表示简图	类型代号	特性和应用
角接触球轴承		7 型	可承受较大的径向和单向轴向载荷；接触角越大，承受轴向载荷的能力也越大，通常成对使用；转速高时，可以代替推力球轴承，适用于刚性较大、跨距较小的轴，如斜齿轮减速器和蜗杆减速器中轴的支承等
推力圆柱滚子轴承		8 型	只能承受单向轴向载荷，承载能力比推力球轴承大得多，不允许轴线偏移，适用于轴向载荷大而不需要调心的轴
圆柱滚子轴承		N 型	只能承受径向载荷，不能承受轴向载荷；承受载荷能力比同尺寸的球轴承大，尤其是承受冲击载荷能力大，适用于刚性较大、对中性良好的轴，常用于大功率电动机、人字齿轮减速器等

四、滚动轴承的代号

滚动轴承的类型和尺寸很多，为了便于设计、生产和选用，我国执行 GB/T 272—2017 中的规定，一般用途的滚动轴承代号由基本代号、前置代号和后置代号构成，其排列顺序如图 7-17 所示。

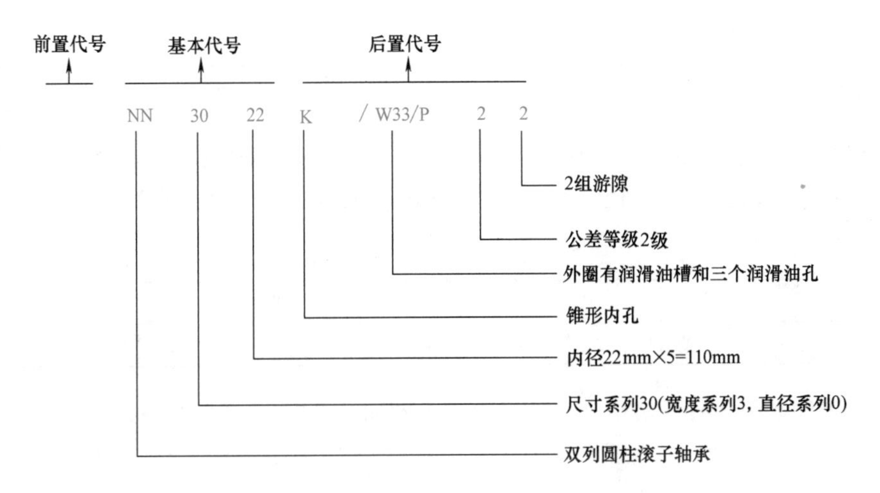

图 7-17　滚动轴承的代号示例

1. 基本代号

基本代号表示滚动轴承的基本类型、结构和尺寸，是滚动轴承代号的基础，从基本代号中可判明轴承的结构型式和外形尺寸。除了滚针轴承外，基本代号由滚动轴承类型代号、尺寸系列代号及内径代号构成。

滚动轴承的类型代号采用数字或大写拉丁字母表示，部分滚动轴承的类型代号见表 7-3。

表 7-3　部分滚动轴承的类型代号

代号	轴承类型	代号	轴承类型
0	双列角接触球轴承	5	推力球轴承
1	调心球轴承	6	深沟球轴承
2	调心滚子轴承和推力调心滚子轴承	7	角接触球轴承
3	圆锥滚子轴承	8	推力圆柱滚子轴承
4	双列深沟球轴承	N	圆柱滚子轴承

注：在表中代号后或前加字母或数字表示该类滚动轴承中的不同结构。

滚动轴承的尺寸系列代号由滚动轴承宽（高）度系列代号和直径系列代号组合而成。它们分别用一位数字表示，组合时，代表宽度系列的数字在前，代表直径系列的数字在后，部分滚动轴承的尺寸系列代号见表 7-4。

表 7-4　部分滚动轴承的尺寸系列代号

直径系列代号	向心轴承			
	宽度系列代号			
	1	2	3	4
	尺寸系列代号			
0	10	20	30	40
1	11	21	31	41
2	12	22	32	42
3	13	23	33	—
4	—	24	—	—

内径代号表示滚动轴承公称内径的大小，用两位数字来表示滚动轴承的内径大小，一般情况下两位数字为滚动轴承内径值的 1/5，部分滚动轴承的内径代号见表 7-5。

表 7-5　部分滚动轴承的内径代号

代号	04~99	00	01	02	03
内径值/mm	代号表示的数字乘以 5 等于内径，如 25×5＝125	10	12	15	17

滚动轴承的基本代号一般由五个数字组成，例如：

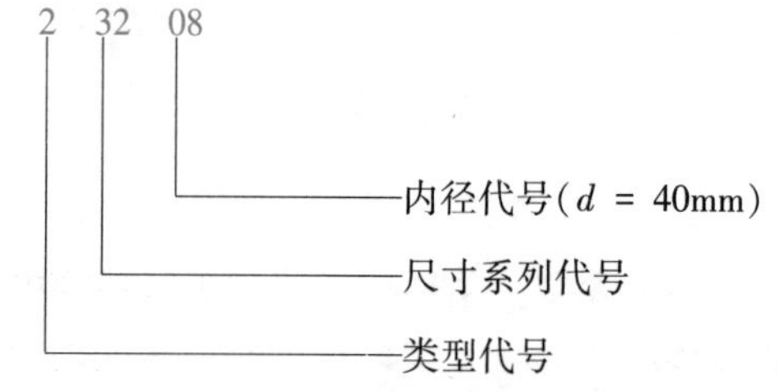

例如，滚动轴承 61206，其中“06”表示滚动轴承的内径代号，$d=30$mm；“12”表示

尺寸系列代号，“1”是宽度系列，“2”是直径系列；“6”表示滚动轴承类型，是深沟球轴承。

再如，滚动轴承 N2211，其中“11”表示滚动轴承的内径代号，$d=55$mm；“22”表示尺寸系列代号，第一个“2”是宽度系列，第二个“2”是直径系列；“N”表示滚动轴承类型，是圆柱滚子轴承。

2. 前置代号和后置代号

前置代号用字母表示，放在基本代号左侧，表示成套轴承的分部件，如“L”表示可分离内圈或外圈的轴承，“K”表示滚子和保持架组件等。

后置代号是补充代号。当滚动轴承在结构形状、尺寸、公差、技术要求等有改变时，在其基本代号的右侧距离半个汉字的宽度用字母或数字表示，其排列见表 7-6。

表 7-6　滚动轴承前置代号、后置代号的排列

滚动轴承代号									
前置代号	基本代号	后置代号							
		1	2	3	4	5	6	7	8
成套滚动轴承分部件		内部结构	密封与防尘套圈变型	保持架及其材料	滚动轴承材料	公差等级	游隙	配置	其他

滚动轴承的公差等级分为普通级、6 级、6X 级、5 级、4 级和 2 级共六级，其代号分别是：/PN、/P6、/P6X、/P5、/P4、/P2，依次由低级到高级，普通级在滚动轴承代号中省略不标。此外还有/SP（尺寸精度相当于 5 级，旋转精度相当于 4 级）和/UP（尺寸精度相当于 4 级，旋转精度相当于 4 级）两个代号。

五、滚动轴承的失效形式

滚动轴承的失效形式主要有疲劳点蚀、塑性变形、磨粒磨损、黏着磨损（或胶合磨损）等。

疲劳点蚀是滚动轴承在正常润滑、密封、安装和维护条件下，由于循环接触应力的作用，经过一定次数的循环后，导致滚动轴承内、外圈表面形成微观裂纹，随着润滑油渗入微观裂纹，并在挤压作用下滚动轴承内、外圈表面就逐渐形成了点蚀。

塑性变形是滚动轴承在过大的静载荷和冲击载荷作用下，滚动体或内圈、外圈滚道上出现的不均匀塑性变形凹坑，使滚动体不能正常地在滚道上运转。塑性变形多出现在转速很低或摆动的滚动轴承中。

滚动轴承在密封不好或多尘的环境中运行时，由于粉尘或磨粒进入滚动轴承的滚道内，滚动体与滚道之间产生的磨损就是磨粒磨损。如果润滑条件差，转速高时，磨损将更严重，甚至容易产生发热现象，严重时可使滚动轴承产生回火现象，甚至产生黏着磨损（或胶合磨损）。

六、滚动轴承的制造材料

由于滚动体与内圈、外圈之间是点（或线）接触，接触应力较大，因此，滚动轴承的

内圈、外圈均需要采用强度高、耐磨性好的高碳铬轴承钢和合金渗碳钢制造。例如，铁道车辆的滚动轴承采用 18CrMnTi 钢或 20CrMnTi 钢制造，其他滚动轴承采用 GCr15、GCr9、GCr6、GCr15SiMn 钢以及不锈钢 68Cr17 钢等制造。滚动轴承与内圈、外圈经热处理后，要求其硬度是 61~65HRC，其工作表面须经磨削和抛光加工。保持架通常采用低碳钢冲压后并经铆接或焊接制成，高速滚动轴承多采用非铁金属（如黄铜）或塑料制造保持架。

七、滚动轴承的装拆与维护

1. 滚动轴承的装拆

滚动轴承安装时不可用锤子直接锤击滚动轴承的端面和非受力面，应使用压块、套筒（图 7-18）或其他安装工具（工装设备）在滚动轴承的内圈上施加压力，将滚动轴承压套在轴颈上，安装过程中应使滚动轴承内圈均匀受力，切勿通过滚动体传递力进行安装，切勿用锤子直接锤击滚动轴承。安装前，在滚动轴承表面涂上润滑油将使安装过程更顺利。如果滚动轴承与轴的配合过盈量较大时，可采用温差装配，即将滚动轴承放入矿物油中加热至 80~90℃后立刻安装，加热时应严格控制油温不超过 100℃，以防止滚动轴承发生回火现象而降低其硬度。特别值得注意的是安装类型为 5 的推力滚动轴承时，两个座圈中有一个的内孔比标准内径值大 0. 2mm 左右，应当将其安装在固定的工件上。

拆卸滚动轴承困难时，建议使用专用拆卸工具。拆卸配合较松的小型滚动轴承时，可用锤子和铜棒从背面沿轴承内圈四周将轴承轻轻敲击（图 7-19），慢慢卸下滚动轴承。

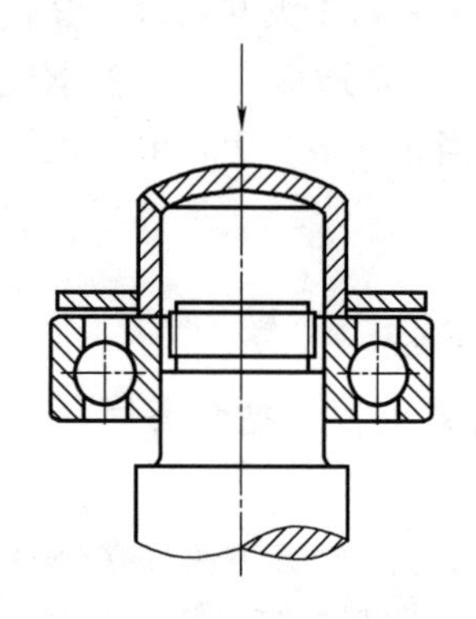

图 7-18　用压块和套筒安装轴承

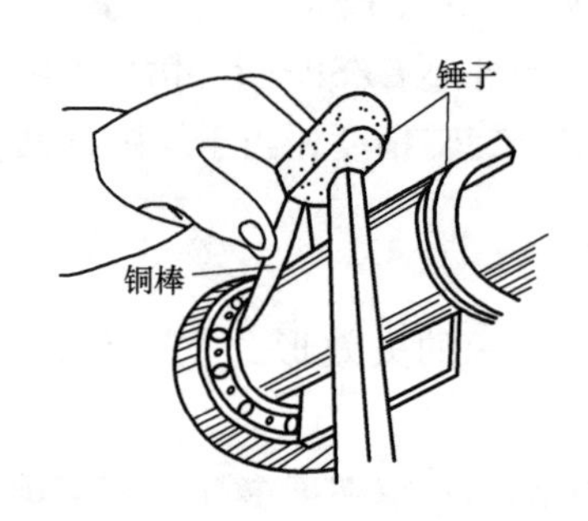

图 7-19　用锤子和铜棒拆出轴承

2. 滚动轴承的维护事项

1）保持良好的润滑。良好的润滑不仅可以起到减小摩擦的作用，同时还对滚动轴承和轴上零件具有冷却、吸振、防锈和密封作用。

2）保持滚动轴承周围干净，防止灰尘进入滚动轴承中。

3）保持滚动轴承密封。密封的目的是为了防止灰尘、水分、杂质等侵入轴承，并可阻止润滑油的流失。此外，良好的密封可保持机器正常工作，降低噪声并延长滚动轴承的使用寿命。

八、滚动轴承的选用原则

选用滚动轴承需要综合考虑载荷、转速、工作条件和经济性等因素。

1. 考虑载荷的大小、方向和性质

1）载荷小而平稳时，可选用球轴承；载荷大而且有冲击时，可选用滚子轴承。

2）如果仅受径向载荷，可选用向心轴承；如果仅受轴向载荷，可选用推力轴承。

3）如果同时受径向载荷和轴向载荷，可根据具体情况合理选择：以径向载荷为主时，可选用深沟球轴承、公称接触角不大的角接触球轴承、圆锥滚子轴承；如果轴向载荷稍大时，可选用公称接触角较大的角接触球轴承、圆锥滚子轴承；如果以轴向载荷为主时，可选用径向接触轴承和推力轴承的组合结构，分别承受径向和轴向载荷。

2. 考虑轴承转速

1）当其他条件不变时，转速高的轴可选用球轴承，转速低的轴可选用滚子轴承。

2）受轴向载荷作用而且转速高的轴，最好选用角接触球轴承或深沟球轴承。

3）转速较低的轴，可选用滚子轴承。

3. 考虑工作条件

1）如果轴承工作时，轴的变形较大，两端的轴承座不在同一直线上，或两端的轴承座不在同一平面上时，要求轴承的内圈允许有一定的角位移，应选用调心球轴承或调心滚子轴承。

2）对于受空间限制的轴承，可选用窄或特窄系列的轴承，或滚针轴承。

4. 考虑经济性

为了降低成本，在满足工作要求的条件下，应优先选用精度较低的滚动轴承；球轴承比滚子轴承的价格低，球面轴承最贵。

拓展知识

滚动轴承发展史

滚动轴承是应用广泛的重要的机械元件，广泛应用于各个工业领域。滚动轴承的发明历史非常久远，据在中国山西省永济市的考古文物发现，早在公元前221—公元前207年（秦代），就有了青铜滚动轴承；在国外，据在意大利的尼米湖的考古文物发现，公元12—41年，也已有了青铜滚动轴承。

如图7-20所示，车軎［wèi］是最原始的推力轴承，最早出现于春秋时期。秦始皇陵出土的秦朝战车，车轴头就是原始的推力轴承（车軎）。《说文解字》对軎的解释是“车轴头也”。车軎呈筒形，套在轴端，由车辖将其固定在轴上，车軎内侧应有较大的圆环面，顶住车毂，借以改善车轮承受轴向推力时的工作情况，当时战车车軎上安装有武器，在冲锋作战时可以杀伤敌人。

元朝时期的著名天文学家、数学家、水利工程专家郭守敬在制造简仪（图7-21）时，也使用了圆柱滚动支承技术。简仪是由浑仪简化而来的，是用于天象观测的仪器。郭守敬制作的简仪突破了浑仪环圈交错不便观察的缺点，装置虽简便但效用却更广。简仪的零部件可以分成支撑零件和运动零件两部分。支撑零件包括水趺、龙柱、天经双环、赤道单环，还有水趺中心的天柱等。郭守敬在简仪两环之间安装了四个小圆柱体，构成滚子支承，这种结构与近代“滚柱轴承”减少摩擦阻力的原理相同，可以说它是原始的圆柱滚动轴承。

现代滚动轴承工业的诞生，是以1883年德国发明了世界上第一台磨球机为标志的，从此人类进入了工业化生产滚动轴承时代。滚动轴承是伴随着第二次工业革命时期的自行车、汽车等工业而蓬勃发展的，在世界范围内，滚动轴承逐步成为一个专业性很强的工业产业，在现代工业中滚动轴承具有十分重要的地位和作用，被称为“工业的关节”，其发展水平的高低，往往代表或制约着一个国家机械工业和其他相关产业的发展水平。

图 7-20 车軎——最原始的推力轴承

图 7-21 郭守敬发明的简仪

【练——温故知新】

一、名词解释

1. 轴 2. 曲轴 3. 软轴 4. 心轴 5. 转轴 6. 传动轴 7. 轴承 8. 滑动轴承 9. 滚动轴承

二、填空题

1. 支承零部件主要包括________和________，它们是组成机器不可缺少的重要零部件。

2. 轴承是支承轴颈的________，轴承的功用是保持轴的旋转________，减少轴与支承件之间的摩擦磨损。

3. 轴按其形状进行分类，可分为________轴、________轴和软轴（或挠性轴、钢丝软轴）三类。

4. 轴按其承受的载荷进行分类，可分为________轴、________轴和传动轴三类。

5. 轴的结构包括轴________、轴________、轴身三部分。

6. 根据轴承工作时摩擦性质的不同，轴承分为________轴承和________轴承两大类。

7. 滑动轴承按承受载荷方向的不同，可分为________滑动轴承和________滑动轴承两大类。

8. 滑动轴承通常由轴承________、轴________（或轴套）、润滑装置和密封装置等组成。

9. 常用的轴瓦分为________式轴瓦和________式轴瓦两种结构。

10. 滑动轴承的失效形式主要有磨粒________、刮伤、胶合（咬粘）、疲劳________、腐蚀等。

11. 滚动轴承一般由________圈、外圈、________体和保持架组成。

12. 滚动轴承常见的滚动体有________、短圆柱滚子、长圆柱滚子、球面滚子、________滚子、螺旋滚子、滚针等多种。

13. 滚动轴承的分类方法很多，按滚动轴承所能承受的载荷方向或公称接触角进行分类，可分为________滚动轴承和________滚动轴承。

14. 一般用途的滚动轴承代号由________代号、________代号和后置代号构成。

15. 滚动轴承的失效形式主要有疲劳________、塑性________、磨粒磨损、黏着磨损（或胶合磨损）等。

三、单项选择题

1. 下列轴中，只承受弯矩的是________。

A. 传动轴　　B. 转轴　　C. 心轴

2. 既传递转矩又承受弯矩的轴是________。

A. 传动轴　　B. 转轴　　C. 心轴

3. 自行车的前轮轴、后轮轴是________。

A. 传动轴　　B. 转轴　　C. 心轴

4. 下列轴中，属于转轴的是________。

A. 自行车前轮轴和后轮轴　　B. 减速器中的齿轮轴

C. 汽车的传动轴　　D. 铁道车辆的轴

5. 剖分式轴瓦表面开有油沟（或油孔），通常油沟（或油孔）开设在轴瓦的________。

A. 承载区　　B. 非承载区

6. 深沟球轴承属于________。

A. 向心滚动轴承　　B. 推力滚动轴承　　C. 向心推力滚动轴承

7. 可同时承受较大的轴向载荷和径向载荷的滚动轴承是________。

A. 深沟球轴承　　B. 角接触球轴承　　C. 推力球轴承

8. 如果轴的受力为纯轴向载荷，没有径向载荷，应选用________。

A. 深沟球轴承　　B. 角接触球轴承　　C. 推力球轴承

9. 某斜齿圆柱齿轮减速器，工作转速较高，载荷平稳，应选用________。

A. 深沟球轴承　　B. 角接触球轴承

C. 圆锥滚子轴承　　D. 调心球轴承

10. 有一深沟球轴承，其宽度系列为“1”、直径系列为“2”、内径为40mm，其代号是________。

A. 61208　　B. 6208　　C. 6008

11. 有一深沟球轴承，其型号是61115，其内径尺寸是____________。

A. 15mm　　B. 115mm　　C. 60mm　　D. 75mm

四、判断题（认为正确的请在括号内打“√”；反之，打“×”）

1. 软轴可以将旋转运动和不大的转矩灵活地传到任何位置。(　　)

2. 载重汽车底盘的轴是传动轴。(　　)

3. 既承受弯矩又承受转矩的轴称为转轴。(　　)

4. 主要承受径向载荷，又要承受少量轴向载荷且转速较高时，宜选用深沟球轴承。(　　)

5. 载荷大而且有冲击时，可选用滚子轴承。(　　)

6. 当轴在工作过程中弯曲变形较大时，应选用具有调心性能的调心球轴承。(　　)

7. 滚动轴承尺寸系列代号表示轴承内径和外径尺寸的大小。(　　)

五、简答题

1. 轴的结构应满足哪些要求？
2. 整体式滑动轴承的特点有哪些？
3. 剖分式滑动轴承的特点有哪些？
4. 与滑动轴承相比，滚动轴承有何优点？
5. 滚动轴承的维护事项有哪些？

【思——学会将知识系统化，知其所以然】

主题名称	重点说明	提示说明
轴	轴是支承回转传动件（如齿轮、蜗杆、带轮、链轮等）的重要零件。轴的功用是支承回转零部件，并使回转零部件具有确定的位置，传递运动和转矩	轴按其形状进行分类，可分为直轴、曲轴和软轴（或挠性轴、钢丝软轴）三类。轴的结构主要包括轴颈、轴头、轴身三部分
轴承	轴承是支承轴颈的支座，是用来支承轴或轴上回转零件的部件	轴承的功用是保持轴的旋转精度，减少轴与支承件之间的摩擦与磨损。轴承分为滑动轴承和滚动轴承两大类
滑动轴承	滑动轴承是工作时轴承和轴颈的支承面间形成直接或间接滑动摩擦的轴承	滑动轴承根据承受载荷方向的不同，可分为向心滑动轴承和推力滑动轴承两大类
	滑动轴承通常由轴承座、轴瓦（或轴套）、润滑装置和密封装置等组成	轴瓦是滑动轴承中的重要零件，常用的轴瓦分为整体式轴瓦和剖分式轴瓦两种结构
滚动轴承	滚动轴承是将运转的轴与轴座之间的滑动摩擦变为滚动摩擦，从而减少摩擦损失的一种精密的机械元件	滚动轴承一般由内圈、外圈、滚动体和保持架组成。常见的滚动轴承滚动体有球、短圆柱滚子、长圆柱滚子、球面滚子、圆锥滚子、螺旋滚子、滚针等多种
	滚动轴承分为向心滚动轴承和推力滚动轴承，其中向心滚动轴承主要用于承受径向载荷的机械传动，推力滚动轴承主要用于承受轴向载荷的机械传动	滚动轴承的失效形式主要有疲劳点蚀、塑性变形、磨粒磨损、黏着磨损（或胶合磨损）等

【做——课外调研活动】

同学之间分组合作，深入社会进行观察，针对某一特定的机械（或机器），分析其涉及的轴、滑动轴承、滚动轴承的类型、特点和应用场合等，然后相互交流探讨，并尝试如何拆装。

【评——学习情况评价】

复述本单元的主要学习内容	
对本单元的学习情况进行准确评价	
本单元没有理解的内容有哪些	
如何解决没有理解的内容	

注：学习情况评价包括少部分理解、约一半理解、大部分理解和全部理解四个层次。请根据自身的学习情况进行准确和客观的评价。

【拓——知识与技能拓展】

同学们深入生活或企业，分析阶梯轴、滑动轴承、滚动轴承用在哪些设备中？大家分工协作，采用表格形式列出阶梯轴、滑动轴承、滚动轴承的应用场合。

【实训任务书】

实训活动7：定轴轮系、周转轮系结构认识实训

单元八 机械的节能环保与安全防护

学习目标

1. 熟知润滑剂的种类、性能、选用及相关润滑方法。
2. 熟知密封装置的分类、特性和应用等。
3. 熟知机械噪声的形成与防护措施、机械传动装置中的危险零部件、机械伤害的因素与防护措施。
4. 围绕知识点（如环保与安全），培养核心素养、职业素养、工程素养和安全素养，合理融入美丽中国、绿色环保、中国制造、中国梦、中国科技发展史教育等内容，合理融入专业精神、职业精神、工匠精神、劳模精神、航天精神和创新精神教育内容，进行科学精神、学会学习、实践创新3个核心素养的培养，引导学生养成严谨规范的职业素养、工程素养和安全素养。

现代机械装备制造业不仅注重生产合格的机械产品，而且更加重视机械维护与保养、节能与环保以及安全防护。因此，学习一些常用的机械润滑、机械密封和安全防护知识是非常必要的。

模块一 机械润滑基础知识

【教——要善于突出重点，创新解决难点的方法】

机械装置在运行过程中，各个相对运动的零部件的接触表面会产生摩擦及磨损，摩擦是机械运转过程中不可避免的物理现象，在机械零部件众多的失效形式中，摩擦及磨损是最常见的。为了减少运动零部件的摩擦和磨损，延长其使用寿命，需要对其进行科学的润滑。

一、摩擦类型

摩擦是指两相互接触物体发生相对滑动或有相对滑动趋势时，在接触面上产生阻碍物体相对滑动的现象。摩擦的类别很多，按摩擦副的运动形式分类，摩擦分为滑动摩擦和滚动摩擦，前者是两相互接触物体有相对滑动或有相对滑动趋势时产生的摩擦，后者是两相互接触物体有相对滚动或有相对滚动趋势时产生的摩擦。在相同条件下，滚动摩擦阻力小于滑动摩擦阻力。按摩擦表面的润滑状态分类，摩擦可分为干摩擦、流体摩擦、边界摩擦和混合摩擦。其中干摩擦是两个摩擦表面直接接触，没有润滑剂存在时产生的摩擦；流体摩擦是指两个摩擦面之间不直接接触，有一层完整的润滑剂油膜时产生的摩擦；边界摩擦是指两个摩擦面上吸附一层很薄的边界膜时产生的摩擦，它介于干摩擦和流体摩擦状态之间；混合摩擦是指两个摩擦面之间可能出现干摩擦、流体摩擦和边界摩擦的混合状态。此外，摩擦还可分为外摩擦和内摩擦。外摩擦是指两物体表面做相对运动时的摩擦；内摩擦是指物体内部分子间的摩擦。

二、润滑的概念

润滑是指在发生相对运动的各种摩擦副的接触面之间加入润滑剂，使两摩擦面之间形成润滑膜，将原来直接接触的干摩擦面分隔开来，变干摩擦为润滑剂分子间的摩擦，达到减小摩擦，减少磨损，延长机械设备的使用寿命的措施。润滑的作用是：降低摩擦，减少磨损，防止腐蚀，提高传动效率，改善机器运动状况，延长机器的使用寿命。润滑根据润滑剂的不同，可分为流体润滑、固体润滑和半固体润滑三类。

流体润滑是指使用的润滑剂为流体，它包括气体润滑和液体润滑两种。其中气体润滑是指采用气体润滑剂进行润滑，如采用空气、氢气、氦气、氮气、一氧化碳和水蒸气等；液体润滑是指采用液体润滑剂进行润滑，如采用矿物润滑油、合成润滑油、水基液体等。

固体润滑是指使用的润滑剂为固体，如石墨、二硫化钼、氮化硼、尼龙、聚四氟乙烯、氟化石墨等。

半固体润滑是指使用的润滑剂为半固体，它是由基础油和稠化剂组成的塑性润滑脂，有时根据特殊需要，还可加入各种添加剂。

三、润滑剂的种类

润滑剂是用于润滑、冷却和密封机械摩擦部分的物质。润滑剂根据来源进行分类，可分为矿物性润滑剂（如机械油）、植物性润滑剂（如蓖麻油等）、动物性润滑剂（如牛脂、鲸鱼油等）和合成润滑剂（如硅油、脂肪酸酰胺、油酸、聚酯、合成酯、羟酸等）；润滑剂根据外形进行分类，可分为油状液体润滑剂、油脂状半固体润滑剂和固体润滑剂。

润滑剂的主要作用是降低摩擦表面的摩擦损伤。在一般机械中，通常采用润滑油（或润滑脂）来润滑摩擦表面。润滑油、润滑脂均属于润滑剂。

1. 润滑油

润滑油（图8-1）是指用在各种类型汽车、机械设备上以减少摩擦，保护机械及加工件的液体或半固体润滑剂，它主要起润滑、辅助冷却、防锈、清洁、密封和缓冲等作用。润滑油按用途进行分类，可分为机械油（如高速润滑油）、织布机油、轨道油、轧钢

图8-1　润滑油

油、汽轮机油、压缩机油、冷冻机油、气缸油、船用油、齿轮油、机压齿轮油、车轴油、仪表油、真空泵油等。

（1）润滑油的主要性能指标　润滑油的主要性能指标是黏度、黏度指数、油性、极压性能、闪点和凝点。

1）黏度。它是润滑油抵抗剪切变形的能力。黏度是润滑油最重要的性能指标之一。国家标准将温度在40℃时的润滑油运动黏度数字的整数值作为其牌号。

2）黏度指数。润滑油的黏度会随着温度升高而明显地降低。黏度指数就是衡量润滑油黏度随着温度变化程度的指标。润滑油的黏度指数越大，说明润滑油的黏度受温度变化的影响越小，润滑油的性能也越好。

3）油性。油性即润滑性。油性是指润滑油湿润或吸附于干摩擦表面的性能。润滑油的吸附能力越强，其油性越好。

4）极压性能。它是润滑油中的活性分子与摩擦表面形成耐磨、耐高压化学反应膜的能力。重载机械设备，如大功率齿轮传动、蜗杆传动等，要使用极压性能好的润滑油。

5）闪点。它是润滑油在规定条件下加热，油蒸气和空气的混合气与火焰接触发生瞬时闪火时的最低温度。闪点是表示润滑油着火危险性的指标。润滑油的危险等级是根据闪点划分的，闪点在45℃以下是易燃品，闪点在45℃以上是可燃品，在润滑油的储运过程中严禁将润滑油加热到它的闪点温度。在黏度相同的情况下，闪点越高越好。因此，用户在选用润滑油时应根据使用温度和润滑油的工作条件进行选择。一般认为，闪点比使用温度高20~30℃，即可安全使用。通常润滑油的闪点温度范围是120~340℃。

6）凝点。凝点是指润滑油在规定的冷却条件下，润滑油停止流动的最高温度。润滑油的凝点反映其最低使用温度，也是表示润滑油低温流动性的一个重要质量指标。对于生产、运输和使用都有重要意义。凝点高的润滑油不能在低温下使用。相反，在气温较高的地区则没有必要使用凝点低的润滑油。因为润滑油的凝点越低，其生产成本越高，会造成不必要的浪费。一般说来，润滑油的凝点应比使用环境的最低温度低5~7℃。

（2）润滑油的组成　润滑油一般由基础油和添加剂两部分组成。其中基础油是润滑油的主要成分，决定着润滑油的基本性质。基础油主要包括矿物基础油、合成基础油以及生物基础油三大类；添加剂是为了改善基础油的性能，以及满足不同的使用条件有意添加的物质，它是润滑油的重要组成部分。添加剂是近代高级润滑油的精髓，科学合理地加入添加剂，不仅可改善润滑油的物理化学性质，而且可以赋予润滑油新的特殊性能，或加强其原来具有的某种性能，满足更高的要求。添加剂的种类很多，按添加剂的作用进行分类，可分为清净分散剂、摩擦缓和剂、极压抗磨剂、抗氧化剂、防腐蚀剂、防锈剂、油性剂、金属钝化剂、抗泡沫剂、降凝剂、黏度指数改进剂等。

（3）润滑油的选用　选用润滑油时，主要是根据润滑油的黏度进行选择。润滑油的黏度不仅是其重要的使用性能，而且也是确定润滑油的种类和牌号（黏度）的依据。

1）如果机械设备的工作载荷大，应选用黏度大、油性或极压性良好的润滑油。反之，如果载荷小，应选用黏度小的润滑油。间歇性的或冲击力较大的机械运动，容易破坏油膜，应选用黏度较大或极压性能较好的润滑油。

2）如果机械设备润滑部位的摩擦副运动速度高，应选用黏度较小的润滑油；如果选用黏度大的润滑油，反而会增大摩擦阻力，对润滑不利；如果机械设备润滑部位的摩擦副运动速度低，可选用黏度较大的润滑油。

3）如果机械设备的工作环境温度低，应选用黏度较小的润滑油；反之，应选用黏度较大的润滑油。例如，中国的东北、新疆地区，冬季气温低，机械设备应先用黏度小的润滑油；而广东、广西等地，全年气温较高，机械设备应选用黏度大的润滑油。

4）如果机械设备的工作温度高，则应选用黏度较大、闪点较高、氧化安定性较好的润滑油，甚至选用固体润滑剂，才能保证可靠的润滑。

5）在潮湿的工作环境里，或者与水接触较多的工作条件下，机械设备应选用抗乳性较强、油性和防锈性能较好的润滑油。

6）根据机械设备的运动副名称选择润滑油。部分润滑油是按机械及润滑部位的名称命名的，如汽油机油用于汽油发动机，齿轮油用于齿轮传动等。

2. 润滑脂

润滑脂是在基础油中加入增稠剂与润滑添加剂制成的半固态机械零件润滑剂。因为润滑脂常温下其外形呈黏稠的半固体油膏状且多半呈深浅不一的黄色（或乳白色），与常见的奶油、牛油很像，因而得名黄油（或生油），如图 8-2 所示。润滑脂主要用于机械的摩擦部位，起润滑和防止机械磨损的作用，也可用于金属表面，起填充空隙，防止金属腐蚀的保护作用，以及密封防尘作用。

（1）润滑脂的分类　润滑脂种类多，按基础油进行分类，润滑脂可分为矿物油润滑脂和合成油润滑脂；按用途进行分类，润滑脂可分为减摩润滑脂、防护润滑脂和密封润滑脂；按特性进行分类，润滑脂可分为高温润滑脂、耐寒润滑脂、极压润滑脂；按稠化剂的类别进行分类，润滑脂分为皂基润滑脂和非皂化润滑脂。其中皂基润滑脂又分为单皂基润滑油脂（如钠基、锂基、钙基润滑脂等）、混合皂基润滑脂（如钙钠基润滑油）和复合基润滑油脂（如复合钙、复合锂、复合铝基润滑脂等）；非皂化润滑脂分为烃基润滑脂、无机润滑脂、有机润滑脂等。

图 8-2　黄油

（2）润滑脂的特点　润滑脂与润滑油相比，具有如下特点：

1）润滑脂具有良好的黏附性，能黏附在摩擦副表面上，不易产生流失或飞溅。

2）润滑脂承压和耐磨性强，在大负荷和冲击载荷下，仍能保持良好的润滑性能。

3）润滑脂的使用周期较长，无需经常补充，可减少维护工作量。

4）润滑脂具有更好的密封性和防护作用。

5）润滑脂的使用温度范围较宽。

但润滑脂也存在一些缺点：例如，润滑脂散热能力差，不能像润滑油那样可对摩擦副表面进行冷却；润滑脂流动性差，内摩擦阻力大，运转时功率损失也大。另外，当固体杂质混入其中时不易清除。这些缺点都使得润滑脂在使用范围上受到一定限制。

（3）润滑脂的组成　润滑脂主要由稠化剂、基础油、添加剂及填料四部分组成。在润滑脂中，通常稠化剂占 10%~20%，基础油占 75%~90%，添加剂及填料占 5%以下。

1）基础油是润滑脂中起润滑作用的主要成分，它对润滑油的使用性能有较大影响。通常采用中等黏度（或高黏度）的矿物油作为基础油；也有一些为满足在苛刻条件下工作的机械润滑及密封的需要，采用合成润滑油作为基础油，如酯类油、硅油、聚α-烯烃油等。

2）稠化剂是润滑脂的固体组分，它能在基础油中分散和形成骨架结构，并使基础油被吸附和固定在骨架结构中，它的性质和含量决定了润滑脂的黏稠程度以及抗水性和耐热性。常用的稠化剂有皂基稠化剂、烃基稠化剂、有机稠化剂和无机稠化剂。稠化剂的种类不同，润滑脂的基本性能也不同，使用较广的稠化剂是皂基稠化剂。

3）添加剂是添加到润滑脂中用以改进其使用性能的物质，它可以改进基础油本身固有的性能或增加基础油原来不具有的性能。添加剂主要有稳定剂、抗氧化剂、金属纯化剂、防锈剂、抗腐蚀剂和极压抗磨剂。

4）填料主要是指石墨、二硫化钼等固体润滑剂等。

（4）润滑脂的性能指标　由于润滑脂的组成和结构特性与润滑油不同，因此，润滑脂具有一些不同的特殊使用性能。目前，评定润滑脂使用性能的指标主要是稠度、滴点、高温性能、耐磨性、抗水性、防锈性、胶体安定性、氧化安定性、机械安定性等性能指标。

1）稠度是润滑脂的浓稠程度。适当的稠度可以使润滑脂容易加注并保持在摩擦副表面上，以保持持久的润滑作用。

2）滴点是指润滑脂在规定的试验条件下，由固态变为液态时的温度。滴点决定润滑脂的最高使用温度。为了使润滑脂在润滑位置长期地工作而不流失，滴点应高于润滑位置工作温度20~30℃或更高。滴点越高，润滑脂的耐热性越好。

3）高温性能好的润滑脂可以在较高的使用温度下保持其附着性能，其变质失效过程也比较缓慢。

4）耐磨性是指润滑脂通过保持在摩擦副部件之间的油膜，防止金属接触部位磨损的能力。

5）抗水性是指润滑脂在水中不溶解，不从周围介质中吸收水分，不被水洗掉等的能力。抗水性差的润滑脂，遇水后其稠度会下降，甚至乳化而流失。

6）防锈性是指润滑脂阻止与其相接触的金属材料被腐蚀、被锈蚀的能力。

7）胶体安定性是指润滑脂在储存和使用过程中，避免胶体分解、防止润滑油析出的能力。

8）氧化安定性是指润滑脂在储存和使用过程中抵抗氧化的能力。

9）机械安定性是指润滑脂在机械工作条件下抵抗稠度变化的能力。

（5）润滑脂的选用　润滑脂主要应用于一般转速、温度和载荷条件下，尤其是滚动轴承的润滑多采用润滑脂。选用润滑脂时，应根据润滑部位的工作温度、运动速度、承载负荷和工作环境等条件合理选择。

1）工作温度。一般来说，润滑部位的工作温度对润滑脂的使用效果和使用寿命影响很大，如轴承的工作温度升高10~15℃，则润滑脂的使用寿命缩短一半。因此，摩擦副的工作温度越高，选用的润滑脂的滴点应越高；摩擦副的工作温度越低，选用的润滑脂的滴点也应越低。同时，工作温度高的摩擦副，应选用氧化安定性好、热蒸发损失少、滴点高、分油量少的润滑脂；工作温度低的摩擦副，应选用低温起动性能好、黏度小的润滑脂。

2）运动速度。摩擦副的运动速度越大，润滑脂的黏度下降得越多，会导致润滑脂的润滑作用减弱，其使用寿命缩短。因此，如果摩擦副的运动速度对润滑脂的使用效能影响较大，应选用适宜黏度的润滑脂。一般来说，摩擦副的运动速度越大，选用的润滑脂的黏度越大；反之，选用黏度小的润滑脂。

3）承载负荷。一般来说，承载负荷较小的摩擦副应选用稠度较小的润滑脂；重负荷摩擦副应选用稠度较大的润滑脂。

4）工作环境。它是指气温、湿度、水、灰尘、腐蚀介质等。如果摩擦副直接与水接触，应选用抗水性强的润滑脂。

四、润滑方法与润滑装置

在合理选择好润滑油（或润滑脂）后，还必须采用合理的方法将润滑油（或润滑脂）输送到机械的各摩擦部位，并对各摩擦部位进行监控、调节和维护，才能确保机械设备始终处于良好的润滑状态。

1. 油润滑的方法和相关装置

油润滑的方法主要有手工加油润滑、滴油润滑、油环润滑、油浴与飞溅润滑、喷油润滑、压力强制润滑和油雾润滑。

（1）手工加油润滑　此润滑方法供油不均匀、不连续，主要用于低速、轻载、间歇工作的开式齿轮、链条及其他摩擦副的润滑。

（2）滴油润滑　它采用油杯供油，利用油的自重将润滑油送至机械设备的摩擦部位。油杯通常采用铝（或铜）制造，杯壁和检查孔用透明塑料制造，以便观察杯中油位情况。常用滴油杯有针阀式油杯、均匀滴油杯和油绳式油杯等。

（3）油环润滑　它是将油环挂在水平轴上，油环下部浸入油中，依靠油环与轴的摩擦力带动油环旋转，并将润滑油带至轴颈上的润滑方法，如图8-3所示。油环润滑适用于低速旋转的轴以及润滑轴承。

（4）油浴与飞溅润滑　油浴润滑是利用旋转构件（如齿轮、蜗杆或蜗轮等）将油池中的油带至摩擦部位进行润滑的方法。飞溅润滑是将旋转件浸入油中一定深度，旋转体将油飞溅起散落到其他零件上进行润滑的方法。油浴与飞溅润滑操作简单、可靠，它们主要用于润滑闭式齿轮传动、蜗杆传动和内燃机等。

（5）喷油润滑　喷油润滑是通过喷嘴将润滑油喷至机械的摩擦部位进行润滑的方法。喷油润滑既能实现润滑又能对摩擦部位进行冷却。对于 $v>10\text{m/s}$ 的齿轮传动，可采用喷油润滑，如图8-4所示。

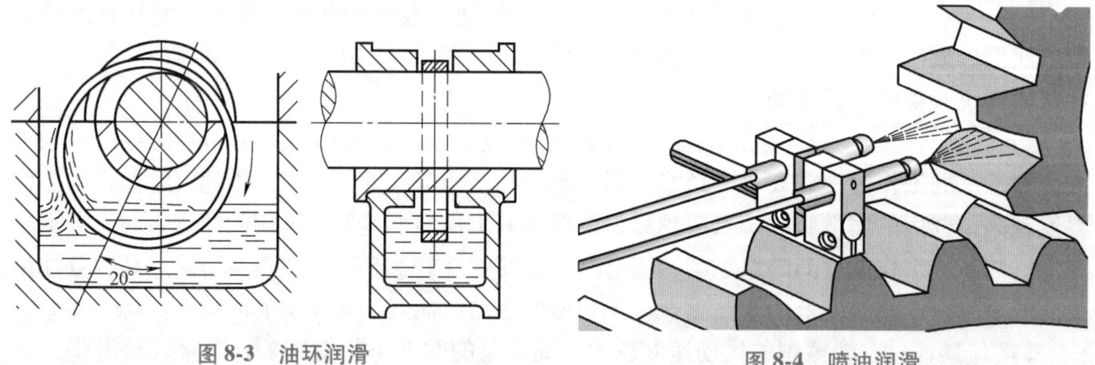

图8-3　油环润滑

图8-4　喷油润滑

（6）压力强制润滑　它是利用油泵、阀和管路等装置将油箱中的润滑油以一定压力输送到多个摩擦部位对其进行强制循环润滑的方法。压力强制润滑方法适用于润滑点多且集中、负荷较大、转速较高的重要机械设备，如内燃机、机床主轴箱等常采用压力强制润滑。

（7）油雾润滑　油雾润滑是利用压缩风的能量，将液态的润滑油雾化成1~3μm的小颗粒，悬浮在压缩风中形成一种混合体（油雾），润滑油在自身的压力状态下，经过传输管线，输送到各个需要的部位以提供润滑的一种新的润滑方式。目前，油雾润滑已成功应用于冶金行业中的轧机、铝箔轧机生产线等的滚动轴承、滑动轴承、齿轮轴承、齿轮、蜗轮、链条及活动导轨等各种摩擦副中，而且该润滑方法在改善摩擦副的运行条件和摩擦副性能，以及节约能源和改善环境污染方面都显示出了很大的优越性。

2. 脂润滑的方法和相关装置

润滑脂的加脂方式有人工加脂、脂杯加脂和集中润滑系统供脂等方法。对于单机设备上的轴承、链条等摩擦部位，如果润滑点不多时，大多采用人工加脂和脂杯加脂；对于润滑点较多的大型机械设备、成套设备等，如矿山机械、船舶机械和生产线，可采用集中润滑系统。集中供脂装置一般由储脂罐、给脂泵、给脂管和分配器等部分组成。

五、润滑管理

润滑管理是指企业采用先进的管理方法，合理选择和使用润滑油（或润滑脂），采用正确的换润滑油（或润滑脂）方法以保持机械摩擦副保持良好的润滑状态等一系列管理措施。目前，随着现代工业装备水平的提高，对先进的润滑技术和管理技术也提出了更高的要求，有关专家曾预测世界能源的35%左右损失在摩擦、磨损上。例如，汽车可能因为一个轴承的缺油烧损而支付上千元的修理费用；在隆隆的钢铁生产流水线上，可能因为一个关键轴承的烧损，而导致整个流水线停产，因而连锁导致几百万元甚至上千万元的经济损失。因此，企业设立合理的润滑管理组织机构，配备必要的专职或兼职润滑管理技术人员，合理分工、明确职责，严格选择润滑油（或润滑脂），认真搞好润滑管理工作意义重大。

1. 提高润滑管理水平的意义

1）可以大大减少摩擦运动副和整机备件的成本，减少压库资金。

2）可延长摩擦运动副和整机的使用寿命，减少维修人员和降低维修成本。

3）可减少磨损阻力，降低能耗，节约电力或油料成本。

4）可减少因摩擦运动副磨损而导致的停产换件的时间和次数，大大提高生产效益。

2. 润滑管理的基本内容

1）确定润滑管理组织、拟定润滑管理的规章制度、岗位职责条例和工作细则。

2）贯彻设备润滑工作的“五定”管理，即定点、定质、定量、定期和定人。

定点是根据机械设备润滑卡上指定的润滑部位、润滑点和检查点（油标、窥视孔等），实施定点加油、添油和换油，并检查油面高度和供油情况。

定质是各润滑部位所加润滑油（或润滑脂）的牌号和质量必须符合机械设备润滑卡片上的要求，不得随便采用代用材料掺配使用。

定量是按照润滑规定要求，将合理的润滑油（或润滑脂）数量添加到润滑部位和油箱、油杯中。

定期是按照润滑规定的时间间隔添加（或换）润滑油（或润滑脂）。一般来说，设备的油杯、手泵、手按油阀以及机床的导轨、光杠等应每班加油 1~2 次；脂杯、脂孔每星期加脂 1 次或每班拧进 1~2 转；油箱每月检查加油 2 次，或定期抽样化验，按质换油。

定人是按机械设备润滑卡片上的分工规定，各司其职。

3）编制设备润滑技术档案，包括润滑图表、卡片、润滑工艺规程等，指导机械设备操作工、维修工正确地进行机械设备润滑。

4）组织好各种润滑材料的供、储、用。抓好润滑油（或润滑脂）的管理计划、质量检验、润滑油（或润滑脂）代用、节约使用润滑油（或润滑脂）以及润滑油（或润滑脂）回收等几个环节，实行定额用润滑油（或润滑脂）。

5）编制机械设备年、季、月份的清洗换油计划和适合于本单位的机械设备清洗换油周期结构。

6）检查机械设备的润滑状况，及时解决机械设备润滑系统存在的问题，如补充、更换缺损润滑元件、装置、加油工具、用具等，改进加油方法。

7）采取合理措施，防止机械设备泄漏。总结、积累治理漏油的经验。

8）组织润滑技术培训，开展机械设备润滑宣传工作。

9）开展有关机械设备润滑方面的新润滑油（或新润滑脂）、新添加剂、新密封材料、润滑新技术的试验与应用，学习和推广国内外先进的润滑管理经验。

【什么是环保润滑油】 环保润滑油必须具有以下特点：一是具有良好的润滑性能，可通过节约能耗来减少环境污染；二是产品自身对环境无毒害、影响小；三是产品能被生物降解，可以分解为二氧化碳和水并被环境吸收而无危害。

模块二 机械密封基础知识

【教——采用多媒体技术要合理控制教学信息量】

机械密封是指由至少一对垂直于旋转轴线的端面在流体压力和补偿机构弹力（或磁力）的作用下以及辅助密封的配合下保持贴合并相对滑动而构成的防止流体泄漏的装置。机械密封的目的是阻止润滑剂和工作介质泄漏，防止灰尘、水分等杂物侵入机器。机械密封件属于精密的、结构较为复杂的机械基础元件之一，是各种泵类、反应合成釜、压缩机、潜水电动机等设备的关键部件。

机械密封分为静密封和动密封两大类。其中静密封是指两零件结合面间没有相对运动的密封，如减速器上、下箱体凸缘处的密封，轴承闷盖与轴承座端面的密封等。实现静密封的方法主要有：靠接合面加工平整并有一定宽度，加金属或非金属垫圈、密封胶等。动密封可分为往复动密封、旋转动密封和螺旋动密封等。旋转动密封又可分为接触式密封和非接触式密封两类。下面主要介绍接触式密封和非接触式密封的特点和应用。

一、接触式密封

接触式密封主要有毡圈密封、唇形密封圈密封和机械密封。

1. 毡圈密封

毡圈（图 8-5）是标准化密封元件，毡圈的内径略小于轴的直径。密封时，将毡圈装入轴承盖的梯形凹槽中，一起套在轴上，利用毡圈自身的弹性变形对轴表面形成压力，密封住轴与轴承盖之间的间隙，如图 8-6 所示。装配前，毡圈应放入黏度稍高的油中浸渍。毡圈密封结构简单，易于更换，使用成本低，适用于轴的线速度小于 10m/s、工作温度低于 125℃的轴上密封。它常用于脂润滑轴承的密封，且轴颈表面粗糙度值 $Ra \leqslant 0.8\mu m$。

2. 唇形密封圈密封

唇形密封圈一般由橡胶、金属骨架和弹簧组成，如图 8-7a 所示。密封时，依靠唇形密封圈的唇部自身的弹性和弹簧的压力压紧在轴上实现密封。唇口对着轴承安装方向（图 8-7b）主要用于防止漏油；反向安装两个唇形密封圈（图 8-7c）既可防止漏油又可防尘。唇形密封圈密封效果好，易拆装，主要用于轴线速度小于 20m/s、工作温度低于 100℃的油润滑机械的密封。

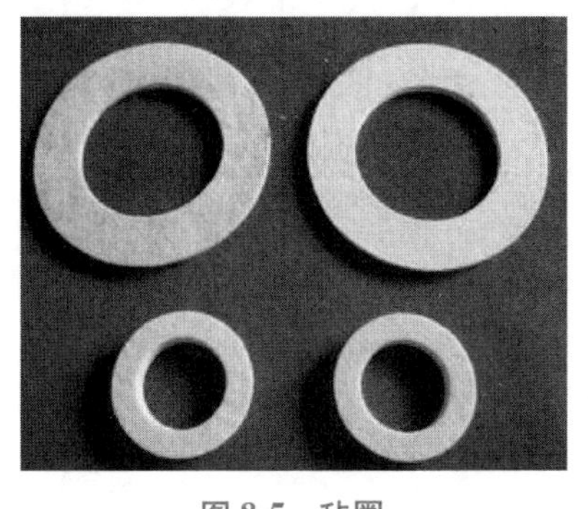

图 8-5　毡圈

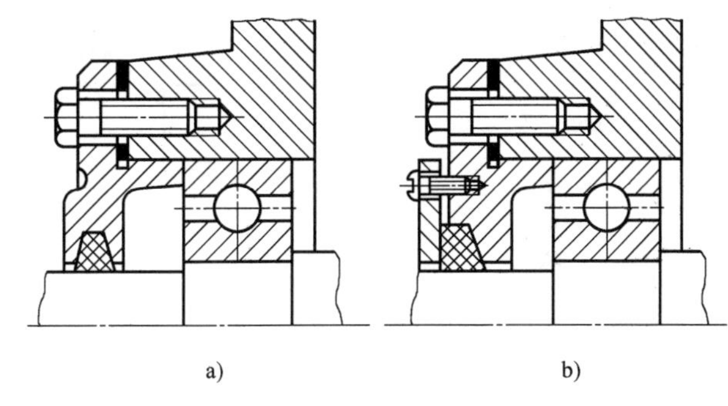

图 8-6　毡圈密封

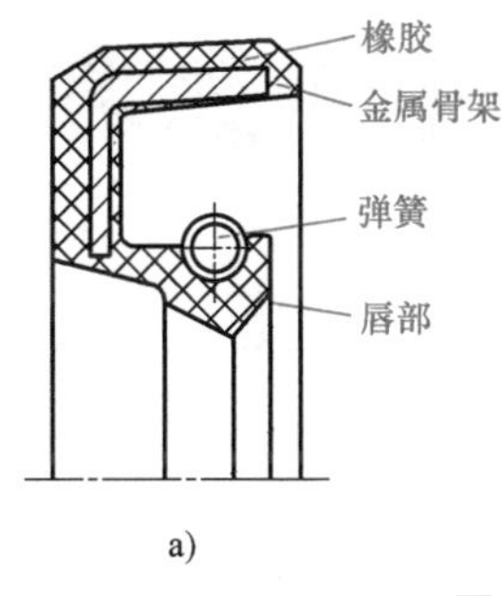

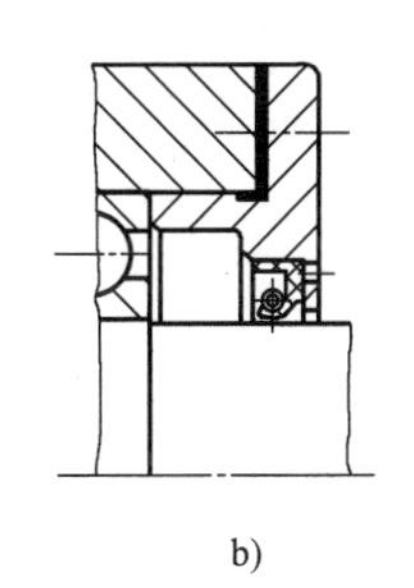

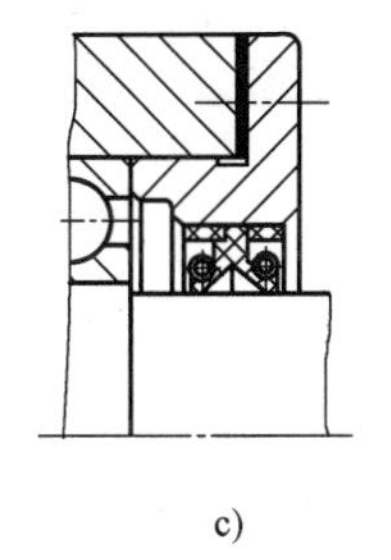

图 8-7　唇形密封圈密封

3. 机械密封

机械密封又称为端面密封。如图 8-8 所示，动环固定在轴上随轴转动；静环固定在轴承盖内。在液体压力和弹簧压力作用下，动环与静环的端面紧密贴合，就形成了良好的密封。机械密封已经标准化，它具有密封性好、摩擦损耗小、工作寿命长和使用范围广等优点，用于高速、高压、高温、低温或强腐蚀条件下工作的转轴密封。

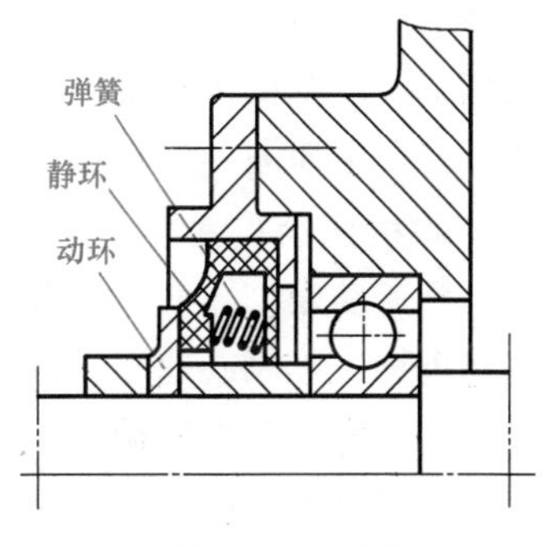

图 8-8　机械密封

二、非接触式密封

非接触式密封主要有缝隙沟槽密封和曲路密封等。

1. 缝隙沟槽密封

图 8-9 所示是缝隙沟槽密封结构示意图，间隙 $\delta=0.1\sim0.3$mm。为了提高密封效果，常在轴承盖孔内设置几个环形槽，安装时填充润滑脂进行密封。缝隙沟槽密封适用于干燥、清洁环境中脂润滑轴承的外密封。

2. 曲路密封

曲路密封又称为迷宫式密封。如图 8-10 所示，在轴承盖与轴套间形成曲折的缝隙，并在缝隙中充填润滑脂，就可形成曲路密封。曲路密封无论是对油润滑还是脂润滑都十分可靠，且转速越高，密封效果越好，密封处的轴线速度可达 30m/s。

另外，为了使密封效果更好，还可以将几种密封形式组合使用，以提高密封效果，如图 8-11 所示。

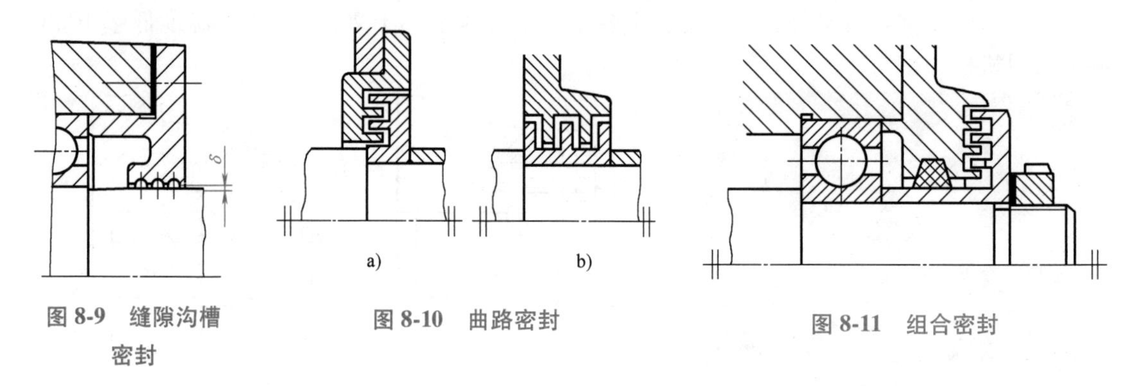

图 8-9　缝隙沟槽密封

图 8-10　曲路密封

图 8-11　组合密封

模块三　机械环保与机械安全防护基础知识

【学——掌握正确的学习方法提升可持续发展能力】

一、机械环保知识

1. 机械对环境的污染

环境污染按性质进行分类，可分为化学污染、物理污染和生物污染。部分机械产品在运行过程中会产生机械振动、噪声等物理污染，使用过程中的润滑油（或脂）、机油、金属切削液等会发生泄漏，对环境产生化学污染。

2. 机械振动及其控制

机械振动是物体或质点在其平衡位置附近所做的往复运动，属于常见的现象。例如，桥梁和建筑物在阵风或地震的激励下会振动，飞机和船舶在航行中会振动，机床和刀具在加工时会振动，各种动力机械在运行中会振动。在许多情况下，机械振动被认为是消极因素，而且随着现代机械结构的日益复杂，运动速度日益提高，机械振动的危害也更为突出。例如，机械振动会影响精密仪器设备的功能，降低加工精度和表面质量，加剧构件的疲劳和磨损，从而缩短机器和结构件的使用寿命；机械振动还可能引起结构件变形和破坏，有的桥梁曾因振动而坍毁，飞机机翼的颤振、机轮的抖振往往会造成事故，车、船和机舱的振动会劣化承载条件，强烈的振动和噪声会形成严重的公害。在机械工程中，为了确保机械设备安全可靠地运行，要对机械结构的振动进行监控和诊断。

生产过程中产生的机械振动源有：

1）铆钉机、凿岩机、风铲等风动工具。

2）电钻、电锯、林业用油锯、砂轮机、抛光机、研磨机、养路捣固机等电动工具。

3）内燃机车、船舶、摩托车等运输工具。

4）拖拉机、收割机、脱粒机等农业机械。

如果机械设备出现超过允许范围的振动时，就需要采取减振措施。为了减小机械设备本身的振动，可配置各类减振器，如汽车采用钢板弹簧（图 8-12）来减小振动；为了减小机械设备振动对周围环境的影响，或减小周围环境的振动对机械设备的影响，可采取隔振措施，如磨床、空气锤采用减振沟来相互隔离，减小振动，并消除相互之间的影响。另外，在设计和使用机械时必须防止共振，如为了确保旋转机械安全运转，轴的工作转速应处于其各阶临界转速的一定范围之内。

3. 噪声及其控制

噪声是发声体做无规则振动时发出的声音，是人们不需要的声音。从环境保护的角度看，凡是妨碍人们正常休息、学习和工作的声音，以及对人们要听的声音产生干扰的声音，都属于噪声。噪声污染主要来源于交通运输、车辆鸣笛、工业噪声（如机械转动、锻造、冲压、天车吊装、摩擦等）、建筑施工、社会噪声（如高音喇叭、大声说话）等。

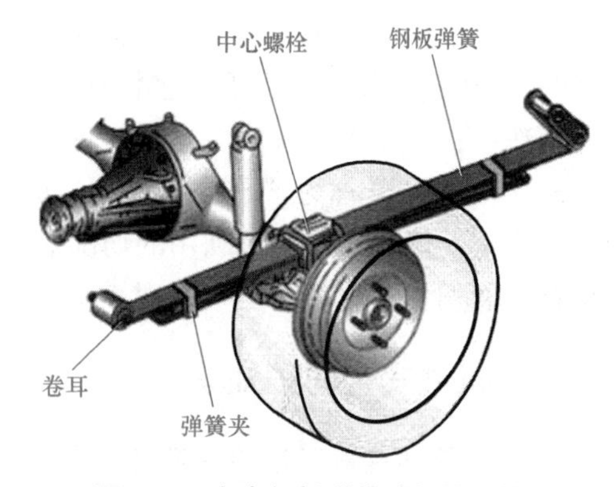

图 8-12　汽车钢板弹簧减振器结构

噪声可用分贝（dB）来衡量。0dB 是人们刚刚能听到的最微弱的声音；10~20dB 相当于微风吹落树叶的沙沙声；20~40dB 相当于轻声细语，属于比较理想的安静环境；40~60dB 相当于普通室内谈话，会对睡眠和休息有影响；60~70dB 会干扰谈话，影响工作效率；70~90dB 会很吵闹，严重影响听力，并引起神经衰弱、头疼、血压升高等疾病；90~100dB 吵闹加剧，会使听力受损；100~120dB 难以忍受，待一分钟即暂时致聋；120dB 以上会导致极度聋或全聋。日常生活中，我们在使用家电产品时，也会产生噪声，如洗衣机、缝纫机产生的噪声为 50~80dB，电风扇的噪声为 30~65dB，空调机、电视机的噪声约为 70dB。

噪声是感觉性公害，是一种危害人类环境的公害。声音在 30dB 左右时，一般不会影响正常的生活和休息。而当声音达到 50dB 以上时，人们有较大的感觉，很难入睡。通常将声音达到 80dB 或以上时定为噪声。

控制噪声必须从噪声源、噪声传播途径、噪声接受者三个方面进行系统控制。第一，降低噪声源，这是治本，如用液压传动设备代替机械传动或气动传动设备，用斜齿轮代替直齿轮，用焊接代替铆接，改进机械设备，使用先进的阻尼材料，在噪声源附近配置消声器（图 8-13）等，都可减少噪声的产生；第二，在噪声传播途径上降低噪声，控制噪声的传播，改变声源已经发出的噪声传播途径，如采用吸音、隔音、音屏障板、减振、种树等措施，以及合理布局车间内的机械设备和厂房窗户等措施，均能减少噪声对人体的影响；第三，对噪声接受者或受音器官进行噪声防护，在噪声源、噪声传播途径上无法采取有效措施时，或采取的降噪措施仍不能达到预期效果时，就需要对接受者或受音器官采取防护措施，如长期在职业性噪声中暴露的工人可以戴隔音耳塞、耳罩、耳棉或头盔等护耳器防止噪声伤害。

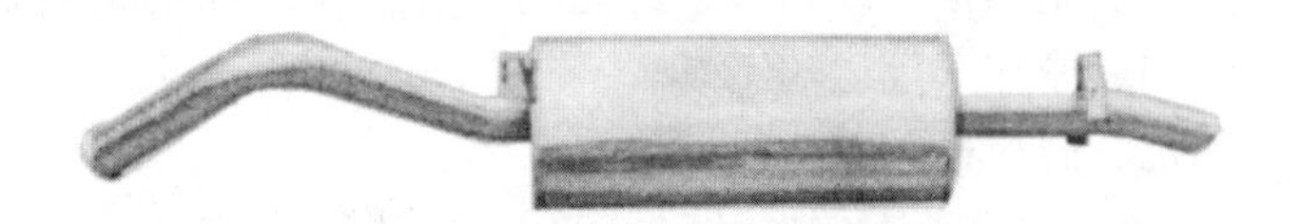

图 8-13　汽车发动机上的消声器

4. 机械“三废”的减少及回收

在工业生产过程中，难免会产生废气、废水和固体废弃物，它们合称为“三废”。对于工业“三废”，必须采取如下一些措施进行有效控制，才能逐步减少“三废”排放：

1）生产过程中注意防止“三废”泄漏。例如，切削加工过程中，采用切削液循环利用，铁屑有效回收，在机床上设置集油盘等，都可有效地减小“三废”排放。

2）采用高效发动机，提高燃料利用率；不轻易使用丙酮、氯仿、氟利昂、汽油等易挥发性清洗剂；不在生产区焚烧废弃物等都是减小废气排放的有效措施。

3）“三废”又称为“放在错误地点的原料”。因此，“三废”不可随意倒入下水管道以及随意丢弃。例如，不能再利用的切削液、更换下来的机油、机械设备用过的废电池等应集中保存，送相关专业部门集中处理，使其变废为宝，回收利用。

二、机械安全防护知识

1. 机械传动装置存在的潜在伤害因素

机械传动装置是现代生产和生活中不可缺少的装备，它们不仅给人类带来了高效、快捷和方便的工作方式，但也带来了一些潜在的伤害因素，如撞击、挤压、切割、触电、噪声、高温等伤害。在日常生产和生活中，机械传动装置可能对人类造成潜在伤害的零部件有如下这些：

1）旋转零部件与成切线运动部件间的咬合处存在潜在伤害因素。例如，齿轮与齿轮、动力传输带与带轮、飞轮上的凸出物、链条与链轮等，如图 8-14 所示。

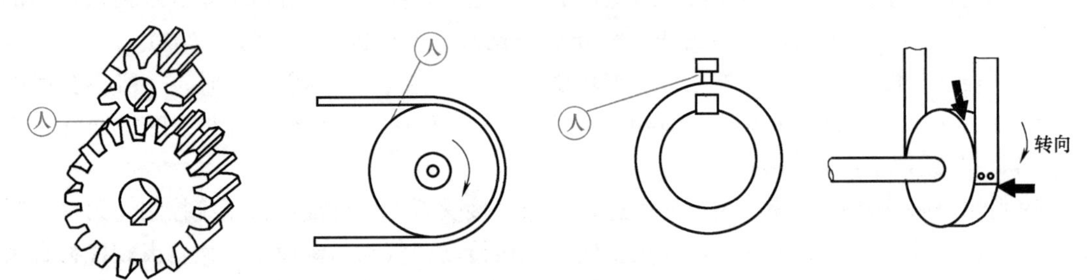

图 8-14　机械传动装置存在的潜在伤害

2）旋转轴存在潜在伤害因素，如联轴器、心轴、卡盘、丝杠等。

3）旋转的凸块和孔存在潜在伤害因素，如风扇叶片、凸轮、飞轮、砂轮等。

4）转向相反的旋转部件的咬合处存在潜在伤害因素，如齿轮系、轧辊等。

5）旋转部件与固定部件的咬合处存在潜在伤害因素，如手轮或飞轮与机床床身、旋转搅拌机（图 8-15）与无防护外壳的搅拌设备等。

图 8-15　旋转搅拌机存在的潜在伤害

6）操作机床类机械设备时，存在潜在伤害因素，如压力机的滑块与冲头、空气锤的锤体、刨床的滑枕与刨刀、剪切机的刀片、切割机床的锯齿（图 8-16）等，如果操作不当，会造成人身伤害。

7）旋转部件与滑动部件之间存在潜在伤害因素，如某些平版印刷机的机构、纺织机床等。

2. 机械伤害的类型

机械伤害是指由于机械零件、工具、工件或飞溅的固体、流体物质的机械作用而产生的伤害。机械伤害的类型有多种，主要有挤压伤害、剪切伤害、切割或切断伤害、缠绕伤害、吸入或卷入伤害、冲击伤害、刺伤或扎穿伤害、摩擦或磨损伤害及高压流体喷射伤害。

图 8-16　切割机床存在的潜在伤害

（1）挤压伤害　这种伤害是在两个零部件之间产生的，其中的一个或两个零部件是运动零部件，如图 8-17 所示。挤压伤害中最典型的是压力机的伤害，当压力机的冲头下落时，如果人的手正在安放工件或调整模具，就会使手受伤。此外，在操作螺旋输送机、塑料注射成型机时，也会发生挤压伤害。

（2）剪切伤害　典型的剪切伤害是在操作剪切机械时，因操作不当造成的人身伤害。其他具有锐利刃部的机械也会存在相同的剪切伤害可能性。

（3）切割或切断伤害　在生产过程中，当人体与机械上尖角或锐边做相对运动时，就有可能产生切割或切断伤害。尤其当机械上有锐边、尖角的部件做高速转动时，其危险性更大。

（4）缠绕伤害　有的机械设备表面上的尖角或凸出部分，能缠住人的衣服、头发，甚至皮肤，当这些尖角或凸出部分与人之间产生相对运动时，就有可能产生缠绕危险。典型的缠绕伤害就是某些运动部件上的凸出物、传动带接头、车床的转轴，以及加工中的工件将人的手套、衣服、头发，甚至擦机器用的棉纱等缠绕住，从而对人造成严重的伤害。

图 8-17　挤压伤害

（5）吸入或卷入伤害　典型的吸入或卷入伤害常发生在风力强大的引风设备上。例如，一些大型的抽风或引风设备开动时，能产生强大的空气旋流，将人吸向快速转动的桨叶上，发生人体伤害，其后果是很严重的。

（6）冲击伤害　它主要来自两个方面：一是比较重的往复运动部件的冲击，典型的冲击伤害就是人受到往复运动的刨床部件的冲击碰撞；另一个是飞来物及落下物的冲击。冲击伤害所造成的伤害往往是严重的，甚至是致命的。如果高速旋转的零部件、工件、砂轮等固定不牢容易松脱而甩出去，虽然这类物件的质量不大，但由于其转速高、动能大，对人体造成的伤害也是很大的。

（7）刺伤或扎穿伤害　操作人员在使用锋利的切削刀具时，或者靠近高速运动的金属切屑时，有可能会对人体造成刺伤或扎穿伤害。

（8）摩擦或磨损伤害　此类伤害主要发生在旋转的刀具、砂轮等机械部件上。当人体接触到正在旋转的这些部件时，会与其产生剧烈的摩擦、撞击而给人体带来伤害。

（9）高压流体喷射伤害　机械设备上的液压元件超负荷工作，当压力超过液压元件允许的最大值时，就有可能使高压流体喷射而出，并对人体产生喷射伤害。

3. 预防机械伤害的措施

机械伤害的风险除了与机械的类型、用途、使用方法有关外，还与操作人员的职业素养与职业技能、工作态度以及对机械伤害的正确认识有关。为了杜绝机械伤害，企业和相关操作人员需从以下方面采取措施：

1）树立“预防第一，安全第一”意识，根据行业特点和企业实际，建立科学合理的安全管理制度。例如，机械加工厂规定：必须穿戴工作服上岗，不留长辫子，不穿高跟鞋，不戴手套操作旋转机床，车间配置安全检查员，严格执行交接班制度等。

2）定期对机械设备操作人员进行安全培训，提高人员的安全操作技能和规范意识，提高人员避免机械伤害的能力。

3）尽可能消除机械设备存在的机械危害因素。

4）采取合理的安全措施，如提供安全装置，对机械设备的危险部位进行隔离，让人不能接近机械设备的危险部位；或者是设置保护机构，避免操作人员受到伤害。

5）在机械设备的危险部位设置警示牌，提醒相关人员不要靠近。例如，车间“起重臂下严禁站人”“当心触电”“当心机械伤人”“当心表面高温”等警示，如图 8-18 所示。

图 8-18　机械危险部位警示牌

6）不断对机械设备进行更新改造，减少机械危害因素。

拓展知识

中国古代关于轴承润滑的记载

随着滑动轴承和滚动轴承的出现，对轴承的润滑也提出了相应要求，因此也促进了人们对摩擦学的研究。大家已经知道，润滑问题普遍出现在机械和古车上，但是，由于人们关注润滑的出现远不如古车的出现那样赫然易见。所以，要确切地说明润滑出现的时间，是一件十分困难的事，经过翻阅和查找资料，可得到关于润滑的最早记载，它就出现在在中国的《诗经》中。《诗经》是中国最早的诗歌总集，它大概产生于周初到春秋中期之间，即公元前 11 世纪到公元前 6 世纪，在《国风 · 邶风 · 泉水》篇中，有关于描述轴承润滑的记载。原文是：“载脂载辖，还车言迈。遄［chuán］臻于卫，不瑕有害?”其中“辖”为古车轴上的端键、金属键，即销，它可以将车轮“辖”住，从而将车轮轴向固定；“脂”当然是润滑剂；“还”即回家，“迈”就是快。这几句诗译成现代汉语，就是：用油脂把车轴润滑，上好车轴销，快快驱车远行，送我回到卫国家乡，路上不要发生危险。

在古代，普遍采用动物脂肪来润滑车轴，在中国古代的宫中还设有专门负责车辆润滑与安全的官员。中国应用矿物油作为润滑剂的记载最早见于西晋时期张华所著的《博物志》中，书中提及甘肃酒泉延寿、陕西高奴等地有石油，并且用于“膏车及水碓甚佳”。在湖北云梦睡虎地出土的秦简《秦律 · 司空》中，记载有“为车不劳，称议脂之”，就是说车辆在行驶不快时，可适量加润滑剂进行润滑。

【练——温故知新】

一、名词解释

1. 润滑　2. 润滑剂　3. 润滑油　4. 闪点　5. 凝点　6. 润滑脂　7. 机械密封　8. 机械振动　9. 噪声　10. 机械伤害

二、填空题

1. 根据润滑剂的不同，润滑可分为________润滑、________润滑和半固体润滑三类。

2. 润滑剂根据来源进行分类，可分为________性润滑剂、________性润滑剂、动物性润滑剂和合成润滑剂。

3. 润滑油主要起________、辅助________、防锈、清洁、密封和缓冲等作用。

4. 润滑油的主要性能指标是________、黏度指数、油性、极压性能、________和凝点等。

5. 润滑油一般由________油和________剂两部分组成。

6. 如果环境温度低，应选用黏度________的润滑油；如果机械设备润滑部位的摩擦副运动速度低，可选用黏度________的润滑油。

7. 按用途进行分类，润滑脂可分为减摩润滑脂、________润滑脂和________润滑脂。

8. 润滑脂主要由稠化剂、________油、________剂及填料四部分组成。

9. 选用润滑脂时，应根据润滑部位的________温度、________速度、承载负荷和工作环境等条件来选择。

10. 一般来说，承载负荷较小的摩擦副应选用稠度________ 的润滑脂；重负荷摩擦副应选用稠度________的润滑脂。

11. 油润滑的方法主要有手工________润滑、________润滑、油环润滑、油浴与飞溅润滑、喷油润滑、压力强制润滑及油雾润滑。

12. 贯彻设备润滑工作的“五定”管理，即定________、定________、定量、定期和定人。

13. 机械密封的目的是阻止________剂和工作________泄漏，防止灰尘、水分等杂物侵入机器。

14. 机械密封分为________密封和________密封两大类。

15. 接触式密封主要有________密封、唇形密封圈密封和________密封等。

16. 非接触式密封主要有________沟槽密封和________密封等。

17. 控制噪声必须从噪声________、噪声传播途径、噪声________三个方面进行系统控制。

18. 在工业生产过程中，难免会产生________、________和固体废弃物，它们合称“三废”。

三、单项选择题

1. 油品的危险等级是根据闪点划分的，闪点在 45℃以下为________，45℃以上为________。

A. 易燃品　　　　B. 可燃品

2. 凝点高的润滑油不能在________下使用。

A. 高温　　　　B. 低温

3. 如果机械设备润滑部位的摩擦副运动速度高，应选用黏度________的润滑油。

A. 较小　　　　B. 较大

4. 对于 v>10m/s 的齿轮传动，可采用________。

A. 滴油润滑　　　　B. 喷油润滑　　　　C. 油环润滑

5. ________适用于干燥、清洁环境中脂润滑轴承的外密封。

A. 唇形密封圈密封　B. 缝隙沟槽密封　　　　C. 曲路密封

6. 毡圈密封结构简单，易于更换，使用成本低，适用于轴的线速度小于________、工作温度低于 125℃的轴上密封。

A. 10m/s　　　　B. 20m/s

四、判断题（正确的在括号内打“√”；反之，打“×”）

1. 润滑剂的主要作用是降低摩擦表面的摩擦损伤。(　　)

2. 润滑油的温度升高，其黏度会明显地变大。(　　)

3. 一般来说，润滑油的凝点应比使用环境的最低温度低 5~7℃。(　　)

4. 冬季气温低，应先用黏度大的润滑油。(　　)

5. 为了使润滑脂在润滑位置长期地工作而不流失，滴点应高于润滑位置的工作温度20~30℃或更高。(　　)

6. 唇形密封圈密封效果好，易装拆，主要用于轴的线速度小于20m/s、工作温度低于100℃的油润滑的密封。(　　)

7. 为了减小机械设备本身的振动，可配置各类减振器。(　　)

8. 通常将声音达到80dB或以上判定为噪声。(　　)

9. 靠近高速甩动的金属切屑时，可能会对人体造成刺伤或扎穿伤害。(　　)

五、简答题

1. 润滑油和润滑脂的作用有哪些？

2. 与润滑油相比，润滑脂的优点有哪些？

3. 评定润滑脂使用性能的指标有哪些？

4. 机械振动产生的消极因素有哪些？

5. 机械伤害的类型有哪些？

【思——学会将知识系统化，知其所以然】

主题名称	重点说明	提示说明
摩擦	摩擦是指两相互接触物体发生相对滑动或有相对滑动趋势时，在接触面上产生阻碍物体相对滑动的现象	摩擦分为滑动摩擦和滚动摩擦。在相同条件下，滚动摩擦阻力小于滑动摩擦阻力
润滑	润滑是指在发生相对运动的各种摩擦副的接触面之间加入润滑剂，使两摩擦面之间形成润滑膜，将原来直接接触的干摩擦面分隔开来，变干摩擦为润滑剂分子间的摩擦，达到减小摩擦，减少磨损，延长机械设备的使用寿命的措施	润滑的作用是：降低摩擦，减少磨损，防止腐蚀，提高传动效率，改善机器运动状况，延长机器的使用寿命。根据润滑剂的不同，润滑可分为流体润滑、固体润滑和半固体润滑三类
润滑油	润滑油是指用在各种类型汽车、机械设备上以减小摩擦，保护机械及加工件的液体或半固体润滑剂	润滑油的主要性能指标是黏度、黏度指数、油性、极压性能、闪点和凝点等。润滑油一般由基础油和添加剂两部分组成
	油润滑方法主要有手工加油润滑、滴油润滑、油环润滑、油浴与飞溅润滑、喷油润滑、压力强制润滑、油雾润滑等	设备润滑工作的“五定”管理，即定点、定质、定量、定期和定人
润滑脂	润滑脂是在基础油中加入增稠剂与润滑添加剂制成的半固态机械零件润滑剂	润滑脂主要由稠化剂、基础油、添加剂及填料四部分组成
机械密封	机械密封是指由至少一对垂直于旋转轴的端面在流体压力和补偿机构弹力(或磁力)的作用下以及辅助密封的配合下保持贴合并相对滑动而构成的防止流体泄漏的装置	机械密封分为静密封和动密封两大类。其中静密封是指两零件接合面间没有相对运动的密封；动密封可分为往复动密封、旋转动密封和螺旋动密封等。旋转动密封又可分为接触式密封和非接触式密封两类
污染	环境污染按性质进行分类，可分为化学污染、物理污染和生物污染	部分机械产品在运行过程中会产生机械振动、噪声等物理污染，在使用过程中润滑油(或脂)、机油、金属切削液等会发生泄漏，对环境造成化学污染

（续）

主题名称	重点说明	提示说明
机械伤害	机械伤害是指机械零件、工具、工件或飞溅的固体、流体物质的机械作用而产生的伤害	机械伤害主要有挤压伤害、剪切伤害、切割或切断伤害、缠绕伤害、吸入或卷入伤害、冲击伤害、刺伤或扎穿伤害、摩擦或磨损伤害、高压流体喷射伤害等

【做——课外调研活动】

同学之间分组合作，深入社会进行观察，针对某一特定的机械（或机器），分析其涉及的相关润滑方法、密封方法和安全保护措施等，然后进行相互交流与探讨。

【评——学习情况评价】

复述本单元的主要学习内容	
对本单元的学习情况进行准确评价	
本单元没有理解的内容有哪些	
如何解决没有理解的内容	

注：学习情况评价包括少部分理解、约一半理解、大部分理解和全部理解四个层次。请根据自身的学习情况进行准确和客观的评价。

【拓——知识与技能拓展】

同学们深入生活或企业，分析润滑油、润滑脂用在哪些设备中？大家分工协作，采用表格形式（或思维导图）列出润滑油、润滑脂的应用场合。

参考文献

［1］ 陈长生．机械基础［M］．3版．北京：机械工业出版社，2021.
［2］ 姜敏凤．金属材料及热处理知识［M］．北京：机械工业出版社，2005.
［3］ 梁耀能．工程材料及加工工程［M］．北京：机械工业出版社，2005.
［4］ 朱莉，王运炎．机械工程材料［M］．北京：机械工业出版社，2005.
［5］ 赵程，杨建民．机械工程材料［M］．2版．北京：机械工业出版社，2007.
［6］ 王先逵．材料及热处理［M］．北京：机械工业出版社，2008.
［7］ 祖国海．机械基础［M］．北京：中国劳动社会保障出版社，2007.
［8］ 栾学钢，赵玉奇，陈少斌．机械基础［M］．北京：高等教育出版社，2010.
［9］ 冯学敦．汽车机械基础［M］．北京：机械工业出版社，2011.
［10］ 吴细辉．机械基础［M］．北京：机械工业出版社，2012.
［11］ 顾淑群．机械基础［M］．北京：机械工业出版社，2014.
［12］ 杜建根，洪少华．工程力学［M］．3版．北京：高等教育出版社，2014.
［13］ 柴鹏飞．机械基础（少学时）［M］．2版．北京：机械工业出版社，2019.
［14］ 钟建宁，李兵，罗友兰．机械基础［M］．北京：高等教育出版社，2015.